学术研究专著

智能复杂体系的特征及演化探索

赵东波　樊　明　编著

西北工業大學出版社

西　安

【内容简介】 本书介绍了复杂系统科学的基本知识及其在一些典型智能复杂体系分析研究上的典型尝试。全书内容分为复杂系统科学基础、典型智能复杂体系以及智能复杂体系研究案例三大部分共8章，由浅入深地介绍了复杂系统科学的相关基本概念和方法，生物集群、人类社会经济系统、战争等典型智能体系的复杂性，以及复杂性研究的理念等和方法在人-机协作现代化战争、银行系统性风险舆论传播、传染病防控、国际贸易格局演变等方面运用的研究进展。

本书的主要适用对象为复杂系统科学研究领域的学者和学生。

图书在版编目(CIP)数据

智能复杂体系的特征及演化探索 / 赵东波，樊明编著. — 西安 ：西北工业大学出版社，2023.5

ISBN 978-7-5612-8711-8

Ⅰ.①智… Ⅱ.①赵… ②樊 Ⅲ.①复杂性理论-研究 Ⅳ.①TP301.5

中国国家版本馆CIP数据核字(2023)第080310号

ZHINENG FUZA TIXI DE TEZHENG JI YANHUA TANSUO

智能复杂体系的特征及演化探索

赵东波 樊明 著

责任编辑：胡莉巾	**策划编辑：**杨 军
责任校对：曹 江	**装帧设计：**李 飞
出版发行：西北工业大学出版社	
通信地址：西安市友谊西路127号	邮编：710072
电　　话：(029)88491757，88493844	
网　　址：www.nwpup.com	
印 刷 者：陕西奇彩印务有限责任公司	
开　　本：787 mm×1 092 mm	1/16
印　　张：16.375	
字　　数：398千字	
版　　次：2023年5月第1版	2023年5月第1次印刷
版　　次：ISBN 978-7-5612-8711-8	
定　　价：98.00元	

前言

2021年，真锅淑郎(Syukuro Manabe)、克劳斯·哈塞尔曼(Klaus Hasselmann)和乔治·帕里西(Giorgio Parisi)因为“对我们理解复杂物理系统的开创性贡献”而获得诺贝尔物理学奖，这是继1977年伊利亚·普利高津(Ilya Prigogine)因为提出耗散结构理论而获得诺贝尔化学奖后，复杂系统科学领域内的学者又一次获得诺贝尔奖。这说明复杂性系统已经获得学术界的重视并逐步取得成果。

长期以来，还原论在人们了解事物的本质、运行和发展规律方面起到了重要作用。勒内·笛卡儿(René Descartes)认为，如果一个问题比较复杂，就可以将这个问题拆分成几个小问题，然后逐个分析破解，最后再将它们的解决方案整合在一起。如此一来，就可以得到对这个复杂问题的具体解决方案。确实，不了解事物的组成部分就不可能真正地了解事物。然而，对于一些系统，微观的细致了解并不能彻底给出这个系统的宏观结构和功能，我们称这类系统为复杂系统。譬如，我们对水分子的了解无法解释惊涛骇浪，对神经元的认知不能破解意识之谜，对个人行为的掌握不能预测股市上疯狂的泡沫。正如郭雷院士所指出的：尽管粒子物理学已经还原到夸克层次，分子生物学已经还原到基因层次，但是想要通过还原论来解释纷繁复杂的物质世界以及丰富多彩的生命现象，似乎是力不从心的。

随着科学家对复杂系统的认识逐步深入，复杂系统科学逐步兴起，一些基本的理论和方法，包括一般系统论、控制论、信息论、突变论、耗散结构论、协同论、系统动力学、多主体模拟、动力学分析以及复杂网络等，被相继提出且逐步应用于广泛的实践活动中。这些理论和方法在复杂系统定性和定量分析方面取得了丰硕的成果，并和实践活动处于相互促进的良性循环之中。

随着社会的进步和科学技术的变革，特别是信息技术的迅猛发展，一些复杂系统的形态及结构正在发生着变化，系统内部单元之间的相互作用越来越紧密,信息的传递和交流速度越来越快,部分单元的通过处理信息进行决策的能力得到增强,一个新的名词——智能复杂体系已经呈现在我们面前。归根结底,智能复杂体系并不是一个全新的概念,它仍然属于复杂系统的范畴,复杂性研究的相关理论和方法及其不断的发展创新仍然是适用的。对于具体智能复杂体系的分析研究,需要具体对待,可能需要一些新的技巧,会产生一些新的结果。对这些结果的梳理和归纳总结有可能促进新的理论和方法的产生,丰富复杂性研究的内容。但通过具体系统的研究发展复杂系统科学基本理论并不是一蹴而就的,目前看来仍然任重道远,需要相关学者的长期努力。

编写本书的目的在于介绍复杂系统科学,以及在智能复杂体系分析研究的基础上进行尝试。本书从3个方面展示了笔者的所知、所想和所做。具体内容如下:

(1)复杂系统科学基础(包括第1和2章)。

第1章从一般系统到智能复杂体系。介绍本书所涉及的一些基本概念,包括系统、体系、复杂性、智能复杂体系等;介绍还原论以及所遇到的障碍,以理解复杂系统科学的产生原因;介绍一些在复杂性研究方面作出重要贡献的人物和研究机构;最后还介绍中国、美国等在国家层面对于复杂系统科学的重视与支持。

第2章复杂性研究的理论与方法。介绍复杂系统的主要特点,复杂系统的涌现、演化与调控这3个基本问题,以及包括一般系统论、控制论、信息论、突变论、耗散结构论、协同论在内的基本理论;较为详细地介绍针对复杂系统研究的一些主要理论和方法,包括福瑞斯特创立的系统动力学、从元胞自动机发展而来的多主体建模与模拟、钱学森先生提出的系统综合集成方法以及21世纪初以来迅速发展的复杂网络等。

(2)典型智能复杂体系(包括第3～5章)。

第3章生物集群复杂性。生物集群是典型的智能复杂体系,个体通过交互使得群体能涌现,形成宏观的结构和功能。本章简单介绍蚁群、鱼群、鸟群,甚至细菌所形成的群落的复杂行为以及一些有趣的研究发现。

第4章典型社会经济复杂性。介绍城市复杂性的表现、根源及其治理问题,说明智慧城市、海绵城市和韧性城市的特点;简单讨论经济系统和金融系统复杂性的表现与原因。

第5章战争复杂性及智能战争。介绍战争系统复杂性的表现和原因,以及相关的理论探索;面向未来战争,介绍集群战、马赛克战和多域战的构想。

(3)智能复杂体系研究案例(包括第6～8章)。

第6章军事体系复杂性研究。介绍4个方面的研究尝试:复杂军事体系中作战主体的重要性评估、同一作战单元在不同网络连接模式下的战斗力涌现及比较、自组织聚集对于红蓝攻防作战的影响及最优策略、人-机协作仿真平台的搭建与运用。

第7章金融系统复杂性研究。介绍4项研究工作:银行体系中的级联失效、人工股票市场的涌现机制和条件、金融市场中跳跃过程的机制和产生条件、多资产市场中交易者行为的内在机制。

第8章社会系统复杂性研究。介绍4个典型案例:基于社会张力累计和消解过程的舆论建模、传染性疾病传播的涌现过程及可操作性防控、国际贸易系统中国家关系的复杂性研究、科学家个人及团体行为以及团队创造力的涌现。

21世纪是复杂性科学的世纪。复杂系统科学的相关理论与技术的发展不断进步,智能复杂体系正不断带来新的挑战与机遇,二者的结合必然产生卓有成效的结果,期望本书能对从事相关工作的学者和学生有所帮助。

本书由赵东波、樊明编著。具体编写分工为:赵东波编写典型智能复杂体系和智能复杂体系研究案例部分,樊明编写复杂系统科学基础部分。

编著本书的过程中,笔者得到了许多人的热情指导与帮助,衷心感谢下列人员所做的材料的收集与整理工作:第1章(郑孙婧)、第2章(唐威振、杨墨林)、第3章(赵芹、朱家琪、王伟嘉)、第4章(王宏宇、马治峰)、第5章(马立栋、马雪峰、胡浩洋)、第6章(夏庭汉、王宏宇、马治峰)、第7章(马佳骏、王萍、田亦庄)、第8章(黄思羽、张奥博、赵子鸣)。感谢狄增如、韩战钢、李红刚、曾安、陈清华等老师的建议和指导,也感谢北京师范大学系统科学学院在相关科学研究上的大力支持。写作本书曾参阅了相关文献、资料,在此,谨向相关作者深致谢忱。

由于水平有限,书中难免存在疏漏和不足之处,敬请广大读者指正。

编著者

2022年11月

目录

第1章 从一般系统到智能复杂体系

随着现代科学技术的发展，人类从微观的物质结构和相互作用，到宏观的宇宙起源与演化，都获得了极具广度与深度的科学认识。在这个过程中，还原论的思想和方法发挥了重要作用。但还原论正受到越来越多的挑战：尽管粒子物理学已经还原到夸克层次、分子生物学已经还原到基因层次，但是想要利用获得的知识来解释纷繁复杂的物质世界以及丰富多彩的生命现象却总是失败的。21世纪以来，探索复杂性已经成为科学研究的重要方向。认识大脑奥秘、了解生命起源、把握全球变化、洞察日益全球化、系统化的社会经济，都需要我们超越还原论，将还原论与整体论有机地结合起来，进入复杂系统科学的知识殿堂。

本章主要介绍复杂系统科学的一些基本概念和发展历程，包括：系统与元素，以及二者的关系；体系及智能复杂体系；还原论的成就，以及为什么需要超越还原论；复杂系统科学的未来发展展望。

1.1 系统与元素

"系统"一词是从英文system翻译而来的，这一词来自于古希腊语systεmα，意思是由部分组成的整体。其中，构成系统的组成部分被称为元素。系统和元素是两个相对的概念，强调了整体与部分的关系。人的消化系统由牙齿、胃、肠等部分构成；一个课堂包括教室、教师和学生；一支军队也是一个系统，其元素是各司其职的士兵、军官和他们的武器装备等。构成系统的元素并不是简单地放在一起，它们不是独立的，而是密切联系着的。更确切地说，系统是由一些相互关联和相互作用的若干组成部分所构成的具有一定结构和功能的有机整体。

人们对于系统的认识是不断进步的。最早在经典系统论中，人们对系统和整体两个词并没有加以严格区分，而是将它们混合使用。而系统论发展到了现在，人们普遍认为系统并不等同于整体，而是整体和部分的有机统一，用系统的角度去考察事物，即要思考其与部分、环境、整体的关系以及其结构与功能之间的相互关系，这样才能真正完整地考虑问题、寻找最优解决方案。想要把握系统的实质，就必须要将系统的整体和各组成部分结合起来考虑。不仅如此，人们也普遍认为系统论的研究核心应是整体和部分之间的相互作用关系。

我国系统科学和系统工程的奠基人钱学森认为：系统是由相互作用、相互依赖的若干组成部分结合而成的具有特定功能的有机整体，而且这个有机整体又是它从属的更大系统的组成部分。这个定义既突出了系统的整体性，也强调了系统具有层次结构——大系统是由小的子系统构成的，而大系统和大系统通过相互作用构成更大的系统。例如，人的消化系统、循环系统、运动系统、神经系统、内分泌系统、呼吸系统、泌尿系统、生殖系统8大系统共同组成人体系统;地球本身是由大气圈、水圈、陆圈和生物圈组成的有机整体,它是太阳系的一个子系统,而太阳系又是银河系的一个子系统;军队编制中各级组织机构——军、师、旅、团、营、连、排、班就是各个层级的系统,前者由若干个后者构成。

系统的概念可以从以下几方面来理解:

(1)系统是由许多相互作用的元素(部分)共同组成的。这些元素可能是一些部件、零件、个体,也可能其本身就是一个系统(或称之为子系统)。例如,经济系统、文化系统、教育系统等共同构成了人类社会系统,而人类社会系统同时又是地球生态系统的一个子系统。

(2)系统具有一定的结构。一个系统是其构成元素的集合,而这些元素之间相互作用、相互影响。一般系统论创始人贝塔朗菲(Ludwig von Bertalanffy)就指出:"系统是相互联系、相互作用的诸元素的综合体。"系统与元素、元素与元素之间都存在着相对稳定(在一定时空上)的联系方式、组织秩序和失控关系,这就是系统的结构。例如,一台电视机由各个部件根据一定的方式连接组成,但是各个部件随意地连接或摆放并不能构成一台电视机。系统的结构,既包含系统的物理结构,也包含其中所蕴含的信息结构,通常来说,系统的结构不同,其所对应的功能也不尽相同。

(3)系统具有一定的功能,即系统具有目的性。系统的功能一般不能还原成其组成元素自身功能的简单加和,系统通过组成元素之间难以预测的非线性相互作用而在宏观层次上涌现出单个元素所不具备的特定功能,具有整体大于部分之和的特点。系统的功能是指系统自身与其所处的环境之间通过交互作用所产生的作用和影响。例如教育系统是一个人造系统,它的功能是培育人才以及产生科研成果,从而推进人类社会的进步。国防军事系统则是以保卫一个国家的领土与主权完整为其基本目的的。

在一定条件下,系统的结构能够确定系统的功能,而具有同样功能的系统,其结构不一定相同。因此,我们难以简单地依据系统的功能来推测系统的内部结构。但是,这一事实也使得我们能够利用不同的模型结构来模拟,甚至调控系统的某一功能,因此具有很强的灵活性。

(4)系统还具有开放性和动态性,系统以及系统中的各元素与内外界环境紧密相连,不断动态发展。恩格斯曾指出:"一个伟大的基本思想,即认为世界不是一成不变的事物集合体,而是过程的集合体。"这里的"集合体"就是系统,"过程"就是系统中各个组织部分之间的作用与整体的结构和功能处于不断的发展变化之中。例如,一个国家的国防系统会随着社会发展、科学技术进步,甚至国际关系的发展变化而变化。教育系统为外界输送人才和科研成果,促进科技、经济、文化发展,而科技的发展又改进和完善了教育手段和教育内容,使得教育系统自身产生变革与发展。

物质世界包括自然界与人类社会,而系统则普遍存在于物质世界当中。可以将系统按不同的原则分为不同的类型加以研究。如果按照系统当中是否有人类参与,系统可以分成自然系统和人造系统,自然系统有觅食或行进的蚁群、飞行的鸟群、太阳系、生态系统等,人造系统有金融系统、服务系统、工业系统、管理系统等;按系统中是否包含生命元素则分为生命系统和非生命系统;按照系统当中的元素或子系统的数量、种类,或各元素各子系统之间的相互作用关系的非线性程度,系统可分成简单系统和巨系统,简单系统的子系统数量比较少，相互作用关系比较单纯，而巨系统的子系统数量庞大，进一步根据子系统之间的相互关联关系的复杂程序，又可以分为简单巨系统和复杂巨系统，如社会系统就是一个典型的复杂巨系统。

1.2　超越还原论

1.2.1　还原论的成功与受到的挑战

系统由元素或子系统构成，子系统则由更小的元素或子系统构成。在认识和了解一个大系统存在困难时，一个自然的想法就是将其分解开来，逐个地了解构成这个系统的各个部分，这就是“还原”的朴素思想。如，我们看见一个可以运动的玩具鸭，从整体外观这个大尺度看，我们不知道它为什么会动，但我们可以打开它，看到里面更精细的结构——原来这儿有一些齿轮，那儿有一些弹簧，然后就明白了它运动的原理了。还原的过程，就是将大尺度分解为小尺度的过程，再分成更小的尺度，就像解剖操作一样。还原论(reductionism)或还原主义，是一种哲学思想，认为各种纷繁复杂、丰富多样的事务、现象等能够利用化解、拆解各部分的思想方法来更加深刻地理解和认识。

人类普遍使用过或者正在使用还原论及其思想，例如将自然科学根据其性质和特点划分为各个不同的学科，又按照不同的学科进行进一步的划分，不断地细分。还原论是整个近代科学的方法论基础。从 15 世纪中叶开始，科学家们一直以还原论的思想方法为指导，在还原论思想的引领下，结合多种方法和手段不断地对自然界和人类社会进行研究和探索，并取得了辉煌的成就，促进了科学的进一步发展和人类思维的进步。

勒内・笛卡儿认为，如果一个问题比较复杂，可以将这个问题拆分成几个小问题，然后逐个分析破解，最后再将它们的解决方案整合在一起。如此一来，就可以得到解决这个复杂问题的具体方案。不了解事物的组成部分就不可能真正地了解事物。用还原论方法解释事物的具体步骤是：①要把事物从它所处的外在环境当中分隔开来，对事物进行孤立的研究；②需要对事物进行细分，将组成事物整体的各个部分分解开来分别研究；③用分别研究的部分来对事物的整体性质进行解释，用低层次来说明高层次。

物理是运用还原论很成功的学科。比如，物理学可以用电子和质子的电性来解释物体为什么带电，这个低层次微观尺度上的电性决定了高层次宏观尺度上物体的带电情况。电子和质子是如何发现的？汤姆逊(Joseph John Thomson)对阴极射线的研究和卢瑟福(Ernest Rutherford)散射实验揭示了它们的一些重要特征。物理上惯常通过撞碎相对大尺度对象的方式获得更低尺度的物质组成(北京的正负电子对撞机、欧洲大型强子对撞机就是来做这件事情的)。很多基本粒子都是这样发现的，而这一切都是遵循笛卡儿、牛顿等伟大的科学家所倡导的还原论思想和方法得来的。

然而，还原论的运用并不总是能获得成功。虽然利用基础物理学和还原论可以很好地解释一些事物，但是当科学家们试图利用还原论来解释物质世界中出现的各种复杂系统时，发现困难重重，例如社会系统、交通系统、生态系统等，它们之间的复杂特性似乎难以用还原论进行很好的解释。现在已经知道，物质由分子构成，分子由原子构成，原子由质子、中子、电子构成。质子、中子属于强子,强子由夸克构成,分为上夸克、下夸克、奇异夸克、粲夸克、底夸克和顶夸克。电子属于轻子,轻子还包括电子中微子、μ 子、μ 子中微子、τ 子、τ 子中微子。人类找到了构成世间万物的基本元素!但反过来,我们发现,万事万物所具有的各自特征无法从这些基本粒子的属性来获得解释。正如郭雷院士所指出的那样,尽管粒子物理学已经还原到夸克层次、分子生物学已经还原到基因层次,但是想要通过还原论来解释纷繁复杂的物质世界以及丰富多彩的生命现象却总是失败的。

经济学家阿瑟(W. Brian Arthur)提出:"在物理学中,基本粒子没有历史,没有经验,没有目标,也没有前途、担忧和希望。它只是单纯地存在,这就是为什么物理学家可能自由自在地大谈'宇宙规律'的原因。"但是,在经济学、生命科学中情况却要复杂得多。在经济学中,作为"基本粒子"的人会提前作出期望和战略思考。在生命科学中,记忆、学习、预测成为生物的基本功能。这些都是把复杂性与简单区别的一些重要特性。从事人工生命研究的朗顿(Christopher Langton)提出:"生物体的生命力同样也在其软件之中,即存在于分子的组织之中,而不是存在于分子本身。"有人引用下列结果:最新的科学研究表明,如果在发育着的青蛙胚胎早期切下其肢体的雏形,摇散其细胞,然后随意把它放回原处,一条正常的青蛙腿还是会发育出来。位于某一位置的细胞并不是注定要成为某一部分,任何细胞都可以依其整体环境而成为腿(但不是眼)的一部分。这一事实对机械论的还原方法提出了质疑,进而说明,复杂性的一个重要性质就是组织或关系网络。

还原论在众多领域受到了巨大的挑战:天气的长期不可预测性和极端天气的肆虐,生物强大的适应性以及传染病暴发的复杂性,人类社会中丰富多彩、形态各异的政治、经济、文化行为,大城市中频频发生的交通拥堵,等等。这些问题表现出共同的特点,即我们对于构成系统的元素已经有比较多的了解,但在解释整个系统的结构和功能上仍显得无能为力,就像我们对水分子的了解无法解释惊涛骇浪,对神经元的认知不能破解意识之谜,对个人行为的掌握不能预测股市上疯狂的泡沫和崩溃。这些系统由于各个组成部分之间复杂的非线性相互作用,在宏观层次上涌现出特定的结构与功能。这种涌现特性使得还原论无法很好地认识复杂系统,研究复杂系统必须要超越还原论。

1.2.2 多则异也——复杂系统

1972 年,后来荣获诺贝尔物理学的菲利普·安德森(Philip W. Anderson)在《科学》上发表了"More Is Different"一文,并在该文章中提出"将万事万物还原成简单的基本规律,并不意味着从这些规律出发有重建宇宙的能力……"这一论断也指出了还原论的根本局限。其实,早在 1933 年 2 月 17 日,德国著名物理学家普朗克(Max Planck)在柏林为德国工程师协会所做的演讲中曾说过:"科学是内在的整体,由于人类认识能力的局限性,它被分解为单独的整体,而这不是由其本身的性质决定的。事实上存在着从物理到化学,通过生物学和人类学到社会学的连续的链条,这是任何一处都不能被打断的链条。"要想更好地理解大规模简单个体如何通过非线性相互作用产生宏观上的特定的结构和功能,就要超越还原论,克服还原论的种种局限与不足,必须将还原论和整体论结合起来,更好地考察事物,在这一过程中,系统论作为还原论和整体论的有机结合体逐步发展起来,系统论的出现超越了还原论,发展了整体论,提供了理解世界万事万物的新视角。

在描述一些简单系统时,利用还原论的思维就足够了。比如卫星绕地球运动,我们只要把卫星所受到的基本作用力一一分解出来，接着列出牛顿运动方程，就能够解出卫星的轨迹问题。这类简单系统可以通过分解还原的方式进行分析。但我们周围的世界广泛存在另外一种系统，即使对于构成系统的单元有彻底的了解，也无法弄明白系统整体的功能：单只蚂蚁的功能不能解释蚁群的能力，单只鸟的能力也无法解释鸟群的行为，单个神经元的静息与发放也不能清楚解释人类的思维和创新。这类系统中，大量互相作用的微观单元，通过非线性效应，得到一个性质（结构、功能等）与微观单元完全不同的宏观整体，呈现出复杂性。

复杂系统的例子无处不在。例如，在生物系统中，神经网络及思维的过程、动物种群的消长过程、从受精卵到胚胎的形成过程、生物进化、免疫系统等；在经济系统中，全球、每个国家、省、市的经济系统，金融股市等；在环境生态系统中，沙暴、冻雨、飓风、土地沙化、水土流失等都是复杂系统；在社会系统中，不同层次的管理系统也是一个不断演化的复杂系统；在物理系统中，宇宙的形成、粒子本身的结构也都是复杂系统的演化结果。尽管这些系统出现在不同领域，但仍然表现出一些共性，这些共性是复杂系统中的重要的概念和研究内容。

复杂系统的研究吸引了国内外学者的关注，涉及多个领域，如人类学、计算机科学、社会学、心理学等。复杂系统领域借鉴了许多其他领域的研究理论，如借鉴物理学对自组织（self-organization）的研究、借鉴社会科学对自发秩序（spontaneous order）的研究、借鉴数学对混沌（chaos）的研究、借鉴生物学对适应性（adaptation）的研究。考察复杂系统的发展历程，国际国内表现为两条主线，国际上是以“复杂性”研究的发展历程为主线，而国内则是以系统科学为主线（见图1.1），它们都可以涵盖在复杂系统科学之中，二者本质上是一致的。

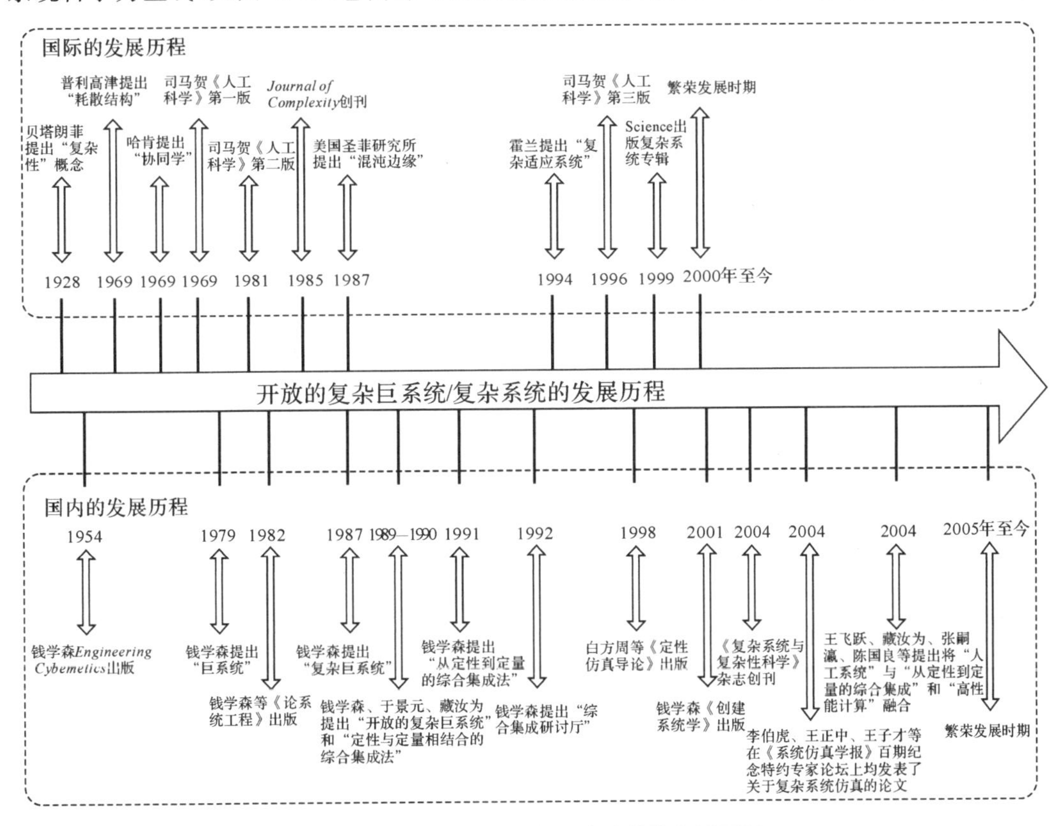

图1.1 国际、国内复杂系统科学的发展历程

1.3 从复杂系统到智能复杂体系

1.3.1 复杂系统的特点

复杂系统无处不在，全球气候、有机体、人脑、电网、交通、通信系统等基础设施网络、城市社会和经济组织网络、生态系统、活细胞，甚至整个宇宙，这些都可以看作是复杂系统。尽管这些系统出现在不同领域，但这些系统仍然表现出一些共性。复杂系统具有下述特征：

(1) 非线性(nonlinearity)：非线性是产生复杂性的必要条件，没有非线性就没有复杂性。复杂系统都是非线性系统，非线性才能使系统的整体大于部分之和。在线性系统中，效应总是与输入成比例关系。而非线性则不成比例，会放大或者缩小，这意味着一个小的扰动可能会引发大的效应。

(2) 初值敏感性(sensitive to initial conditions)：也就是"蝴蝶效应"，是指在混沌系统的运动过程中，如果起始状态稍微有一点改变，那么随着系统的演化，这种变化就会被迅速积累和放大，最终导致系统行为发生巨大的变化。这种敏感性使得我们不可能对系统作出精确的长期预测。比如，时间越长天气预报越难以预测准确。

(3) 非周期性(non-periodicity)：复杂系统的行为一般是没有周期的。非周期性展现了系统演化的不规则性和无序性，系统的演化不具有明显的规律。系统在运动过程中不会重复原来的轨迹，时间路径也不可能回归到它们以前所经历的任何一点，它们总是在一个有界的区域内展示出一种极其"无序"的振荡行为。

(4) 反馈循环(feedback)：在复杂系统中，经常会存在负反馈和正反馈。元素行为的影响以元素本身被影响的方式反馈到系统中。

(5) 级联失效(cascading)：由于复杂系统中组成部分之间的强耦合性，一个或多个组成部分的失效可能导致级联失效，这可能对系统的运行造成灾难性的后果。局部攻击可能导致空间网络的级联失效或突然崩溃。

(6) 动态性(self-organization)：系统随着时间而变化，经过系统内部和系统与环境的相互作用，不断适应、调节，通过自组织作用，经过不同阶段和不同的过程，向更高级的有序化发展，表现出独特的整体行为与特征。

(7) 系统演化(evolving)：一个系统的演化过程可能是非常重要的，因为复杂系统是随着时间演化的动力系统，历史状态可能对当前状态有影响。更专业的说法是，复杂系统往往表现出自发故障(spontaneous failures)、恢复(recovery)以及迟滞(hysteresis)。当延迟的负反馈导致振荡或其他复杂动力学变弱时，系统状态空间中的"临界减速方向"可能预示着系统在这种"临界转换"之后的未来状态。相互作用系统可能具有许多相变的复杂滞后现象。

(8) 系统嵌套(nesting)：复杂系统的组成部分也可能是一个复杂系统，有时也称为系统的多层次性。例如，一个经济体是由组织构成的，这些组织是由人构成的，这些人是由细胞构成的——而所有这些(经济体、组织、人、细胞)都可以看作是复杂系统。系统的每个子系统都有独立的结构、行为和功能，有助于整体功能的实现。又如，互相进行有益交互的二分生态和组织网络被发现具有嵌套结构。这种结构提高了间接促进作用和系统在日益严峻的环境下持续存在的能力。

(9) 自相似性(self-similarity):所谓自相似是指系统部分以某种方式与整体相似。分形的两个基本特征是没有特征尺度和具有自相似性。对于经济系统,这种自相似性不仅体现在空间结构上,而且体现在时间序列的自相似性中。

(10) 开放性/非平衡性(non-equilibrium):系统是开放的,是与外部相互关联、相互作用的,系统与外部环境是统一的。开放系统不断地与外界进行物质、能量和信息的交换,没有这种交换,系统的生存和发展则是不可能的。复杂系统通常是开放系统,即存在热力学梯度和耗散能量。换句话说,复杂系统经常远离能量平衡态,但其仍然可能存在稳定的模式。

1.3.2　体系的概念与特点

相对"系统"来讲,"体系"是一个新词,其英文为 System of Systems (SoS)。1964 年,"体系"一词在一篇对城市系统进行讨论的文章当中首次出现。到了 20 世纪 90 年代末,随着科学技术的发展,社会的智能化水平不断提高,系统之间的连接增强,形成规模越来越大的系统,体系概念的使用越来越广泛。尽管在严格意义上国内外科学界并没有形成对体系的统一定义和理解,但是系统与体系、系统工程与体系工程的区别已经得到了国际社会众多专家学者的普遍认识。粗略地讲,体系指一定范围内或同类的事物按照一定的秩序和内部联系组合而成的整体,是不同系统组成的大系统,如工业体系、市场体系、思想体系、管理体系、公共服务体系、作战体系等。

严格来讲,体系并没有统一的概念和定义,由于应用广泛,体系在不同的领域中都有符合该领域特色的定义,如计算机体系、企业体系、典型的系统工程形成的体系等。尽管体系的定义在不同领域内不尽相同,但它们本质上是一样的,且都是在复杂自适应系统的基础上发展而来的。如图 1.2 所示,S. Sheard 把不同领域的体系综合起来,试图对体系给出一个大致范畴。

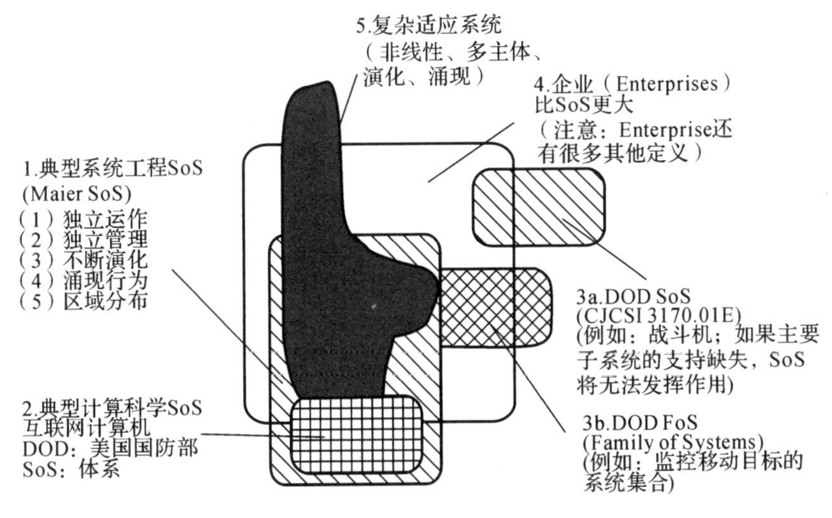

图 1.2　体系的范畴

简单地说，体系就是“系统的系统”，其本质并未脱离系统的概念，只是更加凸显系统的层级结构——在局部仍可以是一个具有相对独立结构和功能的子系统。此外，体系不是空间意义上的聚合体，某个个体也不一定唯一归属于该体系。相反，体系也是动态演变的，在系统内也发生着新体系的出现或旧体系的消亡。

美国系统科学体系工程协会（System of Systems Engineering Center of Excellence，SoSECE）主席 W. J. Reckmeyer 认为，系统科学仍然是体系研究的基础，体系研究的对象是大规模、超复杂系统，体系科学所使用的方法是系统科学对于软系统和硬系统研究方法的结合，如图 1.3 所示。从综合的角度分析体系的概念，体系实际上是由许多组分系统共同构成的综合系统；从分领域的角度分析，则体系的概念或定义多达 40 多种。实际上，根据体系的特征来理解体系的概念才是一种比较合适的方法。

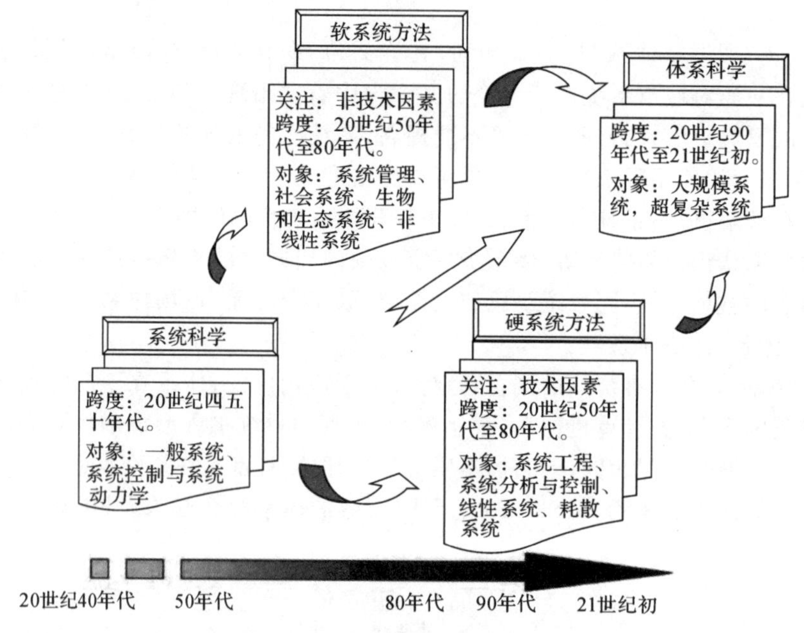

图 1.3　从系统科学到体系科学

M. W. Maier 指出体系所具有的 5 种关键特征：

（1）构件系统具有运行的独立性：如果一个体系被分解为各个分系统，则各个分系统都能够独立且有效地运作。即体系是由能独立运作的多个系统组成的。

（2）组成元素可获取的独立性：在形成体系的过程中体系的组成部分能够被独立获取。

（3）地理分布性：体系的各组成部分在地理上广泛分布，通过信息交流技术在各个部分之间进行信息交流来实现各部分之间的融合。

（4）涌现行为：体系所表现出来的功能是其各组成部分所不具备的功能，即体系的结构与功能是体系的各组成部分涌现出来的结果。

（5）演化：体系并不是固定不变的，而是随着环境、经验、功能等的变化而不断演化发展的。

此外，体系的特征还有归属性、互联性、异构性等。国内有学者还研究和分析了体系的边界模糊与动态、影响的关联性、自组织与适应性等特征。

1.3.3　智能复杂体系及新挑战

在当今时代，随着物联网、大数据、人工智能等高新技术的快速发展，“智能复杂体系”概念被正式提出并逐步成为复杂系统科学的重点研究对象之一。这是因为在这些高新技术的支持下，构成体系的各系统之间、构成系统的各子系统之间、子系统内部的各组分之间的交互作用越来越智能且复杂多样，信息流、资金流、物质流在体系间依靠数据流进行流转，随着智能程度的增强也越来越快速、灵活。智能复杂体系是未来的发展趋势。智能复杂体系也属于体系的范畴，其概念与体系的概念是相同的，具备体系的所有特征，并在这些特征之上还拥有自己独有的特征(比如说智能性)。

智能复杂体系之所以称智能，原因在于构成它的系统都是智能系统。这些智能系统之间利用数据流不断地进行交互与反馈实现协同与优化，最终使得整个智能复杂体系表现出单个智能系统或它们简单加和所无法表现出来的功能和效用，其智能性也得到了大大加强。

智能复杂体系往往具有下述特点：

(1)智能复杂体系中的各个子系统具有独立性、异构性、复杂性、分布性、智能性。独立性表明组分系统是可以独立运行的单元。异构性表明组分系统之间的差异可能很大，数据形式和系统运行模式千差万别。复杂性表明组分系统是复杂系统，组成体系之后复杂性将成倍甚至成指数级增加。分布性表明各组分系统可能分布在不同的空间位置。智能性表明组分系统可以根据环境和需求的变化进行自我组织、管理和调节。

(2)智能复杂体系运行和管理具有动态性。动态包含两层含义，既指组分系统为动态的、可变的系统，也指体系具有开放性和动态调整性，允许系统的进入、退出和动态演化。

(3)组分系统间通过数据进行复杂多变的联结与交互。数据作为“流通货币”，贯通整个体系，反映体系内的联结、交互、协同、优化、涌现等动作的过程与结果。

(4)智能复杂体系具有强涌现特性。组分系统间通过一系列交互动作，使智能复杂体系出现组分系统不具备的能力，表现为层次更高、水平更高的智能性。

智能复杂体系已经应用于多个方面。例如，智慧城市利用物联网等多种高新技术为人们的需求提供智能响应，大大提高了城市运营的效率，截至 2017 年底，已经有 500 多个城市提出建设智慧城市。智能复杂体系也已经应用到企业当中，结合云计算技术，大大提升了企业监管和运营效率。智能复杂体系在战场上也得到了充分应用，包括无人机群作战、马赛克战、多域作战等。当今时代，大国之间的竞争与战争是复杂的，因此将体系的思想应用于战场上是非常有必要的，这样能够提升作战效率，最大程度降低成本与减少人员伤亡。此外，智能复杂体系还应用于武器的最优组合上，利用模型来分析、评价各种武器组合所能带来的效益与成本，从而不断优化组合，在给定的约束下寻求最好的组合方式，相比传统的组合方式而言效率更高、成本更低，符合当今时代大国战争的新要求。

智能复杂体系是一个新概念，但它仍然属于复杂系统的范畴，其与复杂系统既有相同之处又有不同之处，且系统科学和复杂性的研究理念、工具和方法对于智能复杂体系仍然是适用的。因此，研究智能复杂体系需要灵活运用研究复杂系统的方法并对其进行综合分析，同时，也需要积极探索新的方法。

此外，体系与系统的关键区别在于二者在涌现行为上的不同。系统涌现可以人为设计，体系涌现则超出了可预见范围。一个体系需要多种多样的涌现行为来提升能力。因此，体系的设计者需要为体系创造合适的环境，使涌现行为充分发生，并能够迅速地检测和中止意外行为。但现有的文献对体系涌现性的描述不够充分，主要原因是体系涌现的实现较为困难，更遑论对涌现的控制、引导与调节。未来，智能复杂体系的涌现行为将通过数据配合、耦合与融合，互相渗透与弥散，逐步深入，能够自发地出现更强的信息与知识。同时，逐步解开涌现发生的机理，进而实现对智能复杂体系涌现行为的控制与引导。

1.4 复杂性科学的发展与未来

1.4.1 复杂性科学的大师与殿堂

在复杂性研究的历史长河中，很多学者做出了卓越的贡献：贝塔朗菲(Ludwig von Bertalanffy)提出了一般系统论，冯·诺伊曼(John von Neumann)提出了复杂度阈值理论，赫伯特·西蒙(Herbert Alexander Simon)提出了准可分解的层级系统，普利高津(Ilya Prigogine)提出了耗散结构理论，霍兰德(John Holland)提出了复杂自适应理论，钱学森提出了开放的复杂巨系统和定性与定量相结合的综合集成法。这些工作和思想为现代复杂系统科学的进一步发展奠定了坚实的基础。(以下内容部分来自于北京师范大学张江在“得到”平台上的《复杂科学前沿 27 讲》。)

1. 贝塔朗菲和他提出的一般系统论

贝塔朗菲是复杂性科学研究理论的奠基人之一，他所提出的一般系统论被认为是复杂性科学的开端。随着 20 世纪 20 年代以来现代科学技术的迅速发展，科学家们发现出现了越来越多无法单纯地用还原论解释的问题。因此，要推动科学发展，迫切需要发展还原论，突破、超越还原论的局限，找到更加科学的思想以及方法论。

于是，贝塔朗菲开始思考和探索一般系统论。在反对机械论和活力论的同时，贝塔朗菲首先提出了有机论，具体是：所有生物都能够通过活动(通常为运动)的方式来对外界环境给予其的刺激作出反应，即生物能够通过与外界环境进行物质和能量交换来维持自身的活动。有机论把活的有机物当作整个自然，它认为，有机物拥有物化分析所难以理解的性质，而这些性质是由这个整体的统一作用造成的。

由此，一般系统论的雏形得以产生。一般系统论的基本思想源于生物有机论，它强调必须用系统性的思维将生命现象当作一个有机整体来加以研究和考察，而不能简单地利用还原论、机械论的思想来考察事物的性质特征及其演变规律。

贝塔朗菲不仅提出了一般系统论这个理论，还对交叉学科极为关注。除了在其专门研究的理论生物学领域发表了三本自成体系的著作之外，贝塔朗菲还发表了两百多篇关于交叉学科的文章。贝塔朗菲的思想不仅是众多学科交叉融合的产物，而且非常注重整体性和系统性。这给我们的启示是：必须要用整体性的思维考察问题，要将事物放在普遍联系的系统当中去考察与思考，因此具有非常深远的影响力。正如爱因斯坦所说的那样：“如果人类要生存下去，我们就需要有一个崭新的思维方式。”而这种“崭新的思维方式”必然是具有整体性、复杂性、联系性、开放性、动态性的思维方式，这必然是基于一般系统论的思维方式。

2. 冯·诺伊曼与自复制

冯·诺伊曼被称为计算机之父、博弈论之父，也是最早的复杂性科学研究的开拓者。在冯·诺伊曼生命的最后十年，他开始思考生命的本质，尝试回答跨越了生命和非生命的那条鸿沟是什么。他最终的答案，就和“自复制机器”有关。冯·诺伊曼的这些研究是复杂性科学真正要解决的核心问题。复杂系统之所以复杂，是因为它具备一系列“类生命”的特征，它既有秩序，又很灵活。例如盘旋在空中的鸟群好似有生命一样，这就是一种“类生命”特征。所以，复杂性科学真正的核心问题就是回答“生命的本质是什么”。围绕这一点，可以抽象出一套有关生命系统的理论，再将它泛化到其他复杂系统中。

实际上，物理学家薛定谔(Erwin Schrödinger)也曾经思考过这个问题。1944年，他写了一本书，叫《生命是什么》。在这本书里，薛定谔提出了两个对生命极富洞察力的猜想。一个是生命体包含着一种特殊的物质，它是生命遗传信息的载体。这个猜想直接激发了DNA双螺旋结构的发现。而他的另一个猜想是，生命需要不停地获取负熵，也就是不停地获取“有序”才能够维持生存。例如生物体维持新陈代谢，就依靠从外界源源不断地摄入负熵流。薛定谔的这两个猜想，把生命拉向了物质世界与信息世界的交汇之处。负熵流和新陈代谢是生命得以生存的物质基础，而DNA是构成生命的信息基础。生命的核心秘密恰恰就在这个交汇的地方。但即使在今天，绝大部分的复杂性科学研究要么偏向物质世界，要么偏向信息世界，几乎没有研究直击物质和信息的交汇之处。在这些研究当中，只有一个例外，这就是冯·诺伊曼提出的复杂度阈值理论。

在大量的实践中，冯·诺伊曼发现所有的计算机都经常出现问题。就像汽车，每隔一段时间就必须进行一次维修保养。大型计算机也是这样，技术人员要经常维修才能维系它的工作。然而，同样是一个庞大而复杂的机器，我们的大脑好像并不需要维修。即使大脑工作了一整天，睡一觉之后就可以恢复工作状态了。冯·诺伊曼特意写了一本小册子，叫《计算机与人脑》。他细致地比较了当时的计算机和当时知识水平下的人脑。他总结到，人造的计算机是使用了大量非常可靠的、运算快速的部件，搭建成的一个不可靠的、运作缓慢的系统；而我们的大脑则恰好相反，是使用了大量不太可靠的、运算相对缓慢的部件——也就是神经元，搭建起来的一个可靠的、运算快速的系统。冯·诺伊曼认为，这两者的差异不在于它的构成单元是什么，而在于这些单元的组成方式。计算机不如人类大脑，是因为计算机单元组成的复杂性程度还无法和大脑媲美。

那复杂性程度怎么度量呢？是复杂到了什么程度，就能完成从计算机到大脑的变化吗？冯·诺伊曼把这个变化的临界值称为复杂度阈值。这个临界值是多少，冯·诺伊曼并没有给出答案。但在《自复制自动机理论》这本书里，冯·诺伊曼提到，如果能度量，就能看到各式各样复杂系统的行为会随着复杂度的变化而展现出非连续的变化。也就是说，当一个系统的复杂度跨越过某个阈值之后，这个系统才有可能自发地走向越来越秩序和复杂的结构。比如人的大脑可能就是跨越了某个阈值，才不仅能维持工作状态，还有非凡的学习能力。而如果系统没有跨过这个阈值，它就会不断地衰败，最终走向死亡。比如，各种机器就没有跨过这个阈值，所以必须依靠外部的维修，才能保持工作状态。虽然冯·诺伊曼没能给出一套对阈值的计算方法，但他却明确地提到，这个阈值和系统的自复制能力紧密相关。如果想让一个人造系统也能跨越复杂度阈值，就必须要让机器具备自我复制的能力。他研究自复制机器，并不是简单地希望用机器模仿自然界生命自复制的奥秘，而是想通过机器模拟的方式，看到一个复杂系统是怎么自动跨越这个复杂度阈值从而走向进化的。这就是冯·诺依曼的复杂度阈值理论。

复杂度阈值的跨越，其实是一个复杂系统从"物质"到"信息"的跨越。简单来讲，编码就是信息，而机器就是物质。本来这两者彼此之间没有任何关系，但是在自复制机器中，编码和机器实体完成了一定程度的合二为一。自复制机器需要两个要素，一个是机器实体，一个是蓝图。而蓝图刚好编码了整个机器的设计信息。这就是蓝图和机器的合二为一。在这一刻，自复制机器就正处于"物质"和"信息"的交汇处。它可以复制自己，所以不仅跨越了死亡，还能实现进化，就仿佛有了生命。

那这种处于"物质"和"信息"交汇处的特殊状态，能不能泛化到其他的复杂系统里呢？"自复制"实际是一种特殊的自指结构，蓝图上编码了整个机器的信息，这就是一种自指。这些不同于自复制的自指结构，很可能都位于信息和物质的交汇之处。例如当摄像机拍摄到的画面被原封不动地呈现在屏幕中的时候，系统就有了自指结构。而当控制摄像机上的放大旋钮，让屏幕中的内容不断放大的时候，屏幕里的画面就发生了特殊的变化：各式各样的复杂结构从屏幕中涌出。这就是"摄像机-屏幕"系统跨越了复杂度阈值的表现，也是跨越阈值后，系统能演化升级的表现。所以说，复杂性科学真正要回答的核心问题是"生命的本质是什么？"，而生命的奥秘应该处于物质世界和信息世界的交汇处。冯·诺依曼关于自复制机器的研究正好在这个领域，触及了生命的本质，解决了复杂科学真正应该解决的核心问题。

当然，到现在为止，复杂性科学还没有很好地回答这个问题。但这不妨碍我们说冯·诺伊曼的这个猜想有多么超前，冯·诺伊曼的洞察力一直是远超他那个时代的，这就导致他的研究工作会受到主流学术界的忽视。比如，早在20世纪30年代，冯·诺伊曼就建立了量子力学的数学框架。但当时没人能看懂，所以这套框架被埋没了数十年的时间。后来人们才发现，原来冯·诺伊曼的数学框架早已经为量子计算和量子信息奠定了基础。冯·诺伊曼晚年所做的这个关于自复制机器的研究，也属于这样的研究。他不仅把"生命本质"这样的哲学问题成功地转化成了"自复制机器"这样的科学问题，而且还独自一人给出了关于自复制机器的完整设计方案。这充分展现了他的洞察力和工程实践能力。

3. 赫伯特·西蒙与人工科学

美国学者赫伯特·西蒙学识渊博、兴趣广泛，研究工作涉及经济学、政治学、管理学、社会学、心理学、运筹学、计算机科学、认知科学、人工智能等广大领域，他在各个领域做出了创造性贡献，甚至深刻地影响着我们这个时代，可谓是20世纪科学界的一位奇特的通才。西蒙于1978年因为在组织决策过程中作出的开创性贡献而获得了诺贝尔经济学奖。

西蒙于1969年首次出版了《人工科学》一书。该书最后一章的题目为"复杂性的构造"(The Architecture of Complexity)，作者认为，在科学和工程中，对系统的研究的活动越来越受到欢迎。它受欢迎的原因，与其说是适应了处理复杂性的知识体系与技术体系的任何大发展的需要，还不如说是它适应了对复杂性进行综合和分析的迫切需要。该书于1996年出版第三版时，作者新增了题为“复杂性面面观”的一章。由此可以看出作者对复杂性科学的关注。

在第三版《人工科学》中，西蒙指出，准可分解的层级系统是许多复杂系统的典型结构。这启示我们在解决日常生活中遇到的复杂问题时，必须要有复杂性思维，站在系统的角度去全面考虑事物，抓住问题的本质。人工科学指的是，为了达到一定的目的，必须利用物质符号系统来创造智能性，生成人为事物。围绕人工事物的创造，西蒙又提出了非常多的深刻的认识，例如，关于通过计算机模拟可以获得理解、关于没有终极目标的设计等。其中要强调的是，要重视层级理论。层级理论指出：由于复杂性是由简单性进化而来的，因此复杂系统往往是层级结构的。而这里所说的层级结构是具有准可分解性的，准可分解性这一性质对复杂系统的描述进行了简化，使得人们更加容易理解复杂系统，从而可以在合理的范围内储存系统发育或繁殖所需的信息。

西蒙还从科学技术发展的角度对近年来与复杂性密切有关的内容作了扼要的概括：第一次世界大战后，开始了早期的研究，所用的题目是整体论(holism)、格式塔(gestalts)、创造性进化(creative evolution)；在第二次世界大战后出现的题目是信息(information)、控制论(cybernetics)、一般系统(general systems)；当前的热门题目是混沌(chaos)、自适应系统(self-adaptive systems)、遗传算法(genetical gorithms)以及元胞自动机(cellular automata)。他把与复杂性科学密切相关的若干课题归纳为以下8方面：①整体论和还原论；②控制论与一般系统论；③复杂性方面当前的兴趣；④复杂性与混沌；⑤在突变和混沌世界中的合理性；⑥复杂性与进化；⑦遗传算法；⑧元胞自动机和生命游戏。

为了纪念西蒙在复杂系统、人工智能、信息处理和组织理论等方面的开创性工作而命名的复杂性科学的西蒙奖(Herbert A. Simon Award)旨在表彰世界范围内在复杂系统研究方面作出卓越贡献的学者。2018年，该奖项被授予H. Eugene Stanley，以表彰他对复杂系统科学和统计物理学的贡献。2020年，该奖项颁发给Melanie Mitchell，以表彰她对复杂系统科学和人工智能的贡献。

4. 普利高津与耗散结构理论

普利高津对复杂性科学作出的最大贡献就是“耗散结构理论”。这个理论让他在1977年获得了诺贝尔化学奖。普利高津的学术研究击穿了复杂科学研究的小圈子，获得了主流学术界的认可，而且也让像“熵”这样的概念被更多的人知道。

普利高津最重要的研究成果回答了人们存在已久的困惑。熵是无序程度的一种度量。热力学第二定律告诉我们，任何一个孤立的系统，也就是不和外界进行物质、能量交换的系统，必然会朝着熵最大的状态演化。但经典的热力学第二定律存在着两个根本性的局限。第一，按照热力学第二定律的预言，系统演化的终极方向必然是无序。可在日常生活中，我们能看到很多违背热力学第二定律，甚至反方向演化的例子。比如，地球的生物圈不仅没有走向无序，好像还演化得更有秩序、更复杂了。第二，热力学第二定律只能适用于孤立系统，但这种绝对的孤立系统，在日常生活中并不多见。从19世纪热力学第二定律被提出开始，这两个局限就一直困扰着人们。

而重大的突破，就是普利高津的耗散结构理论带来的。耗散结构听起来很高深，其实在生活里很常见。我们的身体就是一个耗散结构，由于新陈代谢，构成身体的每一个细胞几乎都在不停地发生新老更替，但我们还是我们，不会因为细胞的更替而变成另外一个人。这种由大量变动的单元所组成的相对稳定的结构，就被称为耗散结构，它是能自发地维持具有一定秩序性的结构。热力学第二定律说系统会走向无序，但耗散结构却可以维持一定的有序。其实两者并不矛盾，关键在于系统所处的条件。热力学第二定律所说的系统，是不和外界环境发生物质、能量交换的孤立系统。如果把“熵”简单地理解为垃圾，那么在孤立系统的条件下，系统内部在源源不断地产生着熵，垃圾越来越多，时间久了，系统必然会走向无序。但如果系统是开放的，也就会和外界发生物质、能量交换，系统就有可能把自己内部产生的熵排出系统之外，把熵排出去，就给系统带来了有序，这就是“负熵流”。于是，开放系统的熵是有可能减少的，这就是耗散结构会自发走向有序的原因。

也就是说，开放系统中熵的流动，可以分成“和外界交换的负熵”及“内部不断涌出的熵”，“内外”具有两种完全不同的形式。这两者的竞争决定了系统演化的方向。一旦系统和外界交换的负熵超过了内部产生的熵，那么系统在整体上就有可能实现熵减，从而自发地从混沌走向有序。因此，普利高津重新表述了热力学第二定律：任何物理、化学过程的熵产生一定是大于零的。去掉了“孤立系统”这个限制，就让热力学第二定律可以同时适用于孤立系统和开放系统。这样一来，既解决了现实中很多看似违反热力学第二定律的问题，也解决了热力学第二定律适用范围太窄的问题。可以说，普利高津的研究是自热力学产生以来，对熵和热力学第二定律最大力度，而且也是最本质的一次推广。这是普利高津实现的从复杂性科学到整个学术界的突破。

普利高津的耗散结构理论经常出现在企业家们的演讲里，如“管理耗散”“企业内部的熵”等等。这些本来属于自然科学领域的概念，在经济、企业管理领域的出现频率甚至远远超过了它在物理、化学领域中的使用频率。这和普利高津的科普作品所传递的理念有关系。普利高津一生共出版了20本书，如《确定性的终结》《从存在到演化》《探索复杂性》《从混沌到有序》等。在这些书里，普利高津都在传递一种理念，就是耗散结构理论是可以扩展到其他领域的。其实不只是耗散理论，他在这些科普书里，大胆地把各种物理、化学领域的前沿概念扩展到了生物、社会、经济等更广泛的领域。普利高津认为，推广了的热力学第二定律同样可以适用于生物、生态、社会、经济等各种复杂系统。因为一切宏观过程的微观物质基础，必然是一些遵循物理、化学规律的物质运动过程，而这些物理化学过程又必然会有熵的产生。一切宏观的生命、人类社会、经济活动等，都必然会伴随着熵的产生。而所有的这些宏观活动，都有抵抗熵的产生、维持有序状态的需求。那么，为了抵抗熵产生，这些系统就必须保持开放，这才有可能让系统和外界交换熵的速度抵消系统熵产生的速度，也才能让系统自发地从无序走向有序。所以普利高津认为，从热力学和化学中得出的关于“熵”的分析框架，同样可以适用于其他宏观的复杂系统。这个认知开辟了耗散结构理论跨学科应用的先河，也开创了最早的复杂性科学研究。人们开始相信，所有的复杂系统都必然遵循着同样的一套底层规律。

这样的理念让自然科学界的概念扩展到了人类社会、经济活动中，这也是他在企业管理等领域受欢迎的重要原因之一。不过，尽管普利高津跨学科的理念开创了复杂科学研究的先河，但也正是这一点，让普利高津遭受了一些非议。有些科学家认为，普利高津的推广一定程度上是对概念的滥用。比如，“熵”就是一个特别容易被过度解读和滥用的概念，对一个物理或化学过程来说，熵是一个可以具体计算的量。然而，当讨论一个宏观的社会系统或生态系统的时候，这种包含了大量物理化学过程、机制不明确的宏观系统，在原则上是没办法计算出“熵”到底是多少的。把“熵”放在一个不可度量的地方，这就是一种滥用。所以，当说一个复杂系统的熵的时候，那只不过是一种概念上的说法，并不意味着我们真的能够度量它们的具体数值。也就是说，在跨学科使用时，这些概念在逻辑框架上和普利高津的理论是一致的，但针对每个不同的研究，需要找到它们各自的具体变量，如“货币流”“能量流”等等。这就是普利高津从学术界到大众的突破。

5. 霍兰德与遗传算法

霍兰德是复杂自适应理论的提出者，是复杂系统研究的领军人物，他还是美国圣塔菲研究所的创始人之一，同时也被称为“遗传算法之父”。

霍兰德创造遗传算法，本来是为了解决传统人工智能搜索慢的问题的。举个例子，假设有一个商人要在全国推销商品。他计划从北京出发，要把全中国 300 个左右地级市都走一遍，还不能重复。那他肯定会希望花在路上的时间是最少的。也就是说，他要选择一个以北京为始发站，把所有城市走一遍的方案，并且总路程最小。这个问题是人工智能中的一个经典难题，叫旅行商问题。传统的人工智能方法，就是依次搜索所有可能的城市排列，然后从中找到一个最近的。当城市的数量比较少的时候，这的确是一个不错的方法，搜索速度很快。但是，随着城市数量的增多，算法的计算时间会呈现指数级的增长。假如计算机解决 10 个城市的旅行商问题需要花费 1 s，那么，当城市规模达到 100 的时候，计算机需要的时间就已经超过了宇宙的年龄，更别说要排序的还是 300 个左右的城市。

霍兰德发明了遗传算法，通过模仿大自然进化的过程来寻求解决方案。霍兰德观察到，其实生物的进化过程就可以看作是一种求解的过程。生物为了让自己生存的概率最大化，它所能调节的就是身上的每个基因。那能不能模拟生物的这种本领呢？还是以旅行商问题为例。首先，遗传算法会在计算机的虚拟空间中创建一个生物种群。在这个种群中，每一个生命体就是一个城市序列。比如，“生命体 1”对应的是“北京-上海-广州-深圳”这样的序列，“生命体 2”对应的是“北京-天津-石家庄-广州”这样的序列。最开始的时候，这些序列是随机生成的。遗传算法会模仿大自然中的基因突变，以一定的概率创造全新的个体。比如，可以互换某个城市序列中的任意两个城市，把“北京-上海-广州-深圳”，变异为“北京-上海-深圳-广州”，这就是全新的生命体。然后，算法开始模拟大自然优胜劣汰的过程，让表现差的个体死掉，让表现好的个体保留下来并进行复制。再加上变异，就是某个“生命体”上的片段上的某几个城市发生一个变化。重复以上过程，最后留存最多的个体类型就是非常好的结果。

相比于传统的算法，遗传算法可以更快地找到接近最优的答案。霍兰德当初的这个想法，可以说是另辟蹊径。在他攻读计算机科学的博士学位期间，正赶上人工智能刚刚兴起。

那个时候，用机器进行推理和计算是一件非常“酷”的事情。但霍兰德却不以为然，他认为用机器计算不算什么，机器的学习能力才是更加重要的。所以，霍兰德脱离了人工智能的主流学术圈子，打算用生物进化的思路来解决机器学习的问题。经过将近20年的努力，他终于完成了那本叫《自然与人工系统中的适应》的书，建立了遗传算法的框架。但这本书出版后，因为内容太超前了，几乎无人问津。20年后经典的人工智能走进了死胡同，人们需要全新的具备适应性能力的算法，遗传算法才终于被大家关注。目前，遗传算法已经被广泛应用于人工智能、工业设计、游戏等领域，甚至渐渐形成了一个全新的领域，叫作“进化计算”。这就是霍兰德创造的“新答案”。

就在遗传算法逐渐流行起来以后，作为遗传算法的创造者，霍兰德却逐渐远离了这个领域，又去研究新问题了。如果说遗传算法这个“新答案”是为了回答算法计算太慢这个“旧问题”而创造出来的，那么他的再一次研究，就是为这个“新答案”找到了一个“新问题”。霍兰德观察到，现实世界中形形色色的复杂性，都和系统中个体的适应性有关。从复杂系统的角度来说，个体和个体的相互作用规则不再是一成不变的，而是可以发生动态变化的。这样的复杂系统就是复杂适应系统。但互动规则在变化，按原来的思路，是无法研究这样的系统的。要在计算机里模拟系统的动态变化，就得把互动规则作为参数输入计算机。现在互动规则在变，但是并不知道它会怎么变，这就无法模拟研究了。

霍兰德为了研究这些系统，对遗传算法进行了升级。在经典遗传算法中，必须给程序设定一个明确的进化目标，比如在旅行商问题中，“总路程最短”就是进化目标。但在复杂适应系统中，并不总能找到这样明确的目标。比如，每家杂货铺的策略都不一样，没人告诉他们怎样做是对的。霍兰德发现，可以用多个个体之间的互动博弈替代固定的目标。假设一个模拟的生命体种群，每个生命体都会和它周围的生命体玩“石头、剪刀、布”的游戏。在这样的设定中，最终的胜出并不取决于某个固定的策略，而是取决于周围生命体构成的环境。假如初始时候，所有的生命体都是出“石头”的策略，那如果某个生命体突变出出“布”的策略，那它的种群肯定会越来越大，逐渐胜出。而当种群中充斥了大量的出“布”策略时，新出现的、会出“剪刀”的个体又会胜出。这种升级版本的遗传算法，就可以模拟复杂适应系统的运作了。复杂适应系统的现象是霍兰德发现并定义的，这是他找到的“新问题”。而改进后的遗传算法是解决这个问题的方法。这两部分合起来，就是使霍兰德获得“一个人的圣塔菲研究所”称号的理论体系。他出版的书《隐秩序》和《涌现》介绍了他在复杂自适应系统理论的思考和成果，在复杂系统研究领域具有极大的影响力。

霍兰德的研究具有非常鲜明的个人特色和个人风格，是典型的学科交叉研究模式：遗传算法结合了进化理论，分类器系统则结合了经济学、心理学，回声模型结合了生态学，边界与信号模型则结合了生物学等。

6. 钱学森与综合集成研讨厅

钱学森被誉为中国导弹之父、中国火箭之父，是“两弹一星”元勋，也是中国系统科学的奠基人。在中国的学科分类体系中，系统科学是和物理、化学相平行的一级学科。把系统科学放在这么重要的位置上，是中国的首创。而这离不开钱学森对系统科学的大力推广。钱学森在此方面的主要贡献可以分为两部分，一个是他把系统科学应用于实践的部分，还有一个是他推动系统科学理论进步的部分。

钱学森在实践方面的贡献主要是系统工程。在日常生活里，经常会提到系统工程这个名词。家里装修是个系统工程，负责推进项目也是个系统工程，而造火箭也是一个系统工程，如长征二号 F 型运载火箭，它的箭体结构包括动力装置系统、控制系统、故障检测处理系统等。其中，每个系统又都是由很多子系统构成的。所有这些系统之间，不仅要能严丝合缝地组合到一起、相互配合，更重要的是不能发生一丁点的错误。这就好比是要做一千道选择题，必须同时做对，才能让火箭飞上天，无论哪一道做错了，整体就都是失败的。火箭发射成功只有一种可能，但是发射不成功却有无数种可能。更何况，每支火箭的造价都极其高昂，不会有太多的试错可能。制造火箭就是一个庞大的系统工程，这样的大型科研项目动辄需要协调几百家研究所、几千家工厂和几万名科技人员的联合工作。怎样让这个规模庞大的系统能够有条不紊地高效运转呢？

当年钱学森在碰到这个问题时，开创性地提出了“总体设计部”的方案。总体设计部是一个全新的部门，它由熟悉各方面专业知识的技术人员组成，但一般不承担具体部件的设计工作。简单来说，总体设计部是一种自上而下的统筹、规划、管理的部门。总体设计部经过分析，知悉系统顶层体系的结构、功能和性能，再把这些要求逐级分解，让它们成为上万参与人员的具体工作。在考虑子系统的技术要求时，总体设计部会从子系统所从属的、更大系统的角度来考虑。当分系统和分系统之间出现矛盾的时候，总体设计部会整体协调，选择解决方案。当然，除了创建总体设计部之外，钱学森还借鉴了很多其他学科的方法来帮助系统高效运转。如建造火箭需要大量系统高效运转，建造火箭需要大量的材料，如何合理规划不同材料的运输和分配，这是典型的运筹学讨论的问题；再如，让多个系统的子任务平行推进，并且紧密观测每个子任务的进度，这是管理学讨论的问题。利用这一系列的方法，钱学森主持完成了最早的长征火箭的建造，为我国航天事业奠定了重要的基础。

圣塔菲研究所是研究复杂科学的机构，很多复杂科学的概念都来自这里。但是钱学森提出，有一类复杂系统，根本不能用圣塔菲的方法。之前说复杂系统是由大量的个体通过彼此之间的相互作用，展现出既灵活又有序特性的系统，比如鸟群、蚁群，都是复杂系统。在研究鸟群、蚁群的时候，都是找到个体之间相互作用的机制，然后用计算机模拟这种机制，就能在计算机上看到涌现现象了。这是典型的圣塔菲研究所一派的研究方式。然而，现实当中更多的复杂系统往往比鸟群和蚁群复杂很多。比如，人体是由细胞构成的系统，但是这中间还包括多个层级。细胞要先构成组织，再由组织构成器官，再由器官构成人体。从构成上看，人体这个复杂系统有很明显的多层级特征。从功能上看，人体也包含了多个相互配合、协调的功能子系统，如神经系统、免疫系统、血液循环系统等等。和人体很类似的城市、生态系统、经济系统，它们也都具备多层级、多子系统的特征。但这两个特征，在鸟群、蚁群当中并不存在。钱学森给这类系统起了一个名字，叫“宏观复杂巨系统”。研究这类系统，圣塔菲研究所常用的研究方法就不好用了。

面对宏观复杂巨系统，计算机模拟的方法可能会失效。宏观复杂巨系统往往过于复杂，计算机很难模拟这种多层次的涌现问题。不一样的研究对象自然需要不一样的研究方法。钱学森提出来的方法，就是“定性与定量”相结合的方法论。简单来说，人类专家擅长对事物定性推理，而计算机等技术方法擅长定量推理，把这两种方法结合起来，就是钱学森说的方法了。在这当中，人类专家的经验会更加宝贵，更有洞察力，但在面对不同问题的时候，不同人类专家的经验重要性可能不一样。这个时候，有一种技术手段，叫“综合研讨”，可以用来整合专家的观点。目前，这种方法已经在宏观经济决策、战略决策、重大灾害的防御和应急决策等方面发挥了重大作用。此部分内容将在第2章中简单介绍。

7. 圣塔菲研究所

圣塔菲研究所(Santa Fe Institute，SFI)(见图1.4)，被人们称为“复杂性科学研究的圣地”，圣塔菲之所以能够被称为圣地，和其地理位置、丰富的研究成果有关，但最主要的还是其独特的运行模式。

SFI在圣塔菲市郊区的山上，进了大门还需要沿着盘山公路走到山顶才能到达研究所的主建筑。主建筑是一座非常普通的平房，矗立在山顶之上，就像是一座寺庙或修道院。研究所内部，白板和马克笔随处可见，来自世界各地的学者们，在讨论时可以随手拿起马克笔在白板上推演公式。这是研究所开放与交流的理念所在。这就使得来这里的每个人都可以随时随地地抒发灵感并且同其他人进行交流。复杂性科学的许多关键概念都是在这里提出的。SFI出版的《复杂性》(*Complexity*)和《圣塔菲研究所通报》(*SFI Bulletin*)等刊物、会议文集序列和学术专著，20多年来，已经形成了复杂性研究的重要信息资源。

图1.4　圣塔菲研究所外墙

图片源自 https://en.wikipedia.org/wiki/Santa_Fe_Institute

下面介绍SFI独特的运行模式。

(1)SFI的研究主题包罗万象，SFI的工作涉及适应与自适应、适应与学习、进化特别是出现生命前的进化、计算生物学、人工生命、全球经济演化、股票市场模拟等众多领域，并且研究人员也并不专注于一个主题的研究。

(2)同其他科研机构不同，SFI常驻的研究人员并不多，只有十几位，大多数是来自世界各地的科研人员和访问学者。这些访问学者的访问时间，长的有一两年，短的则不到一天。来到这里的学者大多都有自己的研究方向和所钻研的领域，但他们来到SFI可以进行跨学科交流与合作，在这个自由的环境下他们可以充分发挥自己的跨学科想象力，从而激发更多跨学科的可能性。

(3)SFI不允许政府机构资助其的经费超过总预算的1/3，这样在最大程度上保障了政府机构无法利用自己的职权来左右SFI的研究方向。SFI其他大量的经费来自企业和个人捐助，经费充足且源源不断。

显而易见，SFI之所以能够被称为复杂性科学的研究圣地，最大的原因是这里自由松散的环境、生机灵动的机制，散发着自由、神圣、独立、平等、活力，这是积极进取、渴望超越、具有广泛兴趣的科学家们所向往的。SFI的这种运行模式和各式各样的学术活动吸引了来自世界各地的具有跨学科思维的科学家们来访，这些科学家都是具体所在领域的专家，他们来这里试想挣脱思想的束缚，找到更多可能性，并进行令人兴奋的研究探索。这样的运行模式，使得 SFI 真正成了一家“没有围墙的研究所”。这里的围墙，既代表没有固定人员固定工作地点的现实的围墙，也代表了不同学科之间的隔阂。SFI 正是凭借这个独特的跨学科交流模式，始终站在复杂性科学的前沿。

除了著名的圣塔菲研究所，还有很多其他研究机构整合了不同学科领域的各种资源，为全世界各地的跨学科人才提供便利，这些机构共同推动了复杂性科学的发展。在国外，东北大学网络科学研究所、西北大学复杂系统研究所、新英格兰复杂系统研究所、印第安纳大学网络科学研究所、密歇根大学复杂系统研究中心、耶鲁大学网络科学研究所、肯塔基大学社会网络分析中心、杜克大学网络分析中心、麻省理工学院媒体实验室、波士顿大学物理系等，国内的北京师范大学、北京交通大学、国防科技大学、上海理工大学等也开设了系统科学专业，并且北京师范大学有一个完全以系统科学命名的学院。

1.4.2　21 世纪是复杂性的世纪

2021 年 3 位科学家因对复杂系统的研究和贡献而获得了诺贝尔物理学奖(见图 1.5)。真锅淑郎(Syukuro Manabe)和克劳斯·哈塞尔曼(Klaus Hasselmann)因为“地球气候的物理建模，量化可变性并可靠地预测全球变暖”的研究共享了诺贝尔物理学奖的一半奖金。乔治·帕里西(Giorgio Parisi)因为“发现了从原子尺度到行星尺度的物理系统中的无序和涨落的相互作用”而获得了诺贝尔物理学奖的另一半奖金。这是复杂性科学的相关研究第二次获得诺贝尔奖(上一次还是 1977 年普利高津因他在耗散结构理论方面的工作而获得诺贝尔化学奖)。

Syukuro Manabe

Klaus Hasselmann

Giorgio Parisi

图 1.5　2021 年诺贝尔物理学奖得主

图片源自 https://www.nobelprize.org/prizes/physics/2021/summary/

复杂系统研究涉及从生命到宇宙再到人类社会等一系列意义重大的问题。2021 年的诺贝尔物理学奖的前一半就是授予了全球气候这一涉及人类未来生死存亡的重大问题的研究。这次颁奖词中有两个关键词，一个是“气候”(climate)，一个是“无序”(disorder)，而复杂系统中的无序有相当一部分来源于“混沌”(chaos)。我们知道，天气预报往往难以准确预测，这就是因为气候具有初始条件敏感性，也就是所谓的蝴蝶效应。

混沌现象使得简化的天气和气候系统都是难以预测的，人们理所当然地认为更加复杂的全球气候系统、更长时间跨度的气候变化特征会更加难以预测。但事实并非如此，2021年诺贝尔物理学奖的头两位得主，Syukuro Manabe 和 Klaus Hasselmann 的工作就否定了这个结论。通过他们的研究，我们知道了如果从更大的尺度研究考察全球气候系统时，人们不仅仅可以预测全球大尺度气候系统的宏观行为，甚至在一定程度上还能够预估人类的碳排放会如何影响全球气候系统。有趣的是，在微观层面，混沌现象的存在使得我们难以对天气和气候进行准确的预测，但是在观察更高层次的全球气候变化问题时，混沌现象导致的一切难以预测的行为和不确定性因素却成了噪声涨落，从而能够被忽略，得到具有确定性的结论。

当从不同的尺度去看一个复杂系统时，它既可以从大量的无序中产生有序，又可以从大量的有序中，产生出混沌现象。然而，真正的复杂系统其实既不是单纯的有序，也不是单纯的无序，而是介于这二者之间的。人工生命之父、复杂科学家朗顿就提出一个名词“混沌的边缘”来刻画复杂系统真正的核心属性——复杂。而 2021 年诺贝尔物理学奖第三位得主的研究工作其实就牵涉到了这类混沌边缘的复杂现象。Giorgio Parisi 是意大利罗马大学的著名统计物理学家，他的主要学术成果是自旋玻璃。自旋玻璃其实是一种广义的 Ising 模型，Parisi 及其合作者开发了一套对更复杂的 Ising 模型进行求解的方法。当然，可以对复杂系统混沌边缘进行刻画的除了 Ising 模型，还有许多其他方法。比如天空中飞行的鸟群，单个鸟儿之间的相互作用就可以简化为 3 条简单的规则：①靠近。每只鸟儿都要尽可能地靠近鸟群中的其他鸟儿，尤其是它们的邻居。②对齐。每只鸟儿都必须和它的邻居前进的方向尽量保持一致。③避免碰撞。每只鸟儿要在靠近和对齐的同时注意不能与其他鸟儿或障碍物进行碰撞。如此一来，我们就可以根据这简单的 3 条规则利用计算机软件来模拟鸟群，表现出既灵活又不失秩序的集体行为。

著名物理学家 Per Bak 等研究发现，许多复杂系统可以通过自身的调节作用以自组织的方式使得自己进入这种混沌与秩序的边缘状态。比如，我们的大脑就是在秩序与混沌的两种状态中进行平衡与调节，最终达到一个介于两者之间的边缘状态。这是使得我们的大脑与其他哺乳动物相比具有超凡的智慧的原因。人类社会的迅速发展也离不开在这种边缘状态之间的平衡。

复杂系统研究牵扯到从生命到宇宙再到人类社会等一系列意义重大的问题。物理学家霍金也曾说过这一伟大预言：“我认为 21 世纪将是复杂性的世纪。”

1.4.3 复杂性科学的未来

1. 复杂性与新时代大国竞争

美国陆军部于 1942 年 6 月开始实施的利用核裂变反应来研制原子弹的计划，亦称“曼哈顿计划”(Manhattan Project)。为了先于纳粹德国制造出原子弹，该工程集中了当时西方国家(除纳粹德国外)最优秀的核科学家，动员了 10 万多人参加，历时 3 年，耗资 20 亿美元，于 1945 年 7 月 16 日成功地进行了世界上第一次核爆炸，并按计划制造出两颗实用的原子弹。整个工程取得圆满成功。在工程执行过程中,负责人格罗夫斯(L. R. Groves)和奥本海默(J. R. Oppenheimer)应用了系统工程的思路和方法,大大缩短了工程所耗时间。这一工程的成功促进了第二次世界大战后系统工程的发展。阿波罗登月计划是美国继曼哈顿计划、北极星计划之后,在大型项目研制上运用系统工程取得成功的又一个实例。阿波罗计划的全部任务分别由地面、空间和登月3部分组成,是一个复杂庞大的工程计划。它不仅涉及火箭技术、电子技术和冶金、化工等多种技术,还需要了解宇宙空间的物理环境以及月球本身的构造和形状。完成这个计划,除了要考虑各部分间的配合与协调外,还要估算各种未知因素可能带来的种种影响。此项工程组织了2万多个公司、120多所大学,动用了42万人参加,投入了300亿美元的巨资,用了近10年的时间,终于实现了人类征服地球引力,遨游太空,登上月球探险的梦想。整体阿波罗登月计划之所以能如期完成,关键在于运用系统方法进行有效的组织管理。

2021年8月26日,美国智库兰德公司网站发布报告,题为"在大国竞争和战争中利用复杂性",论述了如何利用复杂自适应系统思维来迎接新时代大国竞争和战争所遇到的机遇与挑战。该报告主要阐述了以下问题:

(1)在空军背景下,复杂性意味着什么?

(2)如何将复杂性用作攻击方法?

(3)如何在作战设定下运用复杂性?

(4)如何利用对复杂性本质的研究来理解科技努力可能在基于复杂性的能力方面提供什么?

该报告认为,现代战争的作战环境日益复杂,美国应致力于把自身的复杂性降至最低,同时在大国竞争及战争中为对手最大限度地增加复杂性。多域行动被视为给对手决策过程增添复杂性的关键角度,但目前对于如何施加复杂性以最大限度地扩大行动效果仍缺乏理解。同时,科学和技术投资尚不能量化复杂程度、衡量作战效果,以及确定如何制造复杂性,从而塑造对手行为。

该报告概述的研究工作包括文献综述,以了解战争中的复杂性特征。战争和竞争的历史案例研究以及研讨会确认并验证了该特征。由兰德公司研究人员开发的复杂性视角,可以通过利用兵棋推演中新兴的多域作战概念和调查历史案例研究来用于作战。

该报告还认为,美国空军应该运用复杂性视角来审查正在进行和未来的努力,以最好地利用复杂性来获得美国决策优势。该视角应分别考察对手和联盟的系统,涉及进攻性(攻击机会)和防御性(突出并解决漏洞)两个方面。审查工作应涵盖:①利用复杂性所需的科技;②多域作战规划;③多域作战战效评估。

此外,科技研究议程、多域作战规划和多域作战战效评估也需要复杂自适应系统思维。太平洋空军和美国驻欧空军应将复杂性视角思维整合到现有的桌面和指挥部演习中,以在作战规划期间帮助评估多域行动方案。

2. 继承系统思想，坚持系统观念

中国自古以来都是非常重视系统科学的国家。古代人类的生产水平低下，对自然灾害的抵御能力很差，对自然界的认识往往停留在“系统思想”的水平上，从整体上来认识世界，把人的生老病死与自然界的现象联系在一起，形成了“天人合一”的世界观。这种世界观中包含系统的思想，中国老庄哲学就反映了这种思想。《老子》中论述事物的统一、转化等，指出：“天下万物生于有，有生于无”，“无名，天地之始，有名，万物之母”，“道生一、一生二、二生三、三生万物”。后来王安石又将世界演化的顺序解释为“天一生水”“地二生火”“天三生木”“地四生金”“天五生土”。“五行，天所以命万物者也”，认为世界上的事物先由天地生出五行——水、火、木、金、土，然后再形成万物。这样，用阴阳、五行、八卦的观点来统一自然界的各种现象，统一人类与自然。我们可以把它们看成是整体观点、运动变化（演化）观点、综合（层次、组织、相互联系与相互作用）观点等系统思想的具体体现。

古代中国人民在长期的社会实践中逐渐形成把事物诸因素联系起来作为一个整体或系统来进行分析和综合的思想。随着系统思想的产生，逐渐形成了系统概念和处理问题的系统方法。许多古籍，如《孙子兵法》《黄帝内经》《易经》《老子》等，都有不少应用系统思想来观察、认识事物以及解决实际问题的生动事例。中国古代思想家的系统思想表现在治学和社会实践的许多方面，而在朴素的宇宙观、中医学说、军事理论、农业生产和大型工程实践中尤为突出。

春秋时代的军事家孙武在《孙子兵法》中主张从敌我双方战争格局这个整体出发来研究战争规律。他从道、天、地、将、法 5 方面分析战争的全局，把环境（天时地利、人心向背等）、系统及其要素（敌我双方力量对比、军心、指挥、战略、战术等）统一起来研究。他的名言“知彼知己，百战不殆”揭示了战争的重要规律，强调要从整体上分析敌我众寡、强弱、虚实、攻守、进退等矛盾，以便扬己之长，攻彼之短，克敌制胜。孙武的军事系统思想直到现在仍在国内外为人们所重视。中国古代系统思想还反映在农业生产实践之中。人们通过实践逐步认识到农业与周围环境之间存在着相互依赖和相互制约的关系。《夏小正》和《诗经・豳风・七月》中就把农作物与种子、地形、土壤、水分、肥料、季节、气候等物候、天文因素结合在一起，用相互联系的整体观点研究农事活动的规律。例如通过天象观测掌握天体运行和季节变化的规律，编制出历法和二十四节气，以指导农事活动。

在工程上，中国古代李冰领导修建的四川都江堰水利枢纽工程（见图 1.6）不仅是世界水利建设史上的杰出成果，也是系统科学观点的一次伟大的实践。整个工程由三大主体工程构成：“鱼嘴”——岷江分水工程、“飞沙堰”——分洪排沙工程、“宝瓶口”——引水工程，将防洪、排沙、引水等多项功能集中在一个大工程项目中，与之配套的还有 120 多个附属工程，形成一个统一的整体，发挥了排沙、泄洪、灌溉多方面的作用。可以认为没有“鱼嘴”分水工程，大量的沙石就不可能排入外江；没有“宝瓶口”引水工程，水就无法形成回旋流，泥沙无法越过“飞沙堰”排出去；而没有“飞沙堰”工程将泥沙排走，“宝瓶口”将被泥沙堆积无法发挥引水作用，水也不能进入成都平原。都江堰水利工程总体上的设计和建造，使它在各个方面都起到了较好的作用，并且由于是在总体上进行设计，因此能在较多方面长期发挥作用，一直到现在，都江堰还在对成都平原的农业生产产生着效益。

图1.6　都江堰水利工程

图片源自 http://k.sina.com.cn/article_6303322687_177b5123f00100fni4.html? from=travel

在医学方面，我国中医理论也充分体现了系统科学的思想。古代中医理论《黄帝内经》强调了人体各器官联系、生理现象与心理现象联系、身体状况与自然环境联系；把人的身体结构看作是自然界整体的一个部分，认为人体的各个器官也组成了一个有机的整体，用阴阳五行学说来说明五脏之间的相互依存、相互制约的关系；将自然现象、生理现象、精神活动三者结合起来分析疾病根源；在治疗上将人的养生规律与自然界的变化联系在一起，提出了“天人相应”的治疗原则。这些实际上是强调了系统内各子系统之间的关系、系统与环境之间的关系。中医在诊断病症时采用切脉方式，将人看成一个整体，利用人体局部发生病变时影响到血液循环的情况，从手腕处脉搏跳动的速度、力量等特点来判断出现病变的部位及程度。中医在治疗疾病时所用的针灸方法，也是将人看成一个各器官相互之间紧密联系的整体，如对很多不同器官的疾病都通过在耳部相应部位针灸达到治愈的目的。从上述论述中，我们可以看到，无论是诊断还是治疗，中医都把人作为一个整体，认为身体各部分之间存在着紧密的联系。

系统思想也从中国古代继承、发展到了近现代。坚持系统观念，即客观地而不是主观地、发展地而不是静止地、全面地而不是片面地、系统地而不是零散地、普遍联系地而不是孤立地观察事物，是马克思主义唯物辩证法的内在要求，也是马克思主义中国化的重大理论成果。毛泽东在革命建设不同时期提出的《星星之火，可以燎原》《论持久战》《论十大关系》等，都是洞悉时势、总揽全局的系统谋划。邓小平始终把建设中国特色社会主义作为宏大系统工程来认识和设计，无论是党在社会主义初级阶段“一个中心、两个基本点”的基本路线，还是对沿海与内地、东部与西部、先富与后富的关系处理，都体现出了深刻的辩证法和缜密的系统思维。江泽民“三个代表”重要思想坚持以发展着的马克思主义指导我国发展着的实践，科学发展观强调“以人为本，全面、协调、可持续”，都贯穿并丰富发展了系统的思维和方法。党的十八大以来，面对国际形势上百年未有之大变局，习近平同志统筹推进“五位一体”总体布局、协调推进“四个全面”战略布局。在新时代波澜壮阔的伟大实践中，习近平同志始终坚持系统思维、全局谋划，深刻指出要“统筹兼顾、综合平衡，突出重点、带动全局”，强调“十个指头弹钢琴”，注重深入研究各领域改革关联性和各项改革举措耦合性，实现在政策取向上相互配合、在实施过程中相互促进、在实际成效上相得益彰；既坚持全面系统地推动，又以重点领域和关键环节的突破作为带动，做到全局与局部相配套、治本与治标相结合、渐进与突破相衔接。所有这些，都为我们应对复杂局面、推动事业发展提供了强大思想武器和科学行动指南。

坚持系统观念，是以习近平同志为核心的党中央在对新时代党和国家各项事业进行战略谋划时提出的，是推动各领域工作和社会主义现代化建设的基础性思想和工作方法。习近平同志强调：“系统观念是具有基础性的思想和工作方法。”“必须从系统观念出发加以谋划和解决，全面协调推动各领域工作和社会主义现代化建设。”党的十九届五中全会将“坚持系统观念”作为“十四五”时期经济社会发展必须遵循的原则之一，为我国经济社会发展提供了基础性的方法论指引。要认识到，系统性不仅是经济活动的特性，也是经济工作方法论。坚持系统观念，是推进全面深化改革开放的内在要求，是实现经济高质量发展的客观需要，是应对国内外环境变化的必然选择。只有坚持系统观念，才能更好地把握新发展阶段、贯彻新发展理念、构建新发展格局。

进入“十四五”时期，开启全面建设社会主义现代化国家新征程，面对深刻复杂变化的发展环境，迫切需要牢固树立系统观念，深刻把握其根本要求和精神实质，坚持用复杂系统的思维和方法谋划推进工作，确保我国社会主义航船乘风破浪，不断从胜利走向新的胜利。

1.5 小　结

还原论正受到复杂性的诸多挑战，复杂性科学研究的发展，给我们提供了观察世界万事万物的新视角。复杂性研究揭示了各种复杂系统的共性以及演化过程中所遵循的共同规律，从而发展优化和调控系统的方法，进而为系统科学在科学技术、社会、经济、军事、生物等领域的应用提供理论依据，使得我们所关心的复杂系统能够更好地实现人类所追求的目标。

当今最紧迫的安全和政策挑战——大国冲突、经济相互依存、建设和平、气候变化和流行病等其他非传统威胁——都是极为复杂的问题。复杂性带给我们的不仅是挑战，更多的是机遇。美国杰出物理学家裴杰斯(Heinz Pagels)说：“在21世纪，能够掌握新兴复杂性科学的国家，将会在经济、文化和政治上成为真正的超级大国。”

目前，复杂系统科学还处于萌芽阶段，但它可能正在孕育着一场新的系统学乃至整个传统科学方法的革命。在未来，复杂系统科学必将扮演更加重要的角色。在面对这些21世纪的复杂性挑战时，我们要迎难而上，坚持用系统观念，用系统科学的思想和方法武装自己，做好社会主义现代化建设。

参考文献

[1] BERRY B J L. Cities as systems within systems of cities[J]. Papers in Regional Science, 1964, 13(1): 147-163.

[2] LINGEL S, SARGENT M, GULDEN T R, et al. Leveraging complexity in great-power competition and warfare: Volume Ⅰ & Ⅱ [R]. Santa Monica: Rand Project Air Force, 2021.

[3] PRANTL J, GOH E. Rethinking strategy and statecraft for the twenty-first century of complexity: a case for strategic diplomacy[J]. International Affairs, 2022, 98(2): 443-469.

[4] 常绍舜. 从经典系统论到现代系统论[J]. 系统科学学报, 2011, 19(3): 1-4.

[5] 戴维森. 隐匿中的奇才:路德维希·冯·贝塔朗菲传[M]. 北京:东方中心出版社,1999.

[6] 顾基发. 系统工程新发展:体系[J]. 科技导报, 2018, 36(20): 10-19.

[7] 郭雷. 系统学是什么[J]. 系统科学与数学, 2016, 36(3): 291-301.

[8] 韩靖. 永远年轻的复杂性科学先驱:纪念“遗传算法之父”John Holland 教授[EB/OL]. (2016-09-02)[2022-03-01]. http://iss.amss.cas.cn/xw/zhxw/201612/t20161215_357477.html.

[9] 郝柏林. 圣菲研究所与复杂性研究[J]. 科学, 2009, 61(2): 9-13.

[10] 黄欣荣. 复杂性科学的方法论研究[D]. 北京:清华大学, 2005.

[11] 刘晓平, 唐益明, 郑利平. 复杂系统与复杂系统仿真研究综述[J]. 系统仿真学报, 2008, 20(23): 6303-6315.

[12] 吕淳朴, 王焕钢, 张涛, 等. 智能复杂体系研究[J]. 科技导报, 2020, 38(21): 27-37.

[13] 彭清华. 坚持系统观念谋划推动“十四五”经济社会发展[OL]. (2020-12-16)[2022-02-01]. http://www.qstheory.cn/dukan/qs/2020-12/16/c_1126857480.htm.

[14] 钱学森, 许国志, 王寿云. 组织管理的技术:系统工程[J]. 上海理工大学学报, 2011, 33(6):520-525.

[15] 钱学森, 于景元, 戴汝为. 一个科学新领域:开放的复杂巨系统及其方法论[J]. 自然杂志, 1990,13(1): 3-10.

[16] 王建红. 还原论和整体论之争的超越:起源研究[J]. 自然辩证法研究, 2014, 30(12): 108-114.

[17] 王雨田. 控制论、信息论、系统科学与哲学[M]. 北京:中国人民大学出版社, 1986.

[18] 韦永琼. 贝塔朗菲复杂性一般系统论教育观探析[J]. 南阳师范学院学报,2008,7(2): 80-82.

[19] 熊志军. 论超越还原论[J]. 系统科学学报, 2006,14(3): 36-39.

[20] 阳东升，张维明，刘忠，等. 信息时代的体系概念与定义[J]. 国防科技，2009,30(3)：18－26.

[21] 张江. 深度解读 2021 年诺贝尔物理学奖：平衡混沌与秩序的复杂[EB/OL].(2021－10－14)[2022－02－01]. https://www.sohu.com/a/494083056_348129.

[22] 张嗣瀛. 复杂系统与复杂性科学简介[J]. 青岛大学学报(工程技术版)，2001,16(4)：25－28.

[23] 赵光武. 还原论与整体论相结合探索复杂性[J]. 北京大学学报(哲学社会科学版)，2002,39(6)：14－19.

第 2 章 复杂性研究的理论与方法

在科学研究中，还原论长期以来占据着主导地位，它提倡将事物细分至可以用最佳方法解决的简单对象，然后综合起来理解整体的特征与功能，在人类认识和改造世界的活动中发挥了积极作用。但还原论在遇到许多复杂现象时止步不前：生命的起源、生长和演化，天气的不可预测性，社会的动荡，经济的崩溃，股市的泡沫，社会文化、政治中的诸多行为……20世纪中叶，科学家们意识到这些问题无法归类为以前的某一个学科，需要从新的角度和理论框架去理解。

在 100 多年的发展中，复杂性越来越受到科学家的重视，相关理论和方法被逐步提出，包括复杂性科学早期研究阶段的“老三论”——一般系统论、信息论、控制论，以及后期的“新三论”——耗散结构理论、协同论、突变论这些标志性理论。

复杂性研究的理论和方法是与复杂系统研究的基本问题密不可分的。本章将介绍复杂性科学的基本问题以及一些研究方法，使读者能够对复杂性科学有进一步的认识并初步掌握这门学科的应用。

2.1 复杂性研究中的基本问题

复杂系统的关键在于系统中个体的相互作用会使得系统整体表现出与个体不同的行为：涌现现象即指的是无法由个体性质推导出的整体性质，这是我们关注的复杂系统的第一个属性；系统思想还强调系统的演化规律，会关注系统的动态而非静态的属性，以及动态行为下的动力机制以及模式；由于我们研究系统科学的重要目的是对系统进行人为的干预、改造和利用，因此如何对系统进行调控也是复杂系统的基本问题之一。下述将从涌现、演化和调控 3 方面对复杂性中的研究问题展开。

2.1.1 涌现

涌现是一种现象，通常是指多个要素组成系统后，出现了系统组成前，单个要素所不具有的性质。涌现现象可以用从物理到生物的例子来解释。例如，气象中飓风的形状就是涌现出的结构，如此大规模的宏观行为是气体分子的热运动完全不能理解的。冬天玻璃上形成的冰晶是一个涌现现象，这是一个在适当的温度和湿度条件下发生的分形过程，是由水分子的随机运动转换为有序晶体的发展和生长。一只蚂蚁,它不能思考、没有计划,但如果是很多蚂蚁聚集在一起,它们就变得不同,它们分工协作,一部分负责真菌农场,有的会照料“牲畜”,还有的会发动战争。这也是典型的涌现现象。为何什么都不懂的“笨”蚂蚁聚集在一起后却能做出如此聪明且分工明确的事呢?生物界中不乏这样的例子,人类社会更是如此。随着系统科学的发展,涌现正在被广泛而深入地研究,其性质也正在被人们逐渐认识。

涌现现象是复杂系统研究所关注的一个重要问题。复杂系统的特点之一是具有非线性,即整体会不同于部分的线性总和,在整体层面上表现出与个体不同的系统行为。原子组合成为分子,分子形成蛋白质,从细胞到器官到个体到种群、群落,每一步都是一个涌现。涌现现象无处不在,是一个由简生繁的过程,对于涌现的研究,本质上是研究系统从简单到复杂、无序生成有序的问题。

2.1.1.1 涌现的定义

1875年哲学家刘易斯(G. H. Lewes)创造了“涌现”一词,他指出涌现的结果与其组成成分不同,是无法被还原成其组成成分的和或差的。1999年,Jeffrey Goldstein给出了“涌现”的一个定义:“在复杂系统自组织过程中产生的新颖而连贯的结果、模式和性质。”2002年,康宁(Peter Corning)提出涌现的系统是无法简化为底层规律的,涌现现象的产生是一个有组织的、有目的的活动。如森林中出现的小路是很多人穿越后涌现出来的,蚂蚁社群、互联网、人类社区等都是涌现得到的结构。基于相关研究进行总结,可以得到的涌现现象所具有的一些特性:

(1)新颖性:涌现最基本的特征就是整体会展现出其组成成分不具有的一些性质。约翰·霍兰以“简单中孕育着复杂”阐释了涌现的基本特征。简单的规则和规律随着时间演化产生了复杂的特性,且以不断变化的形式引起新的涌现现象。对于复杂系统来说,由个体的、简单的行动自发产生出整体的、复杂的新系统的过程就是涌现,整体的新颖性是涌现最显著、最基本的特征。

(2)不可推导性或不可预测性:即使知道了系统的演化规则,系统中的个体是如何相互作用的,涌现的结果也是不可预测的。研究者是无法从微观层面的行为以及组成演化得到宏观的涌现现象的。

(3)不可还原性:当一个现象为涌现现象时,它拥有底层组分不具有的性质以及行为,其高层次的性质行为无法通过简单还原得到解释。

(4)相关性、连贯性:涌现出的特征会维持一段时间,在这段时间内该特征会维持自身的完整性。

(5)层次性:涌现现象作为一个整体的某种特性,是基于低层次组分形成的高层次的特征。

(6)动态性:指的是系统总是演化的,涌现是动力学过程的产物。

(7)显著性:涌现的特征是明显的,是可以被感知到的。

2.1.1.2 一些典型的涌现

涌现结构在许多自然现象中都可以被找到，包括从物理现象到生物系统。前文提到的有序晶体的生长发展是涌现，飓风也是涌现，分工合作的蚁群也是涌现的例子。在人类社会中，经济、文化、政治等领域涌现结构也处处可见。接下来我们将介绍几个典型的涌现。

1. 非生命系统中的涌现

在物理学中，涌现常常被用来描述宏观层次的一些性质、现象或规律。例如由无数分子组成的气体系统，微观层面上分子在不断运动中对容器壁产生碰撞，在宏观层面表现为压强，压强就是一个涌现结构。又如两个物体间的热量传递，在微观层面为分子间碰撞使得低温物体的分子运动加快，在宏观表现为低温物体的温度升高，热量从高温物体传向低温物体。在一些粒子物理学理论中，甚至质量、时间、空间都被视为基于更基本的概念的涌现结构。在生活中，许多涌现现象也和物理学息息相关，比如雪花的结构，风或水形成的沙丘的波纹模式。此外，液体或气体中的对流也是一个涌现行为的例子：瑞利-贝纳德对流会在对流流体的表面形成具有规则形状的对流单体。

“沙堆效应”(sand effect)是非生命系统涌现现象的典型代表，最早由巴克(Per Bak)提出。如图 2.1 所示，堆沙子的过程中，沙子可以一直累积起来，形成一定规模的沙堆，而某一粒沙子落下，可能会突然引起整个沙堆的崩塌。巴克借助录像机和计算机记录每一粒沙子的落下引起其他沙子移动的数量。观察发现，起初落下的沙粒只会对沙堆产生微小的影响，但当堆积的沙粒较多时，每落下一粒就可能会使得整个沙堆发生变动。此时沙子落下会将这种撞击不断传递、放大，导致沙堆整体位置发生改变。微观来看是沙子与沙子之间在某种特定结构下的碰撞，而宏观表现出来的是沙堆的坍塌。这个沙堆的综合坍塌效应就是涌现现象。

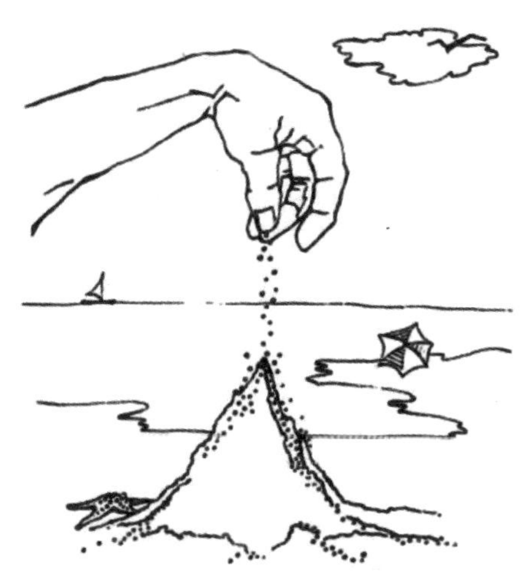

图 2.1 沙堆效应

图片源自 https://www.cnblogs.com/LittleHann/p/12853344.html

2. 生命系统中的涌现

前述例子均为无生命的系统在一定条件下产生的涌现行为。生命系统本身就是基于无生命元素的涌现结构。单个原子形成多肽链大分子，多肽链折叠形成蛋白质，蛋白质不同的空间结构确定了它的功能，在与其他分子相互作用的过程中实现更高的功能，最终得到一个生物体。每一个环节都是涌现的过程，每一个新的层次都具有基础层次不具备的新功能。例如单个的神经细胞没有意识，仅能进行电流信息的传递以及一些生物信号的释放，但大脑却可以思考、感知和决策。

在生命体个体的基础上还存在进一步的涌现结构：集群。集群在动物物种中是较为普遍的行为，如鸟群、鱼群、蝗群、狼群等。许多动物会自发组成群落以利于生存，如蜂群筑成蜂巢、狼群集体捕食、动物集群迁徙以及一些哺乳动物群落相互照顾幼兽等。

蚁群是一个非常好的例子。蚂蚁的个体组成较为简单，但成百上千只蚂蚁组成的群落是非常典型的复杂系统。蚁群中没有一只统领的蚂蚁下达命令，不会统筹安排所有蚂蚁该做什么不该做什么。每只蚂蚁只是对外界刺激作出反应，蚂蚁之间通过信号传递实现个体与个体之间的联系，使得蚁群整体涌现出复杂的行为，例如搭桥（见图 2.2）、寻找食物、构筑蚁穴、通过最短路径搬运食物等等。目前，对蚁群所表现出的整体智能研究仍然在不断进行，并在很多方面得到了应用，例如启发式算法中的蚁群算法。但蚂蚁的个体行为如何形成复杂的结构，蚂蚁之间如何进行信息传递使得蚁群展现出群体智能，仍然没有确定的解答。

图 2.2　搭桥的蚁群

图片源自 https://mappingignorance.org/2015/12/16/building-bridges/

3. 人类社会系统

与自然界的其他物种相同，人类群体也有着自己的涌现结构。人是社会中的最基础的要素，由人类构成的涌现结构包括各种层级的人类组织，除此之外还包括经济系统、文化系统，城市、道路、互联网等都是建立在人类群体基础上的涌现结构。

以经济系统中的股票市场为例，股民们自主选择抛售或购买股票，股票市场没有能掌控一切的个体，在这样的市场中形成的股票暴涨、崩盘等都是一种涌现现象。

涌现行为还体现在许多地方,例如城市的扩张和消亡以及道路的形成和废弃。当一个系统中存在大量的个体,通过个体间的复杂相互作用,秩序就可能从混乱无序中产生,这时,特定的模式、结构就会涌现出来。

2.1.2 演化

自然界在不停地演化着,有序进化、无序退化都在不断地发生。演化是复杂系统的一个基本特征,研究复杂系统的演化规律、方向以及原因,是把握复杂系统属性的关键点。

2.1.2.1 演化的定义

在2.1.1.1节,我们讨论过复杂系统具有动态性的特点,在对复杂系统进行研究时,我们要有动态的眼光和演化的视角,避免对复杂系统产生错误的理解和错误的应对方向。动态指的是任何复杂系统都在不断地变化,包括由于自身内部元素相互作用所导致的变化以及由于外部环境影响发生的改变。演化指的是事物从一种形式向另一种形式转变的具体过程。

动态演化是复杂系统的普遍特点,复杂系统由简单演化为复杂时经历的一些普遍的阶段,可以概括为初始、分化、博弈、形成和成熟5个阶段:

(1)初始期:这一阶段的主要标志就是主体间的差异开始显现,由于内部的不稳定或者外部的刺激,原有的较为均匀一致的系统中开始出现差异。

(2)分化期:这一阶段主体的差异会被进一步放大,主体之间开始分工,原有的秩序被冲击,固定的差异开始建立。

(3)博弈期:这一阶段是新旧规则转变的关键时期,系统会经历一系列的矛盾和冲突,进而可以达到某种平衡。这一时期决定了涌现的走向、持续的时间,以及新结构的特点。这一阶段结束时,系统会达到初步的平衡。

(4)形成期:激烈的冲突已经过去,系统自行调节完善,是新秩序建立的阶段。这一阶段各系统各主体已经基本稳定下来,为系统新形式的运行奠定基础。

(5)成熟期:系统进入稳定阶段,形成了新的运行规则,有了新的统一形式,新结构新功能成为常规,并且将向下一阶段继续发展。

但值得注意的是,从定义来看,演化的过程不是简单地从简到繁、从小到大、从多个个体变为新整体的过程,而是新形式代替旧形式的过程,因此演化过程无法用简单的还原论进行解释,这与我们普遍认知中的狭义的演化有所区别。演化不只是由单一状态变为复合状态,也不是从复合状态分解为单一状态,更多的是两种状态之间的过渡。

2.1.2.2 系统演化分析

要研究系统的演化,需要从对系统演化的描述开始。认识“怎么样”是在分析“为什么”之前的必由之路。对系统演化的定性描述是其他研究的基础,在定性分析的过程中我们首先关注演化的这几个问题:新增层次、演化方向以及演化进程。

1. 新增层次

新增层次是复杂系统演化到新的统一形式的标志之一,因此对于新层次结构的关注是描述复杂系统演化的一部分。演化过程中,系统内部会出现一种新的物质结构形式,会伴随着新层次的生成。因此研究各层次结构关系的形成及变化是演化研究的又一个任务。复杂系统各层次之间的关系有两个重要特点:原生关系的变异以及各种关系的统一。原生关系变异是指各主体的作用被限定,形成了与以前不同的特殊关系。各种关系的统一指的是所有个体、多个层次之间相互作用使得系统达到协调一致的效果。

2. 演化方向

复杂系统的演化是不可逆的,因此复杂系统的演化方向(也就是系统的时间箭头)在对系统演化描述时是十分关键的。要确定系统的演化方向,首先需要确定演化的初始状态,之后才能与演化的末状态进行比较。

判定系统演化方向还需要注意以下三方面:

(1)系统可能有大量的可能演化方向,需要与实际的唯一演化方向区分开来。复杂系统可能的演化方向是众多的,系统的每一步演化都是具体向某一个方向选择的过程,都是从众多种可能向现实收缩的过程。

(2)系统的演化可以从多角度进行分析、解释,区分主要和次要方面是十分关键的。例如,人类社会的演化可以从经济、政治、文化等角度出发进行度量,而人类个体的演化可以由体重、智力水平等标准衡量。其中需要认真研究哪些是我们关注的关键因素、哪些是次要因素。

(3)需要区分系统是进化或是退化。在确定了系统的演化路线之后,得到的系统演化方向是相较于演化路线而言的,这个系统是向前进或是倒退了,关系到系统的演化结果,也会对周围环境产生影响。通常人们总是把那些符合自己需要的或者和自己演化方向相同的演化看作进化,而把那些相反的演化方向看作退化。及时了解系统演化方向,以便决定是否人为介入进行调控。

3. 演化进程

我们不仅要对演化进行定性描述,而且要对它进行初步的定量刻画,即系统演化进程的标度。首先,定量描述系统演化必须具有以下3个条件:

(1)要确定演化的起点,也就是系统演化的初始状态。如果是对系统的个体而言,演化的起点一般是取系统个体“生命”开始的状态。如果我们关心的仅仅是演化的某一个阶段,这个起点也可以是相对的。

(2)要选定一个测量的尺子,我们称这个尺子为“标度”。测量系统演化的尺子可长可短,可大可小,但要真正反映系统演化的本质却要选得恰当。一般来讲,任何一个系统都有一个最能反映自己特征的尺度,称之为“系统的特征尺度”。在系统演化的描述中我们必须着力找到这个尺度。

(3)要有一个正确的测量方法。任何测量的过程都是一个主客体相互作用的过程,这就使得测量的结果中总会打上测量者的“烙印”。同时,任何测量方式的选取又都是在一定的理论指导下进行的,这当中就有很多值得研究的理论问题。

其次,演化的评价也很重要。在描述系统的演化时,不仅要有客观描述,也要有主观评价,这个主观评价也存在标度问题。系统演化的主观评价是客观实际与主观目的相互结合的产物,它既与系统演化本身的性质有关,也与人们对它的需求及评价者自身的演化方向有关。在对系统的演化进行标度时,人们也常常自觉或者不自觉地与自身的演化进程进行比较,这就不可避免地形成了一类特殊的以人为尺度的评价体系。

2.1.3 调控

系统调控是在理解系统涌现和演化的基础上,基于某个目的对系统进行干预,使其能够更好地为人类服务。系统调控研究内容包括系统的结构调整、机制设计、运筹优化、适应协同、反馈调控、合作与博弈等。本部分主要介绍优化与控制方面的一些内容。

2.1.3.1 优化

1. 优化原理

优化原理就是按照特定的目标,在一定的限制条件下,以科学、技术和实践经验的综合成果为基础,对标准系统的构成因素及其关系(即标准化对象的结构、形式、规格、性能参数等)进行选择、设计或调整,使之达到最理想的效果。例如,现代企业管理为了以尽可能少的综合耗费获取尽可能大的经济效益和社会效益,就要对生产经营活动中的一切因素、条件及其相互之间的关系进行全面、系统的分析,并在此基础上拟定出多种可供选择的方案,通过比较、论证,选择其中最能实现管理目的的一个方案,进行充实、优化,并最后形成实施方案。

优化原理就是标准化对象的功能要求与结构的最佳选择和确定,同时包括 4 个要点:①达到特定目标的要求。确定目标是优化的出发点。如果有多项目标,应分清主次。②弄清限制条件是优化的前提,标准受系统内外和相关因素制约,只有在条件许可范围内和相关因素协调平衡的基础上,优化的结果才能是现实可行的和可以接受的。③优化应该以科学技术和实践经验的综合成果为基础和依据。④优化的基本方法是在定量分析和定性分析相结合的基础上,对方案进行选择、设计、评价、比较和决策。

优化是一个学习过程,即不断使系统的效益达到令人更满意程度的过程。因为“令人满意的程度”是一个变量,人类会不断提出更高的要求,那么满意度的提高就没有止境,优化就会不断进行下去。

2. 优化类型

优胜劣汰、适者生存,这是自然法则。在技术和经济活动中也是如此,因此在做技术经济分析和评价选择时,也要遵从优化原理。优化是相对的、有条件的,是在一定时期和一定范围内、满足某个指标或某目标时的优化。优化的基本思路是:先界定时间和范围,再确定目标或指标，最后进行分析评价、对比择优。综合起来，优化主要分为如下类型：

（1）局部优化与全局优化。局部优化是子系统的优化；全局优化是大系统的优化，两者在目标上有一致性，也存在不一致性。在量上既有叠加性，也有非叠加性。一般而言，全局优化是目的，局部优化要服从于全局优化。

（2）静态优化和动态优化。在分析中，不考虑时间因素的影响的优化是静态优化，考虑时间因素影响的优化是动态优化。静态优化过程简便，动态优化更符合客观实际，两种优化方式各有适用场合，当两种优化结果发生矛盾时，应以动态优化为准。

（3）单目标优化和多目标优化。优化过程中，可分为单目标优化与多目标优化，单目标优化是多目标优化的基础且相对简单，多目标优化是单目标优化的综合且往往复杂得多。

（4）确定条件下的优化和模糊条件下的优化。确定条件下的优化是指在各种条件都确定的情况下的优化，可用直接使用例如运筹学中的最优规划方法（如线性规划、动态规划等）求解；模糊条件下的优化是指条件不明朗情况下的优化，可用模糊数学理论将模糊条件定量化之后，再用常规方法求解，最后再根据模糊理论进行数学解的实际解释。

（5）最优化和次优化。最优化是追求的目标，但由于各种客观条件的限制和人们对于客观条件认识的局限性，往往难于达到效果的最优而只能达到令人比较满意的次优。很多启发式优化算法在一定时间就获得次优解。

2.1.3.2 控制

1.控制的概念及其内涵

“控制”是一种有目的的行为活动。一个系统中可能存在不确定性，使系统处于不稳定的状态，为了保持合乎目的的状态，根据环境信息的变化，对系统施加作用。控制就是所施加的作用，是系统在信息采集后选择适当目的并实现的行为过程。信息是控制的基础，一切信息传递都是为了控制，而任何控制又都有赖于信息反馈来实现。控制还有以下相关概念：

（1）选择与控制。事物发展具有不确定性，控制就是人们根据自己确定的目的，不断选择条件，使事物沿着自己希望的方向发展。通过前面对控制的定义可知，实施一个控制有三个条件：首先，必须了解事物状态发展的可能性空间；其次，必须确切清楚自己的目的，选择事物朝着可能性空间中的哪个或哪些状态演化为目标；最后，必须能够改变和创造条件，使事物朝着所选的目标转化发展。当事物发展变化到可能性空间中某一种确定的状态后，又面临新的可能性空间。

（2）控制能力。控制能力是指实行控制前后的可能性空间之比。除了少数情况外，事物的目标状态一般不是绝对精确或唯一的，仍然是一个可能性空间，只不过比原来的可能性空间缩小了。所以我们所说的控制，也可以理解为改变或创造条件，使事物的可能性空间缩小到误差允许的一定范围之内。而实施控制前、后的可能性空间之比，就可作为控制能力的一种度量。一般而言，比值越大，说明控制能力越强，反之越弱。

（3）输入与输出。一个系统由特定要素与结构组成，和外界环境之间存在相对稳定的边界，使系统能够区别于外界环境。但是，任何系统都不是绝对封闭的，孤立系统在实际中并不存在，系统总是开放的，其与环境有着千丝万缕的联系、作用和影响。系统的开放性就体现在系统与环境之间的这种相互作用和相互影响上，这种影响是通过系统的输入与输出来实现的。可以把环境对系统的作用和影响称为系统的输入，而把系统对环境的作用和影响称为系统的输出。系统的输入可以分为两种类型，即可控输入和不可控输入。系统的输出是系统对输入进行反应并加工的结果，是输入的函数，输出的集合反映了系统的行为效应。

(4)反馈与稳定性。反馈就是系统输出的全部或部分通过一定的通道回到输入端，对系统的输入和再输出所产生影响。反馈是控制论的核心概念。系统对于环境的适应性，主要靠反馈来实现。根据反馈作用的不同，可以将反馈分为负反馈和正反馈。负反馈倾向于阻止系统偏离目标，使系统沿着减小与目标之间偏差的方向运动，最终使系统趋于稳定状态，实现动态平衡。相反，正反馈是促进系统偏离目标，使系统越来越不稳定，最终导致系统解体或崩溃。换句话说，当系统的稳定性受到干扰时，负反馈的作用是维持或重新建立起这个系统的稳定性；而正反馈将使系统出现一个比干扰单独引起的偏差更大的偏差，加剧系统不稳定的程度。

2.控制的条件与分类

系统控制的理论和实践是20世纪对人类生产活动和社会生活发生重大影响的科学领域。关于系统控制的一些观念和实践早在两千年前的中国和欧洲即已出现，作为一门现代科学，它的产生和发展起源于近代自然科学和技术科学的成就。20世纪以来，物理学、化学、数学、天文学、生物学以及各种技术科学的巨大进步，激励了科学界从不同的学科和观点出发，对各种自然系统、社会系统和工程系统进行理论和应用方面的研究，控制是其中的一个重要内容。然而，并不是所有事物都是可以实施控制的，控制需要具备以下3个条件：①被控制对象必须存在多种发展变化的可能性；②目标状态在各种可能性中是可选择的；③系统必须具备一定的控制能力。

通过对物质运动的模式或机制的探讨，可以预见整个系统的行为方式。控制的任务就是根据这些事物之间的定量关系，建立起有效的信息传导，进而掌握整个系统的变动趋势。控制论按其发展过程分类，可以分为古典控制论和现代控制论。古典控制论是一维控制，只适用于单输入和单输出的系统，其数学工具主要有微分方程、拉普拉斯变换、传递函数及频域分析等。现代控制论在古典控制系统的输入和输出之间加入了一个状态空间，使得控制可以在多输入与多输出的系统中实现，它面临的主要问题是运用数学方法解决系统的设计，使得系统能够满足多维、高阶的要求而达到最优化。在现代控制论的基础上，有人又针对一些规模庞大、结构复杂的系统提出了专门的控制方法，并将其称为大系统控制论，实际上它只是现代控制论在系统工程实践中的进一步发展，可采用从局部到整体的综合控制方式以实现大系统的全局最优化。

被控系统根据其类型分为以下几类：线性系统控制、非线性系统控制、分布式控制系统控制、确定性系统和随机系统控制。

3.控制的主要技术方法

在研究控制系统的过程中，人们逐步形成、发展和完善了许多科学方法，技术上大体分为黑箱方法、功能模拟方法和反馈方法等。

（1）黑箱方法：在控制论中，黑箱是指我们一时无法直接观测其内部结构，或为完成某一特定的认识任务而不必去直接观测其内部结构，而只从外部的输入和输出去认识的现实系统。黑箱方法就是为了研究这一类系统而发展起来的一种科学方法。当系统内部结构不详时，运用相对独立的原则确认黑箱，通过分析系统的输入、输出及其动态过程，来定量或定性地认识系统的功能特性、行为方式，以及探索其内部结构和机理的一种控制论认识方法。

（2）功能模拟方法：模拟方法是一种传统的科学方法。所谓模拟，是指采用间接实验的方法，先设计与自然现象或过程相似的模型，然后通过模型来间接地研究原型规律性的实验方法。

（3）反馈方法：用系统活动的结果来调整系统活动的方法。反馈方法的特点就是根据过去的操作情况来调整未来的行动以接近预期目的。反馈方法可以分为正反馈方法和负反馈方法。

4.控制理论的主要研究发展

（1）最优控制理论。这是现代控制论的核心。在现代社会发展、科学技术日益进步的情况下，各种控制系统的复杂化与大型化已越来越明显。这一理论是通过数学方法，科学、有效地解决大系统的设计和控制问题，强调采用动态的控制方式和方法，以满足各种多输入和多输出系统的控制要求，实现系统的最优化。最优控制理论在工程控制系统、社会控制系统等领域得到了广泛的应用和发展。

（2）自适应、自学习和自组织系统理论。自适应控制系统是一种前馈控制的系统。所谓前馈控制，是指环境条件还没有影响到控制对象之前，就进行预测而去控制的一种方式。自适应控制系统能按照外界条件的变化，自动调整其自身的结构或行为参数，以保持系统原有的功能，如自寻最优点的极值控制系统、条件反馈性的简单波动自适应系统等。

（3）人工智能（智能控制理论）。这是控制论的一个新领域，也是实现智能控制的主要途径。人工智能的研究范围包括如何建立神经系统的模型，以及如何模拟人的智能，如记忆、学习、对弈概念的形成到转变为思维的过程等。

（4）大系统控制论。这是现代控制论最新发展的一个重要领域，是系统工程中解决大系统整体与部分、整体与外界环境之间的相互关系，以达到最优控制的理论和研究方法。大系统控制论的研究对象就是各种规模庞大、结构复杂的大系统的自动化问题；研究的具体内容是关于工程技术、社会经济、生物生态等领域大系统的分析、综合及模型化。由于实际中大系统的影响因素繁多、关系层次复杂，所以很难直接确定系统整体的运动规律，通常采取的是“分解-综合”的办法，即把大系统根据可分析条件分解为若干子系统，建立子系统与整体及各子系统之间的关系，对各子系统进行局部最优化的控制，再通过综合各子系统的规律，使子系统之间相互协调配合，以实现全局最优化的大系统控制。

（5）模糊控制理论。模糊控制是以模糊集合理论、模糊语言及模糊逻辑为基础的控制，它是模糊数学在控制系统中的应用，是一种非线性智能控制。其理论核心是对复杂的系统或过程建立一种语言分析的数学模式，使自然语言能直接转化为计算机所能接受的算法语言。

2.2　复杂系统研究的经典理论

一般系统论、信息论、控制论通常被称为“老三论”，分别起源于生物科学、通信科学、自动化科学。耗散结构理论、协同论、突变论称为“新三论”，分别起源于热力学、物理学、数学。“老三论”和“新三论”在诸多自然科学与社会科学中都有着广泛的应用，极大地促进了世界科学图景的改观、人类思维方式的变革和当代哲学观念的深化，特别是它们之间互相渗透、高度综合的特点以及向社会科学的迅速扩张，引起了人们的极大关注。

2.2.1　一般系统论

1924—1928 年，理论生物学家贝塔朗菲（见图 2.3）多次发表文章表达一般系统论的思想，提出生物学中有机体的概念，强调必须把有机体当作一个整体来研究。1937 年，他在芝加哥大学的一次哲学讨论会上第一次提出了一般系统论的概念。1945 年他发表了《关于一般系统论》的文章。1954 年，以贝塔朗菲为首的一些经济学家、生物学家、生理学家等共同成立了“一般系统论学会”（后改名为“一般系统论研究会”）。不同学科背景的科学家聚集在一起，共同讨论发展了横跨自然科学和社会科学的一般系统论。

图 2.3　贝塔朗菲（Ludwig von Bertalanffy）

图片源自 https://emcsr.net/looking-back-systems-theory-and-ludwig-von-bertalanffy/

一般系统论运用完整性、集中性、等级结构、终极性、逻辑同构等概念，研究适用于一切综合系统或子系统的模式、原则和规律，并力图对其结构和功能进行数学描述。系统强调整体与局部、局部与局部、整体与外部环境之间的有机联系，具有整体性、动态性和目的性三大基本特征。作为一种指导思想，系统论要求把事物当作一个整体或系统来考察，与马克思主义关于物质世界普遍联系的哲学原理是一致的。

贝塔朗菲认为一般系统论包括 3 方面：①原理方面，即系统科学理论；②技术方面，即系统技术（包括系统工程）；③系统论的哲学基础与哲学意义。我国科学家钱学森将系统论分为工程技术、技术科学、基础科学和哲学4个层次。二者的思想极为一致。

系统是多种多样的,可以根据不同的原则和情况来划分系统的类型。按人类干预的情况,可划分为自然系统、人工系统;按学科领域,可分成自然系统、社会系统和思维系统;按范围划分,有宏观系统、微观系统;按与环境的关系划分,有开放系统、封闭系统、孤立系统;按状态划分,有平衡系统、非平衡系统、近平衡系统、远平衡系统;等等。

系统论的任务,不仅在于认识系统的特点和规律,更重要的还在于利用这些特点和规律去控制、管理、改造甚至创造系统,使它的存在与发展合乎人的目的需要。也就是说,研究系统的目的在于调整系统结构,协调各要素关系,使系统达到优化目标。在这里需要提出的是,钱学森很不同意将一般系统论和信息论及控制论并列为"三论"的说法,他多次强调,信息论和控制论的专业色彩较强,而一般系统论更具有一般性和基础性。

2.2.2 信息论

信息论是20世纪40年代后期从长期通信实践中总结出来的一门学科,是专门研究信息的有效处理和可靠传输的一般规律的科学。信息论最早产生于通信领域,克劳德·艾尔伍德·香农(Claude Elwood Shannon)(见图2.4)是信息论的奠基人,被称为"信息论之父"。20世纪40年代,香农从编码方面、诺伯特·维纳从滤波理论方面、费希尔从古典统计理论方面研究了信息的理论问题,虽然研究角度不同,他们却得到了共同的认识。从此,通信科学就由定性研究阶段进入了定量研究阶段,为信息论及信息科学的研究奠定了初步的理论基础,并进一步推动了通信科学技术的发展,还促使了控制论的产生。

图2.4 克劳德·艾尔伍德·香农(Claude Elwood Shannon)

图片源自 https://en.wikipedia.org/wiki/Claude_Shannon

信息论以通信系统的模型为对象，以概率论和数理统计为工具，从量的方面描述了信息的传输和提取等问题。信息论的研究领域扩大到机器、生物和社会等系统，发展成为一门专门利用数学方法来研究如何计量、提取、变换、传递、存储和控制各种系统信息的一般规律的科学。信息论目前广泛应用于编码学、密码学与密码分析学、数据传输、数据压缩、检测理论、估计理论、政治学等领域。

信息论的研究范围极为广泛。狭义信息论是一门应用数理统计方法来研究信息处理和信息传递的学科。它是研究存在于通信和控制系统中普遍存在着的信息传递的共同规律，以及如何提高各信息传输系统的有效性和可靠性的一种通信理论。一般信息论主要研究通信问题，还包括噪声理论、信号滤波与预测、调制与信息处理等问题。广义信息论不仅包括狭义信息论和一般信息论的问题，而且还包括所有与信息有关的领域，如心理学、语言学、神经心理学、语义学等。

2.2.3　控制论

在第二次世界大战以前一些不同专业的科学家就认识到，科学的发展要求不同的学科建立联系。于是，他们自发地组织讨论会，研究他们共同感兴趣的问题。控制论的创始人诺伯特·维纳(Norbert Wiener)(见图 2.5)也是其中之一。在不同学科专家参加的讨论会中，他开阔了视野，获得了多方面的学科知识。维纳通过科学的思考和类比，发现在机器和动物之间，都具有控制行为这个共同点，从而确立了一个新的科学研究方向和对象。1948 年诺伯特·维纳的奠基性著作《控制论》出版，成为控制论诞生的一个标志。维纳把这本书的副标题取为“关于在动物和机器中控制与通信的科学”，为控制论在当时研究现状下提供了一个科学的定义。

图 2.5　诺伯特·维纳(Norbert Wiener)

图片源自 https://zhishifenzi.blog.caixin.com/archives/249139

控制论是运用信息、反馈等概念，通过黑箱系统辨识与功能模拟仿真等方法，研究系统的状态、功能和行为，调节和控制系统稳定地、最优地趋达目标。控制论充分体现了现代科学整体化和综合化的发展趋势，是人类控制活动技术发展的概括总结，是现代科学研究中多学科交叉作用的产物，具有十分重要的方法论意义。

控制论的核心问题是从一般意义上研究信息提取、信息传播、信息处理、信息存储和信息利用等问题。控制论与信息论有着根本区别。控制论用抽象的方式揭示包括生命系统、工程系统、经济系统和社会系统等在内的一切控制系统的信息传输和信息处理的特性和规律，研究用不同的控制方式达到不同控制目的的可能性和途径，而不涉及具体信号的传输和处理。信息论则偏重于研究信息的测度理论和方法，并在此基础上研究与实际系统中信息的有效传输和有效处理的相关方法和技术问题，如编码、译码、滤波、信道容量和传输速率等。

2.2.4 耗散结构理论

普利高津(Ilya Prigogine)(见图 2.6)建立的耗散结构理论是研究耗散结构的性质及其形成、稳定和演变规律的科学。耗散结构理论以开放系统为研究对象，着重阐明开放系统如何从无序走向有序的过程。它指出，一个远离平衡态的开放系统通过不断地与外界交换物质和能量，在外界条件变化达到一定阈值时，可以通过内部的作用产生自组织现象，使系统从原来的无序状态自发地转变为时空和功能上的宏观有序状态，形成新的、稳定的有序结构。这种非平衡态下的新的有序结构就是耗散结构。如一壶水放在火炉上，水温逐渐升高，但水开后水蒸气不断蒸发，壶中的水和空气就形成了一个开放系统，带走了火炉提供的热量，水温不再升高，达到了一种新的稳定状态。

宇宙的生成演化可以具体说明耗散结构的形成。宇宙诞生初期，只存在着无序的、无生命的弥漫星云物质，局部发生变异后出现星胚，进而演化为红矮星以至主序星，主序星上的氢核不断燃烧，聚变成氦，氦燃烧产生碳……碳与其他元素化合形成无机物和有机物，有机物演化成原始生命，最后由猿演化成人类，再形成人类世界。人类世界的形成就是由无序到有序的耗散结构演化。

耗散结构理论说明，事物发展变化存在着两种趋势：由增熵走向无序和由减熵走向有序。人类社会自觉地朝着有序方向发展，与无序化进行斗争。达到这个目的的关键是创造形成耗散结构的条件，使系统由孤立、封闭走向开放，从而造成系统远离平衡态。耗散结构理论的提出，发展了系统论，使系统论更加深刻、全面，它解释了系统如何从无序走向有序的问题，解决了系统与环境的关系问题，证明了系统的开放和非平衡态是走向有序的先决条件。通过耗散结构理论的阐发，系统论的一系列基本原则都被深化了，特别是系统论的自组织性原则、转化原则、目的性原则等都在新的基础上得到了解释。

图 2.6　普利高津(Ilya Prigogine)

图片源自 https://en.wikipedia.org/wiki/Ilya_Prigogine

2.2.5　协同论

协同学的创立者，是德国斯图加特大学教授、著名物理学家赫尔曼・哈肯(Hermann Haken)(见图 2.7)。1971 年他提出协同的概念，1976 年他系统地论述了协同理论，并先后发表了《协同学导论》和《高等协同学》。

图 2.7　赫尔曼・哈肯(Hermann Haken)

图片源自 https://en.wikipedia.org/wiki/Hermann_Haken

协同论主要研究远离平衡态的开放系统在与外界有物质或能量交换的情况下，如何通过自己内部的协同作用，自发地从原始均匀的无序态发展为有序结构，或从一种有序结构转变为另一种有序结构。哈肯发现，不论是平衡相变或者非平衡相变，在系统相变前，由于组成系统的大量子系统没有形成合作关系，杂乱无章，不可能产生整体的性质，所以处于无序均匀态。而一旦系统被拖到相变点，这些子系统仿佛得到某种指导，迅速建立起合作关系，以很有组织性的方式协同行动，从而导致系统宏观性质的突变。所谓协同，指的是系统的各个部分协同工作，协同效应则指复杂系统内的各子系统的协同行为产生出的超越自身单独作用而形成的整个系统的聚合作用。

协同论以现代科学的最新成果——系统论、信息论、控制论和突变论等为基础，参考了结构耗散理论的大量成果，采用统计学和动力学相结合的方法，通过对不同的领域的分析，提出了多维相空间理论，建立了一整套的数学模型和处理方案，在从微观到宏观的过渡上，描述了各种系统和现象中从无序到有序转变的共同规律。哈肯说过，他把这个学科称为“协同学”，一方面是由于所研究的对象是许多子系统的联合作用，以产生宏观尺度上结构和功能；另一方面它又是由许多不同的学科进行合作来发现自组织系统的一般原理的。

协同论具有广阔的应用范围，它在物理学、化学、生物学、天文学、经济学、社会学以及管理科学等许多方面都取得了重要的应用成果。比如，针对合作效应和组织现象能够解决一些系统的复杂性问题，可以应用协同论去建立一个协调的组织系统以实现工作的目标。协同论应用于生物群体关系，可将物种间的关系分成竞争关系、捕食关系和共生关系 3 种情况，每种关系都必须使各种生物因子保持协调消长和动态平衡才能适应环境而生存。由于协同论强调不同系统之间的类似性，它试图以远离热动平衡的物理系统或化学系统来类比和处理生物系统和社会系统，所以协同论除涉及了许多物理、化学的模型外，还涉及许多生灭过程、生态群体网络和社会现象模型。例如，“社会舆论模型”“生态群体模型”“人口动力模型”等等。

2.2.6 突变论

突变论的创始人是法国数学家勒内 · 托姆(René Thom)(见图 2.8)，他在 1972 年发表的《结构稳定性和形态发生学》一书中阐述了突变理论，荣获了国际数学界的最高奖——菲尔兹奖章。突变论自 20 世纪 70 年代创立以来，获得了迅速发展和广泛应用，引起了各方面的重视，被称为“牛顿和莱布尼茨发明微积分 300 年以来数学上最大的革命”。

突变论是研究自然界和人类社会中的连续渐变如何引起突变或飞跃，并力求以统一的数学模型来描述、预测并控制这些突变或跃变的一门科学。它把人们关于质变的经验总结成数学模型，表明质变既可通过跃变的方式也可通过渐变的方式来实现，并给出了两种质变方式的判别方法。它还表明，在一定情况下，只要改变控制条件，一个跃变过程可以转化为渐变，而一个渐变过程又可转化为跃变。突变论认为事物结构的稳定性是突变论的基础，事物的不同质态从根本上说就是一些具有稳定性的状态，这就是有的事物不变、有的渐变、有的则突变的内在原因。在严格控制条件的情况下，如果质变经历的中间过渡状态是不稳定的，它就是一个突变过程；如果中间状态是稳定的，它就是一个渐变过程。

突变论的产生，才使耗散结构论和协同论的定量研究最终得以完成，这是因为在研究耗散体系时必然要讨论结构的稳定性。当外界条件变化到临界点后，产生了热力学分支，系统出现失稳，此时即使是微小的扰动也有可能发生突变，形成耗散结构。而这一切的数学处理，必然要借助突变论的方法。协同论则在这个基础上进一步利用突变论，在序参量存在势函数的情况下对无序向有序的转变进行了等价性分类，最终形成了协同论的框架。

图 2.8　勒内·托姆(René Thom)

图片源自 https://en.wikipedia.org/wiki/Ren%C3%A9_Thom

2.3　一些典型研究方法

2.3.1　系统动力学方法

系统动力学(System Dynamics，SD)是利用存量、流量、内部反馈回路、表函数和时滞等信息来理解复杂系统随时间变化的非线性行为的一种方法，它既是一门分析、研究信息反馈系统的学科，也是一门认识系统问题并解决系统问题的科学。

2.3.1.1　基本概念

系统动力学基于系统论，吸收了控制论、信息论的精髓，以系统性思考为理论基础，并融入了计算机仿真模型，研究系统反馈结构与行为，从而描述系统在宏观尺度上的相互作用关系，它是一种自顶向下的分析方法。系统动力学是对系统整体运作本质的思考方式，是结构的方法、功能的方法和历史的方法的统一，其目的在于提升人类组织的"群体智力"。

系统动力学对问题的理解，是基于系统行为与内在机制间相互紧密的依赖关系，通过数学模型的建立与计算过程而获得的，从而逐步发掘出产生变化形态的因果关系，系统动力学称之为"结构"。这种结构是指一组环环相扣的行动或决策规则所构成的网络，例如指导组织成员每日行动与决策的一组相互关联的准则、惯例或政策，这一组结构决定了组织行为的特性。构成系统动力学模式结构的主要元件包含下列几项：流(flow)、积量(level)、率量(rate)、辅助变量(auxiliary)。

系统动力学将组织中的运作，以 6 种流加以表示，包括订单流、人员流、资金流、设备流、物料流与信息流，这 6 种流归纳了组织运作所包含的基本结构；积量则表示在真实世界中可随时间递移而累积或减少的事物，其中包含可见的如存货水平、人员数，与不可见的如认知负荷的水平或压力等，它代表了某一时点环境变量的状态，是模型中信息的来源；率量则表示某一个积量在单位时间内量的变化速率，它可以是单纯地表示增加、减少或是净增加率，是信息处理与转换成行动的地方；辅助变量在模式中有三种含义——信息处理的中间过程、参数值、模式的输入测试函数，其中，前两种含义都可视为率量变量的一部分。系统动力学的建模过程，主要就是通过观察系统内 6 种流的交互运作过程，讨论不同流中积量的变化与影响积量的各种率量行为。

系统动力学应用领域十分广泛，包括战略和企业规划、业务流程设计、公共管理与政策制定、生物和医学模型、能源与环境、自然科学和社会科学的理论发展、动态决策、复杂的非线性动力学等，其主要适用范围如下：

(1)适用于处理长期性和周期性的问题。例如自然界的生态平衡、人的生命周期和社会问题中的经济危机等都呈现出周期性规律并且需通过较长的历史阶段来观察，已有不少系统动力学模型对其机制作出了较为科学的解释。

(2)适用于对数据不足的问题进行研究。建模中常常遇到数据不足或某些数据难以量化的问题，系统动力学借助于各要素间的因果关系，基于有限的数据及一定的结构仍可进行推算、分析。

(3)适用于处理精度要求不高的复杂的社会经济问题。由于描述方程常是高阶非线性动态的，应用一般数学方法很难求解，系统动力学则能借助于计算机及仿真技术获得主要信息。

(4)强调有条件预测。系统动力学方法强调产生结果的条件，用"如果……则……"的形式为预测未来提供新的手段。

2.3.1.2 应用流程

如图 2.9 所示，系统动力学的应用包括如下步骤：

(1)分析问题，明确建模目的。系统建模的最终目的，是要通过建立的模型研究目标与各变量关系。

(2)划分系统边界。划分系统的边界有两条原则：①采用系统的思维模式，根据建模目的，结合相关行业的实际工作者、课题研究者的知识与经验，得出定性的分析意见，在此基础上对系统边界进行划分。②尽可能地缩小系统的边界，对于那些与问题的研究无关紧要的变量，可以不考虑采用。

（3）系统的结构分析。结构分析的主要目的在于处理系统信息、分析系统的反馈机制。①从整体、局部两个维度分析系统的结构；②对系统的层次与子块进行划分，定义相关变量（包括常数）、确定变量的种类及主要变量；③分析系统内部各种变量性质及变量间的关系，确定回路及回路间的反馈复合关系，初步对系统的主回路及它们的性质进行确定，评估随时间变化主回路出现转移的可能性，绘制因果关系图和系统流图。

（4）建立数学模型。在变量被确定的基础上，写出有关这些变量的方程。建立变量方程要进行更深入、更具体的实证分析，而且这种实证分析通常要与其他统计模型（如回归模型等）结合才能完成。估计方程中的一些参数时，也需要应用到一些常用的参数估计方法。最后，还要给每个积量赋予初始值。

（5）模型的模拟。建好模型后，需要利用模型对系统在一段时间内的运行状况进行模拟，以此产生一个处于人工控制下的运行过程，用其去描述、分析、改进系统的运行特征。在系统动力学理论的指导下进行模型模拟与政策分析，不仅可以对系统进行更深入的剖析，还可以寻找到问题的解决方案，并通过模拟仿真获得与实践较为相符的实践结果预测评估。最后可以根据模拟的结果修正模型，包括修改系统结构与参数，使之具备更高的有效性。

（6）模型的评估与运用。使用计算机仿真时，通过参数的调控，可以得出各种不同的仿真结果，比较定量仿真的方案与各种定性分析的方案，最终得出一种最优的决策方案。

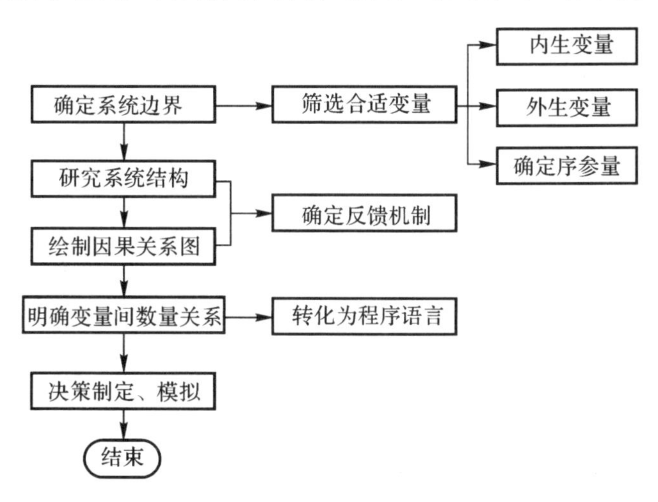

图 2.9　系统动力学应用流程图

2.3.1.3　应用案例

赵传起等人以某河流域水环境现状为基础，利用 Vensim 软件描述水平变量、速率变量和辅助变量等信息建立模型，如图 2.10 所示。SD 模型图清晰地描绘出了水环境承载力系统的因果关系以及系统要素的传递方向，也可以通过 SD 模型图正确辨析出各构成要素之间的相互作用关系，有利于模拟和预测系统的动态运行和后续的政策调整。

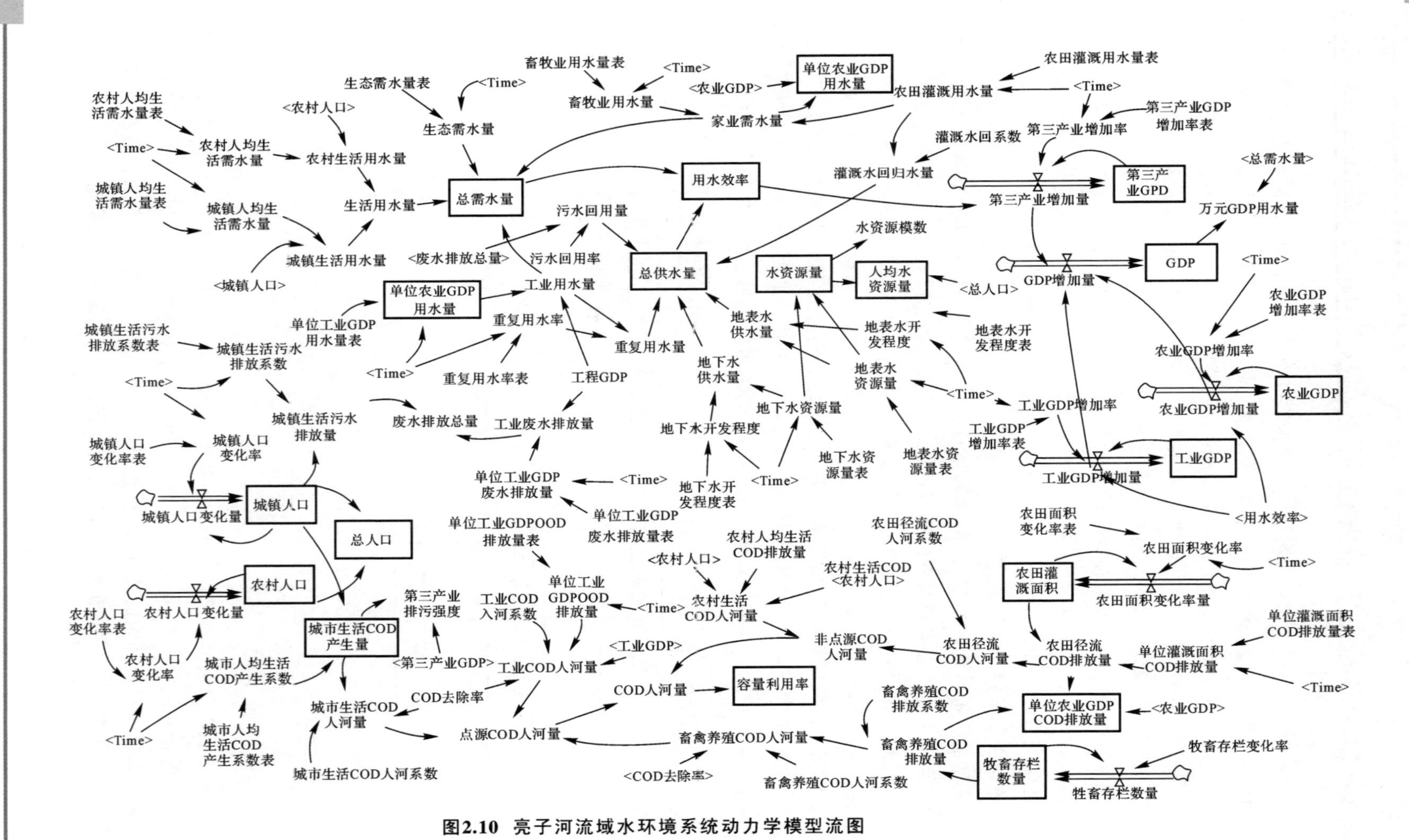

图2.10　亮子河流域水环境系统动力学模型流图

赵传起等人讨论不同方案下系统的表现，具体是将 SD 模型中的相关参数按照一定步骤进行设置，未涉及的参数则保持不变，重新运行系统动力学模型，得到优化后的模拟数据，部分涉及的数据如图 2.11 所示。结果表明：提升方案 2 和方案 4 将污染物处理效率提高到 95%，同时控制畜禽养殖的存栏量，显著降低了化学需氧量(Chemical Oxygen Demand，COD)的入河量，进而降低了整个流域的容量利用率。提升方案 1 和方案 2 中对于工业用水重复率、污水回用率和农田灌溉水有效利用系数的设置，直接影响了供水量水资源利用率等指标，这些可以从图 2.11(b)中得以体现。

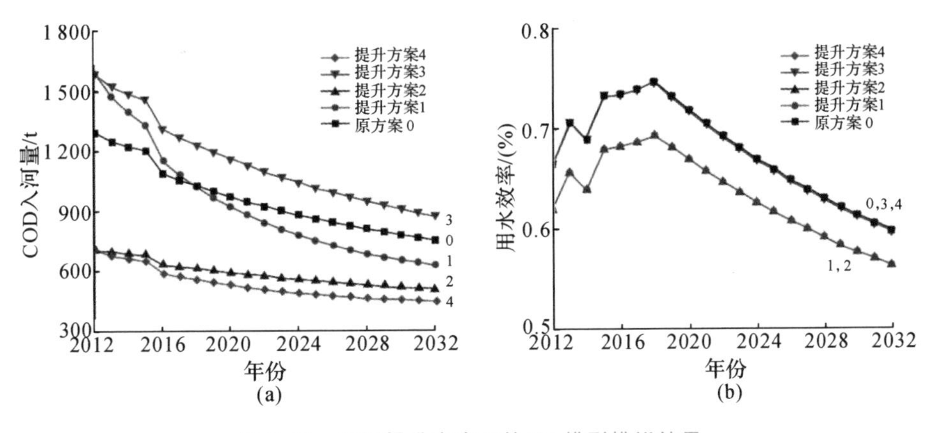

图 2.11　不同提升方案下的 SD 模型模拟结果

2.3.2　多主体建模方法

多主体建模(Agent-Based Modeling，ABM)是一种研究复杂系统的模型化手段，是用复杂适应系统理论解决问题的一种重要手段，它可以方便地将一些不易数学化的规则纳入模型，并且易于表示学习、发展等外生的信息，这使得它有别于传统模型方法，如微分方程、统计分析及系统动力学等。其与微分方程模型化方法的主要区别在于微分方程使用宏观的变量，如密度，而基于 agent 的模型方法使用微观变量，如对具体的某个分子或分子间距的描述。

2.3.2.1　基本概念

ABM 来自复杂适应系统理论。复杂适应系统(Complex Adaptive System，CAS)理论是美国霍兰德教授于 1994 年正式提出的。CAS 理论的提出为人们认识、理解、控制、管理复杂系统提供了新的思路。在微观方面，CAS 理论的最基本的概念是具有适应能力的、主动的主体，简称“主体”(agent)。这种主体在与环境的交互作用中遵循一般的刺激-反应模型。适应能力表现在它能够根据行为的效果修改自己的行为规则，以便更好地在客观环境中生存。在宏观方面，由这样的主体组成的系统将在主体之间以及主体与环境的相互作用中发展，表现出宏观系统中的分化、涌现等种种复杂的演化过程。

ABM 模型由相互作用的自主主体组成，每个 agent 都有自己的行为规则，既能够影响其他的 agent 或环境,也能被其他的 agent 或环境所影响。在基于 agent 的模型的微观层面,每个 agent 所遵循的具体规则都比较简单,然而,在宏观层面上,agent 可以通过自组织产生并不一定可以直观想象出来的宏观效果和整体行为(collective behavior)。多主体建模是一种自下而上的分析方法,一般是从整个系统的角度来研究系统中各主体之间的互动行为对系统的影响的,使研究系统中的主体行为与整个系统宏观行为之间的联系成为可能。

综合起来,在 ABM 中 agent 往往具有以下特性:

(1)自主性(autonomy):agent 是自主的个体,没有中央控制,能够处理数据并与其他 agent 交换数据。agent 可以与其他 agent 发生相互作用,或在一定的范围内发生相互作用,这并不影响自主性,agent 是主动的而不是被动的。

(2)异质性(heterogeneity):平均意义上的个体是没有意义的,个体是自主的。可以存在 agent 群体,但是,这是自底向上形成的、相互类似的自组织个体的集合。如果 agents 的属性设置或属性值都相同,则定义为是同质的(homogeneous);如果 agent 的属性设置或属性值有所不同,则定义为是异质的。

(3)积极主动与目标引导(pro-active/goal-directed):agent 的行动要达成一定的目标。

(4)反应与感知(reactive/perceptive):agent 可以被设计成具有对周围环境的感知能力。

(5)有限理性(bounded rationality):agent 可以通过异质性的形式被设置为不同的有限理性。

(6)可相互作用性与通信(interactive/communicative):agent 有能力进行频繁的通信。

(7)移动性(mobility):agent 具有可移动性,即可以在模型的空间中移动,与 agent 的可相互作用性并具有智能属性结合,可以发展出很多应用。

(8)自适应性与学习(adaptation/learning):agent 可以设计为具有自适应性,进而构成复杂自适应系统。这样的设计允许 agent 以记忆与学习的形式适应环境变化。agent 的自适应可以通过个体层次(如通过学习改变竞争被关注程度的规则的概率分布)或群体层次(如通过学习改变 agent 竞争复制的概率分布)实现。

通过对 agent 特性的理解,可以发现 ABM 这种方法更加注重微观个体行为,能通过微观的个体来寻找宏观的演化规律,因此 ABM 更加适合描述基于规则演化系统或者微观系统相互作用的性质。目前,ABM 已经被应用于物理、生物、社会及经济系统等各领域,相关工作建立的模型涉及从基本粒子的运动到恐慌人群的疏散,覆盖面极为广泛。

2.3.2.2 应用流程

如图 2.12 所示,基于多主体建模仿真研究按如下步骤进行:

(1)明确问题。明确问题就是明确研究目的,确定原型系统的边界、环境、约束,定义系统整体行为。

(2)确定系统的抽象层次。系统是有层次性的,不同的抽象层次既决定了系统元素的颗粒度,又决定了建模所需的信息量,抽象层次越高,模型关于原型系统的信息越少。

(3)建立多主体模型。确定选定的抽象层次上的组成元素,分析组成元素的种类、结构、属性、行为和相互间的关系,建立系统元素的智能体模型。

(4)确定模型参数。模型参数包括环境参数、仿真的初始条件参数、仿真的控制参数、观测和分析仿真结果所需要的参数等。

(5)对基于多主体的系统模型进行仿真。对基于多主体的系统模型进行仿真,就是模拟智能体之间的局部交互作用过程,其主要目的是通过比较仿真结果和原型系统的行为,检验模型的正确性。

(6)判断仿真结果是否符合要求。当仿真实验的结果与原型系统的行为不相符时,可以从重新确定系统的抽象层次、修改智能体模型和修改模型参数等方面对系统模型进行修改,然后再进行仿真,直到仿真结果满意为止。

(7)进行仿真实验,建立关于原型系统行为的理论。当模型的仿真结果与预期符合时,则可以认为这样的模型能够在某种程度上反映原型系统的行为规律,也就可以在此基础上进行多次仿真实验,观察仿真中模型所表现出来的各种模式,寻找其中的规律,由此来推断原型系统的行为规律,建立关于原型系统行为的理论。

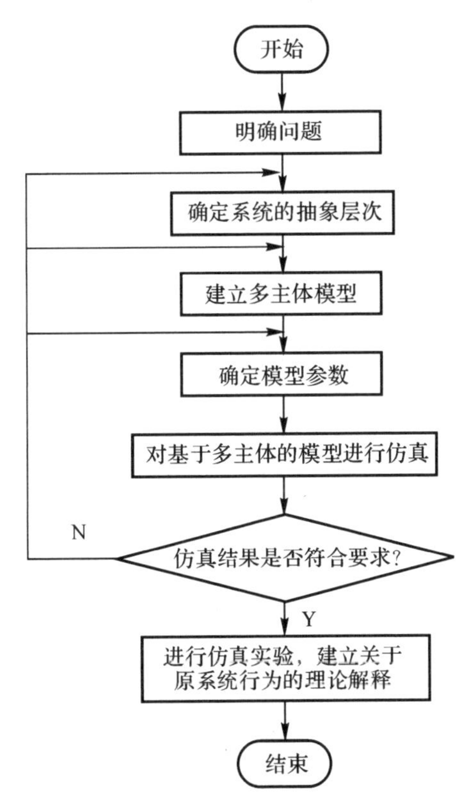

图 2.12　基于多主体建模仿真研究复杂适应系统应用流程图

2.3.2.3 应用案例

利姆(May Lim)等人研究了导致地区通过文化进行分离的全球模式。他们将文化差异模型化为一种群体的分离,这些群体的成员更喜欢相似的邻居,当群体规模达到一定程度时就会发生冲突。他们发现了群体之间的暴力冲突是由群体间的界限结构而不是固有冲突导致的,空间异质性本身可以预测当地的暴力冲突,他们还将该模型应用于前南斯拉夫地区和印度地区,最终准确地预测了冲突地点。

该模型将当地种族群体的规模作为序参量,模型的动力学假设为主体有限移动到更多相同类型的主体所在的区域,由此产生的动态导致每个种群区域逐渐变大,形成“半岛”或“岛屿”,其多主体模拟结果如图 2.13 所示,图 2.13(a)～(e)为不同时间点种群变化情况,图 2.13(a)～(e)中的亮色色块显示由另一种类型种群包围的特定大小的区域,利姆等人指出这些地区具有很高的冲突可能性。从子图(f)中可以看出,在初始瞬态之后,种群所占簇区域的形状很快趋于稳定,并且簇的平均大小随时间的增加呈现幂律增长的趋势。

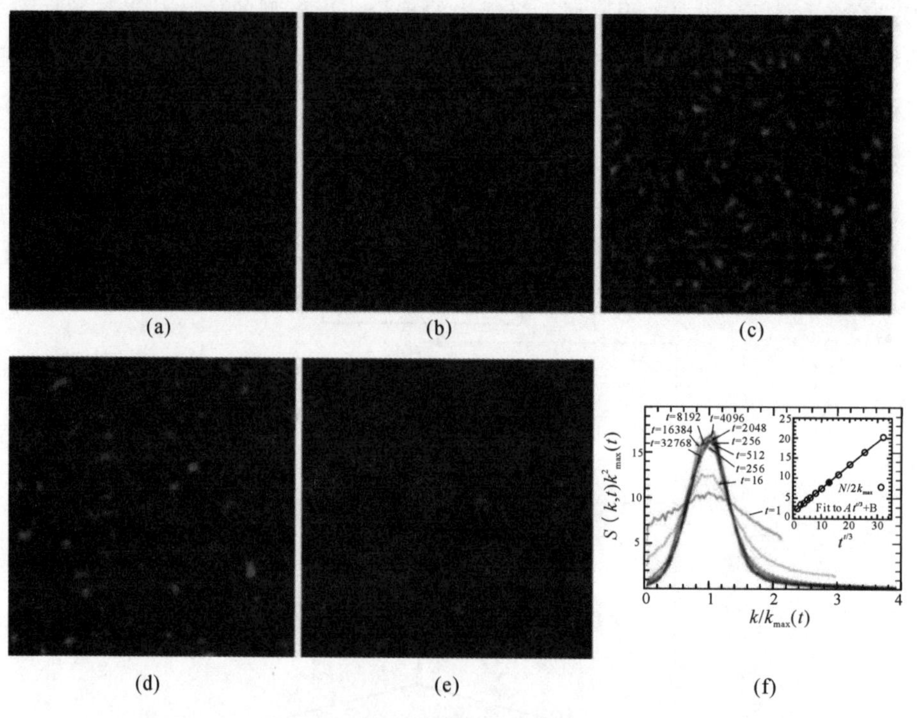

图 2.13　两种群分离简单模型模拟结果

为了测试该模型的预测能力,利姆等人根据前南斯拉夫和印度的人口普查数据进行了模拟。他们将地理地图的区域像素化并将其逐个地分配给族群,分配数目与该地区的相对人口普查成比例。虽然这并不反映建筑物和村庄中群体的自然地理或局部混合,但在多个像素的区域内,它很好地对应了人口普查的区域组成。像素化后的地图用作主体模型的初始状态。对于前南斯拉夫,冲突爆发前的 20 世纪 90 年代初期的人口普查数据被设定为到多主体模拟初始状态,通过模型预测得到的可能暴力冲突区域与从书籍、报纸和互联网资料中获得的真实记录的战争和大屠杀的城市所在地基本一致。同样,对印度的模拟也得到了较好的验证。

2.3.3　复杂网络

复杂网络是一种理解现实世界复杂系统的抽象模型，是研究复杂系统的一种角度和方法，它关注系统中主体相互关联作用的结构，是理解复杂系统性质和功能的一种重要途径。它将复杂系统中的实体抽象成节点，将实体之间的关系抽象成连线。虽然数学中的图论也用于网络研究，但是现实中的网络会有更丰富的特性。

2.3.3.1　基本概念

简单来说，网络科学应该是专门研究复杂网络系统的定性和定量规律的一门崭新的交叉学科，研究涉及复杂网络的各种拓扑结构及其性质、动力学特性（或功能）之间的相互关系，包括时空斑图的涌现、动力学同步及其产生机制，网络上各种动力学行为和信息的传播、预测（搜索）与控制，以及工程实际所需的网络设计原理及其应用研究，其交叉研究内容十分丰富。一般来说，复杂网络具有以下特点：

（1）结构复杂：节点数目巨大，网络结构呈现多种不同特征。

（2）网络进化：节点或连接的产生与消失，例如，万维网（World Wide Web，WWW）中的网页或链接随时可能出现或断开，导致网络结构不断发生变化。

（3）节点多样性：复杂网络中的节点可以代表任何事物，例如，人际关系构成的复杂网络节点代表单独主体，万维网组成的复杂网络中的节点表示不同网页。

（4）连接多样性：节点之间的连接权重存在差异，且有可能存在方向。

（5）动力学复杂性：节点集之间的作用可能属于非线性动力学，使节点状态随时间发生复杂变化。

（6）多重复杂性融合：以上多重复杂性相互影响，导致出现更为难以预料的结果。例如，设计一个电力供应网络需要考虑此网络的进化过程，其进化过程决定网络的拓扑结构。当两个节点之间频繁进行能量传输时，它们之间的连接权重会随之增加，通过不断的学习与记忆逐步改善网络性能。

随着对复杂性科学重要意义认识的不断加深，复杂网络在国内外受到了普遍的重视。复杂网络也在许多复杂系统中得到了应用，例如互联网系统、道路交通系统、生物系统等。使用复杂网络研究这些复杂系统不仅有助于我们了解自然界的各种现象，并且对人们的生产生活具有指导意义。

2.3.3.2　应用流程

如图 2.14 所示，复杂网络研究的一般范式包括以下几部分：

（1）明确所研究系统的组分与关系。由于复杂网络是由顶点和连边组成的，在模型的设计上一定要明确何为“主体”、何为“关系”。例如，在科学家合作网中，科学家可以作为节点，有共同发表的文章，他们就连上边；在万维网中，网页可以作为节点，网页间的超链接关系可以作为连边；在人口流动网络中，国家可以作为定点，两国之间的人口流动可以作为连边……可以看到，作为顶点的各个“主体”承载了它们之间的“关系”，也就是连边。此外，复杂网络模型还可以针对主体和关系不同的特点设计更加细化的网络模型，如面对主体分为两类且相互作用关系只在两类主体之间出现的情况，可以使用二分网络（bipartite networks），交互关系不只是一对一成对，还可以使用高阶网络（high-order networks）。合理的设计能够使模型的可解释性更强，表示更加直观，为后续的分析提供了适宜的平台。

（2）确定研究需要使用或构建的指标。复杂网络研究中已有的指标可大致分为两类：节点的重要性和网络结构的鲁棒性。节点的重要性指标大多源于其拓扑性质，即脱胎于图论的度、集聚系数、介数等，这些指标都以节点或边为基本计算单元。同时，这些性质既可以在局部上考察，也可以从全局上考察。网络结构的鲁棒性指标多用于衡量网络遭到攻击时保持功能与易于修复的能力，如最大连接子图的尺寸、平均最短距离等。除此之外，也可以根据具体研究问题与涉及的网络类型，设计具体指标，如科学学中的“创新性”。合适的指标能够衡量模型的表现，从而为实际问题的解决提供方向。

（3）数据的获取与网络的建立。复杂网络模型需要建立在点边数据充足、正确的基础上，在正式搭建网络之前，需要将所获得的数据用网络的语言改写并清洗，确保每个数据点有意义后再进行网络格式的抽象。在网络建立后，最好用可视化的方式对网络图形再一次进行检查，这样不仅可以核对信息的正确性，还能通过软件（如 Gephi）内置的参数计算对网络有一个总体的把握。

（4）模拟与分析。针对网络上演化或者动态过程的问题，我们需要进行数值模拟以探究或验证结论；对于静态性质的把握，我们需要利用建立的指标分析网络的性质。这个步骤经常需要调参、迭代与反复验证，并且需要注意联系复杂系统的涌现性。微观上主体间的联系是如何产生宏观上复杂的统计与动力学性质，则需要参考统计学、物理学等领域的知识对网络特点与其形成机制进行解释。

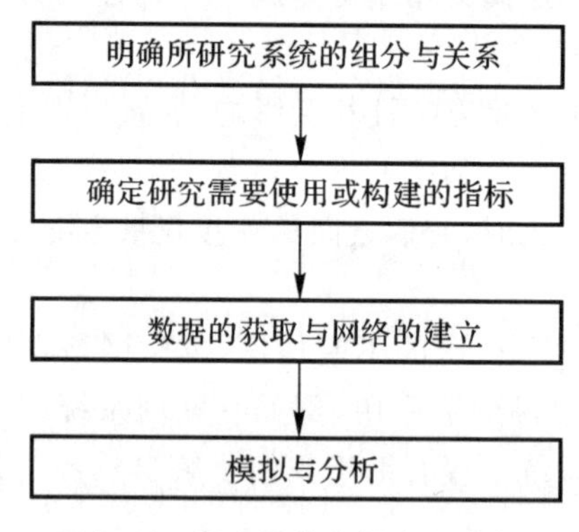

图 2.14　复杂网络分析应用流程图

2.3.3.3　应用案例

Ying 等人提出了一种双层气候网络方法来揭示全球 CO_2 浓度对地表温度的影响模式。通过去除 Rossby 波的作用，建立了 CO_2 浓度和地表温度双层复杂网络模型。他们发现，CO_2 对地表温度的影响主要集中在北半球的东亚、西亚、北非、美国东海岸和西欧，以及南半球的南美洲南部、澳大利亚东部和南部海域，这些区域人类活动频繁、CO_2 浓度水平较高。基于加权度指标，他们确定了碳排放大国（排名前 15 国）CO_2 浓度上升和地表温升的耦合参数。参数值顺序与碳排放顺序一致，表明碳排放大国对全球变暖负有主要责任。此外，他们发现中纬度地区升温和 CO_2 浓度的上升有关，主要是受到大气环流，如北大西洋风暴路径、热带气旋和亚热带西风急流等影响。

在具体构建网络过程中，Ying 等人分别基于不同位置的 CO_2 浓度和地表温度的趋势及季节的时间序列数据，计算不同时间延迟下绝对值最大的皮尔逊相关系数。当皮尔逊相关系数大于一个预先设定的阈值时连边，连接方向由时间延迟的正负号决定。构建出 CO_2 网络后可以通过讨论各个节点的出度和入度表示它们之间的影响范围。出度越大，表示这个区域对其他更多区域有影响，入度越大，表示有更多的区域影响这个区域。

2.3.4　序参量方法

在研究复杂系统相变过程中，由于非线性相互作用，其内部总是蕴含和尝试着不同模式的可能。最初不同的模式处于竞争的均势中，但最终只有一种或少数几种占据了上风。在竞争中获胜的模式将作为系统的宏观整体模式，它确定了子系统的行为，而可以描写这些集体模式的核心量就是序参量。

2.3.4.1　基本概念

序参量由单个部分的协作产生，又反过来支配各部分的行为，系统相变过程是一个由系统状态形成系统序参量而序参量又支配系统其他状态变量的过程，所以它既表达了部分间的竞争关系，同时又体现了系统宏观层次的一种整体序。在系统发生非平衡相变时，序参量不仅决定了相变的形式和特点，即有序性，而且也起到了支配、决定其他变量变化的作用。序参量集中概括了系统的信息。在复杂系统中，不可能算出微观层次上所有子系统的行为，因此，只有把握住序参量才能对复杂系统的关键要素进行描述。

赫尔曼·哈肯在对序参量的建立机制分析中，还通过从数学上对“快变量”和“慢变量”作用的分析，提出了一个极其重要的协同学原理——役使原理(slaving principle)。在相变过程中，不同的量所起的作用是不同的，它们的变化方式也不同——有的随时间的变化变得快，有的变得慢。快变量由于变化太频繁，与系统反应的节奏相比，其对系统影响的平均效果为零；而慢变量则不同，它将支配系统的行为。可见，慢变量对于相变更具决定意义。实际上，序参量都是慢变量，它将规定子系统的行为，使它们不得不“服从”集体的命令，或者换一个专门术语来说，序参量役使或者驱动着微观层次上的子系统。

因此，序参量是系统运动过程中描述宏观状态、结构和行为的最主要、最有效、最有决定性的参量。在复杂系统研究中最重要的是序参量，然后针对序参量进行详细的探讨和分析。序参量主要有以下特性：

(1)序参量是宏观参量。在大量子系统参与的集体运动中，能描述宏观整体效应的只有宏观参量。

(2)序参量是微观子系统集体运动的产物，是合作效应的表征和度量。它的形成，不是外部作用强加于系统的，而是来源于系统内部的协同行动。如在人类系统演化过程中，同一民族社会成员在生存斗争中，通过合作劳动，交流思想感情，终于形成语言这种序参量。在激光系统中，光场强度是序参量。

(3)序参量支配系统的行为，主宰着系统整体演化过程。序参量一旦形成，就成为支配一切子系统的因素，子系统按序参量的“命令”行动。就像语言、文化一旦产生，就具有支配个人行为的力量。子系统合作产生序参量，序参量支配子系统的合作行为，二者互为产生和依存的辩证统一。

序参量是支配复杂系统演化的关键参量，只要控制了序参量，就可以把握系统整体的发展。在具体研究中，序参量分析法是复杂系统管理的重点，也是降低复杂系统复杂性的关键点。

2.3.4.2 应用流程

如图 2.15 所示，序参量法应用步骤如下：

(1)明确问题。明确需要研究的问题，并把具体问题转化成具体的数学表达形式。通常是建立系统的数学模型和相应的方程组，便于后期的求解分析。

(2)稳定性分析。对于抽象出的系统的方程组，在参考态附近进行线性稳定性分析，由此确定线性稳定性丧失的条件，区分出稳定模式和不稳定模式，后者即为相应于参考态的序参量。

(3)役使原理，消除快变量。役使原理为我们提供了一种将较多变量的问题转化为较少变量问题的近似方法。运用役使原理消去快变量，并依据系统的定态和变化过程得到系统演化最主要的序参量方程。

(4)求解序参量方程。分析和求解序参量方程，并将所得结论与实验比较，以检验模型的正确性。

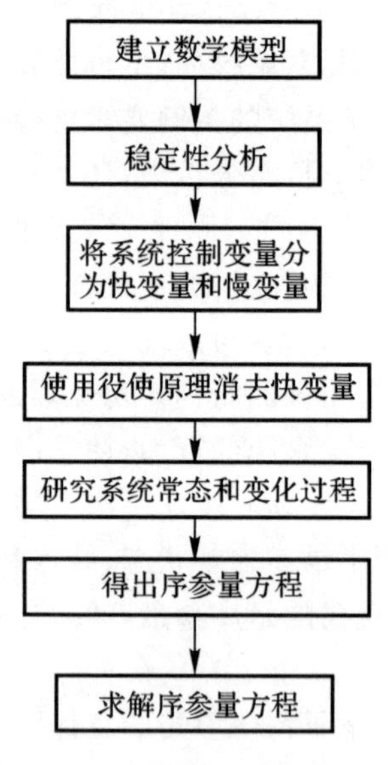

图 2.15　序参量法应用流程图

2.3.4.3 应用案例

理解城市交通的复杂模式在理论和应用方面都是一个重大挑战。特别是，城市交通中的严重拥堵会对经济和其他系统造成重大损害，从而凸显了研究和理解复杂的交通动力学的重要性。Zeng 等人利用序参量对北京交通道路情况进行了分析。他们确定交通畅通程度为序参量。研究发现，在某一天上午 7:41 根据道路拥堵状况，北京交通网络分裂成几个破碎的部分；然而几分钟后，在上午 7:48，同样拥挤的道路由这些小型交通集群合并成几乎跨越整个北京一个大的功能集群。通过长时间的模拟分析，在早高峰大部分时间，北京的交通状态在拥挤、快速交通这两个状态之间频繁切换。而作为对比，规模相对较小的城市济南，其交通拥堵状况早高峰中只有一种状态。

图 2.16 是北京的交通情况，序参量拥堵率 f 的定义为故障道路占道路总数的比例，G 为最大团簇的大小。

f_c 与 G_c 分别为相变点对应的系统拥堵率与最大团簇大小。H_f 及 L_f 分别指拥堵率为 f 时的系统的状态，同样的拥堵率网络可能具有两个状态：H 为高效状态——功能网比较大；L 为低效状态——功能网比较小。H_{f^+} 及 L_{f^-} 分别指拥堵率增加或减少 0.01 后的系统状态，$P_r(\cdot|\cdot)$ 为条件概率。图 2.16 明显表达了序参量对于系统行为的决定作用。

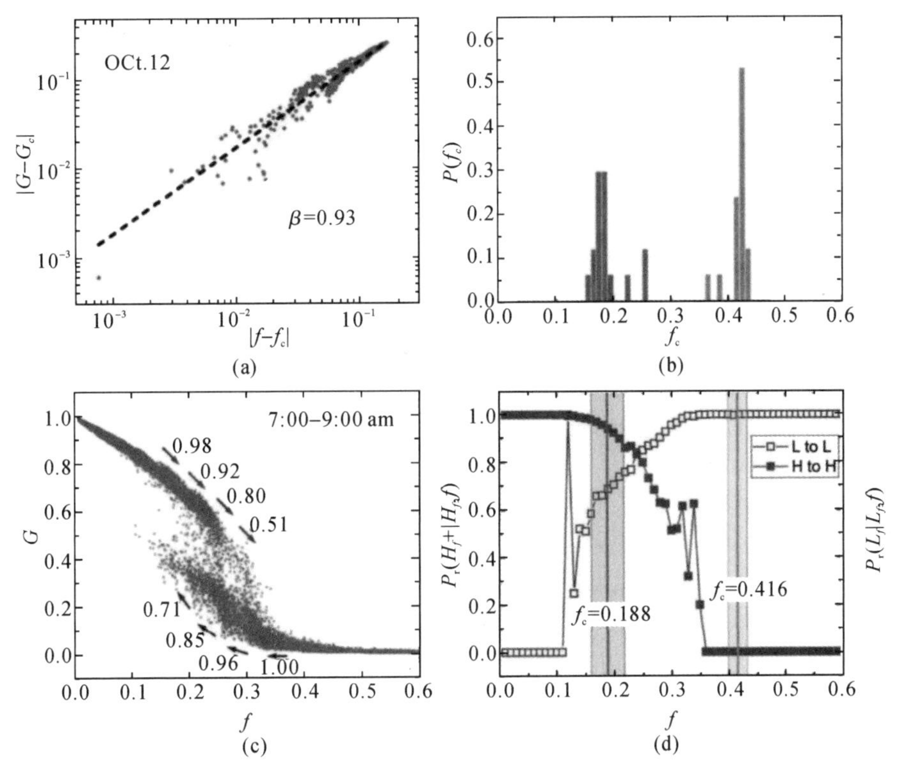

图 2.16　城市交通系统的临界性

2.3.5　从定性到定量综合集成研讨体系方法

“定性到定量综合集成方法”(meta-synthesis)及其实践形式“从定性到定量综合集成研讨厅体系”是由钱学森在 20 世纪 90 年代初提出的，其研究思路是从整体到部分，再从部分回归整体，最终从整体上研究和解决问题。综合集成方法将系统论方法具体化，形成了一套可以操作且行之有效的方法体系和实践形式，成为研究复杂系统的重要方法。

2.3.5.1 基本概念

钱学森在定性到定量综合集成方法中提出人-机结合理念，以人为主的思维方式是综合集成方法的理论基础。他指出：逻辑思维——微观法；形象思维——宏观法；创造思维——宏观与微观相结合。创造思维才是指挥的源泉，逻辑思维和形象思维都是手段。从思维科学的角度看，人脑和计算机虽然都能有效处理信息，但是两者具有极大的差别：人脑具有更强的形象思维和创造思维，而计算机更偏重逻辑思维。将二者有机结合起来，就更能发挥各自的优势，形成 1+1>2 的系统效果(见图 2.17)。

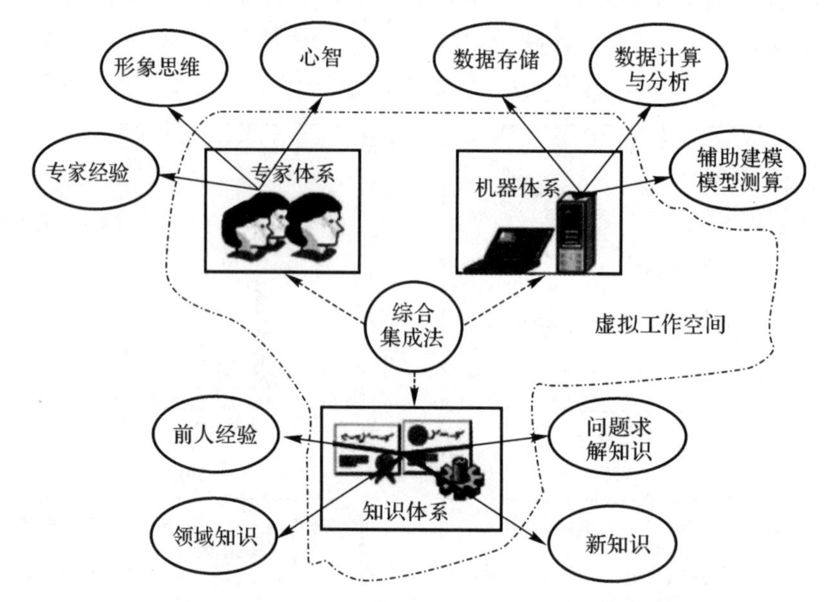

图 2.17 综合集成研讨厅框架结构示意图

从定性到定量综合集成法的特点可以概括为统一性和结合性。在统一性方面，从定性到定量综合集成法是一种全新的方法论，既不同于东西方传统的整体论，又不同于西方近代以来的还原论，而是实现了整体论与还原论、东西方思维方式的辩证统一。而且，它实现了经验知识与科学理论、宏观研究与微观研究、定性思维与定量思维、形象思维与抽象思维以及各种学科的有机综合与辩证统一。在结合性方面，从定性到定量综合集成法表现的是人-机结合。其中，“人”不是指个人，而是具有优良综合素质的专家体系，即从定性到定量综合集成法的实施主体；“机”指高性能的计算机，它是专家体系的重要工具，能够快速处理信息，帮助专家按照民主集中制原则结合、统一各方意见，建立仿真模型，进行仿真实验。

2.3.5.2 应用流程

如图 2.18 所示，在方法运用上，首先是定性综合集成。在已有相关的科学理论、经验知识和信息的基础上与专家判断力相结合，对所研究的系统问题提出和形成经验性假设，如猜想、判断等。这种经验性假设一般是定性的，其正确与否、能否成立还需要用严谨的科学方式加以判断。这就转到了定量的分析上，通过人-机结合、人-网结合以及以人为主的思维方式和研究方式，借助现代计算机技术，基于各种统计数据和信息资料，建立起包括大量参数的模型，而这些模型应建立在经验和对系统的理解上并经过真实性检验。这里包括了感情的、理性的、经验的、科学的、定性的和定量的知识综合集成，通过人-机交互，反复对比，逐次逼近，最后形成结论。其实质是将专家群体、统计数据和信息资料三者有机结合起来，构成高度智能化的人-机集成系统。它具有综合集成的各种知识，从感性上升到理性，实现从定性到定量的功能。

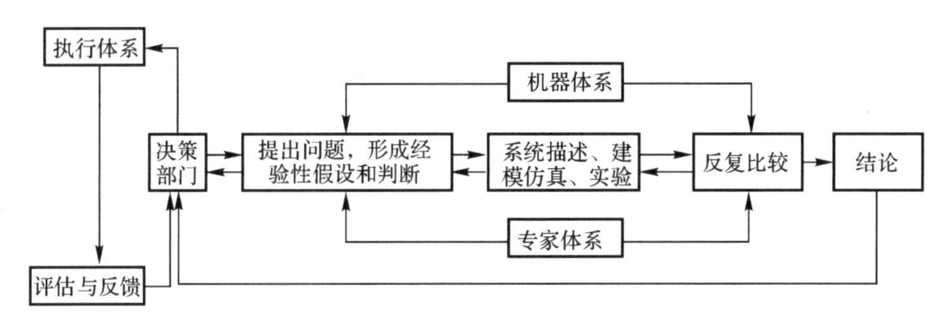

图 2.18　综合集成法用于决策支持问题研究示意图

从定性到定量的综合集成法既体现了科学中从定性判断到精密论证的特点，也体现了以形象思维为主的经验判断到以逻辑为主的精密定量论证的过程。这个方法是研究复杂性科学的重要方法论，是分析复杂系统的重要方法论。

2.3.5.3　应用案例

综合集成法本身就是中国学者在社会系统、人体系统和地理系统的实践基础上总结、提炼出来的。通过 30 多年对该方法论的研究和发展，如前面所述，相关学者已经应用信息技术、智能技术和社会科学的大量成果，建立了基于信息空间的综合集成研讨厅系统，使得人们在应用综合集成法进行实践活动时，不但可以自觉接受其理论方法的指导，而且拥有了可操作的平台，形成了从理论、方法到技术、工具及系统的完备实践体系。

王丹力等人对于综合集成研讨厅体系起源、发展现状与趋势做了介绍，其中提到戴汝为团队在巨灾防御与应急管理领域进行的实践，部分内容如下：

巨灾，是地理、生态、社会等多个复杂系统在不同层次、多因素、多环节相互关联、相互作用、相互制约下表现出的整体行为，具有复杂性、不确定性和不可预测性。巨灾防御与应急仿真，需要把握和理解相关开放的复杂巨系统的复杂机理，在灾害科学、地理科学、气象科学、计算机科学和社会科学等多学科融合与交叉的基础上，找到能够对巨灾的干预效果达到期望的机制。这是开放的复杂巨系统问题，需要综合多学科多领域的研究成果，形成被所有相关学科共用的同一个集合。

巨灾防御与应急决策仿真系统的总体框架如图 2.19 所示，该框架自下向上可划分为基础设施、系统平台、应用 3 个层次。首先，通过对真实系统中巨灾的审视与了解，探索巨灾及巨灾链孕育、发生、发展的机理及其致灾过程，结合已经积累的数据，实现对巨灾的建模，根据所建立的模型对巨灾进行仿真，并显示仿真过程和结果，形成初步的仿真系统。其次，对于初步的仿真系统是否准确描述了相应过程这个问题，运用综合集成研讨的方式，将仿真系统与真实系统进行比对，评估仿真的正确性和有效性。根据评估和研讨结果，对巨灾机理、建模方法和仿真技术进行相应的修正和调整，然后改进仿真系统。最后，通过综合集成研讨的方式对二者进行比对，如此多次循环，逐步提高相关研究人员和专家对巨灾问题的认识，不断获得新知识，并将这些知识逐步融入仿真系统，实现越来越准确的仿真。

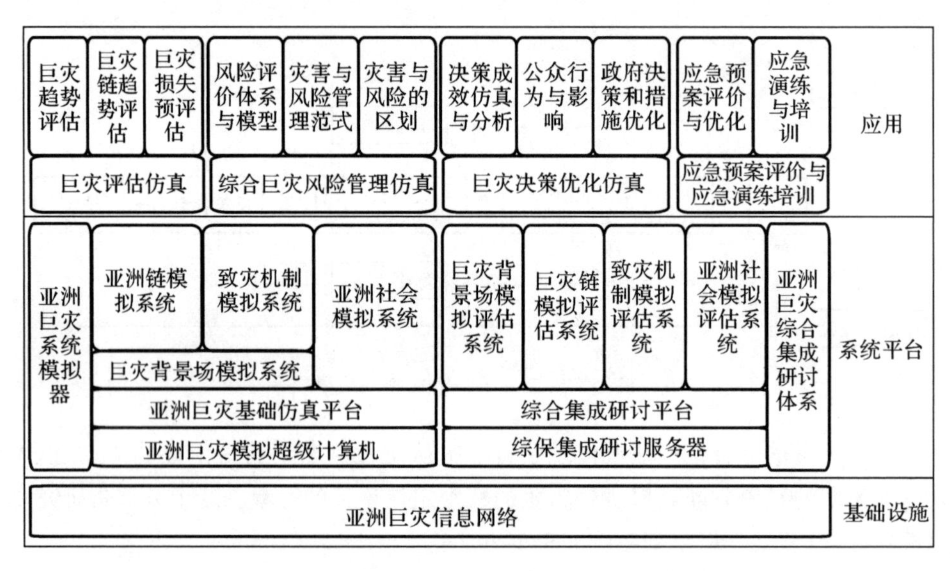

图 2.19　巨灾防御与应急决策仿真系统总体框架

2.3.6　综合微观分析方法

综合微观分析法(Synthetic Microanalytic Approach，SMA)是由欧阳莹之提出的，其本质是综合自上而下和自下而上的分析方法。综合微观分析法将对系统及其组分的描述想象成截然不同的二维概念平面(conceptual planes)，分别称之为宏观平面(macro plane)和微观平面(micro plane)。综合微观分析法开辟了一个三维概念空间(conceptual space)，既包括微观平面，又包括宏观平面，并通过填补两者之间的空白达到合并两者的目的。

2.3.6.1　基本概念

对于复杂系统的分析，传统的微观还原论抛弃了宏观平面，整体论则抛弃了微观平面，而孤立论抛弃了两个平面之间的联系。它们都是简化的、有缺陷的。综合微观分析既不是停留在整体论要求的“上”，也不是从“下”做微观还原论者的工作，而是从整体到部分、再返回整体的双向互动。在这个过程中，综合性既出现在分析之前，也出现在分析之后。在分析中，将复杂问题分解为简单问题，在综合中，从简单问题的结果出发，得到复杂问题的解答。

为了解复杂系统的组成方面，研究复杂系统的组成特点，综合微观分析是必不可少的。如图 2.20 所示，综合微观分析法建立起一个综合框架，在该框架中进行微观分析，微观组成部分是复杂系统的一部分，它们之间的关系被理解为复杂系统的结构。使用综合微观分析法，首先描绘一个复杂系统，在宏观概念角度提出问题——用来简明描述研究的问题。在微观角度分析复杂系统的组成部分，并深入探索复杂系统组成行为机制。综合微观分析法既不像整体论所要求的那样停留在宏观角度，也不像还原论所规定的那样从微观单向推进分析。而是在宏观框架下，剖析微观原因，最后又回到宏观现象所界定的问题。这样综合微观分析就不会与自下而上或者自上而下的分析一样，它重视了复杂系统的局部特征。通过系统整体及微观结构耦合解释了复杂系统的行为特征。

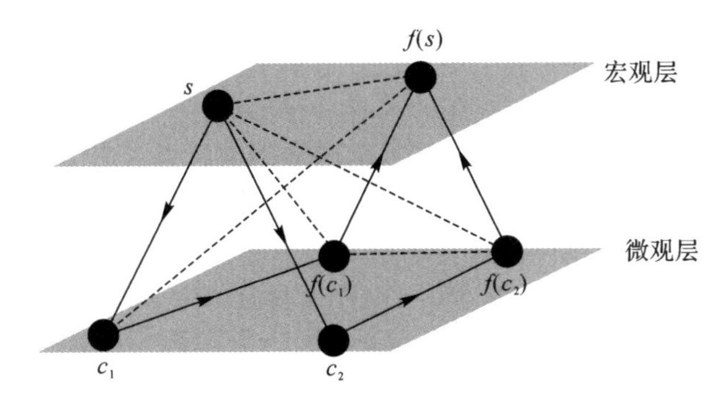

图2.20　综合微观分析法结构原理图

2.3.6.2　应用流程

如图2.21所示，综合微观分析法应用步骤如下所述。

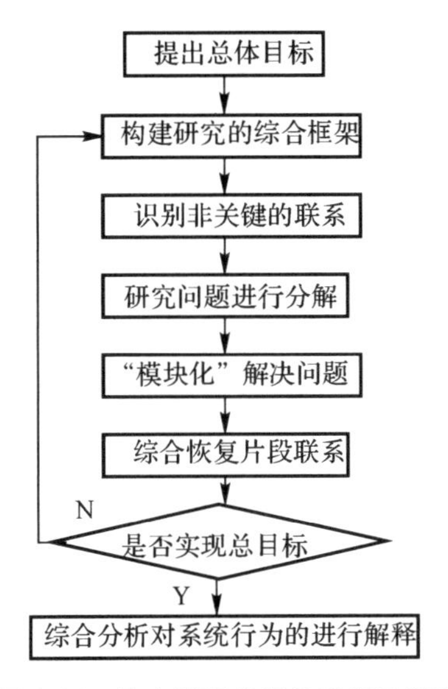

图2.21　综合微观分析法应用流程图

(1)提出总体目标。根据问题需要，提出总体目标。总体目标通常是对问题的粗略描述。

(2)构建研究的综合框架。提出一个宽泛的概念框架，使研究者明确要研究的问题所在，防止在分析问题中陷入细节过程而失去对整体的把握。

(3)识别非关键的联系。在综合框架下，鉴别非关键的概念联系，以便于将复杂的问题逐个分解为简单的问题。

(4)研究问题分解与解决问题。采用“模块化方法”切割非关键联系,将问题分解为简单的几个部分再做详细研究。

(5)综合分析。综合分析即自底向上的综合,最后综合恢复片段之间的联系,自下而上将分析结果与最初的复杂问题结合起来。

2.3.6.3 应用案例

针对装备体系需求问题,为了使军事与技术、简单与复杂有机结合起来,提出基于综合微观分析的需求开发方法,将构成装备体系需求映像的上层需求与下层需求看成一个二维的概念平面。“分析解释”上层需求指标的上层需求模型从“宏观约束”角度指导下层需求开发,“分析解释”下层需求指标的下层需求模型从“微观机制”角度解决宏观问题,实现了从上到下又从下到上的装备体系需求双向开发。此实例表明采用该方法能够系统地开发装备体系需求。

基于 SMA 的装备体系需求开发,依赖 3 类关联:

(1)分析解释(rep)。

针对目标装备体系的方案设计、工程研制、测试定型、改造升级等工作,装备体系需求指标起着重要的约束和指导作用,而装备体系需求模型的主要作用是对需求指标进行分析解释。因此需求模型“分析解释”(rep)处于同一层次的需求指标。

(2)宏观约束(mc)。

装备体系需求指标映射遵循从军事到技术、自顶向下的流程,上层指标相对抽象,下层指标比较具体;下层指标不是简单地细化上层指标,而是以上层模型提供的显性语义为宏观约束,从中提炼出与上层指标相匹配的衡量尺度及标准。

(3)微观机制(mm)。

装备体系的上层需求指标、上层需求模型分别从宏观提出问题、解释问题,下层需求指标、下层需求模型分别从微观回答问题、寻找“微观机制”来解答宏观问题。

基于 SMA 的装备体系需求开发实质就是建立“分析解释”(rep)、“宏观约束”(mc)和“微观机制(mm)三种关联。这三种关联在装备体系需求开发中分别称为“rep 开发”“mc 开发”和“mm 开发”。装备体系需求开发基本模式如图 2.22 所示,图中“分析”对应从军事到技术、自顶向下“mc 开发”,图中“综合”对应从技术到军事、自底向上“mm 开发”,图中“解释”对应从清晰简洁到形象直观、从“简单”到“复杂”“rep 开发”。

装备体系需求开发步骤如下:

(1)任务要求分析模型与总体目标“rep 开发”。总体目标通常是军事问题的粗略描述,作战任务分析是为了明确军事问题。

(2)任务要求分析模型与任务要求“mc 开发”。以任务要求分析模型为基础进行分析提取。

(3)作战需求模型与任务要求“rep 开发”。任务要求是期望目标装备体系在作战中产生的结果。作战需求模型详细描述作战任务,“分析解释”任务要求回答“谁完成任务”“如何达到任务要求”等问题。

(4)作战需求模型与总体目标“mm 开发”。作战需求模型给出目标装备体系用于什么环境、作战节点在目标装备体系支持下能够履行什么活动、作战节点履行活动需要什么信息等内容,反映了解决总体目标的微观解决方案。因此,作战需求模型是总体目标的“微观机制”。

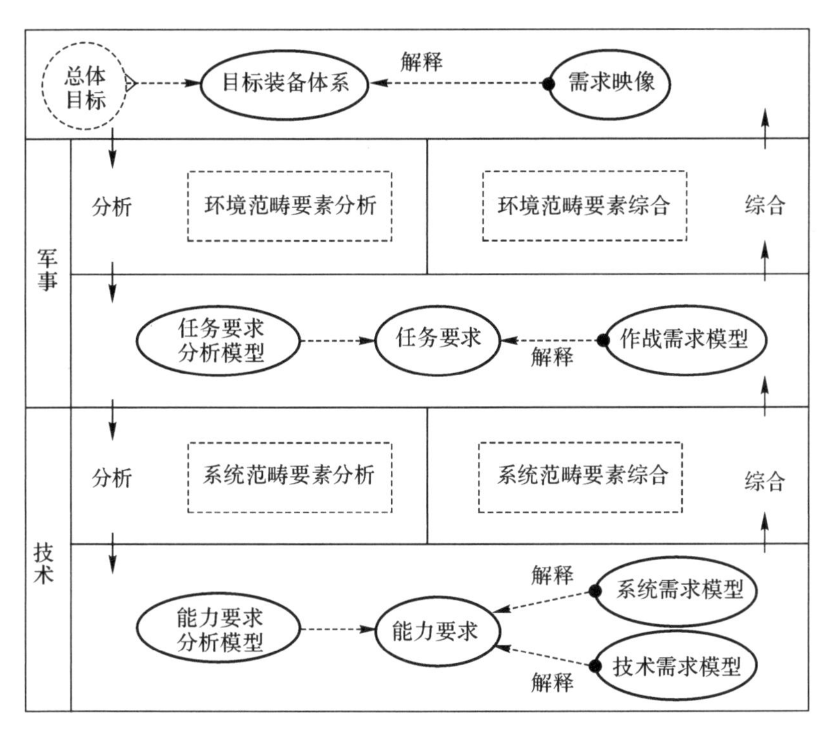

图 2.22　基于 SMA 的装备体系需求开发模式

(5)作战需求模型、能力要求分析模型与能力要求“mc 开发”。对于系统范畴要素分析,任务要求、任务要求分析模型处宏观层次。作战能力分析针对指定任务要求,自下而上地对任务衡量尺度及标准进行开发,确认能力要求。

(6)系统需求模型、技术需求模型与能力要求“rep 开发”。对于系统范畴要素分析,能力要求是期望目标装备体系的必备特征或必要条件。建立装备体系系统需求模型、技术需求模型是为了明确能力要求,“分析、解释”能力要求回答“什么特征的装备体系实现能力要求”“如何达到能力要求”等问题。

(7)系统需求模型、技术需求模型与任务要求“mm 开发”。建立系统需求模型、技术需求模型,给出目标装备体系需要具有什么功能、各个功能子系统如何维系作战能力、需要什么技术才能实现等内容,这些方面反映了目标装备体系达到预期作战目标,即任务要求所必备的客观物质条件。

(8)装备体系需求映像与目标装备体系“rep 开发”。装备体系需求映像是对装备体系需求的系统描述,“分析、解释”目标装备体系,给出必备特征和必要条件,从而指导目标装备体系建设发展。

2.4 小　　结

本章介绍了一些经典的复杂系统的理论,包括一般系统论、信息论、控制论、耗散结构论、协同论、突变论等,以及一些典型方法,包括系统动力学方法、多主体建模方法、复杂网络、序参量方法、从定性到定量综合集成研讨体系方法、综合微观分析方法等。这些方法在广泛的复杂系统具体案例研究和分析中得到了成功应用。

随着科学技术水平的发展,特别是信息技术、人工智能技术的广泛应用,智能复杂体系的概念已经被展示在人们面前。相对一般复杂系统而言,这类系统具有更加丰富的层次结构,内部的连接更加紧密,子系统也往往具有独立的智能特征。它们具有复杂系统的共性特征,复杂性理论和方法仍然是适用的,但因为其智能的增加和层级特征的丰富,会存在在与一般复杂系统的不同之处。面对智能复杂体系所带来的一些新挑战,需要仔细观察,把握系统中的核心和关键,将理论和方法融会贯通,并在一些技术手段上进行拓展创新,才能获得好的研究结果。

本书将在后续的章节中展示这些理论和方法在一些具体对象上的应用,特别是第 6～8 章将以具体的过程展示一些典型智能复杂体系对象上的研究探索。

参考文献

[1] CILLIERS P. Complexity and postmodernism: understanding complex systems[M]. New York:Routledge, 2002.

[2] CORNING P A. The re-emergence of "emergence": a venerable concept in search of a theory[J]. Complexity, 2002, 7(6): 18 - 30.

[3] GOLDSTEIN J. Emergence as a construct: history and issues[J]. Emergence, 1999, 1(1): 49 - 72.

[4] KIVELSON S, KIVELSON S A. Defining emergence in physics[J]. NPJ Quantum Materials, 2016, 1(1): 1 - 2.

[5] LIM M, METZLER R, BAR-YAM Y. Global pattern formation and ethnic/cultural violence[J]. Science, 2007, 317(5844): 1540 - 1544.

[6] YING N,WANG W,FAN J,et al. Climate network approach revealsthemodes of CO_2 concentr ation to surface air temperature[J]. Chaos:An Interdisciplinary Journal of Nonlinear Science,2021,31(3):31104.

[7] ZENG G,GAO J,SHEKHTMAN L,et al. Multiple metastable network states in urban traffic[J]. Proceedings of the National Academy of Sciences,2020,117(30): 17528 - 17534.

[8] 陈禹，方美琪. 关于复杂系统的演化过程的五阶段模型:涌现研究的启示和展望[J]. 系统工程理论与实践，2008，28(增刊)：40 - 44.

[9] 段采宇,张维明,余滨,等. 基于增刊综合微观分析的装备体系需求开发方法[J]. 系统工程理论与实践,2011,31(9):1804 - 1810.

[10] 方锦清. 令人关注的复杂性科学和复杂性研究[J]. 自然杂志 ,2002,24(1):7 - 15.

[11] 顾新华,顾朝林,陈岩. 简述“新三论”与“老三论”的关系[J]. 经济理论与经济管理,1987,(2):71 - 74.

[12] 姜璐. 钱学森论系统科学(书信篇)[M]. 北京:科学出版社,2012.

[13] 吕淳朴,王焕钢,张涛,等. 智能复杂体系研究[J]. 科技导报,2020,38(21):27 - 37.

[14] 米歇尔. 复杂[M]. 唐璐,译. 长沙:湖南科学技术出版社,2011.

[15] 欧阳莹之. 复杂系统理论基础[M]. 上海:上海科技教育出版社,2002.

[16] 宋雪峰. 复杂性、复杂系统与复杂性科学[J]. 中国科学基金,2003,(5):262 - 269.

[17] 王丹力,郑楠,刘成林. 综合集成研讨厅体系起源、发展现状与趋势[J]. 自动化学报,2021,47(8):1822 - 1839.

[18] 王建红. 还原论和整体论之争的超越:起源研究[J]. 自然辩证法研究,2014,30(12):108 - 114.

[19] 王雨田. 控制论,信息论,系统科学与哲学[M]. 北京:中国人民大学出版社,1986.

[20] 熊志军. 论超越还原论[J]. 系统科学学报,2006,(3):36 - 39.

[21] 闫八一,王龙,革明鸣. 近二十年复杂系统研究回顾[J]. 系统科学学报,2007,15(3):47 - 50.

[22] 杨春时,邵光远,刘伟民,等. 系统论信息论控制论浅说[M]. 北京:中国广播电视出版社,1987.

[23] 赵传起,朱悦,王留锁,等. 基于系统动力学和向量模法的亮子河流域水环境承载力评价[J]. 环境保护科学,2021,47(1):136 - 142.

[24] 赵光武. 还原论与整体论相结合探索复杂性[J]. 北京大学学报(哲学社会科学版),2002,39(6):14 - 19.

第3章 生物集群复杂性

仔细观察我们周围的世界,你会发现很多复杂的集群现象——成群迁移的角马、集体飞行的鸽子、结队巡游的鱼类、觅食的蚂蚁、采蜜的蜜蜂、生长的菌落,不同尺度的生命体都存在着复杂的群体行为。在这些系统中,存在一个显著的共同特点,就是个体的感知、行为能力有限,但它们利用简单的规则,通过局部相互交互,就能完成迁徙、觅食、筑巢和御敌等复杂的团队活动,在群体层面上呈现出有序的自组织协调行为,表现出群体的才能。

生物群体既能形成协调有序的集体运动模式,又能快速、一致地应对外界刺激,表现出分布式、自组织、协作性、稳定性等特点以及对环境的适应能力。这种高效灵活的运动模式背后的内在机理和作用规律,长期以来一直是生物集群研究领域的核心问题。在过去的十年里,人们对相互作用、自我推进的生物体的动力学越来越感兴趣,开启了生物集群系统的研究热潮,一些基本的机制和规律正逐步被揭示出来。

本章将简单介绍蚁群、鸟群、鱼群,以及细菌所形成的群落的复杂行为,和一些相关研究发现。大家也会在此章接触到一些本书第2章所介绍的部分理论和方法的应用。

3.1 蚁群

3.1.1 蚁群复杂性

人们普遍认为蚂蚁是一种毫不起眼的动物,它们体型小,构造简单,不注意甚至都看不见它们,但一旦组成蚁群就不一样了。生物学家弗兰克斯(Nigel Franks)长期研究蚂蚁习性,他说:单只行军蚁是已知的行为最简单的生物,但如果将100只行军蚁放在一个平面上,它们会不断往外绕圈;而如果将成千上万只放到一起,它们会能力强得不可思议!

蚂蚁会使用泥土、树叶和小树枝建造极为稳固而规模庞大的巢穴,有食物储存区(不同的食物会有不同的储藏室)、幼虫室、卵室、王宫(蚁后住的地方)、蛹室、垃圾场、休息室等。不同的出入口之间也往往会呈U形建造,以便于空气流通。同时,出入口的筒状物除了防水,也能因伯努利效应加速空气流动的速度,形成吹进巢穴的气流,保证巢穴的正常通风。如果把蚂蚁的地下巢穴做一个纵切面展示,人们会发现其复杂程度简直如同一座豪华的地下宫殿。地下巢穴的外侧是一条条环状的深沟,如同城市的环形大道。几条环形大道之内,则是一条条纵横交织的浅壑,如同城市的街巷,两者之间有四五厘米的距离。蚁巢结构复杂功能的完善令人叹为观止。曾有人将铝融化灌进一个普通的蚁穴，等凝固后再刨出来证实这个蚁穴的深度至少在 3 m 左右，对于小小的蚂蚁，挖掘这样的巢穴其难度相当于人类在地下 1 000 m 的深度建造出一个皇宫。

共同觅食也是蚂蚁一种典型的集群行为。科普作家冉浩曾经讲过一个故事：蚂蚁外出觅食本身是消耗能量的，只有获得足够的回报，它这一趟才没有白走。如果它外出觅食得到的食物不能够补偿它外出的消耗，那它就不如不出去。对于群体来讲也是这样，如果很多工蚁去寻找食物，然后所有的工蚁都空手而归，花了很多的能量，却又得不到补偿，整个群体就要挨饿，甚至最后要灭绝。蚂蚁在觅食过程中如何分配不同的路线？最后找到食物后又如何调整到最优的路径上？研究发现，蚂蚁在活动过程中会释放出信息素，其他蚂蚁可以检测出信息素的浓度，以确定自身前进的方向。信息素会随着时间的推移逐渐挥发，蚂蚁走过的路径上信息素浓度会加强，从而促使更多蚂蚁选择该路径，形成正反馈。蚁群通过这种简单的信息交流，实现正反馈的信息学习机制，能找出食物源和巢穴之间的最短路径。

合作运输是蚁群另一个常见的集群行为（见图 3.1）。一直以来，蚂蚁搬东西给人一种非常混乱的印象：蚂蚁经常到处乱窜，一会儿离开队伍，一会儿又重新回来，一窝蜂地围着食物。然而，在混乱之下实则隐藏着明确的分工以及精妙的运作系统：蚂蚁军团的大部队负责扛起重物向前移动，而那些看似散漫到处乱窜的蚂蚁其实担任着侦察兵的角色，负责指引方向。更奇妙的是，蚂蚁会在途中自觉地切换搬运工与侦察兵的角色，轮流换岗。一只蚂蚁能搬动比它自身体重大 50 倍的物体，但很多东西（包括一些食物）对于它们个体来讲还是太大、太重，必须通过多只蚂蚁的配合才能搬回蚁巢。要知道，当三五个人类想要搬运一个大件时，大家会观察四周，还能及时说话沟通需要移动的方向。但是对蚂蚁来说，它们的下颚被重物抵住，而担当视觉与嗅觉重任的触须也被阻塞，所以搬运队伍中的蚂蚁能做的就是扛起重物，朝一个方向前进，但是它们本身其实缺乏准确的方向感。那些自由散漫的侦察兵对方向有着一个更加清晰、全面的认识。每当一个侦察兵加入搬运大军时，它会一口咬在重物上，然后往蚂蚁窝的方向拉扯一下。当搬运队伍感受到了那个方向的力时，便会立即作出调整，向那个方向前进。这个过程不断重复，随着新的侦察兵的不断加入，搬运的路线也会不断调整，最终到达蚁穴。

通过对蚁群合作搬运食物的行为进行研究，费诺曼（O. Feinerman）的研究团队发现蚁群合作运输的行为存在临界性。当蚁群规模较小时，蚁群的合作运输是“无序”的；当蚁群规模较大时，蚁群的合作运输是“有序”的；当蚁群规模处于中间范围时，是“有序”相与“无序”相之间的过渡区。当不断增大合作运输的蚁群规模时，蚁群的合作运输行为会出现从“无序”到“有序”的转变，属于二级相变。处于过渡区的蚁群对新附着上的蚂蚁的行为有最大程度的响应。

在行进、觅食和搬运物体的过程中，蚂蚁往往会走最快捷的路径，犹如有一个几何学家在指挥一样。当遇到一些沟壑等障碍时，一些种类的蚂蚁还会将它们的身体相互连在一起组成很长的桥，从而可以跨越对它们来说很长的距离，甚至通过搭桥的方式通过树干转移到另一蚁穴。

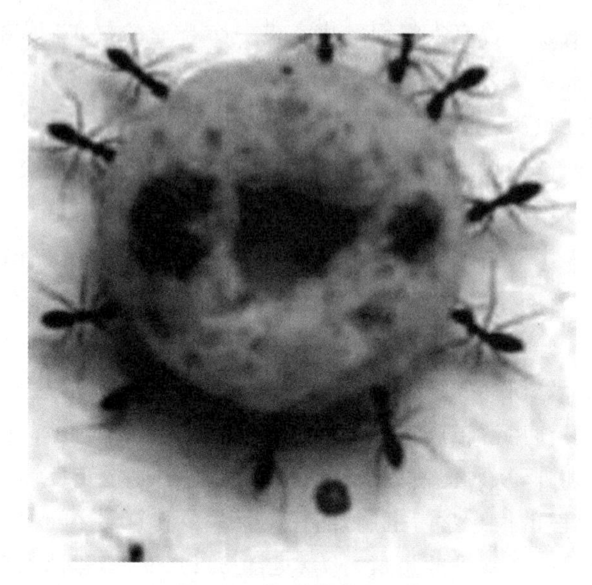

图 3.1 蚁群的合作运输

很难想象将这些堪称伟大工程的作品以及睿智的行为和弱不禁风的蚂蚁关联起来。长期以来，科学家对于蚂蚁及其社会结构不断进行细致的研究，获得了很多成果，但现在看来，仍然无法彻底破解蚁群的复杂性：蚂蚁的个体行为如何产生出庞大而复杂的结构，蚂蚁之间如何相互通信，蚁群作为整体如何适应环境的变化等。这些都是学者感兴趣的课题。

3.1.2 蚁群集群行为研究前沿

蚁群作为典型的生物集群系统，以其明显的集群特征与实验可操作性成为主要研究对象。在蚁群中可观察到丰富的集群行为——觅食、筑巢、搭桥、运输和恐慌逃生等，均有学者进行研究甚至开展相应的蚁群实验。

3.1.2.1 信息传递

早在 1959 年，威尔逊(E. O. Wilson)等人就曾将蚂蚁杜氏腺体分泌物抹在地上，观察蚂蚁的反应。后又通过提供给蚂蚁不同浓度蔗糖溶液研究蚂蚁对食物源质量的反应。研究发现，蚂蚁通过调整返回途中释放信息素的觅食者的比例，使蚂蚁对食物源质量高的路径反应更强烈。W. Hangartner 等也设计实验研究了蚂蚁觅食过程中信息素的释放行为。他们给饥饿的蚂蚁提供食物，在通往食物源的路上覆盖烟灰，在其返回并到达巢穴口时，移除蚂蚁，更换食物源和烟灰路径，开始下一次实验。对更换下来的烟灰路径进行分析，可以统计得到蚂蚁释放信息素的次数以及强度。实验结果表明，随着食物质量的提高，从食物源处返回巢穴的蚂蚁释放信息素的频率以及释放信息素的强度会增加。R. Beckers 等通过开展选择不同浓度的蔗糖溶液场景的实验，建立了基于信息素的模型，研究蚁群对高质量食物的集群选择行为的机制，发现蚂蚁会依据食物源质量和觅食次数来决定是否释放信息素，这种调节就足够解释蚂蚁面对较高质量食物源的集群选择行为。Audrey Dussutour 等通过菱形桥梁提供从巢穴到食物源的两条路径，并通过改变桥梁的宽度研究了不同密度下两条路径的使用情况。研究发现，低密度情况下蚁群仅使用一条路径、高密度情况下由于拥挤蚁群会使用两条路径觅食。他们还对观察到的行为建立了基于信息素招募和考虑拥挤的模型。E. Altshuler 等对觅食路径上的蚂蚁施加刺激，观察蚂蚁的 U 形返回行为，发现危险信息不会有长距离的传输。

3.1.2.2 搭桥

蚂蚁在日常觅食过程中，有时会遇到无法跨越的沟壑，部分蚂蚁就会用自己的身体搭建桥梁，让其他蚂蚁跨越沟壑。如图 3.2 所示，美国新泽西理工学院生物科学系的 Chris R. Reid 等利用特制实验装置研究军蚁合作搭桥行为是如何随环境的改变而动态调整的。他们从功能性的角度对军蚁搭桥行为进行建模，搭桥的成本用所搭桥梁的表面积来衡量，收益用缩短的路程长度来衡量。假定蚂蚁试图最大化交通密度且假定蚂蚁的速度恒定，建立基于成本收益的桥梁位置最优模型，解析计算和实验吻合非常好。随后，Jason M. Graham 等将基于成本收益的桥梁位置的数学模型扩展到更广阔的场景，提出了一个通用的建模框架来探索桥梁的形成过程，其还能够对各种障碍物下的最佳桥梁结构进行预测。Helen F. McCreery 等则研究了当觅食路径上出现的间隙动态变化时蚂蚁是如何调整组成桥梁的大小的。通过控制觅食路径上的间隙以扩大和缩短 $1/30\ \text{mm}\cdot\text{s}^{-1}$ 的速率变化，在野外开展间隙扩张和缩短的蚂蚁实验。实验发现，对于一个给定的间隙大小，不断缩短间隙过程与不断增大间隙过程达到特定间隙相比，后者形成的桥梁更大，参与构成桥梁的蚂蚁数量更多。随后他从数据出发，建立了累加器模型，模型很好地解释了蚁群中存在的这种滞后现象。在累加器模型中，加入和离开桥梁的个体决策取决于其当前状态和平衡状态之间的差异。

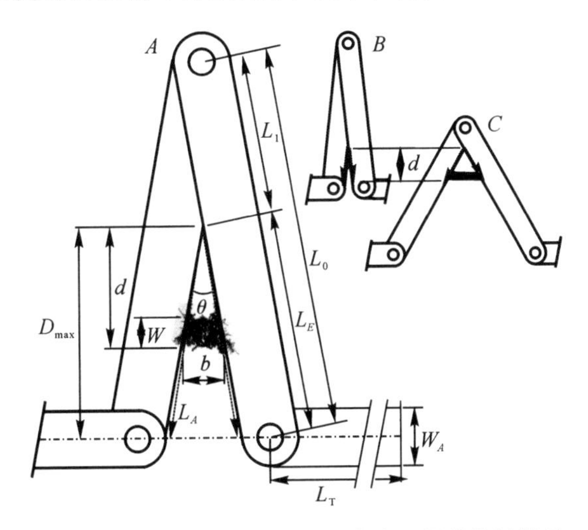

图 3.2 张开不同的角度，蚂蚁会在不同的位置搭桥

3.1.2.3 筑巢

蚂蚁会搭建出各式各样形式复杂的巢穴。这些巢穴对蚁群的生存和发展有至关重要的

作用，如可以提供储存食物、躲避天敌的场所，且能够与外界进行气体交换等。人们首先关注自然界中蚁巢的结构特点。W. R. Tschinkel 从 1998 年就开始了对蚁巢结构的研究，在 2004 年向人们展示了更精细的佛州农蚁的地下巢穴结构，并提出用熔化的锌或铝铸件来还原蚁巢。在此之前，人们是通过人工挖掘和石膏铸件的方法来研究蚁巢结构的。Tschinkel 在 2013 年又首次提出用冰来复刻蚁巢的方法，并在之后的研究中利用冰巢方法探究自然界中的蚁巢结构。除了关注自然界中蚁巢的结构特点外，人们对蚂蚁如何协作搭建蚁巢充满了兴趣。Khuong 等人采用实验和模型的方法对蚁群搭建 3D 巢穴的过程进行了定量研究，探究了其协调机制。研究发现，搭巢的过程中个体蚂蚁的感知是局部的，其行为包括移动、挖掘、拾取和放下；经蚂蚁搬运过的材料表面会涂有“建筑”信息素，可提高在该位置放下材料的概率，而非提高蚂蚁到达该位置的概率；个体蚂蚁遵从的运动规则为在空位置和建筑表面随机游走，拾取和放下材料的概率依赖于感知范围内建筑材料的数量，放下材料的概率还依赖于感知范围内信息素的强度以及当前位置的建筑高度；“建筑”信息素的生存时间对于巢穴形状的构成有非常大的影响。

3.1.2.4 搬运及其他

蚂蚁擅长集体搬运物体。蚂蚁利用合作运输从环境中开发资源并克服竞争。Feinerman 的研究团队采用实验和模型的方法对蚁群合作搬运环状货物的行为进行了研究。在运输过程中，蚂蚁会有“抬”和“拉”两种行为。位于货物前缘的蚂蚁倾向于“拉”，位于货物后缘的蚂蚁倾向于“抬”。蚂蚁倾向于将自己的力与附着点所感受的合力对齐。蚂蚁有恒定的分离和附着速率。新附着的蚂蚁携带着巢的方向信息，引导群体朝巢的方向运动。在蚂蚁的协同运输行为中，人们发现群组的大小是其运动的不同阶段之间转换的控制参数。自然出现在货物地方的蚁群范围使蚁群处在有序－无序转变的临界点附近。值得一提的是，Feinerman 的研究团队在对蚁群合作运输的建模研究中展示了当多个模型均能与实验现象符合时如何对模型进行进一步考量，其中一个方法就是将待选模型给出所研究的集群运动其他方面特征的预测与实验结果进行对比。

除了研究各式各样的蚂蚁集群行为外，有学者对蚁群的集群规模分布进行了研究。J. Vandermeer 等用实际观测数据说明了蚁群的集群大小和频率之间呈幂律关系，并建立了元胞自动机模型，机制模型模拟结果与观测结果一致。集群的规模以蚁巢为基本单位。在蚁群集群的动态变化过程中，蚁巢的建立和消亡分别受群体扩张和天敌攻击的影响。元胞自动机模型中，中心元胞仅与距离为 1 的邻域内 8 个邻居元胞之间有相互作用。若中心元胞未被占据且邻居元胞中存在被占据的元胞，则中心元胞有 P_1 的概率因为邻居元胞的扩张被占据。若中心元胞被占据，则其有 P_2 的概率因为天敌的攻击被消亡。其中中心元胞受到群体扩张的概率 P_1 和天敌攻击的概率 P_2 均与其邻域内被占据的元胞数目之间存在线性关系。

此外，如图 3.3 所示，北师大韩战钢教授团队的朱嘉琪设计并开展了具有可操作性的蚁群实验来研究蚁群中信息传播的长程关联性。他们将蚂蚁数目定义为蚁群规模，将蚁群中蚂蚁间的最大距离定义为蚁群分布长度，给出了依赖于时间间隔参数的蚁群中信息传播速度、关联长度和敏感性的计算方法，并利用实验数据进行了以及不同规模蚁群中蚂蚁启动时间随距刺激源距离的变化关系，信息传播速度随蚁群规模的变化关系以及个体蚂蚁间关联长度和蚁群敏感性随蚁群分布长度的变化关系等三方面分析。分析发现，在距刺激源11～15 cm处，同等距离下蚂蚁的平均启动时间随蚁群规模的增大而减小；信息在蚁群中的传播速度随蚁群规模的增大而增加；蚁群中个体蚂蚁间关联长度和蚁群敏感性均与蚁群分布长度成正比，且此正比关系具有稳健性。研究结果表明，蚁群中信息的传播具有长程关联性。

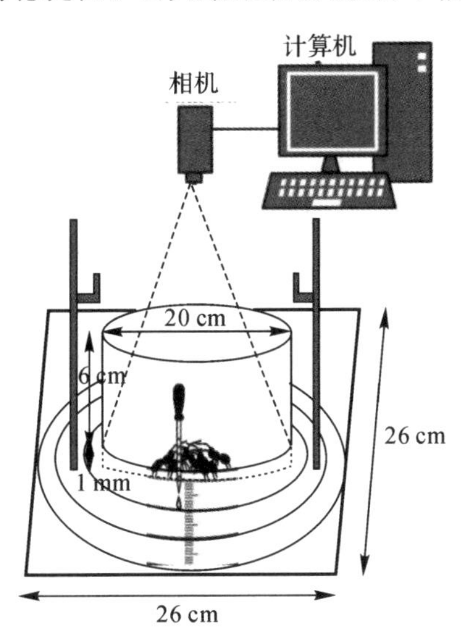

图3.3 蚁群中信息传递长程关联实验示意图

韩战钢教授团队的王伟嘉则以红火蚁恐慌逃生引致的对称破缺为切入点进行研究。他们定义了群体初始分布的不对称程度，以此为控制变量研究初始分布与对称破缺的关系。通过实验与模型相结合，研究了群体初始分布对逃生出口选择对称破缺的影响，发现对称破缺与初始分布的不对称程度呈正相关。他们还在不同的初始分布条件下开展红火蚁恐慌逃生实验，多轮重复实验的统计结果表明，对称破缺并不随初始分布不对称程度的增加而提高。通过对红火蚁行为的分析，提出恐慌条件下红火蚁的行为可能存在不同阶段：以随机方向沿平直轨迹运动的逃生阶段，以及以警报信息素为媒介进行信息传播与行为决策的信息素阶段。以此建立的逃生信息素模型很好地重现了实验现象。

关于生物蚁群的研究结果可以应用在其他领域，并做出巨大的贡献，例如基于信息素释放和扩散的蚁群算法。

3.1.3 蚁群算法

20世纪90年代，意大利学者Dorigo等提出了蚁群算法，这是人类向蚂蚁学到的技术，是生物蚁群研究结果的发展和应用，是仿生学的一个优秀成果。

人们在研究蚂蚁觅食的过程中，发现单个蚂蚁的行为比较简单，但是蚁群整体却可以表现一些智能的行为。例如蚁群可以在不同的环境下寻找最短到达食物源的路径。这是因为，蚁群内的蚂蚁可以通过某种信息机制实现信息的传递。进一步研究发现，蚂蚁会在其经过的路径上释放一种可以称为“信息素”的物质，蚁群内的蚂蚁对“信息素”具有感知能力，它们会更愿意沿着“信息素”浓度较高路径行走，而每只路过的蚂蚁都会在路上留下“信息素”，这就形成了一种类似正反馈的机制。这样，经过一段时间后，整个蚁群就会沿着最短路径到达食物源了。

受到上述蚂蚁找食物模式的启发，人们提出了蚁群算法。这种算法具有分布计算、信息正反馈和启发式搜索的特征。蚁群算法特别适合求解规模较大的问题或状态随时间变化的组合优化问题，包括最短路径问题(Travelling Salesman Problem，TSP) 等。近几年来，该算法在网络路由中的应用受到越来越多学者的关注，并得到了不断的发展。

蚁群算法规则如下：

(1)感知范围。蚂蚁观察到的是一个方格世界，相关参数为速度半径，一般为 3，即可观察和移动的范围为 3×3 方格。

(2)环境信息。蚂蚁所在环境中有障碍物、其他蚂蚁、信息素。其中，信息素包括食物信息素(找到食物的蚂蚁留下的)、窝信息素(找到窝的蚂蚁留下的)。信息素随时间以一定速率消失。

(3)觅食规则。蚂蚁在感知范围内寻找食物，如果感知到就会过去；否则蚂蚁会很大概率往信息素多的地方走。每只蚂蚁会以小概率尝试其他方向。蚂蚁找窝的规则与此类似，只是这时仅对窝信息素有反应。

(4)移动规则。蚂蚁朝信息素最多的方向移动，当周围没有信息素指引时，会按照原来运动方向惯性移动，而且蚂蚁会记住最近走过的点，以防止原地转圈。

(5)避障规则。当蚂蚁的移动方向上有障碍物时，它们将随机选择其他方向；当有信息素指引时，它们将按照觅食规则移动。

(6)散发信息素规则。在刚找到食物或者窝时，蚂蚁散发的信息素最多；随着走远后，散发的信息素逐渐减少。

如图 3.4 所示，虽然最开始每条道路都是等概率的，但因为信息素的释放和挥发，在比较直的主干道上留下的信息素最多，从而几乎吸引了所有的蚂蚁，最终实现路径的优化搜索。

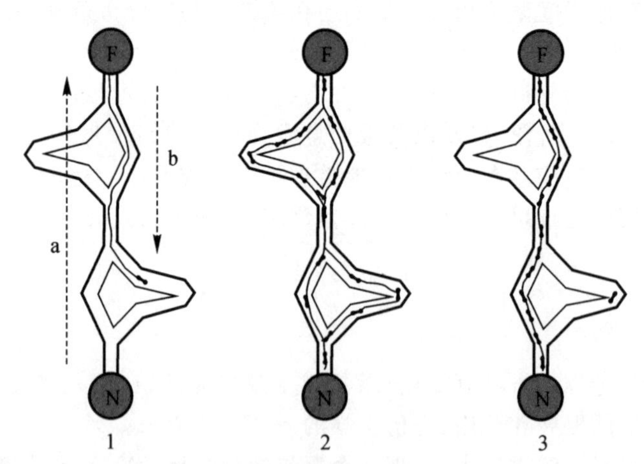

图 3.4 蚁群算法寻找最短路径

图片源自 https://zhuanlan.zhihu.com/p/137408401

与其他优化算法相比，蚁群算法具有以下特点：

(1)采用正反馈机制，使得搜索过程不断收敛，最终逼近最优解。

(2)每个个体可以通过释放信息素来改变周围的环境，且每个个体能够感知周围环境的实时变化，个体间通过环境进行间接的通信。

(3)搜索过程采用分布式计算方式，多个个体同时进行并行计算，大大提高了计算能力和运行效率。

(4)启发式的概率搜索方式不易陷入局部最优，便于寻找到全局最优解。

现在，蚁群算法已有大量扩展改进，在诸如排序、调度、装配线平衡、蛋白质折叠、DNA测序、网络中的分组交换路由等实际问题上有着丰富的应用。

3.2 鸟 群

3.2.1 鸟群的集体飞行

2021 年诺贝尔物理学奖颁发给乔治·帕里西(Giorgio Parisi)(当年获此奖的共 3 人)以表彰他对复杂系统理论的开创性贡献，特别是“发现了从原子到行星尺度的物理系统中无序和波动的相互作用”。除了原子和宇宙，帕里西还专门研究过鸟群的波动。集智科学家傅渥成写过一个故事说，帕里西研究鸟群源于有一天他在罗马的火车站上空看到了成千上万只鸟儿成群结队地飞翔，鸟群没有统一的指挥却能如同一个整体般自由变换形状，这一现象让他着迷。帕里西于是派出了一组物理学家，他们拍摄记录了大量的鸟群飞行数据。基于此，他们用统计物理方法计算分析了数十万只鸟如何形成一个整体。

图 3.4 鸟群的集体飞行

美国国家地理网站(https://www.nationalgeographic.com/animals/article/these-birds-flock-in-mesmerizing-swarms-why-is-still-a-mystery)描述了椋鸟群体的壮观景象，作者 Melanie Haiken 指出，没有其他鸟类能够像欧洲椋鸟这样以高度的协调性和复杂的动作性成群飞行。他指出，欧洲椋鸟成群飞行时最多可以达 750 000 只。成千上万只椋鸟在空中集合，频繁变换队形飞舞，群飞的鸟儿不仅展现了曼妙舞姿，更是炫耀了速度与灵动。

为什么欧洲椋鸟要聚集起如此庞大的群体一起在空中盘旋呢？这是一个令人困惑的问题。美国罗德岛大学名誉教授，鸟类学家弗兰克·赫普纳(Frank Heppner)从 20 世纪 60 年代起最早开始研究椋鸟的行为。他说：“要紧的是，我已经研究了 50 年，现在依然不太理解。”

最常见的解释是被称为“在一起更安全”假设，意思是说集群是应对天敌的一种保护性反应。实际研究还发现，椋鸟群中确实多次出现了鹰、隼或其他猛禽，这为捕食理论提供了一些支持。但是，赫普纳和卡瓦尼亚(Andrea Cavagna)说这种假设有违逻辑。他们指出，遭遇危险时鸟类明明可以直接飞回栖息地，而不必聚集成巨大的编队在空中盘旋。

另一种可能的解释有时被称为"抱团取暖"理论，它表明，齐鸣的声响可能扮演着栖息地宣传广告的作用，以此吸引更多的椋鸟到鸟群中以抱团取暖。

单只椋鸟融入集体，组成了整体的鸟群。集体赐予个体力量，跟集体在一起，个体觉得安全有保障。成千上万双眼睛和耳朵一起寻找食物，还能保证在第一时间发现不怀好意的捕猎者。落单是危险的，独自飞行的椋鸟很容易被猛禽追捕，但在集体中就不一样了，只要不落单，猛禽就难以捉到。集合成群之后的难题是，怎样跟集体保持同步运行呢?

神秘的色彩逐渐褪去，高速摄像机捕捉到细节，计算机模拟群鸟的飞行，万鸟如一的秘密一步步被解开。跟神秘力量控制集体的想法完全相反，群鸟齐飞的原理简单、直接：不去理会集体有多大，只要跟随队友就行。

专业名称叫做自发的协同动作。每只鸟飞行时遵守避免碰撞、保持速度一致和靠近局部中心 3 条规则。再具体一点儿，每只鸟只要跟周围 7 只左右的鸟协调行动，百万只鸟群就能聚而不散。跟人在车辆的洪流中一样，人关注的只是前后左右的车辆，每个人都如此，整体交通就能保持运行通畅。

3.2.2 Boids 模型

Boids 是模拟鸟类集群行为的经典的人工生命项目，由克雷格·雷诺兹(Craig Reynolds)于 1986 年开发。他在 1987 年的美国计算机协会计算机图形专业组组织的计算机图形学顶级年度会议(ACM SIGGRAPH)上发表了题为"Flocks, herds and schools: a distributed behavioral model"的文章。"boid"是"bird-oid object"的缩写，指类鸟对象。

如图 3.5 所示，在最简单的 Boids 世界中有 3 个简单规则，其描述了鸟群中的个体如何根据周边同伴的位置和速度移动：

(1)分离(separation)：移动以避开群体拥挤处。

(2)对齐(alignment)：朝着周围同伴的平均方向前进。

(3)趋中(cohesion)：朝着周围同伴的平均位置(质心)移动。

图 3.5 Boids 的 3 个简单规则

图片源自 https://www.red3d.com/cwr/boids/

在模拟过程中，假设鸟是有限知觉的，它只能看到局部而看不到全体(这是自然可信的，即使是人类在离鸟群如此近的情况下也无法感知如此大尺度上的信息)，要求其只对其周围某个小邻近范围(4～7 个邻居)作出反应。基于如此简单的规则,局部相互作用最终出现宏观的模式。

Reynolds 所提出的 Boids 是一个基本框架,目前已有多种扩展,例如扩展到 3 维或加入对于障碍物的躲避等。此外,Delgado-Mata 等人扩展基本模型以加入恐惧的影响。考虑到动物之间靠嗅觉来传递情感,他们利用一种可自由膨胀气体中的粒子来模拟信息素。Hartman 和 Benes 为这种结盟引入了互补的力量,称之为领导力更替。这个力量决定了这个鸟成为领导者或者试图逃脱群体的概率。

Boids 在很多领域得到应用,包括电影制作、人群疏散模拟,甚至自动驾驶和节目编排等。1987 年,Symbolics Graphics Division 公司制作了一部动画——*Stanley and Stella in Breaking the Ice*,最早使用了 Boids 模型。自 1987 年以来,Boids 模型在动画领域有许多其他应用。1992 年,蒂姆·波顿(Tim Burton)的电影 *Batman Returns* 中包含了计算机模拟的蝙蝠群和企鹅群,都是用 Symbolics Graphics Division 公司开发的原始 Boids 软件的修改版本创建的。在 1998 年的电子游戏 *Half-Life* 中,游戏结束时 Xen 中出现的类似鸟类的飞行生也使用了该框架。

Craig Reynolds 本人曾维护了一个网站(https://www.red3d.com/cwr/boids/),里面收集了有关 Boids 背景和发展的相关信息,包括基于一些不同开发程序的实现。

3.2.3　鸟群行为研究

关于椋鸟群研究的一篇经典文章是 Cavagna 等于 2010 年发表在 PNAS 上"Scale-free correlations in starling flocks"。

罗马市中心罗马国家博物馆马西莫宫的屋顶,位于椋鸟冬季主要栖息场所之一的前面。鸟儿白天在乡下觅食,而在日落前 1 h 回到栖息地。在树上栖息过夜之前,椋鸟聚集成不同大小的群体,进行一种明显无目的的舞蹈,群体以一种非凡的方式移动和旋转。Cavagna 等人对通过使用立体数字摄影测量和计算机视觉技术,重建了椋鸟群中单一鸟类的三维位置和速度,计算了不同鸟类的速度波动在多大程度上相互关联。研究发现,鸟群中交互是局部空间的,相关长度要比交互范围大。在大的椋鸟群中,不同鸟的速度波动空间相关性的范围没有一个恒定的值,它与群体的线性大小成比例。这表明动物群体的集体反应是通过无标度行为的相关性来实现的:一只动物的行为状态的变化影响并受该组中所有其他动物的影响,而无论该组有多大。无标度相关为每只动物提供了比直接个体间交互范围大得多的有效感知范围,从而增强了对扰动的全局响应。过高和过低的噪声都会破坏相关性,无标度相关性的产生说明噪声处于某个临界值。椋鸟群表现为临界系统,从而能对环境扰动作出最大程度的响应。

图 3.6(a)是某一时刻椋鸟群中个体速度在 2D 上的投影,图 3.6(b)是速度的变化投

影，图 3.6(c)是速度和速度变化标准化后的概率分布，其中深色的是椋鸟速度情况，浅色是速度变化/波动情况。从图中可以看出，波动的大小远小于速度，这表示此时群体极化较高，较为有序。

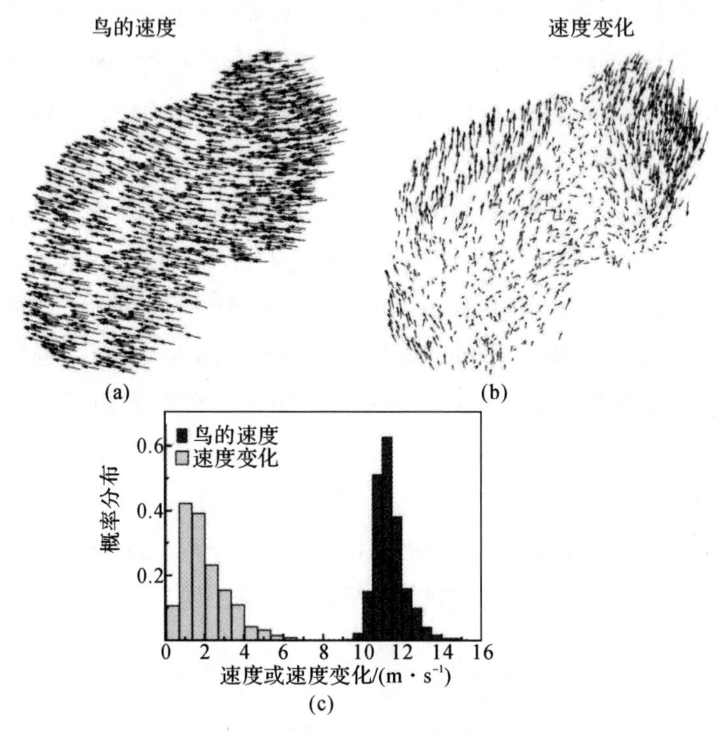

图 3.6　椋鸟的速度及变动分布

研究强调了噪声的作用。作者认为，无标度相关出现的关键不是规则而是噪声，在椋鸟群中噪声是由不可避免的个体误差造成的。在自组织系统中，随着噪声的降低，相关长度增加，但也并不是噪声越低相关长度越长。噪声和相关性的关系是较为复杂的，当噪声降低到某个临界值时，随着噪声的继续降低，群体的秩序增强，使得稳定性增加，此时群体对外界扰动的敏感性降低。这种更高的行为惯性反而抑制了群体相关性。过高和过低的噪声都会破坏相关性，无标度相关性的产生说明噪声处于某个临界值。此时，椋鸟群表现为临界系统，从而对环境扰动做出最大程度的响应。

Cavagna 等提出了最小结构(最大熵)模型，展现了在无参数情况下鸟之间成对局部的交互足以正确预测秩序在整个群体中的传播，并说明了椋鸟群中相互作用的邻居数量与群密度无关，相互作用是由拓扑而不是度量距离决定的，他们还正确地解释了观察到的飞行方向波动之间长程相关性的尺度不变性。

2022 年，Cavagna 等在期刊 *Nature Communications* 中再次刊文讨论了对椋鸟群的分析，他们发现椋鸟群行为有两个特征，即速度涨落具有无标度相关性，以及个体速度围绕鸟群基准速度有限波动。其中，鸟群基准速度受空气动力学和生物力学约束，对特定物种而言可取其平均速度作为基准速度。当以动力学规则模拟鸟群行为时，成功的模拟结果需要能同时呈现出这两个特征。Cavagna 等所用模型的动力学规则包含 3 部分，分别为模仿力、速度约束力与熵力。其中，模仿力代表了鸟群中邻近个体间速度方向及大小的相互模仿；速度约束力代表个体速度偏离基准速度时将其回复至基准速度的约束；熵力则代表了个体速度的随机波动，表示为正比于温度的白噪声。

椋鸟群也受到了其他学者的关注。Hereford 和 Blum 提出 FlockOpt 算法，他们对 Boids 模型进行了改进，将椋鸟群运动模型与群智能算法相结合，解决了单峰搜索空间寻找最优值问题。Netjinda 等把椋鸟集体反应行为引入粒子群算法，以增加群体多样性，实现了更广泛的搜索空间范围，避免了次优解决方案。邱华鑫和段海滨把这种鸟群飞行机制引入无人机自主集群编队控制的实际应用中，初步研究成果表明，将该机制与群智能协同研究相互结合具有可行性。

3.2.4 鸟群算法与粒子群算法

鸟群算法(Bird Swarm Algorithm，BSA)是由 Meng Xianbing 等人根据自然界鸟群觅食、警觉和迁移等生物行为于 2016 年提出的一种生物启发式算法。该算法具有分散搜索、保持种群多样性、避免陷入局部最优的特点。

鸟群算法模仿的生物行为可简化为以下几条规则：

(1) 每一只鸟自由选择觅食或保持警觉行为。

(2) 若选择觅食，每一只鸟即时记录并更新其所经过的最佳觅食位置，同时将此信息分享至整个种群，并记录种群最佳觅食位置。

(3) 若保持警觉，每只鸟均试图飞往种群的中心，此行为受种群间的竞争影响，食物储备多的鸟比储备少的鸟有更大的概率飞往中心。

(4) 鸟群会周期性地飞往另一区域。鸟群之间会分享所寻觅的食物信息，这一习性使得种群更有利地生存下去。种群中食物储备最多的称为食物生产者，储备最少的称为乞食者，其他鸟随机作为二者之一。当鸟群从一个区域飞往另一区域时，各只鸟的身份将发生改变。

(5) 生产者积极寻找食物，乞食者随机跟随一位生产者寻找食物。

此算法自提出以来，得到了不断的改进和实践应用。目前鸟群算法已应用在微电网多目标优化、梯级水库调度优化、潮流优化、无人机边缘检测、发酵仿真、家电负荷分解、车间调度、农产品冷链物流配送路径、锅炉 NO 排放、资源分配、威亚系统自抗扰控制器、气动调节阀黏滞检测、桥式吊车、土壤水分特征曲线模型等方面，这些实际应用表明鸟群算法在处理工程问题时具备显著的优势。

1995 年,社会心理学家 J. Kennedy 与电气工程师 R. C. Eberhart 根据对鸟群觅食行为研究成果提出的一种优化算法——粒子群优化算法(Particle Swarm Optimization,PSO)。假设区域里只有一块食物(即通常优化问题中所讲的最优解),鸟群的任务是找到这个食物源。鸟群在整个搜寻的过程中,通过相互传递各自的信息,让其他的鸟知道自己的位置,通过这样的协作来判断自己找到的是不是最优解,同时也将最优解的信息传递给整个鸟群,最终,整个鸟群都能聚集在食物源周围,即我们所说的找到了最优解,也就是问题收敛。粒子群算法关注粒子的两个属性:位置和速度。每个粒子在空间中单独搜寻,它们记得自己找到过的最优解,也知道整个粒子群当前找到的最优解。下一步要去哪,取决于粒子当前的方向、自己找到过的最优解的方向、整个粒子群当前最优解的方向。

同遗传算法类似,粒子群优化算法也是一种基于群体迭代的优化算法。但它没有遗传算法的交叉、变异操作,它更强调群体内部个体之间的协同与合作,而不是达尔文的"适者生存"理论。因为其具有快速性和易于实现等特点,目前成了计算智能领域的新的研究热点,其理论研究工作还处于起步阶段。此算法最大的优点在于:易于描述;易于理解;对优化问题定义的连续性无特殊要求;只有非常少的参数需要调整,算法实现简单,速度快;相对其他演化算法而言,只需要较小的演化群体;相比其他演化算法,只需要较少的评价函数计算次数就可达到收敛;无集中控制约束;不会因个体的故障影响整个问题的求解,确保了系统具备很强的鲁棒性。

PSO 算法流程如图 3.7 所示,过程如下:①初始化种群,设置相关参数;②定义适应度函数,计算相应值并更新;③更新粒子速度和位置;④满足终止条件,输出结果,否则转至②。

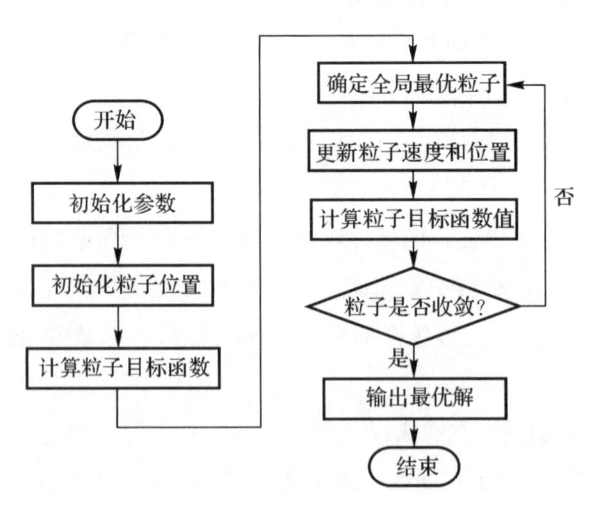

图 3.7 粒子群算法流程图

图片源自 https://m.yisu.com/zixun/609490.html

PSO 算法应用广泛,包括无约束优化和有约束优化的实现,在交通运输和计算机领域等也有大量应用。

3.3 鱼　群

3.3.1 鱼群的复杂行为

与蚂蚁一样，多条鱼在一起互动也能形成一些奇妙的整体行为。鱼群的集群行为包括一致游动、集群环绕、集群觅食、集群逃生等等，呈现出不同的空间结构(见图 3.8)。

在长期的进化过程中，开阔水域的小鱼为了应付海中缺乏遮蔽物的不利环境，便一尾跟着一尾，相互遮挡，从而形成了群体。当它们受到攻击时，鱼群会变得更加密集。此时，捕食者也许会把小鱼组成的密集鱼群看成"庞然大物"，或者被大量快速移动的小鱼们干扰注意力而迷失自己原先的目标，于是，小鱼遭受攻击的可能会大大减少。对数量众多的小鱼来说，成群结队能够增大安全系数，增加它们在自然环境中生存和发展的可能性。

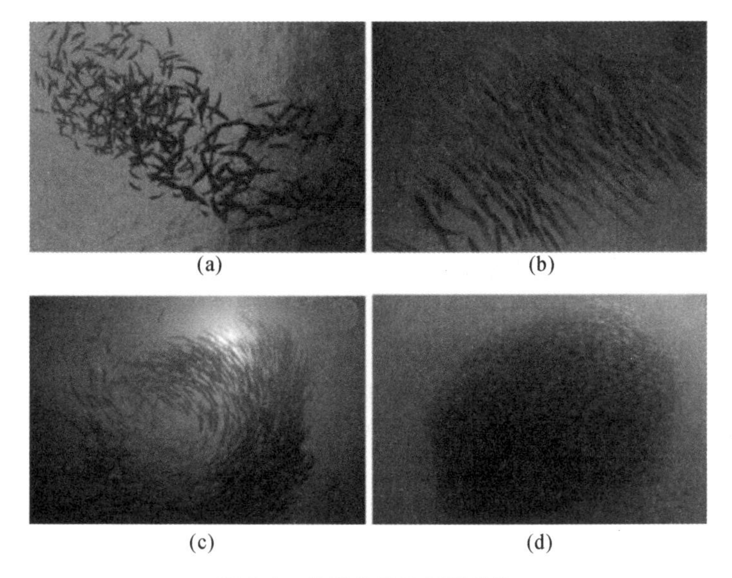

(a)　(b)　(c)　(d)

图 3.8　鱼群集群的不同结构

集群行为在鱼类的生活中还具有其他各种各样的作用。

与单独的个体鱼相比，鱼群对不利环境变化有较强的抵抗能力。这种集团抵抗机制是由鱼体表所分泌的黏液决定的，集群行为不但能增强鱼对毒物的抵抗力，而且还能降低鱼的耗氧量。从流体动力学的观点来看，鱼在水中集群游泳可以节省个体鱼的能量消耗，游泳中的鱼所产生的涡流能量可以被紧跟其后的其他鱼所利用，因而，鱼群中的个体鱼就可减少一定能量消耗。

科学家发现，集群行为在鱼类的洄游过程比较常见，甚至平常单独的鱼在洄游时也集结成群。集群性的鱼类也许能更快找到洄游路线，因为鱼群较易发现某些定向标记。

集群行为在产卵时的作用也是很明显的，同一种鱼只有在同一场所集群，才可能使卵子和精子有足够大的相遇机会。而且许多个体鱼聚集在一块进行交配、产卵，在遗传因子扩散方面也起到了积极作用。

在鱼群中，个体可以从其他群体成员提供的社会信息获益，但环境干扰和内部噪声也可能造成错误的引导。因此，在多个个体之间的不完全信息共享不仅会增加每个个体获知环境变化(如捕食者的存在)的可能性，还可能增加传播虚假或不相关信息的风险，特别是在面临实时、快速的决策时更是如此。因此，鱼群需要具备一种权衡环境噪声和关键信息的机制，这不仅能够有效滤除噪声信息，而且能够对环境中为数不多的关键信息保持敏感。为此，有人提出鱼群在"临界点"附近对噪声和关键信息进行权衡的观点。这里的"临界点"借鉴了统计物理学中的概念，即对无限大系统，在临界点处系统的动力学对外部扰动最为敏感，此时系统对噪声和相关环境信息会作出不同的响应。对于生物系统来说，这种变化可能会涌现出重要的功能和行为。例如，在临界密度下，蝗虫从无序的个体运动转变为协调的行进。类似地，从神经系统和大脑网络再到基因调控网络到细胞的集群行为，在各种生物环境中都存在相变和临界现象。

3.3.2 鱼群行为建模

2012年，U. Lopez等在*Interface Focus*期刊上发表了一篇赞誉度极高的综述文章——"From behavioural analyses to models of collective motion in fish schools"，综述了关于鱼群行为建模的进展，并提出了一些还未解决的问题。Lopez等总结从个体到鱼群的建模研究主要有以下几种：

(1)基于主体的鱼群模型。一个基于主体的集体运动模型开始于在个体层次上对鱼的游泳能力的数学定义。尽管它们在数学复杂性和形式上有很大的不同，但大多数都是由三个行为规则组成的，这些规则基于在学校层面观察到的主要特性：避免碰撞、方向定位(以及行进方向的同步)和集中趋势。其他一些研究中也会将部分规则做适当调整。

(2)同步自驱动粒子模型。Couzin等发现，方向半径的微小变化(如果在临界点附近)会在集群层面产生极化和结构方面的剧烈变化，这种算法在个体层次上的简单性通过有限数量的参数来证明，然而，在集体层次上多样性模式的存在(群集、碾磨、同步游泳)则提供了通过数学建模概念化一般涌现属性的机会。在逻辑或数学形式下，复杂性可以简化为解释性和预测性的理想机制，称为自组织原则，这为案例研究的收集带来了一定程度的普遍性。然而，这种模型的目标并不是捕捉一条鱼的精确行为，而是识别鱼群所需的最少的一般成分。

(3)异步自推进粒子模型。集体运动模型的一个典型特征是随机成分和有序趋势之间的竞争，尽管值得注意的是随机效应也可能促进集体运动的建立。Bode等通过一种新的方法来实现随机性：不是以同步方式更新所有代理的位置和速度，并向规则集添加随机成分，而是基于确定性规则集但以随机顺序进行代理更新。有趣的是，这种异步更新产生了类似的拓扑现象，非常类似于从椋鸟群的实验分析得到的结果。

(4)社会力量模型。社会力量框架认为集群行为中的鱼是服从"社会力量"(吸引力和排斥力)、定向、随机力的牛顿粒子。事实上，阻力的引入对集体行为有着巨大的影响。虽然该框架拓宽了建模范围，并允许进行一些分析工作，但它增加了模型的复杂度。一些为粒子物理学开发的工具，如"力匹配"或"力映射"等方法，可能应用非常方便；一些模型显示了观察到的和预测的结构(径向分布，角度偏好位置)之间的良好一致性。然而，即使模型能够很好地再现观察数据，它也已经用一组最佳的自由参数进行了校准，这些参数使模拟模式朝着观察到的集体属性优化。

(5)集体运动的统计物理学。最初为研究不平衡的物理或化学系统而开发的工具，也适用于研究活的有机体。这些方法旨在调查集体运动开始时扩散、长程有序或存在高阶和高密度区域的集体运动的可能普适特征。通过将基于主体的模型转化为欧拉描述(根据连续速度和密度场)，或者是唯象的或者是分析性的。这种方法旨在理解局部规则导致大规模同步的一般机制，这些机制被认为与系统元素的详细性质无关。生物系统中的集体运动更像是从无序阶段到有序阶段的非平衡相变。在无序阶段，没有全局秩序，在有序阶段，系统高度极化。通过改变行为参数的值，例如噪声、速度、对准趋势等，可以获得全局行为的关键变化。

(6)自组织和功能特性。建模对于理解生物功能是如何从个体之间的相互作用中产生的至关重要。个体策略的改变可以通过自组织导致其在群体中的位置或群体的局部组成的改变，即使该鱼无法获得关于群体形状的信息，特别是当它的视野内对象过多或鱼群超出了它的视野范围时。

Lopez 等还展望了鱼群集聚行为研究中的以下 6 个开放性问题：

(1)鱼的自发运动到底是什么样的。如果要通过实验数据弄清楚鱼群中的个体是如何交互的，就要从孤立的单条鱼的行为这样的零模型开始。

(2)确定个体之间的相互作用。一旦一条孤立的鱼的自发运动被建模并且其参数被量化，接下来就要考虑该鱼与物理环境(如鱼缸)和邻近鱼的相互作用。鱼缸的影响可以直接由实验数据估算。需要设计使用一系列精巧的多条鱼的实验来分析它们的相互作用及其函数形式。

(3)获取和更新邻居信息。这个研究的主要发现是通过视觉(局域＋全局)和对于水的振动检测(局域)得到的。但这些信息的采集以及整合还需要进一步研究。

(4)确定鱼与哪些邻居互动。鸟群的研究揭示，每只鸟似乎都关注大约 7 个最近的邻居，但鱼群的还不清楚。理论上有可能通过不同尺度的模拟和数据收集来定量区分各种邻近选择，但到目前为止，这些效应很难在实验中观察到，因为有限大小的场地会造成几何限制。可以考虑设计实验和分析技术，这使我们能够区分相互竞争的假设，例如贝叶斯推理方法的最新发展强调了与分析工具相关的适当实验设计的必要性。

(5)确定个体用来整合信息的方式。群体运动中，个体需要考虑来自不同邻居的信息来控制其下一步行动。它可以在建模框架中表示为配对相互作用的组合，例如通过求和或求平均值，或者其他方式。

(6)规模效应。研究表明，随着密度的增加，鱼群行为参数发生变化，一旦达到临界密度，就会导致游泳紊乱。

当前，自 2012 年又过去了 11 年，一些问题得到了较多的讨论，但完全解决还有待时日。

3.3.3 人工鱼与机器鱼

基于对真实的鱼的个体行为及鱼群中交互影响的理解，学者可以建立人工鱼群，而通过人工鱼群的仿真与真实鱼群的对比可以进一步深化对真实鱼和鱼群行为机制的讨论。

3.3.3.1 人工鱼

涂晓媛提出了基于自然生命模型的动画自动生成方法，把鱼作为自激励的自主智能体，创作了生动逼真的人工鱼群。

人工鱼通过感知模块感知外部环境，感知模块通过协调控制系统将人工鱼当前感兴趣的信息输出给路径规划模块。路径规划模块综合处理感知模块和内部状态信息，将决策结果输出给运动系统，由运动系统执行人工鱼的各级行为，人工鱼的行为对环境状态产生影响，从而形成一个闭环系统。鱼群的行为通过人工鱼个体之间的相互作用涌现而成。根据对环境信息的掌握程度的不同，鱼群路径规划分为两种：①基于环境完全信息的全局路径规划；②基于传感器信息的局部路径规划。海洋环境中，有静态障碍物(如岩石)，也有动态障碍物(如其他鱼)，环境是动态变化的，同时鱼群不可能对环境有一个先验的完全信息，因此，鱼群的路径规划是基于传感器信息的局部路径规划。人工鱼个体高级行为的框架结构如图 3.9 所示。

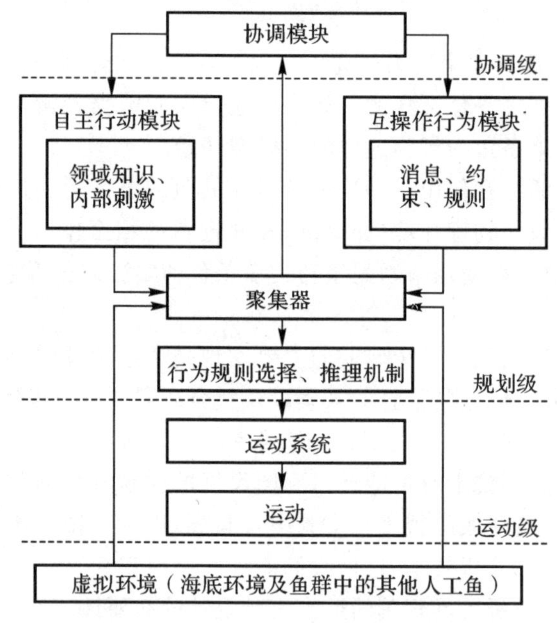

图 3.9　人工鱼个体高级行为的框架结构

3.3.3.2 机器鱼

比计算机上虚拟的人工鱼更进一步，机器鱼是做到一个单独的实体上的，让整个实体具有和真实鱼相仿的功能(见图 3.10)。世界上第一条仿生机器鱼于 1994 年诞生在美国麻省理工学院。这个鱼大概有 1.2 m 长，游速最快可以达到 2 m/s。中国的机器鱼研究发展也很快，在 2000 年前后，北京航空航天大学和中国科学院自动化研究所联合研发出微小型仿生机器鱼。这个鱼要比美国那条鱼小一些，身长大概 0.5 m，游速能够达到 0.5 m/s 左右。

机器鱼的难点，不仅在于要能够在水下移动，更重要的是要像鱼一样活动，甚至包括与其他鱼的交互。北京大学工学院谢广明团队基于人工侧线系统的仿生感知技术，让仿生机器鱼能够感知周围流场环境的变化，从而估算自身与流体的相对速度，以及自身和同伴之间的相对位置关系。当该团队的机器鱼在水里游时，真鱼会被吸引跟在后面，可见机器鱼对真鱼的活动产生了影响。

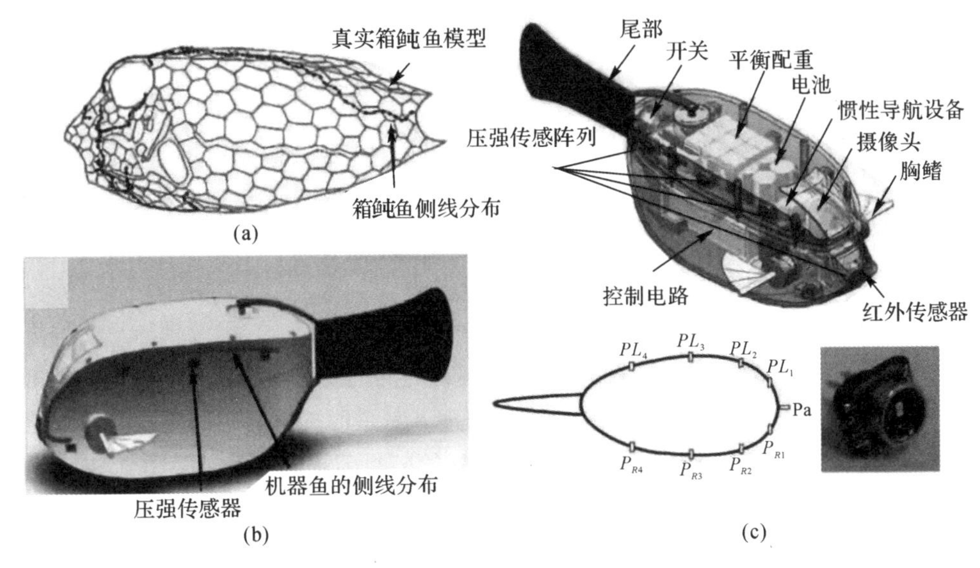

图 3.10 机器鱼示意图

图片源自 nyi. sogou. com

3.3.4 人工鱼群算法

人工鱼群算法(Artificial Fish Swarm Algorithm，AFSA)是李晓磊于2002年提出的一种基于随机种群的算法，其动机是自然界中鱼类群体的智能集体行为。AFSA具有初始人工鱼定位不敏感、灵活性高和容错性好等特点。

水中的鱼总是自发地聚集成群，不停地游动，去寻找食物。根据这一特点，将水中的一条鱼虚拟为一条人工鱼，水中的鱼群也就是虚拟为人工鱼群。将某一个区域的食物浓度设置为某一函数的值，鱼群为了保持生存，会向食物多的地方游动，于是就有觅食、聚群、追尾、随机这4种行为，直到最后找到食物最多的地方，也就到达了全局极值：

(1)觅食行为。该行为是使人工鱼群算法能够到达全局极值的基本行为，它正是根据上述所提到的人工鱼的视觉来确定某个区域的食物浓度是否比当前所处位置的食物浓度大，来判断是否要向该区域游动或者随机游动。

(2)聚群行为。鱼为了能够使自身在危险的环境中生存下去，会自发地成群结队。根据鱼的这一特点，引出了聚群行为，鱼聚群时所遵守的规则类似于前文的Boid模型，具有如下规则：

1)对齐规则：尽量与邻近伙伴的平均运动方向一致；

2)趋中规则：尽量朝邻近伙伴的中心移动；

3)分离规则：尽量避免与邻近伙伴过于拥挤而发生碰撞。

(3)追尾行为。鱼群不停地在寻找食物,如果某条鱼找到了食物,则其他鱼就会跟着这条鱼到达食物源。人工鱼根据自身的视觉找到其视野范围内的伙伴中拥有最高食物浓度的那一条人工鱼,然后向这条人工鱼游动。

(4)随机行为。该行为是默认行为,如果当前人工鱼在尝试多次之后,都没有找到符合条件的另外一条人工鱼,则当前人工鱼会进行自主的随机游动。

此外,算法之中还有公告牌和行为评价两个过程:

(1)公告牌。人工鱼群算法每迭代一次,都会产生一个拥有食物浓度最大的人工鱼,将其对应的状态和食物浓度保存在公告牌中。本次迭代产生的一条人工鱼的食物浓度与上次迭代产生的结果相比,如果优于后者,则替换公告牌。迭代结束之后,就会得到一个历史最优的人工鱼的状态和对应的食物浓度。

(2)行为评价。人工鱼群算法在执行完聚群、追尾、觅食行为之后,需要对产生的结果进行评价,判断出哪种行为产生的结果最优后,就向最优的方向游动。

在 AFSA 中有两个重要的参数:视野和步长。人工鱼群搜索问题环境的范围像它们的视觉一样广泛,然后它们在每次迭代中基于步骤的随机值向目标移动。在标准的 AFSA 中,这些参数的初值对最终结果有很大的影响,这是因为这些参数在算法终止前保持不变且与初值相等。如果选择较大的视野和步长初始值,人工鱼群会更快地向全局最优移动,也更有能力通过局部最优。为这些参数选择较低的值可以获得更好的局部搜索结果。

3.4 菌　群

3.4.1 细菌群体行为复杂性

除了鸟群、鱼群等动物集群外,细菌、细胞等微观尺度的集群同样存在着临界现象。

细菌是一种单细胞生物体,是构成地球上各种高级生命体的最简单的形体。尽管它们简单,然而经过亿万年的进化和自然选择,它们也具备了一定的智能性,以帮助它们从所处的环境中获取信息,以更好地生存。

Peng 等研究了枯草芽孢杆菌的集群行为。他们对菌落中多达 1 000 个野生型枯草芽孢杆菌的位置、速度和方向随时间变化的进行了同步测量。图 3.11 所示为细菌群落的显微图,可以发现细菌自发地形成紧密排列的动态集群,它们在环境中协同移动。

研究发现,集群中的细菌数量呈现幂律分布,且每单位面积的细菌数量的波动远远大于处于热平衡状态的细菌数量,这说明“巨涨落”不是只存在于纯物理系统中,在生物系统中同样存在。不仅如此,对关联函数的计算表明,集群中个体的方向、速度存在长程关联,关联长度随着系统尺度的增大而增大。

作为最小的能独立活动的生命体,细菌可以转动身上的鞭毛,在液体中游动。同时,它们还能通过不定时的身体翻滚,随机改变游动的方向。在一些化学物质的吸引下,细菌可以通过调节身体翻滚的频率,让自己在各个方向随机游动的同时,慢慢靠近趋化物浓度较高的方向。只是细菌个体对于趋化物的敏感度各不相同，导致靠近速度也不同。当细菌组成一个群体聚集在一起的时候，它们会一起消耗环境中的趋化物。随着本地趋化物的逐渐消耗，它们便会依靠趋化运动能力，朝着还没有去过的区域游动，享受那里更高浓度的趋化物。

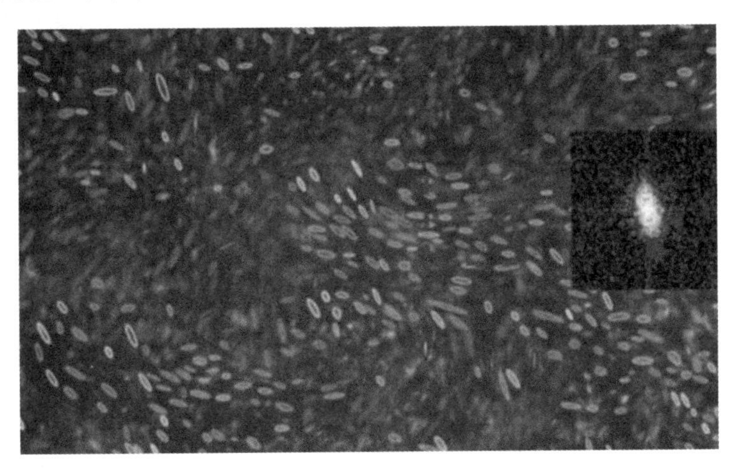

图 3.11 细菌中的湍流

细菌周围的化学吸引物分布不均匀，所以细菌群的前端比后端多。在迁移过程中，每种细菌都以一种独特的方式向这种浓度梯度移动，以一种“奔跑－翻滚”的运动自发地旋转其方向，引导其向这些化学信号水平高的区域移动。除了这种可变性，单个细菌能够游上梯度的程度在种群内也不同。对化学引诱物梯度感觉较好的细菌会处于这组细菌的前面，而感觉最差的细菌被移到后面。有趣的是，在这样的迁移群体中，对趋化物浓度不敏感的细菌虽处在群体的尾端，但是却没有被落下，而是紧紧地跟随着敏感的细菌，形成了一个紧凑的有序队列，以同样的速度共同运动。这种空间排列被认为有助于细菌一起迁移。但是大肠杆菌如何组织成这种模式还不清楚，特别是当它们不能彼此直接交流时。

2021 年 11 月 2 日，中国科学院深圳先进院合成生物学研究所傅雄飞课题组在学术期刊 *eLife* 上发表文章，揭示了细菌通过有序队列实现集群迁移的机制。研究结果显示，大肠杆菌根据自己在群体中的位置改变自身的奔跑和翻滚运动：在后面的个体漂移得更快，以便赶上群体，而在群体中领先的个体漂移得更慢，以便后退。这种“逆转行为”允许迁移的细菌以恒定的速度围绕相对于群体的平均位置移动。细胞的漂移速度取决于它向化学引诱剂移动的速度以及它对浓度梯度的反应。因此，细菌加速或减速的平均位置将根据其对化学引诱物梯度的敏感程度而变化。因此，大肠杆菌在空间上排列它们自己，使得更敏感的细菌位于灵敏度较低的前面。

3.4.2 菌群形态的生长

Vassallo 研究团队基于物理学的基本理论构建了一个模型，并在计算机上模拟，能够生成在细菌菌落中观察到的各种复杂模式。通过改变营养物浓度和营养物扩散值，他们记录了细菌随时间沿菌落周长的位置，并对每组参数的 100 个菌落进行平均，发现了图 3.12 所示的从圆形到分枝形的图案。界面中的单元数目与单元总数之间存在比例关系，具有两个特征区域，分别对应着紧密和分枝菌落模式。

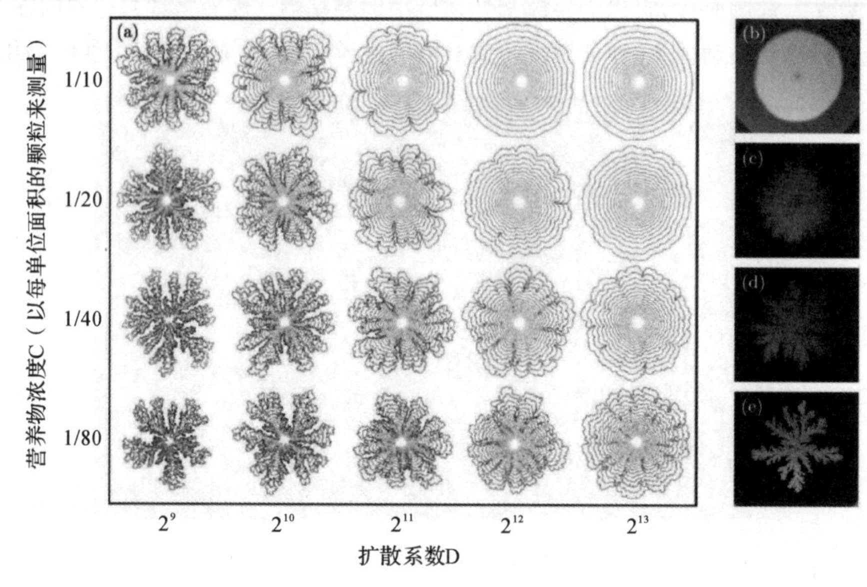

图 3.12　菌群生长演化

在不同形态的背后是一个单一的集体运动机制的假设，不同的结果是通过改变群体外的环境参数来实现的，而不改变行为者的行为。这里的参数有两种："生物"参数，如细胞分裂速度和养分的可用性，以及"物理"参数，如相邻细胞之间的机械力。在模拟中，就像在自然界中一样，所有的菌落开始时都是紧凑的圆形斑点，雪花状的分枝形图案出现在较晚阶段。细菌不会独立移动，而是通过同一空间的分割和竞争，在群体内相互推动。

3.4.3　菌群算法

2002 年，Kevin M. Passino 教授提出来继模拟退火算法、遗传算法、禁忌搜索算法、人工神经网络算法等启发式搜索算法后的又一种新型启发式搜索算法——细菌觅食优化算法(Bacterial Foraging Optimization Algorithm，BFOA)，简称菌群算法。算法通过群体中各个细菌间的合作与竞争而产生的群体智能指导优化搜算法本身具备分布并行的寻优能力、对初值不敏感、较好的全局搜索能力的特点。近年来，菌群优化算法开始引起国内外专家学者的关注，他们对此算法的理论及应用开展了相应的研究。

算法的生物模型源于大肠杆菌菌群的觅食行为。细菌以一种可以最大限度地提高单位时间内获得能量的方式去寻找食物，当寻找到食物后，细菌做出最小的步长的移动，这个过程叫做趋化。BFOA 的关键思想是在问题搜索空间模仿细菌趋化运动。

在实际的细菌觅食过程中，运动是靠一系列拉伸的鞭毛来实现的。鞭毛帮助大肠杆菌细菌翻滚或游动，这是细菌在觅食时执行两个基本操作。当它们顺时针方向翻转时，每一根鞭毛都会拉动细胞。这导致了鞭毛的独立运动，并且最终以最少的代价去翻转。细菌在糟糕的地方则频繁地翻转，去寻找一种营养梯度。逆时针方向移动鞭毛有助于细菌以非常快的速度游动。在上面提到的算法中，细菌经历了趋化，朝着它们喜欢的营养梯度位置移动并且避免进入有害的环境。通常情况下，细菌在友好的环境中会移动较长的一段距离。

当获得了足够的食物后，它们的长度增加。温度合适时，它们将从自己本身的中间断裂开来，形成两个新的细菌。这个现象启发 Passino 在 BFOA 中引进繁殖的事件。由于突然的环境变化或攻击发生后，趋化过程可能被破坏且一群细菌可能会转移到其他地方或者一些细菌可能被引进细菌群中。这些构成了真实细菌环境中的消除-分散事件。一个区域内的所有细菌被杀死或者一组细菌分散到环境的新区域。

与其他群智能仿生算法相似，菌群算法也采用“群体”与“进化”的概念，群体中每个个体都是问题的一个解，通过个体间的协作和竞争实现全局搜索。算法初始化时，将产生一组随机解，每个细菌对应一个随机解；随后将大肠杆菌的觅食行为细分为趋化、聚集、繁殖、迁徙等 4 个步骤对细菌群体进行模拟；再用一个健康度函数用来衡量细菌的觅食结果，通过选择健康的成熟细菌进行繁殖，而不健康的细菌不予繁殖的方式来实现优胜劣汰，去掉解空间中适应值较低的个体；最后细菌群体通过以一定的概率迁徙到新的觅食区域中的迁徙机制，减小了菌群收敛于局部最优的概率，增大找到最优解的概率。

菌群算法通过趋化、群聚、复制和驱散四种算子操作来使种群进化，实现寻找最优解的目的：

(1)趋化(chemotaxis)。趋化算子模拟了大肠杆菌移动过程中的游动和翻转行为。当细菌处在环境好的区域(如食物充足)时，为了享受“美食”，获得更多的能量，细菌所有鞭毛都按着逆时针的方向转动，使其向前游动；当细菌处于较差的环境区域时，例如食物不充足甚至有有毒物质，那么细菌就想尽量避开这片地域，去寻找新的食物源，在其表面所有鞭毛顺时针转动的作用下，细菌就会在原地随机转动一个方向，开启新一轮的游动，去寻找食物充足且没有毒害的区域。

(2)群聚(swarming)。群聚行为指的是细菌在环境中营养物质的刺激下，以群体的形式向营养物质浓度高的方向聚集的一种行为。为了描述群体中个体之间相互影响的程度，算法中引入了感应机制。如果完成一次趋化后得到的适应度值被改善，细菌就继续朝着这个方向游动，直到某次趋化后得到的适应度值不能再被改善或者达到了游动的最大次数为止。

(3)复制(reproduction)。在细菌群体的生命周期中，按照个体的健康指标进行排序，假设前一半为健康个体，后一半为病态个体。遵循优胜劣汰的法则，处于病态的个体最终将全部无条件死亡，而健康的个体将以一分为二的形式进行繁殖，并且子代完全继承了父代的所有特征，即一次分裂过程将会在同一个位置产生相同的两个子代，从而保证了群体大小维持不变。

(4)驱散(elimination and dispersal)。在实际环境中，细菌的生存环境可能会发生改变，例如食物消耗或者温度骤然升高等因素，致使该区域的细菌种群被迫迁徙到新的区域或者都被外力杀死。迁徙性操作就是用来模拟这种现象的。此时，细菌的趋化操作虽然遭到破坏，但细菌获得了寻找更丰富的营养区域的机会。因此，迁徙操作有助于细菌群觅食。在算法中，迁徙概率给定，随机将细菌重新分配到寻优空间，避免了趋化操作陷入局部寻优，从而可以得到全局最优解。

BFOA 吸引了许多来自不同知识领域的研究人员的关注，主要是由于它的生物学驱动方式和神奇优美的结构。研究人员正在尝试着去混合 BFOA 算法与其他不同的算法，去探索该算法的局部和全局两个方面的特性，并应用到许多现实世界的真实问题上。随着对菌群优化算法研究的深入，人们对其工作原理的理解也在不断加深。继续对菌群优化算法的模型进行完善和改进，建立完整的菌群算法理论体系，以提高算法性能，拓展算法的应用领域，具有重要的理论和实际意义。

3.5 群体追逃

上述主要介绍了同种种群的集群行为，而自然界还存在不同种群之间相互作用的状况。弱肉强食是自然法则，一些捕食不仅发生在单只捕食和单只被捕食之间，捕食者和被捕食者也可能是群体行为。群体追逃问题是生物集群研究中的一个重要内容。本节对此进行简单介绍。

3.5.1 追逃问题的相关研究

追逃问题的研究有着悠久的历史。国内外研究者提出了许多描述生物之间追逃问题的简单模型。依据环境，可以分为离散格点模型和连续模型；依据双方个体数量，可以分为简单的一个追捕者追捕一个逃跑者、多个追捕者追捕一个逃跑者以及多个追捕者追捕多个逃跑者。早期，研究者们主要研究一对一的追逃问题，但由于追逃中个体的运动路线比较复杂，很难用数学描述分析，因此造成了很多困难。后来，由于相关技术的提高，特别是计算机的计算能力显著增强，复杂条件下的一对一追逃问题已经得到了很好的解决。在这种经典的一追一的追逃场景下，只包括一个追捕者和一个逃跑者，双方各自选择一种策略来提高各自成功追击或成功逃跑的概率。

在研究清楚一追一的追逃问题后，进一步地，2009 年 G. Oshanin 等研究了多个追捕者与一个逃跑者的模型。模型主要关注在 M 个追捕者的追捕下猎物的生存情况。模拟环境为具有循环边界的离散格点方阵，多个没有视野的追捕者会在空间中随机游走，一旦遇到了猎物就表示已经捕捉了它；而猎物会尽可能地躲避追捕者以避免被捕捉。在该模型中，通过曼哈顿距离来衡量个体之间的距离，并且个体的移动方向只有上、下、左、右 4 个方向。经过研究，他们发现，在逃跑者视野范围为 0 的情况下，逃跑者最佳的策略是停留在原处且不移动。在追捕者和逃跑者的视野范围都是 1 的前提下，逃跑者最合理的策略是采用懒惰的最小努力的逃生策略，在该策略下，逃跑者只有在其视线范围内发现追捕者后，才朝着远离追捕者的格点移动，并避免与其他追捕者相遇。在长和宽都是 100 的离散格点中，采用蒙特卡洛模拟发现，针对不同数目的追捕者，逃跑者逃跑和静止的存活概率均随时间呈现指数衰减趋势，其中逃跑者静止的衰减率与追捕者的密度呈线性关系，而逃跑者逃跑的衰减率则与追捕者密度的 3 次方呈比例关系。另外，这项研究还提供了有限格点在热动力学极限下，静止的逃跑者的存活概率的表达式。研究表明,在逃跑的猎物和静止的猎物的生存概率之间存在一种简单的渐进关系。

“群体追逃模型”在2010年由日本东京大学的A. Kamimura等首次提出,该模型是在多追一模型的基础上经过改进和拓展后提出来的,用来描述一群追捕者追捕而另一群猎物逃跑的过程。该模型的模拟环境是具有周期性边界的100×100的方形格点。每个格点在同一时刻都只能被一个个体占据:追捕者或者逃跑者。如果追捕者和逃跑者同处一个格点中,则代表逃跑者已经被抓捕,该逃跑者将被移出系统。在该模型中,使用欧氏距离衡量个体与个体之间的距离。逃跑者会远离距离最近的追捕者,而追捕者会追逐距离最近的逃跑者。同样采用蒙特卡洛模拟,在每一轮模拟中,都是追捕者群体先动作,然后才是逃跑者群体动作。该研究中将抓捕所有目标个体所用的总时间定义为追捕者所花费的代价或成本,将逃跑者群体中最后一个死亡的个体的存活时间作为整个群体的存活时间。该研究的主要结论有以下几点:①逃跑者个体的存活时间会由于初始随机位置刚好接近追捕者而较短。但逃跑者个体却有着典型的存活时间,典型的存活时间代表了大部分逃跑者个体的存活时间。②随着追捕者数量的增多,逃跑者的群体存活时间与典型存活时间的拟合曲线的斜率在相变点之后都变缓,表明在相变点前后,追捕者的追捕效率出现了明显的变动。③随着逃跑者数量的增多,逃跑者的群体存活时间单调递增,但逃跑者的典型存活时间是先单调增长,直至最大值,然后略微下降。其中典型存活时间之所以能够达到峰值,是因为逃跑者群体在逃跑的过程中聚集到一处,刚好被追捕者包围起来,一网打尽,但是,它们的牺牲却给整个逃跑者群体的延续创造了生存空间。④如果给定了逃跑者的数量,则存在最优的追捕者数量,使得追捕者群体抓住所有逃跑者所花费的代价最小。此外,该研究还分析了在群体追逃过程中的其他因素,如视野、异质性等对双方行为的影响。

Vicsek曾在*Nature*期刊上高度评价了该研究,称“成群狩猎的捕食者和群居性的猎物,都是在动物王国里再普遍不过的现象,但是我很奇怪为何直到最近才有探究这个过程的这样一种简单的模型被提出”。之后,很多学者在“群体追逃模型”的基础上进行修改或改进,进一步研究多追多的追逃问题。2013年日本金泽大学的K. Yamamoto等人将方形的离散格点修改为六边形蜂窝形状的离散格点(个体的移动方向就从原来的4个方向变成6个方向),并在这样的模型中讨论群体追逃行为。该研究认为,要完成相同的抓捕任务,若追捕者采取聚集行为就会使得其抓捕效率降低,从而花费更长的时间。若逃跑者采取聚集行为,就会使得群体比较集中,很容易出现被追捕者围剿的不利情形,导致全部个体都被抓捕。因此,在该研究的蜂窝格点模型中,要求追捕者群体或逃跑者群体中的个体都要尽量避免聚集。L. Angelani等人于2012年对“群体追逃模型”进行了修改和改进。主要的改进有3方面:①将“群体追逃模型”从离散格点拓展到连续空间中。②将个体之间的作用力进一步细化,类似Couzin的三层模型,分为排斥力、对齐力和吸引力。按照作用力的区域来划分:一是处于排斥区域内的同类个体之间的排斥力;二是处于对齐区域内的与同类个体之间的对齐力;三是追逃双方个体之间的作用力,吸引或排斥来自最近的相反群体的粒子。③对猎物的逃跑策略加以改进，首先让猎物根据其所有邻近的捕食者的方位，按照幂律或指数函数来给定远离各捕食者的方向的权重，然后再加以平均，以此作为最后的逃跑方向。通过模拟发现，如果采用上述的逃跑策略，捕食者和猎物数量相同时将无法完成抓捕，只有在捕食者数量多于猎物的情况下才能成功抓捕猎物。这是因为猎物在确定自己的逃跑方向时，会进行一系列的计算，从而耽误了时间。该研究验证了逃跑策略的有效性，研究发现，当考虑相邻捕食者的加权平均时，猎物的存活概率更高，其最优权重指数为 2。因此，该研究认为他们所提出的逃跑策略可以很有效地增加逃跑者群体的存活概率，同时，该研究认为逃跑者的逃跑策略并不会受到一致性的影响。2014 年，杨思聪等在 *New Journal of Physics* 上发表的研究工作表明，聚集策略有利于提高逃跑者群体的存活时间。该研究同样基于 2010 年 A. Kamimura 等人提出的“群体追逃模型”，保持上述模型的更新规则不变，针对逃跑者群体引入 3 种不同的聚集策略：①向逃跑者群体的质心聚集；②向最近邻居逃跑者聚集；③向所有存活的逃跑者距离最短的位置聚集。他们首先验证了 Kamimura 等人的结论，并通过分析三种不同聚集策略下的逃跑者的存活时间的概率分布，发现在离散格点上聚集策略有利于提高逃跑者群体的存活时间。该结论也为自然界中常见的一种现象提供了一种理论分析，即动物群体在遇到危险时会聚集成群，集体应对敌人。2016 年 T. Saito 等引入一种新的交互策略，追捕者只识别逃跑者并追捕最近的逃跑者，逃跑者只识别追捕者并逃离最近的追捕者。将新策略与传统模型中的基本交互规则进行比较，结果表明，当追捕者的数量小于逃跑者的数量时，新策略的抓捕时间比基本策略短得多。当追捕者的数量大于逃跑者的数量时，新策略的这一优势将不会出现。研究还发现，应用基本策略时，追捕者会形成集群，但应用新策略时，集群较少。2019 年 Zhang Shuai 等研究了捕食过程中能量水平对猎物行为的影响。在捕食过程中，猎物既有留食行为，也有，逃跑行为。猎物的最佳逃跑速度取决于环境，而不是总是产生最佳生存机会的最快速度。留食或逃跑的决定主要取决于猎物对捕食者的最大速度和能量耗散比。当猎物具有更高的逃跑速度和更高的能量耗散率时，留食行为更有效，而聚集可以诱导这种留食行为。

3.5.2 基于聚集策略的群体追逃博弈

韩战钢教授团队的赵芹详细讨论了不同聚集策略下追逃双方的博弈结果。参与人是追捕者群体和逃跑者群体，追捕者群体的战略集为 S_c = {不聚集，聚集}，逃跑者群体的战略集为 S_e = {不聚集，聚集}。因此，共有 4 种可能的战略组合：

(1)追捕者和逃跑者群体都不采用聚集策略。

(2)只有逃跑者群体采用聚集策略。

(3)只有追捕者群体采用聚集策略。

(4)追捕者和逃跑者群体都采用聚集策略。

对于追捕者群体和逃跑者群体，每一种战略组合都对应己方的一个收益。双方博弈的收益矩阵见表 3.1。表中 a,b,c,d 表示不同情况下追捕者群体的收益，A,B,C,D 表示不同情况下逃跑者群体的收益。

表 3.1 群体追逃的收益矩阵示意图

		逃跑者群体	
		不聚集	聚集
追捕者群体	不聚集	a,A	b,B
	聚集	c,C	d,D

模拟环境为具有周期性边界条件的二维正方形区域,正方形的边长大小为 100×100。研究在 4 种不同的策略组合下群体存活时间以及所有个体存活时间的概率分布图,并将不同战略组合得到的结果两两一组进行对比。模拟结果如图 3.13 所示。

在图 3.13 中,逃跑者的数量固定为 $N=10$,而追捕者的数量 M 取 10、100、500 三个不同的数值。为了方便描述,在图 3.13 的所有图中,较浅的 3 条曲线均称为基本曲线。图 3.13 中(a)(c)(e)(g)均是 10^4 次模拟中每个逃跑者个体的存活时间 t 的概率分布图。图 3.13(b)(d)(f)(h)均是 10^4 次模拟中整个逃跑者群体的存活时间 T 的概率分布图。在图 3.13 的 8 幅图中,曲线的左、右平移表示逃跑者存活时间的减少或增加,曲线的上、下移动表示逃跑者死亡概率的增加或减小。于逃跑者群体而言,存活时间增加,死亡概率减小,对其更有利。逃跑者存活时间减少,死亡概率增加,对追捕者群体更有利。

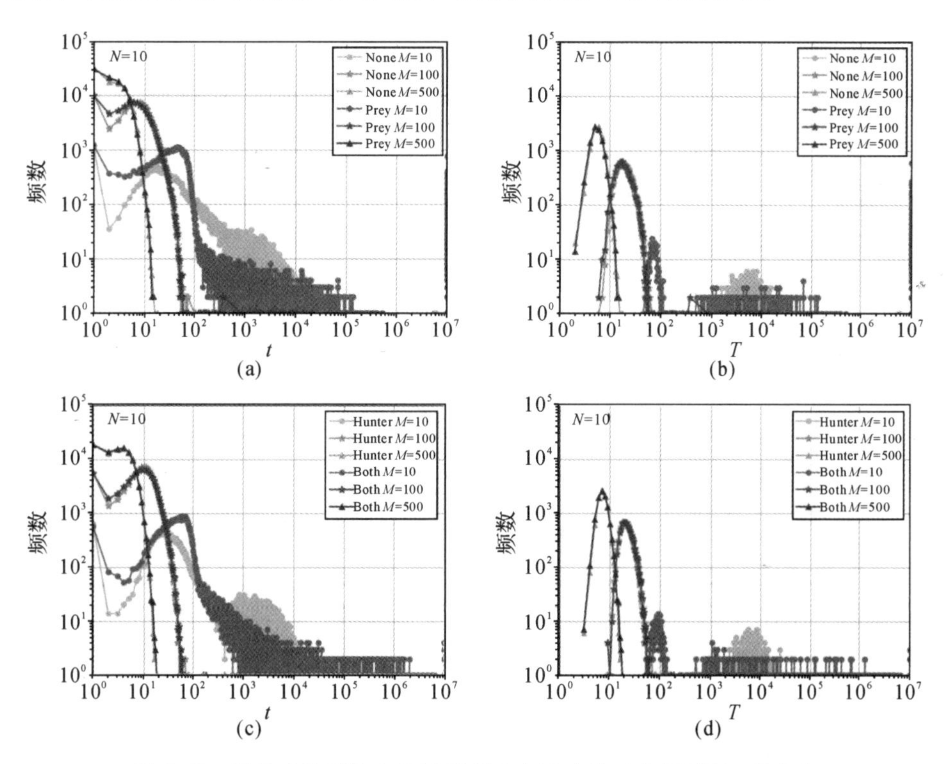

图 3.13 逃跑者的群体存活时间 T 和每个个体的存活时间 t 的分布

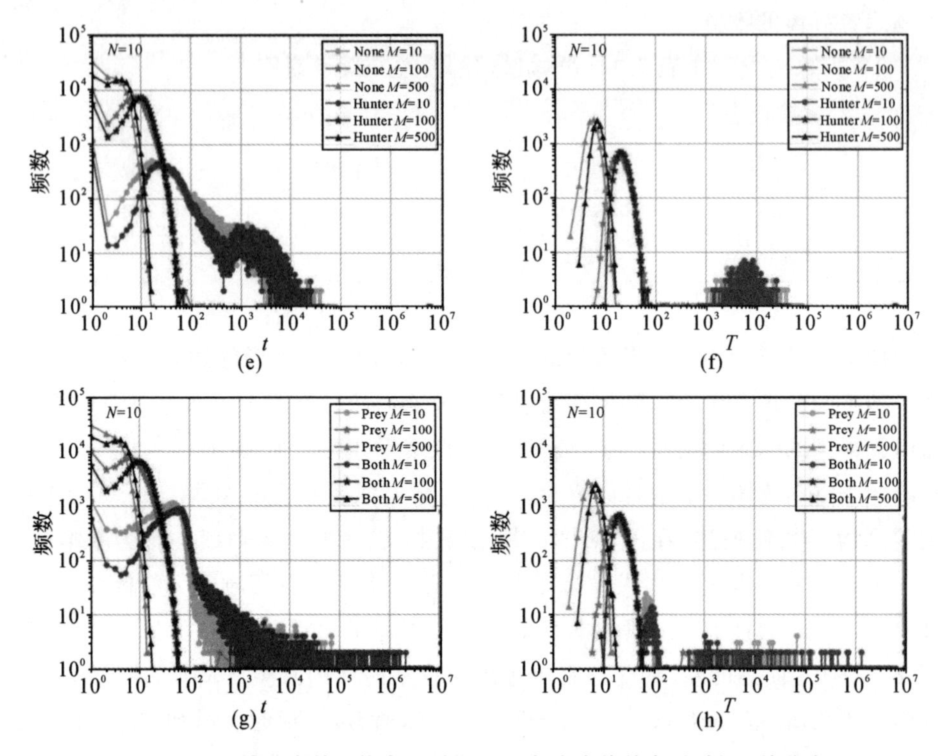

续图 3.13 逃跑者的群体存活时间 T 和每个个体的存活时间 t 的分布

(None 表示都不聚集;Prey 表示被捕食者聚集捕食者不聚集;Hunter 表示捕食者聚集;Both 表示捕食者和被捕食者都聚集)

3.5.2.1 追捕者群体不采取聚集策略

固定追捕者群体采取不聚集策略,为了比较逃跑者群体采取聚集策略和不采取聚集策略这两种情况下的收益关系,分析图 3.13 (a)(b)中的对比图。其中图 3.13 (a)是 10^4 次模拟中每个逃跑者个体的存活时间 t 的概率分布图,图 3.13 (b)是 10^4 次模拟中逃跑者群体的存活时间 T 的概率分布图。当追捕者群体的数量 $M=500$ 时,图 3.13(a)(b)中三角形点画线都与基本曲线几乎完全重合,这是因为追捕者的数量相比于逃跑者占有绝对优势,所以逃跑者采取聚集策略和不采取聚集策略几乎没有任何不同。当 $M=100$ 时,图 3.13(a)中的星形点画线在大约时刻 10 之前高于基本曲线。这说明由于逃跑者聚集在一起,刚开始时个体死亡的概率增加。图 3.13(b)中星形点画线的峰值左侧部分相比于基本曲线向左平移了一段距离,说明由于逃跑者聚集在一起,前期的群体存活时间减少,意味着群体更容易在刚开始全军覆没,但是在峰值右侧,星形点画线和基本曲线几乎重合。当 $M=N=10$ 时,情况和之前大不一样,图 3.13(a)中圆形点画线在时刻 10^2 之前均高于基本曲线,并且圆形点画线的峰值高于基本曲线的峰值,这些都说明由于逃跑者聚集在一起,刚开始时个体死亡的概率增加;圆形点画线在时刻 $10^2 \sim 10^4$ 之间均低于基本曲线,说明在该时间段内个体死亡的概率降低。但是,圆形点画线的峰值相比于基本曲线向右移动了一段距离,并且在时刻 10^4 之后出现了更多的圆点,在 10^5 左右圆点数量急剧增加。这些说明聚集策略导致个体存活时间变得很长的概率增大，尤其是增大了个体永生的概率。图 3.13(b)中圆形点画线变成了两部分，一部分呈对数正态分布并向左移动了一段距离，移动至大约时刻 10^2 之前，另一部分作为对数正态分布的长尾分布一直延续到 10^5，并且在 10^5 左右急剧增加。前一部分曲线说明由于逃跑者群体聚集在一起，群体的存活时间变短，但是后一部分曲线说明聚集同时也导致了群体的存活时间变得更长，群体可以活到最后一刻，甚至达到永生。

因此，固定追捕者群体采取不聚集策略，通过比较逃跑者群体采取聚集策略和不采取聚集策略这两种情况下的概率分布图可知，当双方数量相同时，逃跑者群体采取聚集策略，会导致个体在追逃刚开始就死亡的概率增大，但是个体更容易存活更长的时间。对整个群体来说，增大了全军覆没的概率，也增大了群体延续的概率。随着追捕者数量的增加，聚集策略带来的有利影响越来越小，直至消失。总体而言，当双方数量相同时，逃跑者在追逃刚开始时不采取聚集策略可以降低个体死亡的概率，同时避免群体全军覆灭；在追逃的中后期采取聚集策略，可以有效地提高个体以及群体的存活时间，甚至实现永生。但是当逃跑者的数量远小于追捕者时，逃跑者不采取聚集策略可以略微降低个体死亡的概率，略微增加群体的存活时间。

3.5.2.2　追捕者群体采取聚集策略

固定追捕者群体采取聚集策略，为了比较逃跑者群体采取聚集策略或不采取聚集策略这两种情况下的收益关系，对比分析图 3.13 (c)(d)。其中图 3.13(c)是 10^4 次模拟中每个逃跑者个体存活时间 t 的概率分布图，图 3.13 (d)是 10^4 次模拟中逃跑者群体存活时间 T 的概率分布图。当追捕者的数量 $M=500$ 时，图(c)(d)中三角形点画线与基本曲线几乎完全重合，这是因为追捕者的数量相比于逃跑者占有绝对优势，所以逃跑者采取聚集策略和不采取聚集策略几乎没有任何不同。当追捕者的数量 $M=100$ 时，图 3.13(c)中星形点画线大约在时刻 10 之前高于基本曲线。这说明由于逃跑者聚集在一起，刚开始个体死亡的概率增加。图 3.13(d)中星形点画线与基本曲线几乎完全重合。当 $M=N=10$ 时，情况和之前大不一样，图 3.13(c)中圆形点画线在时刻 10^2 之前，均高于基本曲线或与基本曲线重合，并且圆形点画线的峰值高于基本曲线的峰值，这些同样说明由于逃跑者聚集在一起，个体在刚开始死亡的概率增加。圆形点画线在大约时刻 $10^2 \sim 10^4$ 之间均低于基本曲线或与基本曲线重合，说明在该时间段内个体死亡的概率降低。但是，圆形点画线的峰值相比于基本曲线向右移动了一段距离，并且在时刻 10^4 之后出现了更多的圆点，甚至在 10^5 左右急剧增加。这些说明聚集策略导致个体存活时间变得很长的概率增大，尤其是增大了个体永生的概率。图 3.13(d)中圆形点画线变成了两部分：一部分呈对数正态分布并向左移动了一段距离，移动至大约时刻 10^2 之前，另一部分作为对数正态分布的长尾分布一直延续到 10^5，并且在 10^5 左右急剧增加。前一部分曲线说明逃跑者聚集在一起，导致群体存活时间变短，但是后一部分曲线说明聚集同时也导致了群体的存活时间变得更长，群体可以活到最后一刻，甚至达到永生。

因此，固定追捕者群体采取聚集策略，通过比较逃跑者群体采取聚集策略和不采取聚集策略这两种情况下的概率分布图可知，当双方数量相同时，逃跑者群体采取聚集策略，会导致个体在追逃刚开始就死亡的概率增大，但是个体更容易存活更长的时间。对整个群体来说，增大了全军覆没的概率，也增大了群体延续的概率。随着追捕者数量的增加，聚集策略带来的有利影响越来越小，直至消失。总体而言，当双方数量相同时，逃跑者在追逃刚开始时不采取聚集策略可以降低个体死亡的概率，同时避免群体全军覆灭；在追逃的中后期采取聚集策略，可以有效提高个体以及群体的存活时间，甚至实现永生。但是当逃跑者的数量远少于追捕者时，逃跑者不采取聚集策略可以略微降低个体死亡的概率。

通过以上的两组对比与分析可以得到结论，当双方数量相同时，无论追捕者群体是否采取聚集策略，逃跑者群体的策略都是一致的，都是在追逃刚开始时不采取聚集策略，在追逃的中后期采取聚集策略。但是当逃跑者的数量远小于追捕者时，逃跑者群体的策略不区分前后期，一直是不采取聚集策略。

此外，当双方数量相同，即 $M=N=10$ 时，在图 3.13(a)～(d)4 幅子图中，时刻 10^2 是前期和后期的分界点。个体以及整个群体在时刻 10^2 之前，聚集的死亡概率高于不聚集，在时刻 10^2 之后，聚集的死亡概率低于不聚集，且分布更广，极大地增加了个体以及群体的存活时间。

3.6 小　　结

本章以生物的系统为例，简单介绍了集群行为的复杂性以及一些相关科学研究。无论是追逃行为还是聚集行为，本质上都属于复杂生物系统的集群行为。通过赋予多主体模型中每个个体简单的规则对涌现出的宏观现象进行描述性分析，从而探索系统的演化规律。这些规律不仅让我们对系统本身有深入的了解，更好地了解生物群体聚集背后的原因，促进复杂系统研究的相关概念的形成的深入，也可以应用于实践活动，甚至对现实生活也有一定的指导意义。

在许多应用领域，例如无人机集群密集编队、大型公共场所人群应急疏散、工业机器人群体协同作业、疾病传播控制等，均需要大规模智能体协同工作。在这些应用系统中，单个智能体(如传感器、机器人、飞行器等)的个体能力有限，但其群体却能表现出高效的协同合作能力和高级的智能协调水平，即群智能(swarm-intelligence)(见图 3.14)。随着计算机网络、通信、分布计算等技术的不断发展，许多实际应用系统往往变得庞大而复杂，虽然单个智能体因个体的知识能力、计算资源等限制而不能对其进行有效的处理和管理，但大规模智能群体协同在许多应用中扮演着十分重要的角色。智能群体协同理论的研究一直以来都是人工智能领域群智能研究方向的关键课题，具有十分重要的现实意义，其目的在于研究分散的、自治的智能体如何利用集体行为相互协作高效地、最大程度地共同完成单个智能体难以完成的复杂任务。

生物集群行为的规律已经被广泛应用于智能机器人领域，甚至未来战争，相关的部分内容将在第 5 章进行介绍。

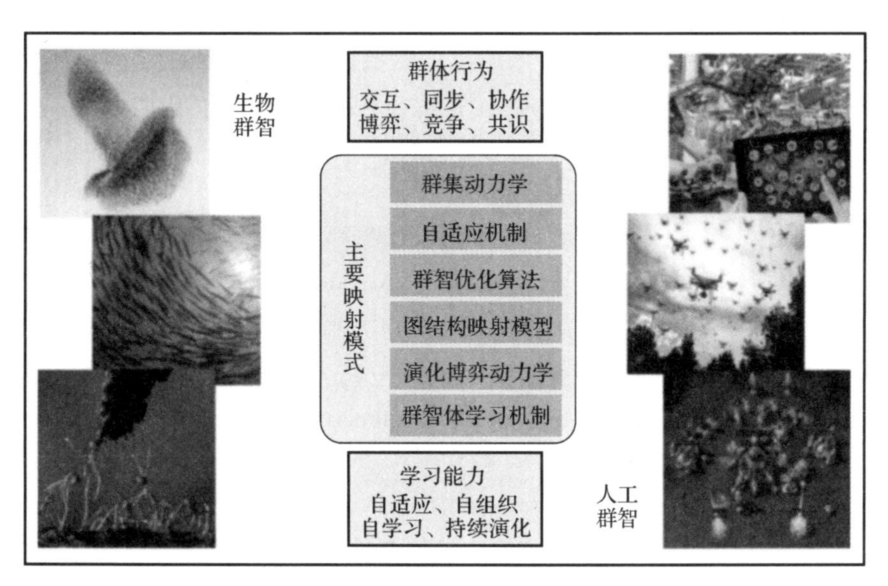

图 3.14　从生物群智到人工群智的映射机理

参考文献

[1] BAI Y, HE C, CHU P, et al. Spatial modulation of individual behaviors enables an ordered structure of diverse phenotypes during bacterial group migration[J]. eLife, 2021, 10:e67316.

[2] BIALEK W, CAVAGNA A, GIARDINA I, et al. Social interactions dominate speed control in poising natural flocks near criticality[J]. Proceedings of the National Academy of Sciences, 2014, 111(20): 7212 - 7217.

[3] BONABEAU E G, DORIGO M, THERAULAZ G. Inspiration for optimization from social insect Behavior[J]. Nature, 2000, 406(6791): 39 - 42.

[4] CAMAZINE S, DENEUBOURG J-L, FRANKS N R, et al. Self-organization in biological systems[M]. New Jersey: Princeton University Press, 2003.

[5] CAVAGNA A, CIMARELLI A, GIARDINA I, et al. Scale-free correlations in starling flocks[J]. Proceedings of the National Academy of Sciences, 2010, 107(26):11865 - 11870.

[6] CAVAGNA A, CULLA A, FENG X, et al. Marginal speed confinement resolves the conflict between correlation and control in collective behaviour[J]. Nature

Communications, 2022, 13(1):1-11.

[7] CAVAGNA A, GIARDINA I, GRIGERA T S, et al. Silent flocks: constraints on signal propagation across biological groups[J]. Physical Peview Letters, 2015, 114(21): 218101.

[8] CUCKER F, SMALE S. Emergent behavior in flocks[J]. IEEE Transactions on Automatic Control, 2007, 52(5): 852-862.

[9] DORIGO M, BIRATTARI M, STUTZLE T. Ant colony optimization[J]. IEEE Computational Intelligence Magazine, 2006, 1(4): 28-39.

[10] DORIGO M, MANIEZZO V, COLORNI A. Ant system: optimization by a colony of cooperating agents[J]. IEEE Transactions on Systems, Man, and Cybernetics, Part B (Cybernetics), 1996, 26(1): 29-41.

[11] DORIGO M, STÜUTZLE T. Ant colony optimization: overview and recent advances [C] //GENDREAUM, POTVIN J-Y. Handbook of Metaheuristics. Berlin: Springer,Cham,2019: 311-351.

[12] FEINERMAN O, PINKOVIEZKY I, GELBLUM A, et al. The physics of cooperative transport in groups of ants[J]. Nature Physics, 2018, 14(7): 683-693.

[13] GRAHAM J M, KAO A B, WILHELM D A, et al. Optimal construction of army ant living bridges[J]. Journal of Theoretical Biology, 2017, 435: 184-198.

[14] KENNEDY J, EBERHART R. Particle swarm optimization[C]//Proceedings of ICNN' 95—International Conference on Neural Networks. IEEE, 1995, 4: 1942-1948.

[15] KHUONG A, GAUTRAIS J, PERNA A, et al. Stigmergic construction and topochemical information shape ant nest architecture [J]. Proceedings of the National Academy of Sciences, 2016, 113(5): 1303-1308.

[16] KWONG H, JACOB C. Evolutionary exploration of dynamic swarm behaviour [C]//The 2003 Congress on Evolutionary Computation. IEEE, 2003, 1: 367-374.

[17] LIU Y,PASSINO K M. Biomimicry of social foraging bacteria for distributed optimization: models, principles, and emergent behaviors[J]. Journal of Optimization Theory and Applications, 2002, 115(3): 603-628.

[18] LOPEZ U,GAUTRAIS J, COUZIN I D, et al. From behavioural analyses to models of collective motion in fish schools [J]. Interface Focus, 2012, 2(6): 693-707.

[19] MCCREERY H F, GEMAYEL G, PAIS A I, et al. Hysteresis stabilizes dynamic control of self-assembled army ant constructions[J]. Nature Communications, 2022, 13(1): 1-13.

[20] MENG X B, GAO X Z, LU L, et al. A new bio-inspired optimisation algorithm: bird swarm algorithm [J]. Journal of Experimental & Theoretical Artificial

Intelligence, 2016, 28(4): 673 - 687.
[21] PARTRIDGE B L, PITCHER T J. The sensory basis of fish schools: relative roles of lateral line and vision[J]. Journal of Comparative Physiology, 1980, 135(4): 315 - 325.
[22] PENG Y, LIU Z, CHENG X. Imaging the emergence of bacterial turbulence: phase diagram and transition kinetics[J]. Science Advances, 2021, 7(17): eabd1240.
[23] POPKIN G. The physics of life[J]. Nature, 2016, 529(7584): 16 - 18.
[24] REID C R, LUTZ M J, POWELL S, et al. Army ants dynamically adjust living bridges in response to a cost-benefit trade-off[J]. Proceedings of the National Academy of Sciences, 2015, 112(49): 15113 - 15118.
[25] REYNOLDS C W. Flocks, herds and schools: a distributed behavioral model[J] Computer Graphics, 1987, 21(4):25 - 34.
[26] VANDERMEER J, PERFECTO I, PHILPOTT S M. Clusters of ant colonies and robust criticality in a tropical agroecosystem[J]. Nature, 2008, 451(7177): 457 - 459.
[27] VASSALLO L, HANSMANN D, BRAUNSTEIN L A. On the growth of non - motile bacteria colonies: an agent - based model for pattern formation[J]. The European Physical Journal B, 2019, 92(9): 1 - 8.
[28] VICSEK T, CZIROK A, BEN J E, et al. Novel type of phase transition in a system of self - driven particles[J]. Physical Review Letters, 1995, 75(6): 1226 - 1229.
[29] WANG L, SHI H, CHU T. Flocking control of groups of mobile autonomous agents via local feedback [C]//Proceedings of the 2005 IEEE International Symposium on, Mediterrean Conference on Control and Automation Intelligent Control. IEEE, 2005: 441 - 446.
[30] WANG Y,GARCIA E,Casbeer D,et al. Cooperative control of multiagent systems: theory and applications[M]. New Jersey:Wiley,2017.
[31] zhb 学习阅览室. 科普|鱼群为何成群结队[EB/OL]. (2020 - 11 - 16)[2022 - 01 - 01]. http://www.360doc.com/content/20/1116/10/63756135_946086334.shtml.
[32] ZHANG S, LIU M, LEI X, et al. Stay-eat or run-away: two alternative escape behaviors[J]. Physics Letters A, 2019, 383(7): 593 - 599.
[33] 班晓娟，宁淑荣，涂序彦. 人工鱼群高级自组织行为研究[J]. 自动化学报，2008，34(10)：1327 - 1332.
[34] 班晓娟，吴崇浩，王晓红，等. 基于多 Agent 的人工鱼群自组织行为算法[J]. 计算机工程，2007，33(23)：182 - 184.
[35] 鲍海兴. 基于人工鱼群算法的目标跟踪与识别[D]. 株洲：湖南工业大学，2018.
[36] 程艳燕. 蚁群算法基本原理及其应用综述[J]. 科技创业月刊,2011,24(4):117 - 121.
[37] 段海滨. 蚁群算法原理及其应用[M]. 北京：科学出版社，2005.

[38] 樊非之. 菌群算法的研究及改进[D]. 北京:华北电力大学(北京),2010.
[39] 樊晓红. 鸟群算法的改进及其应用[D]. 银川:北方民族大学,2020.
[40] 冯晓华. 细菌觅食优化算法及在电力系统负荷分配中的应用[D]. 西安:西北工业大学, 2019.
[41] 刘佳琪,郭斌,任磊,等. 群智融合的制造业智慧空间建模方法. [J]. 计算机集成制造系统,2022,28(7):2064 - 2074.
[42] 李晓磊, 路飞, 田国会, 等. 组合优化问题的人工鱼群算法应用[J]. 山东大学学报(工学版), 2004, 34(5): 64 - 67.
[43] 李晓磊, 邵之江, 钱积新. 一种基于动物自治体的寻优模式:鱼群算法[D]. 系统工程理论与实践, 2002, 22(11): 32 - 38.
[44] 李晓磊. 一种新型的智能优化方法:人工鱼群算法[J]. 杭州: 浙江大学, 2003.
[45] 涂晓媛. 计算机动画的人工生命方法[M]. 北京:清华大学出版社,2001.
[46] 王伟嘉. 集群运动中的信息传播与行为决策机制研究[D]. 北京:北京师范大学, 2022.
[47] 谢剑斌,兴军亮,张立宁,等. 视觉机器学习 20 讲 [M]:北京:清华大学出版社,2015.
[48] 谢榕,顾村锋. 一种欧椋鸟群协同算法[J]. 武汉大学学报(理学版),2019,65(3):229 - 237.
[49] 杨永娟. 用 Java 实现鱼群游动模拟系统[J]. 安徽理工大学学报(自然科学版), 2006, 26(4): 67 - 71.
[50] 郁磊,史峰,王辉,等. MATLAB 智能算法 30 个案例分析[M]. 2 版. 北京:北京航空航天大学出版社,2015.
[51] 张天栋,王睿,程龙,等. 鱼集群游动的节能机理研究综述[J]. 自动化学报,2021,47(3):475 - 488
[52] 张伟伟, 刘勇进, 彭君君. 改进鸟群算法用于 SVM 参数选择[J]. 计算机工程与设计, 2017, 38(12): 3267 - 3271.
[53] 赵佳佳,刘磊. 鱼类集群运动的注意力模型研究[J]. 软件导刊,2022,21(6):36 - 40.
[54] 赵建. 鱼群集群行为的建模与仿真[D]. 太原:太原科技大学,2008.
[55] 赵芹. 基于聚集策略的群体追逃博弈[D]. 北京:北京师范大学, 2022
[56] 周应祺, 王军, 钱卫国, 等. 鱼类集群行为的研究进展[J]. 上海海洋大学学报, 2013, 22(5): 734 - 743.
[57] 朱嘉琪. 蚁群信息传播长程关联性实验研究[D]. 北京:北京师范大学, 2022.

第4章 典型社会经济复杂性

社会经济系统的基本构成要素(即社会基本主体)是具有自主性、适应性和自反性的人，人类行为复杂性是社会经济系统复杂性的根源。人们尝试运用复杂系统范式去认识社会经济系统，考虑到系统动态演化的过程性，逐步摆脱机械决定论，最终改变传统社会科学的认知模式，揭示微观个体之间及其与环境之间的交互作用如何推动整体有序的宏观社会经济结构的出现。同时，系统动力学和涌现行为研究为解释社会危机和冲突提供了可能性。

有效调控是复杂性研究的目的之一。从现实中看，近年来有许多事件都体现出复杂社会经济体系治理的难度。例如，随着气候变化以及城市环境的改变，我国城市洪涝灾害频发，严重威胁着城市经济社会发展以及居民的生命财产安全，2021年“7·20”郑州特大暴雨，造成了重大的社会影响和生命财产损失，进一步引发了社会各界对于推进城市洪涝灾害治理体系与治理能力现代化建设的思考。2008年在世界范围内蔓延的金融动荡和经济危机逐渐宣布以西方经济学为代表的主流经济学的破产，人们对新经济学的呼声也越来越高，而作为代表的复杂经济学引起大家更大的关注。

本章将以城市系统、经济系统和金融系统3个方面为例来介绍这些社会经济系统的复杂性，以及在其管理和治理上面临的挑战。

4.1 城市系统

4.1.1 城市系统的复杂性

城市系统是典型的开放复杂巨系统，作为社会的载体，城市表现为大量物质和人口的聚集。社会的组织机构、人流物流、历史文化的积累等诸多要素，都在这个巨大的物质载体中汇集、融合、发酵、合成，产生出新的不同于原来的物质、能量、信息和社会要素。城市的兴起与发展受到自然、经济、社会和人口等因素的影响，同时，城市和外界区域进行着物质、能量、信息和人员的交换，也以自身的反馈不断影响周围环境。

城市系统可以分为若干个子系统，每一个子系统中又包含着许多子系统，具有显著的层次结构。在城市中第二、三产业可以分为多个层次和几百个部门，每一个层次都是一个大类，每一个部门都是一个巨大的子系统。城市系统具有层层叠叠的大系统套小系统的结构，既有串行树枝状结构，又有横向蔓延的网络状、链状结构。各子系统之间既有统一性，又有非均质性和各向异性。在城市中，各层次之间、各个子系统之间不是独立的，而是一个相互联系、相互包容的整体。

如图 4.1 所示，城市系统通过流实现物质循环、能量转化及信息交互，推动整体的状态演化，促使主体在空间上产生功能分区。在长时间序列下，城市系统因主体间、主体与系统间的发展不一致性产生时空复杂性。由于系统内主体种类繁多，本质各异，层次关联复杂，流的强度和方向具有不确定性，因此具有较高复杂度，同时随着人地系统的远距离连接性和流动性的不断强化，流的空间流动范围从系统内或邻近系统扩展到更远距离，最终建立了全球多尺度嵌套空间模式。

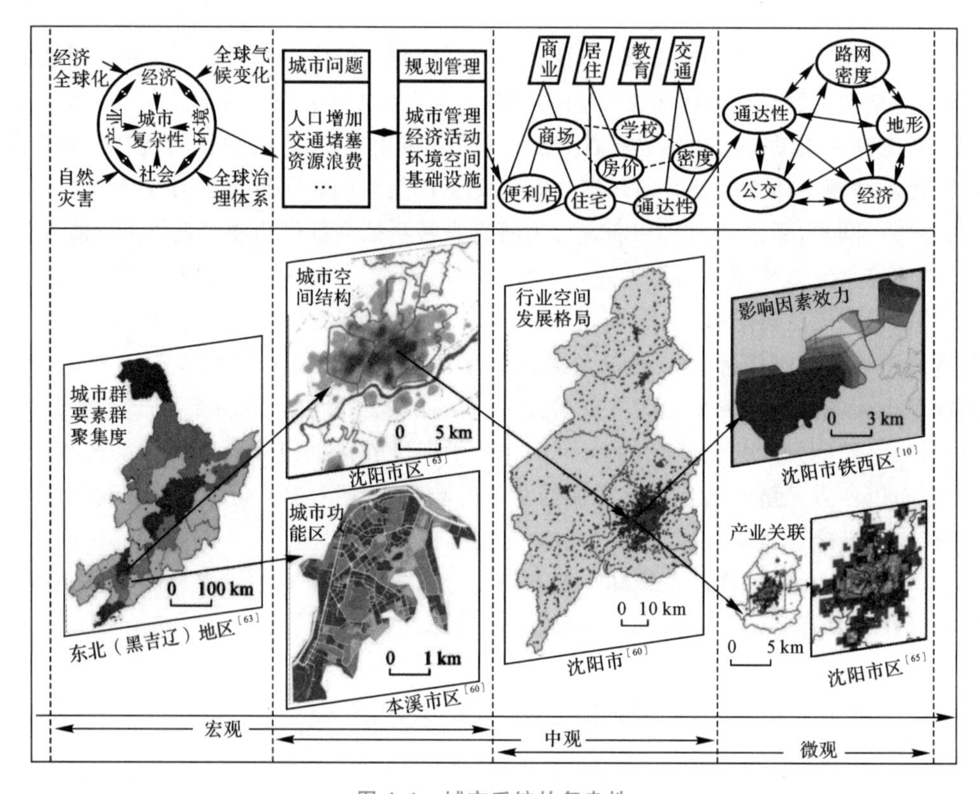

图 4.1　城市系统的复杂性

城市系统的复杂性导致其初始条件、区域的和城市内部的诸多因素都具有随机性、偶然性。由于社会类型、国家、民族、地域环境等诸多不同，城市生成发展的条件和过程也不同，形成了不同的城市风貌、职能、形态和文化。因此，世界上没有也不可能有两个相同的城市，但不同城市会有共通的本质、特征和内在的生成发展规律，存在着系统构成、功能、信息等方面的自相似性，城市系统内部有着自组织的规律性，对外部环境有自适应的能力。当我们进行更深入的考察时，可以察觉其隐藏的秩序和特征。下面简要介绍城市系统隐藏在各种“不同”中的“相同”特征。

(1)城市系统是一类非线性反馈系统，具有开放性和多样性。构成城市系统的要素错综复杂，包括物质的和非物质的，有自然的、社会的、经济的和文化的。这些要素通过强烈的非线性作用构成了自然、社会、经济、人文等不同子系统。而子系统明显具有整体性、层次性、开放性、多样性和时空动态性的特点。城市系统的发展过程是自然生态系统的演替和城市有组织的社会、经济及文化活动的相互耦合过程，其中任何一个子系统发生变化都可能对其他子系统产生短期或长期的影响。

由于城市系统是典型的非线性社会经济系统，传统的叠加原理失效，因此，不能采用把城市系统分成若干个小系统分别进行研究然后进行叠加的办法，而只能从总体上把握整个系统。这一点也很符合复杂系统科学的思想。复杂系统科学认为，系统的宏观变量大的波动可能来自于组成系统的一些元素的小变化。因此，为了探讨复杂系统宏观变量的变化规律，必须研究它的微观机制。但由于非线性机制的作用，又不能将系统简单随意地进行分解，必须将宏观与微观相统一进行分析。

(2)城市系统演化的一般规律，具有动态性、突变性和不可逆性。事物总是发展变化的。社会系统必然是动态系统，即与时间变量有关的系统。没有时间的变化，就没有系统的演化，也就谈不上复杂性规律。在演化过程中，确定性与随机性相统一。复杂性科学理论表明：一个确定性的社会经济系统中可以出现类似于随机的行为过程，它是系统“内在”随机性的一种表现，与具有外在随机项的非线性系统的不规则结果有着本质差别。对于复杂系统而言，结构是确定的，短期行为可以比较精确地预测，而长期行为却变得不易预测，初始条件的微小变化会导致系统的运行轨迹出现巨大的偏差。而对于具有外在随机项的非线性经济系统，系统的演化规则每时每刻都不确定。因此，无论是长期行为还是短期行为都无法界定。

在城市系统的演化中，低一级演化的方向受高一级演化控制，即城市子系统的演化方向受城市大系统的控制和引导。而城市本身是人类社会的组成部分，城市整体的演化方向也同样受人类社会这个系统的控制，表现为在不同的社会阶段城市具有不同的性质和职能以及不同的形态和结构等。这些阶段和进程、性质和规律、结构和形态并非全是系统自身演化的结果，而是与更高层次的系统和并列的其他系统相互包含、相互生成、相互制约、相互影响的结果。每个层次的不同系统或每个系统的子系统在演化过程中均具有不同的尺度、方向、速度，形成了城市系统演化的多样性和复杂性，造就了城市系统新的结构、形态、功能、性质涌现过程的多样性和复杂性。

(3)城市系统的结构具有分形特征。分形的基本特征是自相似性，即无标度或者无特征规模。分形城市源于基于分形思想的城市形态与结构的模拟与实证研究，是分形研究的一个重点内容，分形理论的创始人曼得尔布罗特(B. B. Mandelbrot)早期就曾探讨过城市规模的分维数问题。

在城市系统中，存在着城市规模结构、空间结构、交通网络以及城市边界等分形，但系统规模与空间结构分形是城市系统分形的最主要的两个特征。分形城市最初主要用于研究城市形态和结构，但随着研究领域的扩展，逐渐向内细化到城市建筑，向外拓展了区域城市体系。目前的分形城市概念可分为以下3个层次：

1)微观层次，即城市建筑分形。在这个层次上，分形城市概念与建筑学的有关领域不可分割。2001年前后，英国曼彻斯特(Manchester)大学建筑学院的克朗普顿(Cromptom)提出，分形在城市细部无所不在：大到一个公园——如海德(Hyde)公园，小到家居环境，都具有某种程度的自相似性。

2)中观层次，即城市形态分形。在城市的一个区中，存在居住用地、工商业用地、开放空间和空闲地等用地类型。但是，每一种用地都不是一类纯粹的用地。例如在以工商业用地为主的区域，仍然存在住宅用地、工商业用地、开放空间和空闲地。相同的城市用地结构(住宅-工商业-开放空间-空闲地等)在区、街道等不同的层次上重现。

3)宏观层次，即分形城市体系。分形城市体系包括空间结构和等级结构两方面的内容，前者以中心地的分形研究为标志，后者以位序-规模分布研究为核心。1985年，阿林豪斯(Arlinghaus)发现中心地体系的织构分形，在此基础上可以将确定型分形中心地模型推广到随机分形领域。由于空间网络与等级体系是一个问题的两方面，中心地分形网络与城市体系的位序-规模分布具有内在的逻辑关系。中心地和位序-规模分布是分形城市体系最具代表性的研究领域，它们共同构成了人文地理系统空间复杂性的两个数理标志。

(4)城市系统与外部环境之间具有关联复杂性。城市是一个开放的系统，城市的生成、发展都是建立在与外界(或一定区域)联系的基础上的，是一定区域内能量、物质、信息的聚集和淀积，是人类社会生活中人口、权力、文化、财富等在地球表面聚集的节点。城市系统每时每刻都与所处的自然环境、社会环境、工程技术环境发生着千丝万缕的联系。

城市不仅是个容器，也是一个形态和结构不断变化的“核反应堆”。当外部的能量、物质、信息不停地输入城市这个反应堆中时，会引起城市内部能量、物质、信息不停地振荡、涨落、激化，生成新的能量、物质、信息，并向外部系统输出和辐射。城市越大，需要与外界交换的物质、能量、信息就越多，其聚集和辐射能力就越强，这种交换量的大小是城市生命力强弱的标志之一。

城市系统在兴盛—衰落之间不断地循环、振荡和涨落，使这个系统向新的形态或秩序转化。这种循环、振荡和涨落及新形态和新秩序，正是城市外部环境中的能量、物质信息通过城市周界，在城市多层次的时空尺度中，与城市系统相互干扰(关联、影响)的结果。外部环境的能量、物质、信息对城市系统及周界的相互作用，产生了多种多样的随机性和偶然性，促进了城市系统及周界的变化，这种变化可以是不同层次的不可逆的循环，也可以是某个方面的突变，也正是这种不可逆性，成为城市建设由混沌到有序的基础，同样，正是这种突变，成为城市产生结构、新功能、新形象的动力。

4.1.2 从城市病看城市系统复杂性

城市病(见图4.2)是指伴随城市发展或城市化进程，在城市内部产生的一系列经济、社会和环境问题，主要表现在城市环境质量的恶化、住宅和交通的拥挤、城市贫民区的出现和犯罪率的上升等问题。从目前世界城市发展的历程来看，城市病已是大多数国家面临的问题。城市作为一个集城市人文社会系统、经济系统、生态系统和基础设施系统于一体的大系统，具有很强的复杂性，城市病产生的原因也不是单纯地在单一的子系统内就可以找到的。

图 4.2 城市病

图片源自 https://baike.sogou.com/v6597666.htm

各种城市病的产生大多是与城市人口和经济的迅速增长以及政府规划与管理不善紧密联系在一起的，这些问题又集中体现在城市的自然环境、生活和社会环境的恶化上。有的学者曾用“过度规模假说”来解释城市环境的退化问题。即由于人口压力以及政府规划与管理不善，城市增长超过城市自然和生活环境的承载能力，由此引起城市基础设施的拥挤和环境质量的下降。在发展中国家，这个问题比发达国家更严重。因为发展中国家具有庞大的农村人口，在工业化和经济增长过程中，农村人口流入城市寻找就业机会，而由于建设周期和其他因素，城市承载人口的基础设施规模的增长速度在短期内无法与人口增长速度相匹配，这种城市病的诱因就会因城市系统的复杂性而进一步扩散到其他各个子系统，引发一系列的城市病。此外，在许多城市，由于政府部门对不断涌现的各种城市问题处理不当，缺乏发展规划或缺乏正确的发展规划，则进一步加剧了城市综合环境的退化。

城市系统的复杂性使得许多城市病交织在一起，例如交通拥挤的必然后果是空气质量的恶化。在此为了表述问题方便，将主要城市病的具体表现分为 3 个：基础设施短缺、生态环境恶化和贫困城区形成。

城市基础设施由交通、能源、通信、给排水、防灾和环境保护 6 类设施构成，是城市居民生活的物质载体。在它们与城市人口规模不匹配的条件下，会产生城市病，而且城市病集中体现在交通、给排水、防灾和环保问题上。城市的道路状况和机动车存量直接影响了交通。而且城市交通拥挤直接使机动车的尾气排放量增加。交通拥挤使居民花费在道路的时间增加，不仅使误工的概率增加，而且容易使居民的工作情绪变差。给排水设施不健全会削弱城市的防洪能力。由于基础设施建设滞后，在雨季，城市的居民住宅、商店和厂房大面积进水，对生产效率产生不利的影响，而且污水弥漫易诱发疾病。此外，环保设施短缺会造成酸雨、有害烟雾、空气悬浮颗粒增加和地下水污染等严重后果。生态系统作为一个循环系统，能够良性循环，也能够恶性循环，甚至产生恶性的外溢效应而波及其他城市子系统。

城市病在自然环境和经济诸方面的表现还可能会进一步传导到城市的人文系统。倘若城市居民处于一种不良的自然环境、社会环境和经济环境中，为求得基本生存条件，个人的行为发生变异的可能性会增大，表现为缺乏社会公德、漠视城市的人文历史、不尊重传统价值、不爱惜环境和公共设施等。城市人文系统一旦出现具有这些病症的氛围，城市规划部门为求短期内解决基础设施短缺问题，就可能不顾城市的自然景观和人文古迹条件而作出决策，而损害城市潜在的利益。

可见，城市系统复杂性增加了根治城市病的难度，正确的治理城市病的方法也必须是系统性的。但必须强调的是，在系统性解决城市病的方案中要特别注重经济系统，因为：一是城市病的最终解决还得依赖经济的发展，二是许多治理城市病的具体措施乃至城市规划应该依托市场，使用有效的经济手段来引导居民和企业自觉地与城市病做斗争。

4.1.3 城市系统复杂性的根源

城市系统是人类社会的组成部分，是人类将物质、能量、信息与自然融为一体并赋予某种精神的开放的复杂巨系统。

人是城市的组成部分，城市的复杂性部分来源于人的复杂性。人是开放的复杂巨系统，人的个体复杂性与社会的复杂性交织在一起，构成复杂的人-社会系统。社会是有其自身独特性的存在系统，社会主体(即人-社会系统)是社会发展的决定性的力量源。社会主体具有文化变量，如态度、观念、信仰系统、认知环境等，具有人文价值系统的整合作用、纽带作用、定向作用，其产生的新思想、新思潮、新价值等对社会发展具有巨大的推动作用。人作为城市系统最为活跃、最为复杂的因素，也是整个城市系统及各个子系统之间共同的、无时不在的随机层。城市系统与人-社会系统有着内在的本质联系，一方面城市是人建造的系统，是人类社会系统的组成部分；另一方面城市与社会的相互包含性、城市与自然环境的相互包含性，使城市中的居住者一出生就受到城市及其社会、自然的影响，城市的结构与形态、历史与文化、自然环境与生态特征的影响，赋予居住者特有的某种精神特征(如北京人与上海人的区别)。城市对社会的进步意义不仅仅在于社会经济发展中的聚集效益，而且还在于其所发挥的社会中心功能推动着整个社会的发展。城市从形成之日起，就是人类相互联系和各种机遇、成就、创新的焦点，并且从来就是社会的权力中心、经济中心、文化中心和科学中心。新的政治体制、制度规范、价值观念和科学技术几乎都是在城市中产生的，而人类的文明成果也基本上是在城市中得以产生、保存和传承的。

城市可以看作“人工生命”，有着自己的生成、发展、衰亡的规律，这个规律表现出人类社会发展的种种特征，也是人类社会不平衡动态发展过程的集中体现。人-社会系统对城市系统具有主导作用，使城市系统和各子系统具有了解其所处的环境，预测其变化，并按预定目标采取行为的能力。正是城市系统与人-社会系统的本质联系，使城市系统的开放性与外部环境的耦合机制、城市系统内部自组织与他组织及非线性反馈等共同作用，促使城市新的结构、形态、功能、性质在宏观尺度上的涌现，使城市系统具有自适应能力，并有对其层次结构和功能结构进行重组和完善的能力。城市系统演化与社会系统演化的本质联系在于：城市既是社会发展不断涌现的新的结果，又是社会发展不断追求的新的目标。

4.1.4　复杂城市系统的管理治理

4.1.4.1　城市系统复杂性管理治理理念与原则

(1)统一机构的协调与管理。从城市管理的角度来看，城市系统包括人口、科教、城建、经济、土地、规划、服务等子系统，每一个子系统下面又可以分为若干次子系统。部门、地方利益，管理往往存在冲突，这种冲突不仅反映在局部利益与局部利益的不一致上，更多地出现在局部利益与城市系统整体发展的不一致上。城市系统作为一个复杂性系统，它的发展不仅在于子系统(城市构成元素)的良好发展基础，更重要的在于子系统与城市系统总发展目标的协同。如果各部门、地方过于强调自己发展，势必降低整个城市系统的总体功效，从而影响系统的优化发展。所以，理顺与协调城市系统(有些称城市带、城市密集区)、城市、城市职能部门(土地、规划、城建、环保等)的关系，完善城市系统管理体制，是当今区域一体化、城市区域化的首要任务。

(2)以人为本的管理。在城市系统中，因为有人参与才产生了经济子系统、社会子系统和人文子系统。在这些子系统中，人是最重要的系统的主体，所以城市系统结构的复杂性的实质可以看成是人的活动的复杂性。通过树立以人为本的管理观，充分调动城市主体——人的积极性和自觉性，把最活跃的人的因素同其他各种物的因素有机地结合起来，推动各个子系统正常有效地运转。

(3)实施弹性规划。城市系统是一个确定性与随机性有机统一的动态系统。城市系统既有内在质的确定性的内容，如城市建设、城市土地、城市硬环境等物质构成，也有不确定的内容，如城市系统未来规划与发展战略，由于环境的改变，不得不对这些内容作出相应的调整。人们常说“计划跟不上变化”，就是这个意思。城市系统弹性管理的重点主要在城市系统规划方面。在市场经济条件下使城市系统规划富有弹性的主要途径有：一是市场调节，二是适度的行政干预。

(4)建立学习型管理与治理机制。建立学习型管理治理机制：①要重视学习在城市管理中的作用，通过政府学习、部门学习、行业学习与职业学习，构建学习的一体化网络，使学习成为城市系统从无序走上有序的一个重要序参量。②通过学习认识过去管理治理中所存在的问题，改变固有的落后管理治理模式。③构建共同的学习目标，使城市系统沿着符合自身规律的方向发展。④建立协作型学习组织，形成城建、规划、房管、环保等不同单位定期会谈制度，改变各自为营的局面。⑤促进学习人员的整体观、系统观的培养，切实克服现实中广泛存在的条块分割的思想。

(5)培育参与管理治理的多元化主体。城市系统是一个自适应复杂系统，由人构成的利益集团是系统中的自适应行为主体，他们有着“学习”或“积累经验”的能力。所以，这些主体在追求效益、规避风险方面比城市政府部门具有更多的知识与经验，从而可以作出更优的决策。培育具有多元化的行为主体，可以激发城市系统的活力，改进系统的无序演化，有利于城市系统远离平衡态，使城市系统更能适应日益变化的外界环境。

4.1.4.2　城市系统复杂性治理实例

1. 智慧城市系统

智慧城市是以新兴信息技术为基础，以谋求经济、社会、环境的全面可持续发展为基本方向，以信息技术的人工智能和人的智慧为重要手段，通过充分整合城市各类资源推进城市的创新运作，进而实现城市核心资源的优化配置以及城市运行发展全面优化的城市，如图4.3所示。从系统思考的方法来看，智慧城市本身就是一个完整的系统，智慧城市系统是通过新兴信息技术的智能和人的智慧在城市情境中的良好耦合，推动城市发展全面优化的城市系统形态。

智慧城市系统是由各类要素或子系统复合而成的复杂巨系统，主要包括战略系统、社会系统、经济系统、支撑系统和空间系统等5个子系统。在智慧城市系统中，人的智慧与若干智能化、智慧的城市子系统的集结、联系与协作主要在城市的战略、社会、经济、支撑、空间5大方面反映出来，它们在智慧城市系统中分别体现为战略系统、社会系统、经济系统、支撑系统、空间系统5大子系统。从结构方面来看，智慧城市系统具有特定的层次结构特征，主要体现为它具有复杂程度由低到高的物理层、活动层、战略层3大层次。

智慧城市的系统模型刻画了一个完整的智慧城市系统所包含的主要构成因素，并按照一定的结构形式表达了不同构成因素之间的联系和作用方式，揭示了智慧城市系统形成、运行和发展的内在机制。在智慧城市的系统模型中，战略系统位于战略层中，战略层位于智慧城市系统的最高层，社会系统和经济系统位于活动层中，活动层位于智慧城市系统的中间层，支撑系统和空间系统位于物理层中，物理层位于智慧城市系统的最底层。同时，战略系统、社会系统、经济系统、支撑系统、空间系统之间存在着相互联系、相互作用、相互依存的关系。智慧城市的系统模型揭示了智慧城市系统的形成、运行和发展是由复杂程度由高到低的战略系统、社会系统和经济系统、支撑系统和空间系统相互之间的联系和作用而实现的。

图 4.3　智慧城市示意图

图片源自 https://www.zcool.com.cn/article/ZNzMyNjMy.html? switchPage=on

2. 韧性城市

韧性城市指城市能够凭自身的能力抵御灾害，减轻灾害损失，并合理地调配资源以从灾害中快速恢复过来。长远来看，城市能够从过往的灾害事故中学习，提升对灾害的应对能力。

在全球风险社会的宏观背景下，随着城市系统与自然灾害系统的耦合性不断增强，各类灾害事件及其次生风险不断叠加、串联，并在级联效应的作用下演化为超出单一组织或部门现有应对能力的系统性公共危机，呈现出典型的复合型灾害特征。如 2019 年底 2020 年初开始的新型冠状病毒肺炎疫情（简称“新冠疫情”），就是一起典型的由重大传染病疫情引发的具有复合型灾害性质的重大突发公共卫生事件。

面对高度不确定的复合型灾害风险冲击，传统基于经验思维的被动减灾策略已经愈发难以满足城市安全发展的需要。学者对于城市灾害应急管理的认识逐渐由早期的防御性、脆弱性视角转向韧性视角，增强城市韧性日益成为全球城市治理与灾害风险应急管理领域研究者与实务工作者的共识。在我国，韧性城市已经成为一项继智慧城市之后迅速引起国内各地城市政府广泛关注的城市治理理念。洛克菲勒基金会（Rockefeller Foundation）与奥雅纳（Arup）工程顾问公司于 2013－2018 年间联合开发的城市韧性框架及其指标体系，围绕健康与福祉、经济与社会、基础设施与生态系统、领导与策略 4 个分析维度（具体细化为 12 个目标、52 个可观测指标和 156 个评分题项），依据韧性城市应具备的灵活性、冗余性、稳健性、智谋性、反思性、包容性和综合性等特性，采用定性与定量相结合的方式对城市韧性水平进行综合评价，是一个有益的尝试。

3. 海绵城市

很多城市正面临着各种各样的水危机——水资源短缺、水质污染、洪水、城市内涝、地下水位下降、水生物栖息地丧失等，有的城市水危机问题非常严重。这些水问题带来的水危机并不是水利部门或某一部门管理下发生的问题，而是一个系统性、综合性的问题，亟须一个更为综合全面的解决方案。海绵城市是新一代城市雨洪管理概念，是指城市能够像海绵一样，在适应环境变化和应对雨水带来的自然灾害等方面具有良好的弹性，也称为“水弹性城市”，如图 4.4 所示。

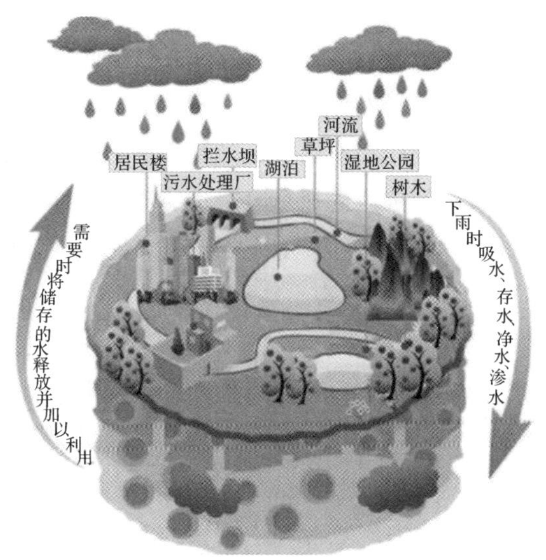

图 4.4　海绵城市示意图

图片源自 https://www.163.com/dy/article/GO7R3JMQ05372150.html

水环境与水生态问题是跨尺度、跨地域的系统性问题，也是互为关联的综合性问题。诸多水问题产生的本质是水生态系统整体功能的失调，因此解决水问题的出路不在于河道与水体本身，而在于水体之外的环境。如：大量的雨并不是落在河道里，所以防洪不能仅仅死守河道；主要污染源非水体本身，所以，水净化的解决之道也不在于水体本身。解决城乡水问题，必须把研究对象从水体本身扩展到水生态系统，通过生态途径对水生态系统的结构和功能进行调理，增强此生态系统的整体服务功能——供给服务、调节服务、生命承载服务和文化精神服务（这四类生态系统服务构成水系统的完整的功能体系）。因此，从生态系统服务出发，通过跨尺度构建水生态基础设施，并结合多类具体技术建设水生态基础设施，是设计与打造海绵城市的核心。

4.2 经济系统

4.2.1 经济系统的复杂性

经济系统不是机械、静态、永恒和完美的，而是有机的、自我创造的、充满活力的。随着学界对新古典经济学基本假设的反思，讨论非均衡、非线性、演化的复杂经济学逐渐登上主流舞台。经济系统是人类系统的子系统，其中的元素经各种经济主体。经济主体，无论是消费者、厂商还是投资者，都在不断地调整他们对经济局面的应对决策和行为，而这些行为又共同创生了他们必须面对的新局面。而且，与只会以一种简单的方式对其所处的处境作出反应的非人类元素相比，经济主体在反应中会具有他们的策略，并会预测他们可能采取的一系列行为的后果。这又给经济系统加上了一层自然系统所不具有的复杂性。在微观经济的视角下，每个人都容易被假设为理性的、利己的，每个人、公司都试图通过与其他人和其他公司的博弈来增加自己的收益或者效用。而从宏观上看，复杂的经济现象，比如房价的高低起伏，是难以从个体行为的理解中获得解释的。在经济学中，人们很早就注意到微观经济与宏观经济在层次上的区别，宏观经济的一些性质正是基于微观经济主体互动涌现出来的新属性。因此，试图简单地通过微观经济理论加总出宏观经济学的做法是根本错误的。

经济复杂性的提出是在 20 世纪 80 年代。当时经济理论中的主流学派是一般均衡理论，而一批经济学家、物理学家及数学家指出这个理论的局限，即认为它不能揭示复杂经济系统多层次、强耦合、非线性、开放性、不确定性、动态性等诸多丰富的现象和特点，提出“将经济看作一个演化的复杂系统”来代替原来的一般均衡的论断。从经济事实上支持这种论断的有规模效益递增、途径依赖、多重均衡、金融涨落等。目前，“经济是一个复杂的演化系统”已得到广泛的承认，还出现了许多学术流派和不同的研究方法，如在美国流行用建立在多个体模拟基础上的自适应系统的讨论，欧洲一些国家如荷兰、比利时、法国、西班牙、德国的学者则专注经济演化的动力学机制，同时，有关经济复杂性的探讨在中国和日本也有很大进展。

经济系统是一个复杂巨系统,同时也是人类系统的子系统。经济系统的主体是人,如消费者、厂商和投资者等,由于人的思维、判断、决策、偏好各有差异,有人参与的经济系统具有明显的非确定性、模糊性等特点。这就给分析研究经济系统带来很大困难。因此,探讨宏观经济现象的微观基础必须建立在涌现复杂性的世界观上。如图 4.5 所示,这个复杂的产品网络实际上反映了经济系统内在元素千丝万缕的关联。

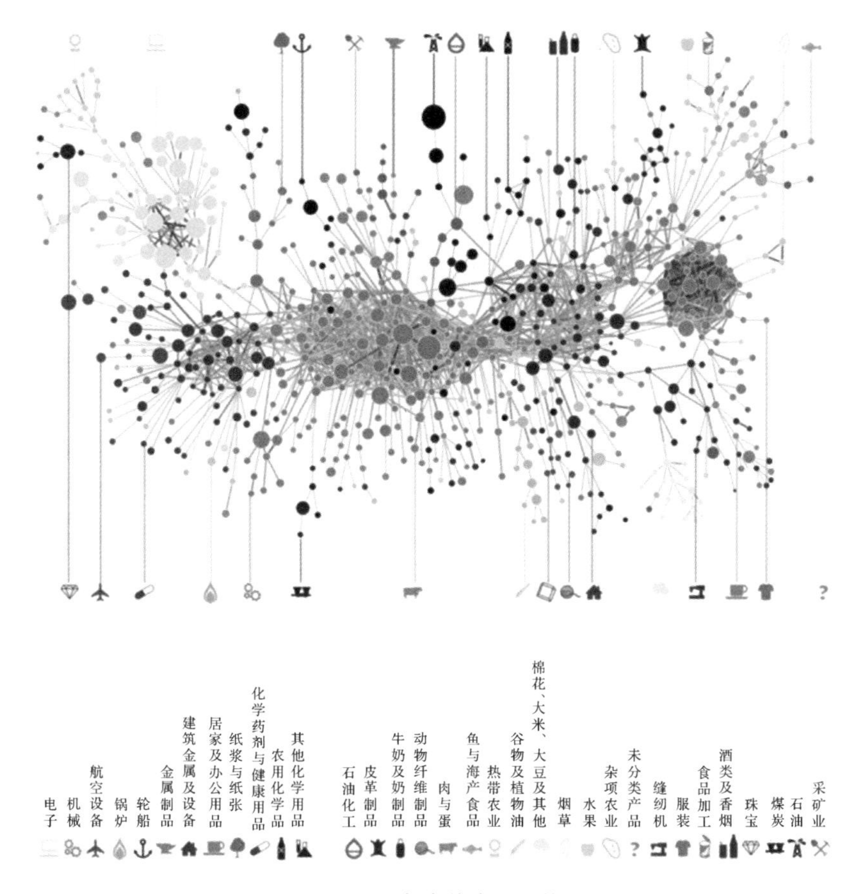

图 4.5　复杂的产品网络

4.2.2　复杂经济学

圣塔菲研究所的布莱恩·阿瑟(W. Brian Arthur)教授是复杂经济学理论的提出者,他长期活跃在学术舞台,积极介绍复杂经济学的思想。受中国优秀科技媒体——集智俱乐部邀请,阿瑟于 2019 年 9 月 20 日在上海做了名为“科技把经济带往何方”的主题讲座(见图 4.6)。2021 年 1 月阿瑟在 *Nature Reviews Physics* 发表长文,再次阐述了复杂经济学的基本逻辑(尤其是与新古典经济学的差异),梳理了其主要的方法、主题与跨学科性,及其发展前景。集智俱乐部对其进行了翻译和解读,本书对此节选如下(为适合本书逻辑,在文字和顺序上做了简单调整):

传统的新古典经济学假设完全理性的主体(agent)(公司、消费者、投资者),他们面对定义明确的问题,去采取达到总体均衡结果的最佳行为。这种理性的、均衡的系统产生了优雅的经济学。这种观点提供了很多洞察力(insight)。

图 4.6　阿瑟讲述经济复杂性

https://wiki.swarma.org/index.php/布莱恩·阿瑟_W._Brian_Arthur

主流经济学(称为新古典经济学)研究行为者的行为如何在经济中形成结果。为此,它选择做出几个标准假设:

(1)完美理性。假定每个主体都使用完全合理的逻辑来解决其定义明确的问题,以优化其行为。

(2)代表性主体。通常假设主体彼此相同——它们是“代表”——并属于一种或少量(或分布)代表性类型。

(3)共同知识。假定所有主体都具有这些主体类型的准确知识:其他主体是完全理性的,并且他们也共享这一共同知识。

(4)均衡。假定总体结果与主体行为一致——并没有激励主体改变其行为。

但这些假设具有局限性,而且常常是不现实的。许多经济学家也对部分基于为数学上的方便而选择的假设是否普遍适用提出了疑问。

自 20 世纪 90 年代以来,经济学家开始将经济作为一个不断演化的复杂系统进行探索,并且从这种探索中走出了另一种方法——复杂经济学(complexity economics)。

复杂经济学放宽了新古典经济学的假设——代表性的假设、超理性主体、每个主体都面临一个定义明确的问题并针对该问题得出最佳行为。在这种经济学中,经济中的主体是人类,并且是多种多样的。其中,路径依赖和历史很重要,在哪些情况下触发事件,以及在哪些网络中引导这些事件很重要。主体根据相互创造的结果进行探索,作出反应并不断改变其行动和策略。所得结果可能不处于均衡状态,并且可能显示出均衡分析不可见的模式和现象。随机波动、技术交易或泡沫和崩溃等现象并非“偏离理性”。就均衡而言,“理性”行为的定义不明确,这些现象是经济主体发现行为临时起作用的结果,而这些行为又是由其他经济主体发现行为临时起作用引起的。这既不是理性的,也不是非理性的,它仅仅是涌现。

复杂经济学既不是均衡经济学的特例,也不是均衡经济学的补充。相反,复杂经济学是更具普遍性的经济学，因为它的假设正在扩大新古典主义经济学，而这种扩展并不是由于意识形态的转变。对于经济学可用的新工具是:在不确定性下思考决策的方法以及处理非线性动力学和非线性随机过程的方法。最重要的是，这些计算可以使可以建模的行为更复杂、更现实。在分析方法上，可以将基于主体的计算经济学视为复杂经济学框架内的一种关键方法，或将复杂经济学视为基于主体的经济建模背后的概念基础。基于主体的模型通常将自己与计算技术相关联，并认为它们是独立的，不受任何特定理论基础的约束。复杂经济学同时使用数学和基于主体的计算，并研究模式经济的内生形成和变化。

复杂经济学使经济学摆脱了它的束缚——新古典假设。经济学的这种转变是科学本身更大转变的一部分。所有科学都在摆脱其确定性，拥抱开放性和过程性，并探究结构或现象是如何形成的。

4.2.3 经济系统的演化和涌现

演化，简单地说就是"秩序跃迁"的过程。一个有序的市场经济系统，能否作为一个新的稳态而涌现，取决于处于该系统内各个主体之间以及系统与环境之间的行为规则能否产生符合市场经济体制要求的新的稳定的行为战略和新的行为规范，而这实际上又涉及制度的演化问题。比如浙江义乌的小商品市场，从第一代市场一直到第五代市场的发展过程就是其不断适应内外环境变化的结构演化过程，而从单纯的小商品集散中心到小商品制造中心、信息中心、研发中心方向的发展过程则体现了系统功能的演化轨迹。每一代市场的出现都可以认为是一种涌现，它们都具有各自特定的结构和功能，但是当市场内外环境发生改变时，客观上就要求市场从结构到功能都要发生适应性的改变，这个改变的过程就是演化。

欧洲在近现代的高速经济增长是人类历史上的一个重大事件，它的影响是如此深远，以至于至今仍然在决定着整个世界的发展方向。但是，是什么因素导致了欧洲的崛起呢？一种流行的观点认为，以工业革命为代表的技术进步是欧洲经济增长的原动力。依据这种观点，从第一次经济革命(定居农业经济系统的产生)到近现代的第二次经济革命的演化的转折点是技术创新、规模经济、教育和资本积累等因素的注入。如此，则很自然地会产生如诺斯(D. C. North)和托马斯(R. P. Thomas)曾提出的问题:"如果经济增长所需要的仅仅是投资和发明，为什么一些社会没有做到这一点呢?"

经过研究，诺斯和托马斯在《西方世界的兴起》一书中将欧洲兴起的起点由当时所公认的工业革命向前推进了两个世纪，认为16～18世纪欧洲所建立的有效的经济制度才是导致欧洲崛起的真正原因，而工业革命不过是欧洲经济增长的过程而已。定居农业经济系统的产生过程是一个涌现过程，16～18世纪欧洲有效经济制度的建立过程也是一个涌现的过程。如果站在整个人类历史的角度看，前者标志着游牧经济到农业经济系统演化过程的完成，后者标志着从第一次经济革命到第二次经济革命演化的开始。随后的工业革命只不过是经济系统在"有效的经济制度"与特定的历史条件相互作用过程中的自然涌现，而科学与工业革命的结合则标志着第二次经济革命的成功实现。

由此看来，整个经济系统的演化过程是以一次又一次新结构的涌现作为自己的阶梯的，从这个意义上也可以说，演化是"路径依赖"的。

4.2.4 经济系统的非平衡性特征

长期以来，经济学主要考察的是平衡状态，即如果遭到暂时破坏仍会恢复到正常的状态。所以，传统的经济学一直非常关心“均衡”这个概念。均衡被看作完美和谐与理想化的象征。事实上，现代的商品经济或市场经济系统类似于开放的稳定的耗散结构，即对称破缺的自组织，是非平衡非线性的，是远离平衡态的。

开放的市场经济条件下，经济系统时时处处远离平衡态，非平衡在系统结构的发育过程中起着基本的建设性作用。经济系统中存在广泛的非平衡：

(1)市场的非平衡。实际存在的各类市场本质上都是非平衡的。它们非平衡的表现也各不相同。市场非平衡的出现有两条途径：一是供求机制与竞争机制结合，共同作用于供给与需求的差异而形成；二是供求机制与竞争机制结合，共同支配市场价格运行的差异而形成。前一途径会导致市场容量对市场价格的不协调，后一途径则造成两个方面间相互不协调。造成这一结果的原因是，从资源供给到产品需求、从卖者到买者所拥有的信息的不完全性和时空限制。这样，从买卖双方来看，市场呈非均衡状态。

作为商品经济的特有产物的企业家，就其职能来说在于敏锐地发现这种非平衡的结构，尔后针对“瓶颈”进行创新，而这又将制造出新的非平衡，出现新的瓶颈。所以，熊彼特(Joseph Alois Schumpeter)认为企业家的创新是一种真正的“创造性地破坏均衡”。也就是市场的非均衡推动了经济发展，而不是均衡推动了经济发展。

(2)产业结构的非均衡。罗斯托(Walt Whitman Rostow)在《经济成长的阶段》一书中提出，在起飞阶段必须建立和发展一个以上的主导部门方能刺激和带动整个经济体系的增长。许多国家的实践都证实了这一观点。工场手工业中经济增长的起点是劳动力，机器大工业中是劳动资料，18世纪工业革命的起点则是工具机。例如，英国工业革命的进程是从棉纺织业开始，由于劳动过程的各工序之间以及各阶段之间的相互关联，一个工业部门的进步会把相关的其他部门带动起来，发展成为整个工业体系。对于美、法、加、德等国，则是以铁路业为主导部门带动了这些国家经济的起飞。战后的日本选择重化工业为主导部门而创造了日本经济奇迹。总之，几个主导产业部门组成主导产业体系，而后者又是不断发展和更替的，在不同国家或同一国家的不同历史时期不可能一成不变的。因而是非平衡的。

(3)宏观总量的非平衡

传统经济学观点一直认为，社会的总供给与总需求是平衡的。然而，20世纪30年代的大萧条否定了这一神话，为凯恩斯(John Maynard Keynes)革命扫清了道路。凯恩斯认为，边际消费倾向递减、资本边际效率递减和灵活偏好3大心理因素，会引起消费需求和投资需求不足，从而引起总需求的不足，凯恩斯因而要求放弃自由放任主义，由政府出面对经济活动进行干预和调节，即从宏观上放弃国家预算平衡、国内物价稳定和国际收支平衡等传统管理指标，改用财政货币政策、国际经济政策来调节经济和消除危机。凯恩斯主义保障了一些西方国家经济数十年的高速发展。

(4)区域经济发展的非平衡。

市场经济条件下的劳动力、生产资料、资金、技术等生产要素总是流向经济收益较大的地区,于是出现了许多主导产业和有创新活力的行业企业在某些地区聚集,形成一种资本与技术的高度集中,具有规模经济效益和自身增长速度,并能对邻近地区产生强大辐射作用的“发展极”或称“阳光地带”。一般说来,区域经济发展往往通过“发展极”地区的优先增长带动不发达地区(“冰冻地带”)的经济发展。

实现经济起飞的国家和地区反复证明存在这样一个类似路径:开始阶段,人口、资本和产业总是不断地从不发达地区涌向发达地区。当发达地区发展到一定程度后,由于人口稠密、交通拥挤、污染严重、资本过剩、自然资源相对不足等,发达地区生产成本上升,外部经济效益逐渐变小,从而减弱了经济增长的势头。此后,由于发达地区扩大生产规模和快速增长,就会将资本、劳动力等向落后地区扩散,加之这时不发达地区受刺激发展,从而使地区间的差别逐渐缩小,达到一种所谓动态平衡。从形成“发展极”到扩散,如此反复,推动区域经济发展。

不同国家的经济发展也存在巨大的不平衡,在发展道路上存在巨大的差异,图 4.7 所示量化了不同国家在经济复杂度上的不同演化路径。

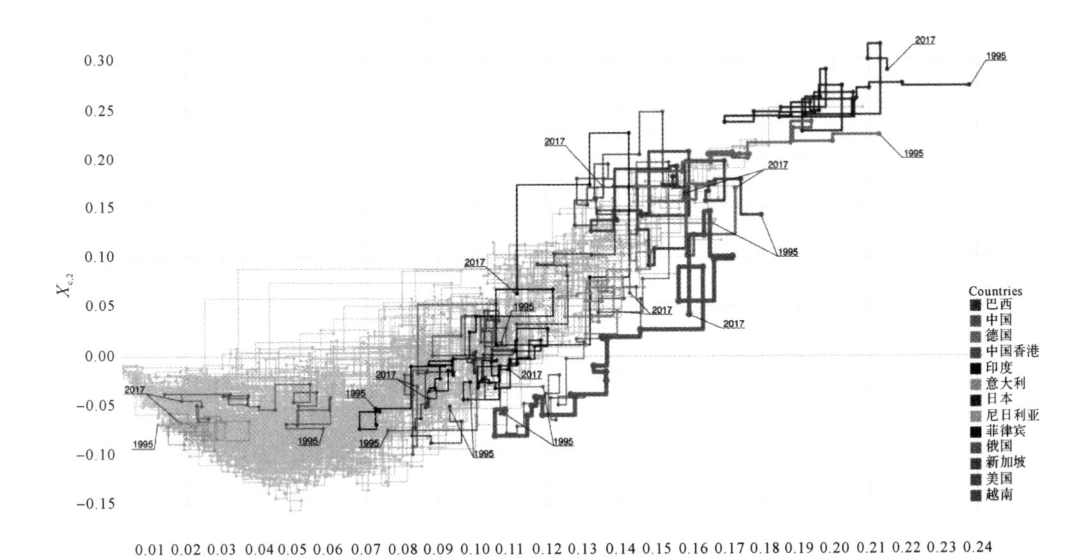

图 4.7 不同国家的经济发展过程

注:横、纵轴表示两个不同的经济复杂度指标

4.2.5 经济系统的非线性特征

社会经济系统中,若经济变量之间表现为比例变化关系就称为线性特征,若表现为非比例变化关系即为非线性特征。社会经济系统的非线性有两种含义:一是表示该系统在时间发展过程中某些变化的非均匀性;二是表示它在空间展开范围内某些分布的非均匀性。当

然，非线性并不是影响系统有序化的唯一因素，且非线性的表现方式也极其丰富，只有其中的适当类型可以导致形成耗散结构所需要的对称破缺。线性处理虽有利于计算和容易把握，但并不一定总能最有效地反映非线性行为，这种消化处理有可能遗失非线性系统的某些本质特征，更不要说经济过程的混沌现象是线性系统中所完全没有的。

在经济系统中，非线性现象和机制处处存在，诸如投资、区域经济成长、产业结构转型、股票交易因素等都可观察到非线性机制的存在。经济学在引入非线性工具之前，虽然了解其整体特征，但本质上缺乏对事物协同性的专门考察；虽然也强调优化方法，但却很不重视目标的选择；虽然也注重系统的进化机制，但却很少考虑系统的演化或进化的规律性。1987年10月19日，纽约股市的“黑色星期一”暴跌，从根本上动摇了西方主流经济学派的基础，成为非线性经济学研究的一次重要的推动。

当代西方经济学中，凯恩斯乘数原理证明，投资与国民收入呈乘数关系，投资增加时所引起的收入增加要远大于所增的投资额；而加速原理则证明，投资是国民收入的函数，收入增长会刺激投资加速增长。更进一步，对发达地区或国家来说，国民的收入普遍高，形成“高收入→高储蓄→高投资→高生产率→高收入”的良性循环；对不发达地区或国家，则形成“低收入→低储蓄→低投资→低生产率→低收入”的恶性循环。这些非线性环节构成了投资与国民收入的非线性系统。

4.2.6 经济系统的不可逆性

社会经济系统的非线性特征内在地与不可逆性密切联系：非线性→指数不稳定→内在随机性→不可逆性。不可逆性在本质上又与不可预测性相关，二者构成互逆：往回返是可逆与不可逆问题，往前去是可预测与不可预测问题，而不可逆性与不可预测性又都根源于非线性的作用和叠加。

西方经济学对经济成长过程的不可逆性的承认和接受有这样一个发展过程：①新古典主义者遵循牛顿的纲领，用动力学方法去观测供给和需求的变化，并根据“最大化原理”与“可积分条件”来确定均衡价格；②当经济学研究这些变量随时间的变化时，便发现了高度不稳定的动态体系，这个工作是20世纪30年代由希克斯(John R. Hicks)建立动态理论而完成的；③经济学进一步发现了经济系统内在随机性和内在不可逆性的表现，它建立在凯恩斯关于未来预期不确性的分析以及庞巴维克(Eugen von Böhm-Bawerk)的“时差利息论”的基础上；④20世纪70年代后希克斯在《资本与时间》一书中才真正涉及了宏观不可逆过程；⑤20世纪60年代开始，乔治斯库·罗金(Georgescn Roegen)提出“生物经济学”，认为经济增长表面上表现为单位投入的产出增加，但事实上却消耗了世界上有限的物质和能源的存量，因此在技术进步的条件下，生产必然服从历史的报酬递减规律，即经济系统的熵理论；⑥有了内在不可逆性和熵，就获得了经济系统的最重要的不可逆过程。经济系统具有不可逆的自发趋势，使系统远离平衡态，产生自组织过程的耗散结构。耗散结构型的经济结构大量地存在于各类经济子系统中。

最能表现社会经济系统不可逆过程的例证有以下 4 种：

(1)创新扩散。其结果是超额利润由极性分布走向均匀分布。这一利润平均化的过程同玻尔兹曼(Ludwig Edward Boltzmann)对熵定律的概率解释具有相同的形式，即孤立系统会随时间推移而最终到达以等概率处于每一可到达态的均匀分布状态。

(2)比例失调。一个经济系统处于协调的投入-产出结构时，若因技术进步和经济发展，它既不可能使实物的投入-产出结构按比例变化，也不可能保证不同商品之间的边际替代率和价格比不改变。因此它将自发地趋向比例失调。

(3)利息与债务增长。储蓄是为了获得现在没有的未来消费和物品的“潜力”。因此，吸引人们不用储藏货币的形式保存财富就要付出代价——利息，它是时间的递增函数。利率则是衡量这种收益的尺度。纯利和复利的数学定律指出，债务恒增而物质财富的增速却会远远落在其后。

(4)通货膨胀。①技术创新给企业带来收益而使工资保持上升趋势，这一趋势又因竞争而加剧。②人口增长导致失业或就业不充分的人数与日俱增。③对于一个脱离金属本位的货币金融体制，货币供应量不受自然力的限制。这 3 种趋势发展的结果必然导致积累的通货膨胀。

总之，经济系统本质上的不可逆性，迫使经济学放弃新古典主义微观经济理论的超简化和超理想化假定，放弃传统经济学中的反演对称的时间观念，放弃否定相互依存性的那种处处可微的函数，放弃“最大化原理”及其一整套线性技术，放弃以经典动力学为基础的范式和分析方法。经济系统的不可逆性意味着需要复杂经济学才能对经济系统做出可靠的理解。

4.2.7　经济系统的混沌特性

经济学家的职责是对经济活动进行准确分析，并对其发展作出有效的预测，然而经济学家未能做到这些。很少有哪个领域像经济这个领域这样花费了如此庞大数目的资金、动用了如此大量的人力与物力去研究，而所获的结论精度却如此让人不满意。其实这不能全怪经济学家。经济分析、预测、控制的不准确性和不恰当性，主要是因为客观的经济现象过于复杂。就像物理学家不能准确预测单个电子的运动状态，气象学家不能准确预报世界各地的天气状况，我们也不能指望经济学家精确提供今日的股市行情、明年的苹果价格、下个世纪的规模经济状况和边际成本变动结果。

经济的预测必然涉及政治气候、自然条件、经济行为、人的心理和意志等一系列复杂因素，而更糟的是这许多变量均无法定量化。因此，经济学家的看似条理分明、立论严谨、运算可靠的预测，常常与经济的实际发展相去甚远，甚至根本相反。这充分暴露了西方经济学包括计量经济学定量化和实证方法的局限性。他们不仅极少注意经济系统可能出现的复杂现象、混沌现象和反常的突变行为，而且根本没有打算洞察诸如秩序、稳定性和新结构的产生机制。“黑色星期一”后这种局面有了改观，曾经怀疑和反对经济学引入非线性理论、混沌理论等工具的权威经济学家，也改弦更张，纷纷支持用这些新理论来解决对于旧工具而言束手无策的问题。

经济学分析更多地使用自然科学的普适方法是大势所趋，眼下应改变多数经济学家的数学知识不超过微积分和线性代数的现实，积极对待耗散结构理论、协同学、突变论和混沌理论，引进新的思考方式从而改变思维定式，运用新的方法尝试对复杂难题进行解释。例如，西方经济学中的蛛网理论涉及有关供给与需求的局部均衡的理论，它假定市场经济条件下的商品的需求量和供给量都只是价格的函数，其建模忽略了既不收敛又不发散也不周期循环的混沌非周期运动机制。所以，在经济系统研究中其假设和建模都要引进非线性，才有可能提供更精确的预测结论。

总之，越来越多的经济学家和混沌学家都相信，经济系统的非平衡非线性特性将会改变国际金融、股票市场、企业保险决策等方式，这些问题的讨论需要复杂经济学，经济复杂性方面的研究近年来已成为一个热点。

4.2.8 经济系统的因果性和非因果性

基于社会经济系统的因果性，过去、现在和将来都会是人们追求的目标。一方面它就像物理系统一样，有确定因果性的一面。当社会经济系统的边界非常小，或作用于系统的各种环境外力较简单时，跟踪和处理因果关系并非不可能。另一方面，像城市，乃至国家和全球那样非常复杂的社会经济系统，不仅系统边界很大，而且在系统内部也存在很复杂的非因果关联，这种情况下极难确定明晰的因果关系。凭借人的直觉与经验，既不能适应确定巨系统的边界，也不能适应复杂的因果关联关系。

自然界存在两类基本事件，即严格的因果事件和本质非因果的随机事件。这一判定同样适用于经济系统，因果性与非因果性是它的两种存在和生长的模式。所以，关于它的宏观模型和微观模型，都不可能完全采用严格决定性的数学方法，而概率统计方法却为它的定量化处理打开了闸门。总体说来，概率统计方法更新了对经济过程规律性和必然性关系的理解和描述，更新了关于规律重复性的理解与描述，更新了关于规律可预言性的理解与描述。

此外，因果在时间和空间上都存在分离的性质，对社会经济系统来说，无论是原因与结果还是原因与现象，并非总是紧密联系的，有时导致某种现象的真正原因可能距离现象发生的时间、地点很远。事实上，企业、城市和国家这样规模的社会经济系统，即使可以归结出因果关系，这些关系也会是多重的，并且相互存在动态作用，不可避免地呈现出非线性特征和直观不可知特征。所以，当我们对这些系统操作并力图修正无效果时，就预示着可能出现与我们期望的东西相违背的结果。

4.3 金融系统

4.3.1 金融系统的复杂性

复杂金融系统的概念是复杂性的含义在金融领域的延伸。金融系统中也有着庞大数量的组成元素，他们之间存在着错综复杂的关系。图 4.8 所示是一个中央结算系统关系示意图，包括巴塞尔银行监管委员会、支付和市场基础设施委员会、金融稳定委员会和国际证券委员会组织等关联的实体，它们的关系错综繁杂。

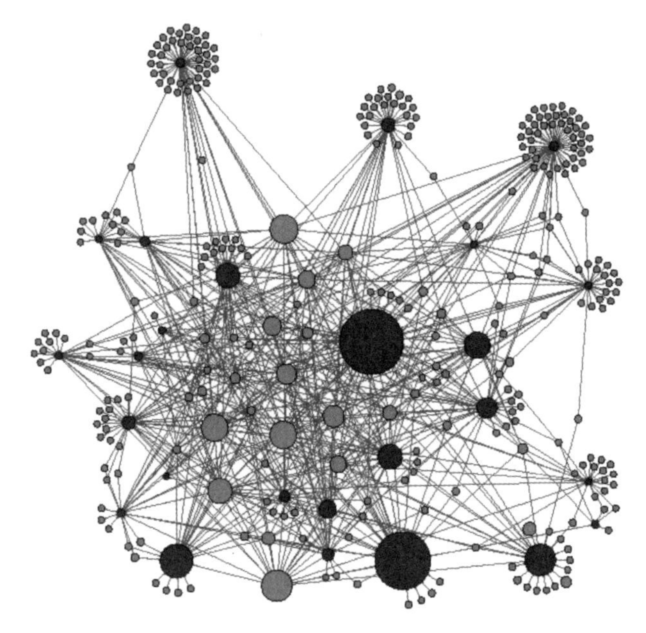

图 4.8　全球中央结算对手(CCP)网络

金融复杂性具有以下特点：

(1)金融系统表现出强烈的非线性特征，价格波动、泡沫的产生和破裂、预期的变化、危机的爆发与传染等，都是多种因素导致的结果，金融变量之间往往不存在可以通过简单计算得出的线性关系。

(2)金融系统的“涌现”结果是高度不确定的。哈耶克(Friedrich August von Hayek)指出，只要存在奈特(Frank Knight)意义上的“不确定性”(即不能用概率来描述的不确定性)，那么微观层次的行为主体就不可能预见哪怕是服从最简单规则但数量极大的行为主体之间相互作用之后涌现出来的宏观秩序的样式。导致金融活动结果具有高度不确定的原因并非复杂的金融交易规则(现实中的交易规则一般既明确又简单)，而是大量行为主体的互相作用。

(3)金融活动的“系统性”特征明显。一方面体现在金融体系内部机构之间、产品之间都存在着密切联系，风险在金融市场内部组成部分之间可以迅速传导，同时行为主体的预期也是互相影响的；另一方面体现在金融活动的外部性影响上，虽然金融体系的运行呈现出独立运行的特点，但金融市场的风险、资产价格波动对实体经济部门可以产生重要影响。因此，金融活动的“系统性”特征是多层次的，这种多层次的复杂系统增加了人们认识和调控金融市场的难度。

(4)信息的作用越来越大。不仅有正确的信息，一些虚假、误传的信息也会造成级联反应，在系统中被放大形成一个大规模事件(见图 4.9)。

图 4.9 金融市场上的信息作用

图片源自 https://nocionesdeeconomiayempresa.wordpress.com/2014/06/04/how-stock-market-works-what-is-fugazzi/

正如陈雨露教授所言,“在现行的宏观定框架中,不稳定的来源更多地来自我们对金融规律的认识不足,而不仅仅是华尔街巨头的贪婪或是政策当局的迟缓和软弱”。因此,更好地认识和把握金融系统的复杂性特征,才是应对金融市场波动和危机的根本之策。

4.3.2 金融系统复杂性的演化路径

进化是一个逐渐复杂的过程吗?从生物进化的过程来看,其主要趋势是由简单进化到复杂,由低级进化到高级。之所以呈现这一趋势,是因为复杂的基因组能够更好地适应复杂多变的环境。技术进步同样呈现出复杂性逐步提高的现象,通过“组合进化”的机制:简单的构建可以创造出复杂的技术,技术集合先创造出可以满足简单需求的简单技术,然后利用简单技术创造出能够满足更复杂需求的更复杂技术。从复杂系统演化的一般条件来看,其中包括从孤立到封闭、从封闭到开放、从平衡到接近平衡、从接近平衡到远离平衡等。与之类似,金融系统的演化也是一个逐步走向复杂化的过程。

阿瑟(Arthur)指出,随着系统的进化,复杂性不断提高的 3 种机制为:①通过增加种类使复杂性不断提高。在共生和进化的系统中,复杂性可能会通过“物种”多样性的增加而增加:在某些情况下,新物种可以创造出新的生态位(niches),从而使得更多的新物种得以涌现出来,物种总量将螺旋式地不断增加。②通过结构复杂程度的提高而增加复杂性。系统内部的子系统或子功能或子组分的数量不断地增加,进而突破系统性能瓶颈,或者可以扩大其运行范围,或者有利于应对异常情况。③通过“捕获”(capturing)机制提高复杂性。系统“捕获”更简单的元素,并将这些简单元素编写为“软件”,用于实现自身目的。Arthur 认为,上述 3 种机制不仅存在于生物学领域,也适用于经济学、自适应计算科学、人工生命和演化博弈等领域。

对金融系统复杂性演化路径的分析可以借鉴 Arthur 的上述观点。

首先,伴随着活跃的金融创新活动,金融系统中“物种”的种类不断增加。以保险为例,从最早对航运的保险,到财产保险、人身保险,再到天气指数保险、价格指数保险,每一个保险类型下面又不断出现新型产品。可以说,一部金融发展的历史就是产品类型不断增加、不断满足新的保险需求的历史。

其次，金融系统结构的复杂化。主流金融学理论将“金融结构”定义为直接融资和间接融资的比重，表现为“市场主导型”的金融体系和“银行主导型”的金融体系。从复杂经济学的角度来看，我们完全可以抛开上述分类，在保持主导融资方式不变的情况下观察金融系统结构的复杂化过程。这一过程可以通过在系统中引入新的功能或者子系统来实现，比如，“影子银行”的出现被认为是推动 2007 年美国次贷危机爆发并蔓延至全世界的关键因素。作为一种金融创新，“影子银行”在某些业务上与传统银行相类似，但其运行、风险、监管等方面都与传统银行存在很大区别，这种创新银行的引入无疑地提高了金融系统的复杂性。

4.3.3　金融系统的异质性预期

对于简单现象(问题)而言，预期在很大程度上是一种与事后结果保持一致的简单计算，对于复杂现象(问题)而言，预期能否实现取决于行为主体之间的相互作用。预期的复杂性是金融系统呈现复杂特征的重要的原因之一。

(1)预期的异质性是导致金融市场波动的重要原因。价格波动源于经济行为主体对资产(商品)价格(价值)判断的不一致，这种不一致的程度越高，价格的波动程度就越大。Miller 在卖空限制和投资者异质预期的假设下考察了预期对股票均衡价格的影响。他的研究表明，股票的未来收益与投资者意见分歧程度有密切关系。

(2)预期在不同国家行为主体之间存在系统性差异，并与金融全球化相结合成为增强金融系统复杂程度的重要因素。在金融全球化条件下，金融系统演变为一个开放式的复杂巨系统，金融系统呈现出多层次性、演化的非线性特征。显然，金融全球化是金融系统走向复杂化的宏观原因。此外，从微观层面来看，不同国家行为主体之间偏好、预期的异质性的影响通过金融全球化过程得以放大。Armin Falk 等人基于“全球偏好调查”中来自 76 个国家的 8 万人的数据对人们的偏好进行了分析。研究表明，不同国家民众的偏好存在显著差异，人们的偏好受到年龄、性别、认知能力等因素的影响，偏好的差异与个体的行为具有重要联系，包括耐心、风险承担行为、储蓄行为、劳动力供给行为等。偏好的差异可以稳定地反映出预期的差异。

因此，我们可以将 Falk 等人的研究成果等价于对来自不同国家行为主体预期差异的判断。从直接作用的途径看，在资本自由流动的前提下，预期的显著差异相当于在一国金融体系中引入了更多的“种类”，系统的复杂性由此提高；从间接作用的途径看，不同国家行为主体偏好的不同，将对金融市场产生更多的需求，为了满足更多的需求，全球以及一国金融市场的规模都将随之扩大，进而将提高金融系统的复杂程度。

4.3.4　金融全球化的复杂系统效应

现代金融具有如下特点：

(1)现代金融已成为一个全球性的复杂的有机整体。20 世纪以来，以交通、通信和信息技术为代表的现代科学技术克服了地域上距离造成的障碍，压缩了时空，大大扩展了全球化的广度和深度。特别是电信、电子计算机、互联网络等信息技术迅速发展，使得各大国际金融中心的经纪人摆脱了有组织交易所的工作时间约束，得以在每天 24 h 内的任何时间从事交易。1950—1997 年，全球对外直接投资增长了近 20 倍，超过了国际贸易的增长，国际分工日益超越传统的以自然资源为基础的产业部门间的分工，发展为以现代工艺、现代技术为基础的功能分工。20世纪70年代以来发达国家金融管制的不断放松，发展中国家不断推进金融深化，使金融自由化席卷全球。全球金融活动和风险发生机制联系日益紧密，全球金融越来越变得密不可分。现代经济与金融日益相互渗透、相互融合，成为经济的核心。社会财富日益金融资产化，由此带来经济关系的日益金融化。正如白钦先教授所说，“离开了金融的经济，已不再是现实的经济；离开了经济的金融，也不再是现实的金融。”经济金融化、金融自由化和金融全球化进程日益加深，金融的内源开放性越来越深入，外延开放性越来越拓展，金融与经济的边界越来越模糊，金融的地理边界越来越广阔，现代金融已经不是一国内部一个行业性、业务性金融，而是全球金融。

(2)现代金融越来越成为开放的复杂巨系统(Open Complex Giant System，OCGS)。金融系统中人、金融工具的种类和数量空前扩大。随着科学技术的进步，金融电子化、工程化发展，各种不同期限、流动性、不同成本、不同价格、不同风险、不同收益和不同效率的金融工具层出不穷。这些工具大多数是在传统金融工具的基础上衍生出来的，称为金融衍生工具。金融工具的多样化提供了更多的选择空间，提高了资本流动速度，改变了传统货币供应量的概念和货币政策的传导机制，使金融监管、金融国际协调难度更大。当前全球金融市场中交易的主要产品，从欧洲美元、全球债券和国际股票，到各种货币衍生品、利率衍生品和股票指数衍生品，无一不是金融创新的产物。这些金融工具及其操作工具的人，与传统的金融元素一起，使金融元素越来越多样化，越来越复杂化。金融工具多样化，金融资产的急剧增长，必然带来金融组织的涌现。而且，随着现代工商企业的大型化、复杂化，金融组织也大型化、复杂化了。正如发达的经济必有发达的企业组织一样，发达的金融也必然有发达的金融组织和金融要素。支撑美国作为世界最为发达的金融的载体是诸如花旗银行、美国银行那样的银行机构，诸如J. P. 摩根、美林那样的投资银行，诸如银行家信托那样的信托机构，诸如纽约证券交易所、芝加哥期货交易所那样的金融市场，加上各种投资基金。大型、多样的金融组织，与此协同的只能是有一大批专业技术人员、熟练金融工人和银行家人才。在中国，金融组织也呈现出大型化和多样化的趋势，与发达国家的金融的差距正在迅速减小。

(3)现代金融复杂系统脆弱性增强。金融具有内在脆弱性，货币的完全信用化、银行业的高负债经营、金融市场波动无常等特点决定了金融业更容易失败。金融自由化打开了一个潘多拉盒子，金融投机发展起来，使金融活动与实体经济越来越背离。20世纪90年代外汇市场上出自金融活动的外汇交易额是商品和服务方面的国际贸易相联系的外汇交易额的50倍(这是据国际清算银行在对各银行进行调查的基础上估算出来的)。金融规模已经超越实体经济，具有一定的独立发展的倾向。在金融市场上，金融资本完全不用通过产业资本去追逐利润，金融资产的价值往往具有很大的不确定性。现代金融比传统金融功能更深、效率更高、运转速度更快，风险也更大。在经济金融化、金融全球化背景下，金融负效应也会以乘数效应被放大，金融危机具有传染性，一旦发生可能就会迅速蔓延。现代金融复杂系统由于其构成要素空前扩大，协同链条空前增长，金融脆弱性和不确定性也明显增大。

4.3.5 复杂金融理论对金融危机的解释

经济学家对复杂性和非均衡性主体的关注由来已久。早期的学者对创新、不确定性、复杂现象等都发表过各自观点。但直到20世纪80年代后才涌现出了大量针对经济复杂性的研究成果，主要包括：对经济复杂性的研究，以及对非线性经济学建模的努力；从方法论角度对非线性经济学的有关研究；对经济复杂性和非线性经济学的实证研究。

将复杂性思维引入对经济问题的思考起源于人们对主流经济学理论的批判。首先是对经济学假设的批判。传统经济学的基本假设包括行为主体的完全理性、均衡、收益递减、独立的行为主体等。但上述假设“至少在某种程度上是不可信的、限制性太强的，或者说在一定意义上是迫不得已的”。阿瑟在《复杂经济学》中认为，必须承认经济行为主体面临着根本的不确定性问题，经济学的假设因此应该转变为行为理性、非均衡、收益递增、相互联系的行为主体。这是经济活动中的常态，传统经济学的假设只是特例。其次是对经济学方法论的批判。自20世纪70年代“滞胀”现象出现以来，新古典经济学开始逐渐陷入危机中，主要体现在经济学的基本方法论问题方面，分别是简化论、还原论和决定论。具体而言：简化论引入的代表性企业抹杀了企业的多样性和差异，技术简化为生产函数的变化，忽略技术的演化过程；还原论将复杂的经济整体还原为部分之和，排斥对非线性和报酬递增问题的研究；决定论排除随机和偶然因素，忽视风险、不确定性和预期的影响。在新古典经济学的静态封闭的框架下，我们难以理解劳动分工的演化，难以理解大国的兴衰。针对主流经济学对物理学思维方式的模仿，哈耶克曾提出严厉批评：“经济学家在指导政策方面没有做得更为成功，同他们总想尽可能严格地仿效成就辉煌的物理学这种嗜好有很大的关系。”哈耶克解释说：“与物理学的情况不同，在经济学中，以及在研究的现象十分复杂的其他学科中，我们能够取得数据进行研究的方面必定是十分有限的，更何况那未必是一些重要的方面。在物理学中，一般认为，而且也很有理由认为，对受观察的事物起着决定性作用的任何因素，其本身也是可以直接进行观察和计算的。但是，市场是十分复杂的，它取决于众多个人的行为，对决定着一个过程之结果的所有情况，几乎永远不可能进行充分的了解或计算。”

将复杂性思维引入对金融问题的分析最初是源于跨学科的研究兴趣，例如金融物理学的兴起。随着2008年全球金融危机的爆发，对复杂金融系统的思考热情在很大程度上是对危机的回应。显然，处在监管之外的金融创新活动的不断发展以及金融工具复杂程度的提高是导致危机的原因之一。但这只是表面原因，而不是根本原因，复杂金融系统的“复杂”的含义是由其本质属性定义的，而不能由其组成部分的属性来定义。因此，我们必须基于复杂性思维来思考金融危机的原因。

非线性作用机制在金融危机中扮演着重要作用。Brunnermeier指出，如果金融机构在扮演贷款人的角色的同时还扮演借款人的角色，那么“网络效应”(network effects)将演变为一种放大机制，导致次贷市场的微小损失迅速放大，并扩散到整个金融市场中。2018年，Blanchard和Summers总结了2008年金融危机发生的3个教训，分别是：①金融部门的关键作用以及金融危机的巨大成本；②经济波动的复杂本质，包括非线性、政策的局限性、冲击影响的持续性等；③低利率环境与前两点相互作用，将改变人们对货币政策、财政政策和金融政策的观念。Blanchard和Summers也指出，2008年金融危机爆发前的宏观经济学将“经济冲击与传导机制”(shock and propagation mechanism)视为线性的，即经济在受冲击之后，最终将回到潜在增长水平，但金融危机表现出了显著的非线性和正反馈特征，表现之一是当利率到达下限时，经济受到冲击时的反应就会更大。因此，2008年金融危机之后，人们已逐渐认识到,非线性关系可能会放大原始冲击的力度,进而导致外爆或内爆式的演化路径(explosive or implosive path)。

人们不能通过局部来认识整体,这是复杂经济学的基本观点,否则将会出现"合成谬误"(fallacy of composition)。金融危机的爆发在一定程度上源于学术界和政府对"合成谬误"的坚持。复杂经济学与新古典经济学的一个主要区别就是,前者认为整体的运行机制显著不同于部分的运行机制。现实世界不同于新古典经济学世界,个体理性与群体理性之间存在着"鸿沟",正是这种"鸿沟"导致经济和金融体系中存在着内生性不稳定。

关注金融危机的不只是主流经济学家,也包括自然科学背景的研究者。例如,法国物理学家 Bouchaud 曾经在 *Nature* 上撰文指出,主流的金融学理论难以预测金融危机发生的时间,当危机发生时,这些理论给出的"药方"也常常难以对症,因此,一场推动理论创新的"科学革命"显得十分必要。来自圣塔菲研究所的学者 Farmer 和 Foley 进一步指出,主流金融学理论的假设与实践中的复杂性是不符的,基于这些假设的政策处方难以应对金融危机带来的影响。

4.4 小　　结

我们赖以生存的世界充满复杂性,构成系统的元素之间存在着错综复杂的关系。为理解系统以及对系统的有效调控构成挑战,今天几乎所有学科都在经历一种重大转型:从将世界视为高度有序的、机械的、可预见的、在某种程度上静态的,转变为将世界视为不断进化的、有机的、不可预测的、处于永远发展中的。基于复杂系统科学来分析社会经济系统的运行机制,有利于更好地促进增长、应对危机。城市、经济、金融复杂性对管理者提出了诸多挑战。本章以此为对象,介绍了一些学者对其复杂性的表现、原因的分析以及在这方面的一些思考。

本章的分析和讨论大部分还处于思想层面,要获得更大的确实的进展,需要联系具体系统和具体问题进行分析。要考虑到社会经济系统基本构成要素(即社会主体)的自主性、适应性和自反性,以揭示微观个体之间及其与环境之间的交互作用如何推动整体有序的宏观社会结构的出现。而系统动力学分叉和突变行为也为解释社会危机和冲突提供了可能性。在系统构成的基本属性及其与宏观系统演化的内在关联方面,复杂社会系统与复杂自然系统具有一定程度的同质性,使得一些领域的研究结果可以扩展应用到另一个领域。经济物理学(Econophysics)在理解经济和金融复杂性上开辟了新的思路,新的研究成果将不断涌现出来。本书第 7 章会介绍一些关于金融复杂性研究的新探究。

参考文献

[1] AL-SUWAILEM S. Complexity and endogenous instability[J]. Research in International Business and Finance, 2014, 30: 393 - 410.

[2] ARTHUR W B. Foundations of complexity economics[J]. Nature Reviews Physics,

2021，3(2)：136 - 145.

[3] BERNER R B，CECCHETTI S G，SCHOENHOLTZ K L. Stress testing networks：the case of central counterparties [R]. Boston：National Bureau of Economic Research，2019.

[4] HAUSMANN R，HIDALGO C A，BUSTOS S，et al. The atlas of economic complexity：Mapping paths to prosperity[M]. Cambridge：Mit Press，2014.

[5] SCIARRA C，CHIAROTTI G，RIDOLFI L，et al. Reconciling contrasting views on economic complexity[J]. Nature Communications，2020，11(1)：3352.

[6] 白钦先. 从传统金融观到现代金融观的变迁：百年金融变迁与金融理论创新的探索[C]// 第三届中国金融论坛论，2003. 9，西南财经大学. 成都：西南财经大学中国金融研究中心，2004：120 - 131.

[7] 陈彦光. 分形城市系统：标度・对称・ 空间复杂性[M]. 北京：科学出版社，2008.

[8] 陈彦光. 分形城市与城市规划[J]. 城市规划，2005，29(2)：33 - 40.

[9] 段汉明. 钱学森复杂巨系统理论与城市系统的复杂性[J]. 钱学森研究，2016(2)：58 - 68.

[10] 方福康. 经济复杂性及一些相关的问题[J]. 科技导报，2004(8)：7 - 11.

[11] 高言. 经济金融系统的复杂性研究[M]. 北京：人民邮电出版社，2014.

[12] 龚小庆. 经济系统涌现和演化：复杂性科学的观点[J]. 财经论丛，2004(5)：12 - 18.

[13] 郭金龙. 金融复杂系统演进与金融发展[D]. 沈阳：辽宁大学，2006.

[14] 黄欣荣. 复杂性科学的方法论研究[D]. 北京：清华大学，2005.

[15] 集智俱乐部. Brian Arthur 长文综述：复杂经济学的基础[EB/OL]. (2021 - 03 - 09) [2022 - 06 - 05]. https://swarma. org/? p=25092.

[16] 李红刚. 从均衡到经济复杂性[J]. 上海理工大学学报，2011，33(2)：117 - 123.

[17] 李金兵，唐方方. 低碳城市系统模型[J]. 中国人口资源与环境，2010，20(12)：67 - 71.

[18] 李习彬. 社会系统的复杂性研究[J]. 科技进步与对策，2001(2)：24 - 26.

[19] 廖建林. 试论诺斯经济史研究的理论和方法[J]. 咸宁学院学报，2005，25(1)：38 - 42.

[20] 刘春成. 城市隐秩序：复杂适应系统理论的城市应用[M]. 北京：社会科学文献出版社，2017.

[21] 刘继生，陈彦光. 城市地理分形研究的回顾与前瞻[J]. 地理科学，2000(2)：166 - 171.

[22] 刘湘云，杜金岷. 全球化下金融系统复杂性、行为非理性与危机演化：一种新的金融危机演化机制的理论解说[J]. 经济学动态，2011(7)：61 - 68.

[23] 苗建军，李志荣. 社会经济系统辩证思考[J]. 系统辩证学学报，1995，3(1)：63 - 68.

[24] 王国成. 跨学科探索社会经济复杂性：2021 年诺贝尔奖深层意蕴的启示与思考[J]. 河北经贸大学学报，2022，43(1)：1 - 10.

[25] 吴志强，李德华. 城市规划原理[M]. 4 版. 北京：中国建筑工业出版社，2010.

[26] 薛冰，赵冰玉，李京忠. 地理学视角下城市复杂性研究综述：基于近 20 年文献回顾[J]. 地理科学进展，2022，41(1)：157 - 172.

[27] 殷杰，王亚男. 社会科学中复杂系统范式的适用性问题[J]. 中国社会科学，2016(3)：62－79.

[28] 俞孔坚，李迪华，袁弘，等. “海绵城市”理论与实践[J]. 城市规划，2015，39(6)：26－36.

[29] 张晖明，温娜. 城市系统的复杂性与城市病的综合治理[J]. 上海经济研究，2000，(5)：45－49.

[30] 张晶. 城市系统的复杂性管理[J]. 山东纺织经济，2006(1)：91－92.

[31] 张小娟. 智慧城市系统的要素、结构及模型研究[D]. 广州：华南理工大学，2015.

[32] 张永安，李晨光. 复杂适应系统应用领域研究展望[J]. 管理评论，2010，22(5)：121－128.

[33] 赵希文，王铁成. 复杂金融系统研究综述[J]. 前沿，2019(6)：24－31.

[34] 周干峙. 城市及其区域：一个典型的开放的复杂巨系统[J]. 城市规划，2002，26(2)：7－8.

[35] 朱正威，刘莹莹，杨洋. 韧性治理：中国韧性城市建设的实践与探索[J]. 公共管理与政策评论，2021，10(3)：22－31.

第5章 战争复杂性及智能化战争

按照钱学森的观念，战争系统是典型的复杂巨系统。它与人类社会中的政治、经济、文化等子系统相互作用、互相融合，在科学技术的推动下，进行着复杂的动态演化。复杂性是战争系统的固有属性，在战争研究中遇到的许多无法解释的问题，一般都与系统的复杂性有关。“战争的迷雾”“战争的偶然性”“战争结果的不可重复性”等，使得科学化、定量化的战争模拟和预测研究遇到很多困难。拿破仑也认为战争是复杂的，连牛顿这样的数学家也无法解决战争的复杂性问题。

历史上战争的形态持续发生着变化。科学技术是军事发展中最活跃、最具革命性的因素，每一次重大科技进步和创新都会引起战争形态和作战方式的深刻变革。进入21世纪，人类战争已经走过了冷兵器、热兵器、机械化这些形态，并开始由信息化战争向智能化战争迈进。在新时代，战场决策更倾向于向无中心、弱中心决策，作战体系更侧重于对非线性、快速收敛、自生长、涌现等效应的应用。在这种背景下，无人机集群作战、马赛克战、多域作战等作战理念应运而生。如何创新思维、认知现代战争、把握和应用其中的客观规律，成为重大的时代课题。

认清战争系统的复杂性是系统所固有的属性，而应用复杂系统理论去研究现代和未来战争复杂性问题已成为战争问题研究的前沿之一。本章将简单介绍战争的复杂性以及未来复杂战争体系的发展前沿。

5.1 战争复杂性

战争的复杂性很早就为人所知。《孙子兵法》曾提到：“故兵无成势，水无恒形。能因敌变化而取胜者，谓之神。”普鲁士军事理论家和军事历史学家克劳塞维茨(Von Clausewitz)在其著作《战争论》中也说过：“战争这种意志活动既不像技术那样，只处理死的对象，也不像艺术那样，处理的是人的精神和感情这一类活的、但却是被动的、任人摆布的对象，它处理的既是活的又是有反应的对象。”

战争系统是一个典型的复杂系统，它具有其他复杂系统共同的基本特征——层次、演化、涌现、自组织、自适应、非线性等，也具有自身的一些特点。综合来看，战争系统的复杂性表现在以下几方面：

(1)维度、层次和结构的复杂性。现代战争往往意味着更大的规模,空间也从过去的陆、海、空三维的作战空间扩展到电磁、信息、外层空间等多维空间,甚至扩展到与之相关的政治、经济、外交、社会舆论等各个领域。前面所说的每一维代表一类性质不同的要素,要素种类越多,要素间的关系(系统结构)就越复杂。每一次维度扩展都会造成战争系统新的复杂性,进一步增加系统描述的困难。同时,结构和层次也会随着维度的增加而更加复杂。

(2)不确定性。存在不确定性是所有复杂系统的共同点。而战争是具有自觉能动性的双方行诡道、拼智谋、尚冒险的循环动态博弈,不确定性尤为突出。克劳塞维茨曾经说过:"战争是不确定的王国,战争所依据的四分之三的因素或多或少地被不确定性因素的迷雾包围着。"不确定性是战争动态发展过程中不可避免的产物。不确定性不仅可能来自系统内部的复杂作用,也有很多来自系统外部环境变化产生的随机干扰。人们发现,即使当两次战争初始状态极为类似,战斗过程和结果也可能有很大差异,甚至截然不同。

(3)非线性。处于对抗状态下的军事系统,其非线性体现得尤为明显。例如:一方处于劣势时,试图通过投入更多兵力获得优势,但简单地增加兵力不一定会取得更好的作战效果,不适当地增加会适得其反。战争中交战双方都是具有自觉能动性的主体,从战场上直接搏斗的士兵到最高统帅,每个层次的不同作战单元之间都处于激烈、快速、频繁的非线性互动互应之中,一方的行动必然引致另一方猛烈的甚至出乎意料的应对行为。而战争系统中这些相互作用的实体之间还具有复杂的反馈环路,使组成系统的要素之间的相互作用具有多样性、非均匀性、奇异性等丰富的非线性特征。

(4)动态演化性。孙子兵法说"兵无常势",不仅强调了战争的不确定性,更体现了战争的动态性,不确定性的一些涨落是战争动态性的重要成因和表现,而正是这种系统的组分、结构、特性以及环境的不断变化和相互作用孕育了系统的复杂性。此外,在军事系统中,个体与个体、个体与环境之间存在着频繁的物质、能量和信息的交互或转移。战争的动态演化表现在系统内部的破坏与建设的共生共存上。红方建设的过程,往往是对蓝方的破坏。相对于敌方来说,己方战争系统释放的能量正是要破坏敌人的战争系统的结构和组成单元,使其丧失功能。对应地,战争系统在开放状态下自身持续建设的能力,就是对外部侵入力量的有效应对。这个破坏与建设的过程,本质上是战争系统适应环境、进化形成有效战争能力的自组织过程。一个具有韧性的战争系统,不仅要具备破坏敌方系统的能力,也要有应对敌方破坏和迅速重构的能力。

(5)自适应性。自适应性在战争系统中主要体现在本方系统内部元素的协作与协调和敌对双方之间对抗性的自适应两方面。在本方系统之间,不同的子系统根据自己的任务在向预定目标演化,但每个子系统又都属于一个上层系统,上层系统又要求它们必须按照其整体的目标演化。此时,每个子系统之间就会产生相互的交互和配合,是一种积极主动的演化过程。子系统之间的行为会根据周围环境的改变而发生变化,特别是跨越层次的交互会引起系统状态的不稳定,最终导致许多系统行为的不确定性产生。反之,与前者以总目标协同为目标不同，对抗性是以导致对方偏离计划目标为目的的。在战争冲突中，每方都会根据已发现的敌方行动而改变自身的策略，力图让敌方的意图无法实现。有时候战争中的某一方为了达到自己的目的，故意作假，显示某个状态，如果另一方相信了表面现象，就可能上当而失败。它们客观上可能是某种意义上的“最佳”，但也可能是冒险的。这些行为，实际上从主观上就导致了系统朝不稳定的方向发展，也就导致了许多复杂性问题的产生。

(6)临界性。战争的结果具有极强的不确定性，有些时候，某些细微的差异往往导致局势天翻地覆的变化。这是因为战争处于某种临界状态。敌我双方都试图使己方系统可控而使敌方失控。双方的战争系统处于可控与失控边缘，徘徊在这个边缘是常态。由于强大的非线性作用，物质的、组织的、人与群体的，乃至时空维度上的变化，均牵一发而动全身。如何尽量打破敌人平衡而维持己方平衡，或如何在己方失去平衡前，先使敌人失去平衡，这是战争制胜的关键。毛泽东所说“星星之火，可以燎原”，说的就是这个意思——虽然现在只有一点小小的力量，但是它的发展是很快的，最后造成大规模结果的涌现。

(7)涌现性。组成军事系统的不同个体、子系统之间的相互作用，可导致与个体、子系统行为显著不同的宏观性质。作战的涌现性表现为“非加和”的特性。在作战中，不同军兵种的作战功能相互融合叠加，就“涌现”出了新的战斗力，这个战斗力远远超过了参战军兵种作战能力的线性叠加。战斗能量是通过对战斗单元的有效组织释放出来的。合理的战斗队形便于指挥员对所属力量进行指挥控制，能发挥武器装备的技术性能，便于参战力量的密切协同，同时也可防止战场误伤，最终提高参战力量的整体作战能力。《六韬・均兵》曰：“故车骑不敌战，则一骑不能当步卒一人。三军之众成陈而相当，则易战之法，一车当步卒八十人，八十人当一车。一骑当步卒八人，八人当一骑。一车当十骑，十骑当一车。”就是说，战车和骑兵单打独斗，所能发挥的作用有限，如果将作战部队排成战斗队形，使车、骑、步配合得当，就能充分发挥各自优长，形成强大的整体合力。拿破仑在其回忆录中讲道：2 个马木留克兵绝对能打赢 3 个法国兵，100 个法国兵与 100 个马木留克兵势均力敌，300 个法国兵大都能战胜 300 个马木留克兵，而 1000 个法国兵则总能打败 1500 个马木留克兵。这就是不同的涌现结果。

5.1.1　战争复杂性的来源

系统要素多、组合复杂、层次差异大、开放性是形成复杂系统的条件，而系统相互作用及动态演进过程才是形成复杂系统的原因。综合相关研究，战争复杂性的来源主要有以下几方面：

(1)庞大数量的要素和环节。战争系统由许多具有自主特性的分系统和子系统或实体组成的，它们之间相互作用、相互影响，其复杂的网络型关系环表现出强烈的非线性特征。战争一方的作战要素按照一定的形式组合，形成纵横交错具有层级结构的作战单元，各种攻击、防护、保障装备优势互补，共同构成了一个人与武器紧密结合的战争体系。另外，战争的双方发生交战时构成了攻击和防御交织的交互关系，包括侦察与伪装、电磁攻击与防护、火力攻击与防护、装甲攻击与反装甲、空中打击与防空、水面与空中等各种具体的交互，这些交互关系同样是客观的，它们的总和构成了一个完整的战争系统。战争的复杂性也随之产生。任意作战都是一个复杂过程，包括情报侦察、指挥控制、打击行动、效果评估、综合保障等多个环节或子过程。在现代战争中，这一系列的作战过程都基于一个复杂的信息系统基础，由于系统复杂，信息传播涉及的节点多，任何行动和节点上产生一点细微的差错，都会对整个作战全局和结果产生影响。

(2)开放性。战争总是在一定的空间、一定的自然环境中进行的。构成战争系统的战斗、指挥、保障等分工不同的各种人员，枪械、火炮、弹药、侦察设备、指挥控制设备、车辆、油料、食品、被装等装备、物资，以及战争进行的平原、山地、森林、江河、湖泊、海洋、天空，甚至战争进行时可能出现的晴、雨、风、雪、雾等天气情况都是客观存在的，这些环境的状态以及变化往往不以人的意志为转移，而战争复杂性也部分来源于这些客观存在的构成要素的产生和演化(甚至超过敌方的军事布局和行动)。战斗过程中，整个战争系统的双方都在与外界进行物质、能量、信息的交换，非系统内部的因素变化对战争态势的发展也有重大影响。第二次世界大战时期，德军对于苏联的军事优势因为恶劣的天气而发生重大转变。

(3)反馈与关系环。相互作用是复杂系统复杂性产生的最重要原因，军事系统也是。战争复杂性的根源，在于其具有的自适应行为实体之间存在着关系环，正是由于这些关系环，战争系统无法处于确定的稳定状态，从而导致了复杂问题的产生。具体地说，存在两种形式的相互作用：相互对抗的军事系统之间的作用以及军事系统内部的作用。前者是博弈，指军事对抗双方为了战争的胜利，考虑对方的行动，而对方也会预测己方的行动一样；后者则是指对抗双方为了取得胜利，千方百计地使自己系统内部的物质资源、能量和信息流进行合理的流动。敌人之间对抗，友军之间优化协同，具有不同的反馈呼应。相互作用使得在研究军事系统的时候，不得不面对诸多因素。有些因素是显而易见的，而更多的因素则是隐含的、不易察觉的。但是，忽略其中任何一个看起来似乎微不足道的因素都可能导致研究结果与现实的巨大差距。也就是说，这种复杂反馈带来的复杂性是让我们难以准确地预测、组织和控制军事系统的根本原因。

5.1.2 从机械化战争到智能化战争

如图 5.1 所示，随着科学技术的进步，历史上战争的形态也一直处于发展之中。钱学森曾考察过社会经济与战争模式的关系，他指出历史上有 5 种不同的战争时代：徒手搏斗、冷兵器战争、热兵器战争、机械化战争和信息化战争。每一种战争形态都建立在一定的社会产业形态之上，分别由一定的产业革命促成。它们顺次对应于 5 次产业革命，每一次产业革命都创造出相应的技术形态，应用于当代的战争，成为那种战争形态的技术支撑。每一次战争形态的提升都建立在技术形态提升的基础上，战争形态的提升又反过来促进技术形态的完善和发展。第一种战争形态的工具是木棍、石块等天然物，只需极简单的加工，技术因素近乎零。冷兵器战争由冶金铸造技术支撑，热兵器战争增添了火药技术，技术开始成为构成战争力的重要因素。后两种战争形态极大地提高了技术因素的地位，战争终于达到技术化的境界，而在技术化的物质基础上，战争形态的各种要素都会发生相应的变化。

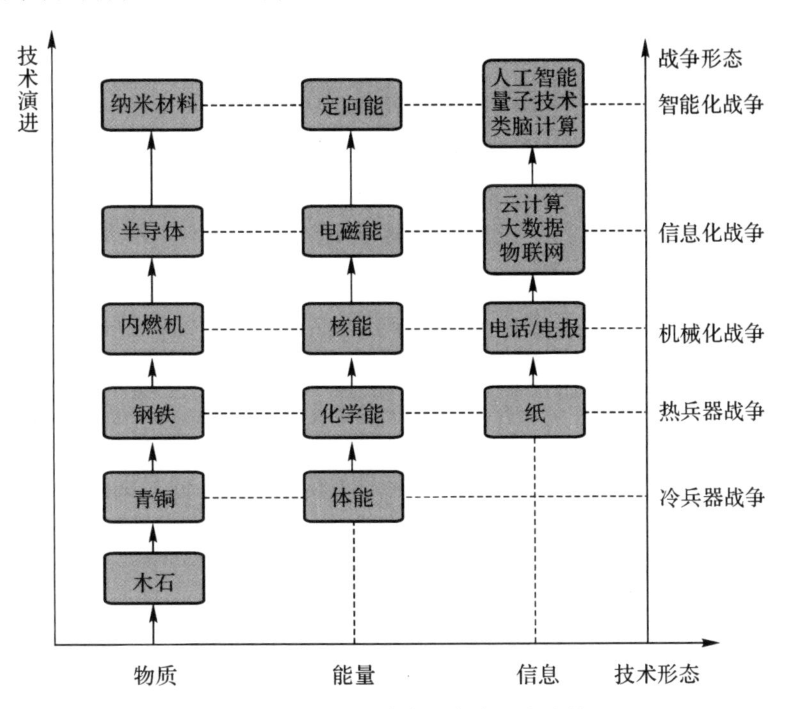

图5.1　战争形态与技术形态发展演进关系

以信息技术为核心的高新技术极大地增加了战争系统的多样性、异质性、关联性、非线性、不确定性，促使了战争复杂性的提升。进入信息化时代，信息化的武器装备打击距离和精度大幅提高，战争的空间扩展到七维，战斗与战役的界限更加模糊，作战保障的要求急剧提高，战争一方要控制、协调空前多的作战力量，与对手在广袤的空间内展开各种攻击与防御的高速的交互作用，战争复杂性具有前所未有的丰富内容和多样的表现形式。

随着社会的进步和信息技术的发展，当前，战争形态已经更进一步朝向智能化演进发展，作战概念与作战样式正发生重大变革。2019年，美国国会两党共同成立了“未来国防特别工作组”，其2020年度报告建议，面向2035年大国竞争，美军应启动人工智能的曼哈顿工程，并要求下一届美国领导人和战略家接受新兴的作战概念，将联合全域战视作智能化战争的顶层作战概念。

智能化技术装备的发展、应用催生智能化作战样式，以无人机蜂群作战、人-机协同作战、体系化支撑、超量化运用、智能认知作战、全域渗透作战等为代表的新型作战样式将颠覆以往传统的作战概念和装备运用模式，加快智能化战争的作战进程，产生智能复杂体系的作战模式。

智能化条件下的战争转型，既有以往战争转型的基本特征，也具有其独特之处。信息化战争以信息为核心激活物质和能量，将作战要素网络化、数字化，从而形成了全谱侦察、联合指挥、精确打击、快速评估。智能化战争通过自主性要素激发物质、能量和信息，呈现出智能自主、算法主导、人-机协同、全域对抗的特征。

(1)智能自主。智能化战争的核心在于智能自主,可以根据任务目标、敌方情况、战场环境和自身状态的实时变化,实现自主感知、自主决策、自主打击、自主适应和自主演进,能够自主遂行作战任务。具体表现在:自主感知战场态势、自主筹划作战任务、自主实施作战行动、自主评估作战效果。

(2)算法主导。算法是主导智能化战争的关键。算法被称为人工智能的"大脑",每一个模仿人类智慧的具体行为都由一个或多个算法实现。"算法"是智能化战争各类"知识库"的集合,将算法衍生的"选择"和"决策"提升到战争层面。未来智能化战争中,算法性能佳的一方将决定战争主导权的归属,实现"未战而先胜"的战争目的。利用战争算法快速、准确判断和预测战场态势,多维评估作战方法,择优创新,是主导智能化战争的关键。算法主导主要表现在两方面:一是算法优势主导认知优势,利用无人化设备和高精度算法对海量数据进行处理转换,迅速生成准确、可靠的情报,驱散因信息不全面、处理不及时、计算不准确而产生的"信息迷雾",可以使主导决策的信息认知更加深刻和全面。二是算法优势主导决策优势,智能化战争信息庞杂、快速多变,需要以算法带来的信息搜集和决策优势为核心,充分发挥人的主动性、创造性和机器检索、模拟、计算、优化的优势,实现人-机共同认知决策,向人-机深度联合的智能决策模式转变,达到以快打慢、先发制人的目的。三是算法优势主导行动优势。依托算法,智能化战争能够实现实时对全域多维、有人无人作战平台的全面调度,信息交互迅速,作战指令传达高效。

(3)人-机协同。未来,人-机协同作战将成为基本形态,通过由人主导、采用人-机结合的不同方式进行。人-机协同,按照机器的自主权限从低到高,可分为"人在环中""人在环上"和"人在环外"3种,分别对应着有人为主、无人为辅的初级阶段,有人为辅、无人为主的中级阶段,以及规则有人、行动无人的高级阶段。

(4)全域对抗。信息化战争中,战争空间已拓展至陆、海、空、天、电、网等全维空间。未来智能化战争中,物联、智联、脑联将全面介入,物理域、信息域、认知域、社会域深度融合,在全维、全域实现多维互通,精准打击,以至"战争控制有人,战场交锋无人",通过智能化武器装备完成打击和震慑。

5.1.3 战争复杂性研究及新挑战

5.1.3.1 对战争复杂性的认识

近几十年来,国内外军事家已经注意到了运用复杂性思维认识和研究战争的问题。1994年,美海军陆战队以对复杂性理论和非线性动力学研究为基础,为陆战队机动作战条令提供了理论支持。1996年11月,美国国防大学和兰德公司联合召开了名为"复杂性,宏观政策和国家安全"的会议,探讨了复杂性理论在美军转型和对未来国家安全战略的影响问题。1997年9月美国军事运筹学会发起了题为"战争分析与复杂性(新科学)"的专题研讨会,来自圣塔菲研究所(SFI)、海军分析中心、国防先进研究项目机构、兰德公司等多家机构的专家一起讨论了"新科学"及其在战争分析中的应用。2000年,现任美国国防部转型办公室主任,海军上将亚瑟·塞布罗斯基(Cebrowski)在英国皇家军队联勤学院所作的主旨发言中指出,"网络中心战并不只是与技术相关的问题,它是一种新兴的战争理论,其早期概念是从'复杂性理论'发展而来,它的主要特征是非线性、复杂性和混沌。"2020年2月,美国西点军校陆军网络研究所发布《非简单性：勇士之道》一书，该书由美陆军研究办公室信息科学局局长布鲁斯·韦斯特和美军事学院数学系教授克里斯·阿尼合作撰写，认为复杂性科学将在未来军事行动中发挥重要作用；美军只有学会应用复杂性思维解决信息时代的问题，才能在未来战场上获胜。2021 年，美国兰德公司发布长篇报告《在大国竞争和战争中利用复杂性》。报告认为，现代战争的作战环境日益复杂，美国应致力于把自身的复杂性降至最低，同时在大国竞争及战争中为对手最大限度地增加复杂性。多域行动被视为给对手决策过程增添复杂性的关键角度，但目前对于如何施加复杂性以最大限度地扩大行动效果仍缺乏理解。同时，科学和技术投资尚不能量化复杂程度、衡量作战效果，以及确定如何制造复杂性，从而塑造对手行为。报告认为，美国空军应运用复杂性视角评估当前及未来计划，以最大限度地利用复杂性，加强决策优势。

在中国，各方面的专家、学者也积极深入地展开对战争复杂性的讨论和研究。2003 年，中国人民解放军国防大学联合全军军事运筹学会在北京召开了我国第一次名为“战争复杂性与信息化战争模拟”的学术研讨会，该次会议成了我国在战争复杂性研究方面的一次标志性会议；2005 年，国内专家学者在国防大学参加了主题为“战争系统复杂性”的研讨会，对战争系统复杂性研究的理论、方法进行了深入探讨；2005 年举行了 269 次香山科学会议——“战争系统复杂性与体系对抗问题”研讨会，更进一步深入分析了战争复杂系统的理论、方法；2006 年 9 月，中国系统工程学会军事系统工程专业委员会召开了第十六届学术年会，其主题为“战争复杂性与军事系统工程”。相关的研究综述可以参考国防大学胡晓峰主编的一系列论著《战争科学论：认识和理解战争的科学基础与思维方法》《战争复杂体系能力分析与评估研究》《战争工程论：走向信息时代的战争方法学》等。自 2017 年开始，中国陆续开展了 6 届全国兵棋推演大赛，促进理论和实践的结合。

学者对于战争复杂性的认识已经很久了。简单地，可以追溯到克劳塞维茨的《战争论》。这本《战争论》被认为是西方阐述最一般的战争原理和战争哲学的最佳理论著作，也是运用分析、归纳、演绎、综合等还原论方法来研究战争复杂性的典范，被誉为西方的“孙子兵法”。克劳塞维茨也意识到战争的非线性、不可预测和混沌性，认识到了对抗方内部和各方之间的相互作用，正如同我们现在对系统动力学的理解。随着人们认识水平的不断提高，战争复杂性问题已经成为国内外军事学术界和军事运筹学家共同关心的问题。

而中国古代“兵圣”借助古代中国盛行的象形思维方式，将对各种自然现象的思辨认识融汇到《孙子兵法》中，形成了独特的思想观点。如以水喻兵，认为“兵”“水”同形，两种事物之间的运动有着必然的内在联系：“夫兵形象水，水之行，避高而趋下；兵之胜，避实而击虚。水因地而制行，兵因敌而制胜。故兵无成势，无恒形。能因敌变化而取胜者，谓之神。”（《虚实篇》），他又指出，用兵以柔克刚的关键和水一样在于时间、速度和方式、方法，“胜者之战民也，若决积水于千仞之谿者”（《形篇》），“激水之疾，至于飘石”（《势篇》）。又如，孙子在描述用兵打仗要奇正相形、善于变化的时候，用音、色来做比喻，形象地阐明了自己的观点：“声不过五，五声之变不可胜听也；色不过五，五色之变不可胜观也；味不过五，五味之变不可胜尝也。战势不过奇正，奇正之变不可胜穷也。”（《势篇》）这些说法对战争复杂性的理解非常透彻，极具系统科学的思想。孙子以自然认知和日常认知的朴素认识论为基础，创造了《孙子兵法》，把自然认知和日常认知上升到科学认知的高度，使其战略思想体系形成了一个科学合理性的体系。

《孙子兵法》极具复杂系统思维，整个理论体系展现了科学认知的全面策略。全书涉及战争整体观、动态协调作战观、攻守兼备作战观、战争人员心理分析、战争环境的分析、机动作战原则等理论。孙子兵法指明：由于要对战争谨慎地考虑，仔细分析才能发动战争，所以战争必然要对全局分析，即对战争的整体性的分析。这种谨慎，对于战前的信息收集、战争过程的信息的捕捉也是决胜的关键。《孙子兵法》要求作战必须联系道、天、地、将、法5个方面，把战争作为一个有互相联系密不可分的整体性复杂系统。这5个方面相当于复杂系统中的5个元素，各个元素构成相互联系、影响、作用的一个网络整体，密不可分，缺一不可。从战争联系到国家的生死存亡，表明战争属于国家社会这个复杂系统的一部分，战争会受到政治、经济、社会等多种因素的影响，表现了战争复杂系统的整体性。它把战争的复杂系统描述成了一个统一的整体，认为整体的性质不能简单还原为部分的性质，要求对整体中的每一元素不能分割出来看。这些构成整体的系统中的元素是呈网络状态联结而成的，一旦将它们割裂，那么等于把网络的连接断开，则整个网络系统必然受到很大的影响。

5.1.3.2 新趋势、新挑战

随着人与人、物与物、人与物互联互通，人类社会进入的是一个复杂巨系统的智慧社会。战场的对抗将从重物质、重能量、重信息转向重心理、重认知、重智慧。其实质是通过物理域、生理域与认知域的共同行动而制胜，即物理－生物－认知的三域会聚，而以制智为目标的全域渗透作战将成为未来战争制胜的新法宝。智能复杂作战体系会引导以下方面的变革：作战指挥向“智能认知、自主操控”转变，作战指挥向“智能认知、自主操控”转变，作战指挥向“智能认知、自主操控”转变，制胜机理向“算法主导、流程重塑”转变。智能化战争也具有以下3方面的趋势：

(1)智能化战争将突破传统时空认知的极限。智能化战争中，各种增强型、无人化、智能化武器装备和作战平台将大大突破传统时空、物理和生理极限，能够在极高、极远、极深、极微环境和高温、高寒、高压、低氧、有毒、辐射条件下，不断开辟全新作战领域，重绘战场边界，同时能够全时、全域对作战中全部力量的各种行动信息进行实时收集、实时计算、实时推送，使人类能够突破思维的逻辑极限、感官的生理极限和存在的物理极限，大大提高对时间空间的认知范畴，能够实时、精准地掌控所有力量的所有行动，能够在多维空间、多维领域实现优势作战资源快速地跳转、聚集、攻击，任何时间上的任何空间都有可能成为夺取战争胜利的时空点。

智能化战争将重构人与武器装备的关系。随着智能化技术的快速进步，智能化水平的不断提升，武器平台和作战体系不仅能够被动、机械地执行人的指令，而且能够在深度理解和深度预测的基础上，通过机器擅长的算、存、查进行超级放大，从而在一定意义上自主、能动地执行特定任务。可以说，武器平台和作战体系也可以在某种程度上主动地发挥出人的意识，甚至是超出人类的认识范畴，根据特定程序自主地甚至是创造性地完成作战任务。传统意义上人与武器装备的区别变得模糊，甚至难以区分是人在发挥作用还是机器在发挥作用，人们会惊呼“人与武器装备将成为伙伴关系”。因此，在智能化战争中，人虽然仍是战斗力中最主要的因素，但人与武器装备结合方式的改变丰富了战斗力的内涵，人与武器装备的传统关系也将在此基础上进行重构。

(2)智能化战争将催生体系对抗新方式。人工智能在赋予武器装备“知觉”“思考”和“行为”能力的同时,促进了人机融合和双向赋能。一方面,决策对抗成为决定体系对抗结果的核心,是赢得全胜的关键。决策优势是智能优势的集中体现,通过决策对抗,扰乱或阻断敌方指挥决策,确保己方获得决策优势,形成行动优势,最终达成小战或不战而屈人之兵的目的。决策对抗贯穿作战全程。通过展开数据战,对敌方数据源进行欺骗、干扰和破坏,削弱敌方数据掌控能力,造成敌方作战体系启动失灵、应对失误。另一方面,极限对抗成为撬动体系对抗胜负天平的支点,是慑战止战、出奇制胜的重要筹码。人工智能赋予武器平台和作战系统超强的生存力、突防力和杀伤力,为敌对双方在对抗手段和方式上提供了更多选项。利用大量无人化、小型化、低成本进攻性武器,实施空中“蜂群”、水中“鱼群”、陆上“狼群”等超饱和式攻击,形成超越既往深度、广度、速度、强度、密度、精度的极限对抗,都将可能改变攻守之势,收到逆转胜负之效。

(3)智能化战争将孵化全新的指挥控制方式。指挥控制的优势是战争领域的关注焦点,智能化战争呼唤全新的指挥控制方式。一是人-机协同决策成为智能化战争中主要的指挥决策方式。以往战争中的指挥决策,都是以指挥员为主导,牵引技术手段的辅助决策。在智能化战争中,智能辅助决策系统将根据新的战场态势变化,主动督促或催促指挥员作出决策。这是因为面对海量的、瞬息万变的战场态势信息数据,人的大脑已经无法快速容纳和高效处理,人的感官已经无法承受超常规的变化速度。在这种情况下,指挥员形成的决策很可能是迟到的、无用的决策。只有在智能化辅助决策系统推动下的人-机协同决策,才能够弥补时空差和机-脑差,确保指挥决策优势。二是脑神经控制成为智能化战争中主要的指令控制方式。以往战争中,指挥员通过文件、电台、电话,以文书或语音的形式,逐级下达指令指挥控制部队。在智能化战争中,指挥员用智能化类脑神经元,通过神经网络作战体系平台向部队下达指令,减少了指令表现形式的转换过程,缩短了指令跨媒体的转换时间,节奏更快、效率更高。当作战体系平台遭到攻击部分损毁时,这种指挥控制方式能够自主修复或自主重构神经网络,迅速恢复主体功能甚至全部功能,抗打击能力更强。

未来战争中,军事体系中的连接更加紧密,层次更加丰富,具有更强的非线性和不确定性,动态演化更加剧烈,研究对象复杂性的增强也对战争复杂性研究提出了新的挑战。

5.2 集群战

1917 年,第一架无人机在英国问世。发明无人机的人最初的构想是在飞机上携带一定的高爆炸药,并由无线电遥控装置控制从而对敌方战场进行打击。越战时期,美军率先研制出无人驾驶侦察机,并在战场上进行侦查任务,获取了大量战场情报。到了 20 世纪 80 年代,无人机的应用更加广泛。在 1982 年的中东战争中,无人机作为“诱饵”诱骗敌方的地空导弹对其进行攻击,从而定位敌方雷达系统的位置以及工作参数。海湾战争中,以美国为首的多国部队使用无人机完成了更加丰富的作战任务,例如战场侦察、通信中继、电子对抗等。美对阿富汗战争中,利用无人机对恐怖分子的追捕和空袭更是拓展了无人机运用的领域。随着信息技术、电子技术的发展,军用无人机的造价成本进一步降低,同时赋予了无人机更好的性能,使其能完成更复杂的作战任务,为无人机的技术发展带来了一个新的机遇。到了

21世纪之初，无人机的发展进入了一个崭新的时代，长航时无人机、战斗无人机、微型无人机等不断问世，无人机的任务范围已由传统的空中侦察扩展到战场抑制、对地攻击、导弹拦截等领域。目前，无人机因其可以执行高危任务、克服人类生理极限、执行任务多样性以及隐蔽灵活等特点，已经得到了世界各国的高度重视，让无人机更多地参与高风险作战任务已经是航空领域的一个重要发展方向。

目前，无人机发展更多集中在提升单架无人机的构建复杂度从而提升其作战能力方面。伴随着信息技术发展，人工智能、机器人技术应用于军事领域，战场环境日益复杂，强烈要求军事系统发生变革。近年来，随着世界主要国家反介入/区域拒止(A2/AD)能力的发展，传统武器以及作战方式在面临新时代防空系统时，已很难满足作战需求，无法形成持续有效的打击。在这种背景下，发达国家高度重视无人自主系统的发展，通过提高作战个体之间的配合能力来应对高对抗环境下的各类威胁并完成复杂度更高的作战任务。于是，以无人机集群协同作战为基础的无人机作战体系，逐渐成了无人机作战的发展方向。集群概念源于生物学。自然界中的鸟群、蚁群、蜂群、狼群等大量聚集，往往能够形成震撼的集体自组织行为，多个个体之间经过简单的交互规则而产生涌现行为。本书第3章中对生物集群群体复杂性进行了系统的介绍。

5.2.1 无人机集群技术发展

无人机集群作战是指由一定数量的无人机组成，利用信息交互及反馈，实现相互间行为协同，适应战场环境，共同完成作战任务。将大量低成本、适应能力强的无人机按规则汇集在一起，表现出“非加和”的涌现性，形成规模优势，获取战场的主动权。这一新的无人机作战理念在近些年已经逐渐取得了更重要的战略地位，开始受到各军事大国的重视。

美国、俄罗斯等国家在战场经常利用无人机进行侦察、干扰和打击等作战任务。但随着各国家空中防御能力的提升以及作战任务复杂度的提升，单无人机的应用已经很难适应逐渐复杂且任务多样的作战环境，在战场上无法形成有效、持续的打击。2019年，25架大规模无人机对沙特石油设施发动攻击，沙特近半石油加工能力瞬间瘫痪。而在此次袭击中，沙特防空系统中威力强大的MIM-104爱国者号和克罗塔林号都未能阻止这些无人机的攻击。从这次袭击可以看出，多无人机这种“集群攻击”的作战方式，在未来可能成为获得制空权的最重要作战方式之一。所以，无人机集群作战概念作为一种全新的作战模式，在近些年越来越受到各国家重视。

无人机集群作战的灵感，来源于对昆虫、鱼类、鸟类等动物的群体行为的生物学研究。成千上万只鸟在空中快速地飞行，随意变换队形，却不会发生碰撞；微不足道的蚂蚁，在面对比自身大数倍的食物面前，却能有组织、有纪律且高效地将食物转移到蚁穴中。前面对这些行为的形成机制进行了充分的论述，其背后隐藏的集群算法、往往是一些简单的行为规则，通过发掘其中的集群算法，了解其背后隐藏的一般性原理，可以对诸多社会应用领域进行指导。无人机集群技术就是生物集群算法应用的一个典型例子。无人机集群由大量无人机组成，并由尽可能少的人来控制，通过无人机之间的互动与配合，表现出集体自组织行为。同时对这类无人机，不会有极其严苛的配置要求，更多的关注点将会集中在无人机集群间的组织以及行为规则上。无人机集群作战，作为一种新的作战技术，兼具无人员伤害、低成本、高回报等特点，必将在诸多方面改变未来战争形势。

全球无人机集群的研发重点主要集中在分布式人工集群智能功能的开发、降低作战成本、提高个体自主程度等方面。当今无人机作战中，大多都是由中央对无人机进行统一控制的。而在无人机集群作战中，每架无人机都会根据统一规则自主飞行，其模式大致遵循集群算法。在这种情况下，即使有部分无人机损坏，也不会影响整体的编队形式，机群会继续完成作战任务。这类作战集群在保留了分散性和机动性的前提下，加入人工智能算法，使其能面对更复杂的战场情况，完成更复杂的作战任务。这些低成本的无人机协同作战，通过数量以及合作优势来达到对目标的饱和攻击，可以对防空单位造成更快、更致命的打击。

美军是世界上最先发起无人机集群研究的国家，在无人机集群技术从理论走向实际方面，进行了多方面的探索。从2010年开始，在美国国防高级研究计划局(DRAPA)的牵头下，开展了一系列无人机集群作战的研究项目。关于战法研究中的代表性项目为进攻性蜂群使能技术(Offensive Swarm Enabled Tactics, OFFSET)，该项目旨在利用大量无人作战群，提升复杂城市环境中的作战效率；除了战法研究外，DRAPA还专门提出了体系综合技术和试验(System of Systems Integration Technology and Experimentation, SoSITE)，该项目针对解决集群作战时的分布式控制问题。

无人机集群技术的发展包含了多项任务解决方案的共同发展，在无人机集群作战中，无人机集群的协同控制、无人机协同算法的研究以及无人机集群通信技术都是无人机集群技术发展的研究重点。下面对这一部分的理论发展进行简要的介绍。

5.2.1.1 无人机集群的控制

无人机集群的控制是实施作战任务的基础。如前文提到的蚂蚁搬东西，蚂蚁们在搬运东西的途中会不停地切换搬运工与侦察兵的角色，每个个体的行为受到任务的支配，同时反馈的信息影响整个“作战决策”。集群行为里所包含的正反馈、分布式、启发式搜索的思想，可以为无人机群的建设带来相当大的启发。无人机集群控制技术体系框架如图5.2所示。从控制结构的角度来看，常见的机群控制系统可分为集中式、分布式与分层式控制系统。集中式控制有专门负责控制的任务中央枢纽，无人机只需接受命令执行任务，但这种编队方式过于依赖中心枢纽。同时，当机群规模过大时，通信负载也会变得更大。分布式控制则没有特定的任务中心节点，无人机在整个作战系统中地位平等，机群可根据自主管理、协商的方式来完成作战任务决策。分层式控制系统则结合了前两者的优点，将自组织的思想应用到其中，是目前控制系统研究的最新方向。Boskovic等将无人机集群任务规划问题分解为4个层次，不同层次解决不同的任务：决策层负责无人机集群系统中的任务规划与分配；路径规划层负责将任务决策数据转换成航路点来引导无人机；轨迹生成层生成无人机飞行路径；控制层控制无人机按照按轨迹飞行。分层控制可以降低无人机集群中任务分配问题的复杂性，提高效率。大量的无人机群执行任务时，有效的集群编队控制同样是需要考虑的重点。从无人机群的感知能力出发，又可以基于位置、基于位移、基于距离实现无人机群的编队控制。基于位置的编队控制，是指个体能够感知自身在全局的位置，从而通过控制自身的位置而实现全局坐标下的编队结构；基于位移的编队，控制个体通过控制与相邻个体的方向和距离，从而控制自身的移动；基于距离的编队控制，个体则只需感知在局部下与相邻个体的相对距离。不同的控制方法对飞机传感器有着不同的要求，而如何在其中找到平衡点，既能兼具控制效果与成本,仍是当下待研究的重点。

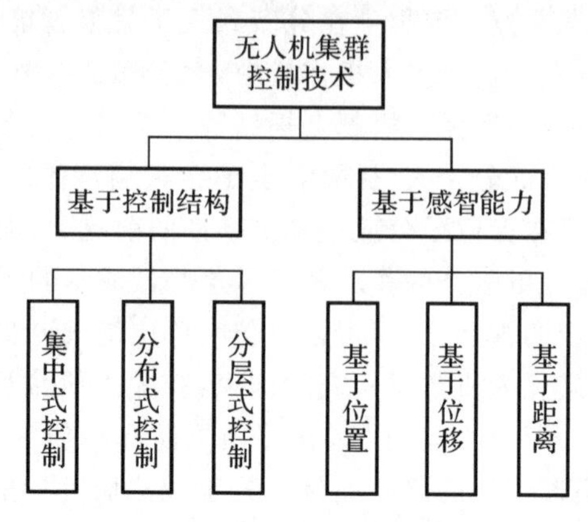

图 5.2　无人机集群控制技术体系

5.2.1.2　无人机集群协同算法

无人机集群协同算法是另一个研究的重点。其主要可分为多无人机任务分配算法和多无人机路径规划两个方向。无人机集群需要多机共同完成作战任务,且在面对不同的作战任务时采取不同的作战策略,合理地进行任务分组及路径规划。真实的战场要求无人机集群能适应其复杂性,根据情况进行快速决策,结合作战环境以及无人机集群整体状况,使机群在固定时间内以更高的效率完成作战任务,因此需要更出色的无人机协同算法。如何在给定无人机集群数量和任务的前提下,使用无人机协同算法进行任务分配以及路径规划成了研究的重点。目前针对无人机集群作战的主要解决方法为根据特定的问题建立数学模型,然后根据模型寻求最优解。

任务分配是一种典型的组合优化问题,多无人机的多任务分配本质上可简化为指派问题模型,用于解决无人机集群任务分配的方法大致可分为启发式算法、数学规划方法和随机性智能优化算法这三类。启发式搜索算法常用于一些不能直接求解的大型问题,在时间成本的考虑下为问题提供可行解,其中模拟退火(Simulated Annealing, SA)、遗传算法(Genetic Algorithm, GA)都是较有代表性的启发式算法。启发式算法可以用于大规模问题的求解,求解速度快,但所求可行解与最优解的偏离程度一般不能被预计。数学规划方法的思想是将多阶段决策问题转化为单阶段优化问题。常见的数学规划方法有动态规划法和分支界定法。确定性的图搜索算法(例如广度优先搜索算法、深度优先搜索算法)在小规模问题的求解时,已经得到了较好的验证,但面对大规模问题时,数学规划方法不能高效求解。随机性智能优化算法则是受自然现象、社会行为启发而发展出的一种随机搜索算法,这类算法受到生物集群运动规则的启发,在解决任务协同方面也可以得到诸多应用,已经有不少学者将生物集群算法运用到无人机集群上,为无人机集群任务提供解决思路。

多无人机路径规划是无人机群执行任务时的一个核心环节。由于其机群数量多、目标路径分散,多无人机的路径规划的复杂程度要远高于单无人机路径规划。路径规划问题可

抽象成有约束的非线形规划问题。该问题可用下式表示，即

$$\left.\begin{array}{l}\min f(x)\\ \text{s.t. } x\in\Omega\end{array}\right\}\tag{5-1}$$

式中：x 是一系列约束集，其包含了所有潜在的约束条件，例如战场威胁、时间限制约束、飞机条件约束等；$f(x)$为目标函数，即用来衡量路径效益的指标。解决该类问题的方法通常有数学规划方法、图形学方法以及由生物集群智能启发而来的智能优化算法。常见的数学规划方法有动态规划法和非线性规划算法，这类方法同样只适合解决小规模问题，精确度高，但同时复杂度也高。图形学方法则是将路径规划问题抽象后采用图论的方法解决，图论中的多种算法可为不同的路径规划任务提供解决方案，例如 Dijkstra 算法、A^* 算法等。智能优化算法的灵感大多来自于机集群算法研究，通过模拟动物的行为来实现任务解决方案，例如采用蚁群算法建立数学模型来解决在目标区域最小路径优化问题。

5.2.1.3　无人机集群通信技术

无人机集群对通信技术的发展也提出了新的要求。有别于传统单机与地面通信，无人机集群通信网络是一种全方位立体通信网络，并且其对通信实效性以及消息准确性有着极高的要求。无人机集群的信息共享是其自主控制与作出决策的基础，快速地让整体共享信息有助于更加精准地完成任务。传统的单机飞行由于其飞行距离和能量的限制，加上容易遭受攻击，通信可靠性不高。而在无人机集群作战时，多架无人机所组成的通信网络可有效提升无人机通信的可靠性以及效率。这种通信网络使得无人机之间具备协同交互能力，整个通信系统呈现出群体智能型，并且单节点的破坏不会影响整个通信系统的运转。这种群体组网虽然有很大的优势，但也面临着一些挑战性问题。例如：组网模式如何根据具体的作战环境进行调整；集群组网通信时，数据传输量激增，静态的频谱分配效率不高，导致集群系统性能下降；在保证通信安全的情况下，增加发射功率可以获得一定的通信可靠性，但同时也增加了信号被窃听的风险。以上的组网、频谱分配、通信安全都是无人机集群通信中有待深入研究的问题。

无人机集群之间的通信，需要能满足无人机集群节点间各种信息的传输。常见的无人机集群组网主要分为星形组网、网状自组网、以及分层混合组网这 3 种模式(吴超宇，2019)。星形组网是以地面中心站为基站，所有无人机为端节点，无人机群的所有通信都需通过地面中心基站中转传播。当无人机数量较少，且整体作战任务并不复杂时，这种作战方式简单、有效，并且结构稳定。对于每架无人机来说，与中心基站的信息传输时延小，能够节省网络信道资源。可一旦集群数量上升到一定规模，将会给中心基站带来极大的通信负担，很可能影响信息传输的整体效率，从而导致整体集群控制体系瘫痪。无人机集群网状自组网则是以地面基站和空中无人机集群为节点的，节点都具备相同的设备通信功能，都可以成为信息传输终端节点并且能进行信息路由。在这种通信结构下，每架无人机都不能直接与地面中心站进行信息传输，而是通过多跳路由与中心基站进行信息传输，从而构成一张通信网，使所有无人机群信息互通。网状自组网更加适合复杂的作战任务，且有大量无人机集群出动，这种情况下，集群之间的拓扑结构可能复杂多变，各个作战单位之间信息交互频繁，部分作

战单元可能需要自主协同完成作战任务。在这种情况下，对临近的作战单位之间的通信实效性要求更高，而远距离节点的通信则可以按需进行，这样可以更好地增强网络的通信效率，提升网络鲁棒性。分层混合组网方式则可以看成是对上述两种组网方式的一种结合，地面基站作为网络中心站，无人机则同时具备与地面中心站直通和无人机间组网的功能。这种分层网络结构赋予了通信组网更强大的能力，使其能满足更加复杂的作战任务带来的通信需求。分层结构的网络拓扑可以随着无人机集群数量或具体作战任务的改变快速地实现网络重组，并且这种架构能给通信网络带来更强的稳定性，提升其抗打击能力。在通信组网方面，可以运用复杂网络中的一些研究方法，并通过节点拓扑指标评价体系，进一步提升空中通信网络的实效性，有助于无人机集群整体决策。例如通过强化学习识别通信网络中的关键节点，从而更好地进行网络拓扑组合。这种新的理论研究，可以加速网络通信发展速度。

部分关键技术对构建高效的无人机集群通信组网起着至关重要的作用。无人机集群在移动时，内部外部之间的通信链路会发生剧烈的变化，需要有效解决其潜在的暴露问题。认知无线电就是解决这类问题的关键技术之一。无人机集群可以感知周围的无线电环境，并利用周围空闲的频谱资源，再通过节点间认知信息的共享有效解决隐藏暴露的问题。另外，高速的移动造成了通信网络拓扑的高动态变化，这对网络路由技术也提出了新的要求，需要一种能适应网络拓扑的剧烈变化，可快速组网、抗摧毁、安全可靠的路由机制。此外，如何在物理层进行安全传输、节省无人机通信所消耗的能量，也是无人机集群通信中研究的重点。

以上论述了无人机集群技术发展的几个关键技术，除此之外，无人机集群态势感知、相关人工智能技术等，同样也是无人机集群技术的研究重点，有待于进一步发掘。

5.2.2 无人机集群作战理论梗概

无人机作战样式从“单打独斗”向“集群智能”发展是必然的趋势。作为一种较新的军事作战概念，其作战理论仍在不断地发展中，但其作战理论大都建立在其多数量、低成本、分布式、协同控制等集群特点上。在战场中，同时投入成百上千的无人机，依托先进的大数据技术和控制方法使机群高效率、快速地完成任务。下面对当下无人机集群主要作战理论进行介绍。

5.2.2.1 蜂群作战

蜂群作战的特点是数量规模化。单个无人机执行任务能力、破坏能力有限，但一旦形成规模，便可大幅度提升其任务复杂度以及破坏能力，就好像自然界中的蜜蜂受到外界攻击时，往往会蜂拥而出，靠数量优势对敌人进行攻击。而且蜂群表现出的复杂行为是单个个体之间相互交互而产生的涌现行为，蜂群可以实现单个智能体无法实现的功能。

蜂群作战的首要特点是充分利用其数量优势。例如在执行探测任务时可由大量小型无人机携带各类传感器，在探测区域撒放并连成有效网络，从而形成稳定的探测蜂群，提高整体探测能力。作战时，少量无人机的损失，对“蜂群”整体影响并不大，不会显著影响任务执行效果。其次，蜂群无人机并不像通常见到的战斗机那样具有高复杂度和多功能。美国海军的“蝗虫”项目(LOCUST)是一个正在进行的蜂群开发项目,该项目旨在研究低成本无人机集群技术。“蝗虫”项目采用的是可从发射管直接发射起飞的“北美狼”无人机(Coyote drone)(见图 5.3)。这种无人机续航能力在 1 h 左右,时速可达每小时 90 mile(1 mile=1.609 km),质量不超过 13 lb(1 lb=0.454 kg)。这种廉价可替代和可配置的无人机可以从军舰、传统车辆、飞机等平台上直接发射起飞,这也给作战样式增加了更多的可能性。美国防部高级研究计划局(DARPA)研制了“小精灵”无人机,这类无人机由有人机在敌防区外投放,并可部分回收使用,主要用来执行危险任务以及监察任务。

图 5.3　“北美狼”无人机

图片源自 https://en.wikipedia.org/wiki/Raytheon_Coyote

蜂群攻击更重要的是要在数量基础上完成对目标区域的“饱和攻击”。“饱和攻击”的核心是在短时间内从不同方向、不同角度持续且高密度地对目标区域进行打击,而无人机蜂群的分布式攻击则能有效地完成这一作战理念。无人机蜂群将一个复杂的打击任务分解成若干个小型作战任务,蜂群根据作战目标进行分工并分别配备相应的打击能力,从而带来更大的成本优势。一个编队的无人机可以携带不同类型设备和弹药,同时对敌方陆地、海上、城市等多个域实施全方位、多样式的攻击,以较小的代价实现作战目的,让对手很难抓住防御方向。

5.2.2.2　战术欺骗

在蚁群群体中,蚂蚁可分为蚁后、繁殖蚁、工蚁、兵蚁,不同种类的蚂蚁完成不同的任务。例如工蚁负责扩大巢穴、采集食物,兵蚁在保卫蚁群时成为战斗的武器,也在蚁群中充当储存粮食的工具。在空域作战时,同样可以借鉴这种集群分工的规则。在不了解敌方阵地的情况下,如果直接动用主力战机进入敌军区域进行作战,很可能会花费巨大的代价。此时,可以利用无人机集群成本低的特点,将大量无人机投入敌方空域作为诱饵,诱使敌方防空火力和雷达作出反应,进而暴露敌方阵地,躲过敌方首波打击,将敌方注意力从己方核心攻击战机上转移开,最大程度地减少己方伤亡和损耗。除了诱饵外,无人机集群还可以充当主要作战力量的僚机,“无人机蜂群”可携带电子干扰设备,对敌方的雷达探测系统进行干扰,为后续作战力量提供掩护。在主机危险时,还可为其提供保护,充当盾牌角色。如图 5.4 所示，僚机既可以充当探路人的角色，同时还可以分别作为主机的“矛”和“盾”。

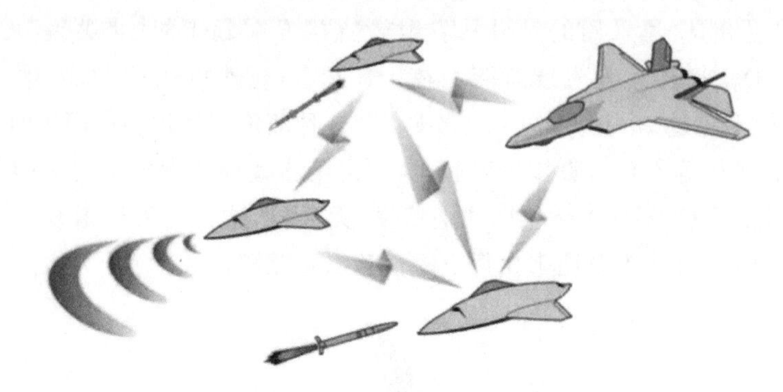

图 5.4 忠诚僚机作战样式示意图

5.2.2.3 协同作战

为了降低作战风险和成本，可以利用无人机群的特点进行人-机协同作战。例如大量的无人机集群携带各类传感器以及导弹率先进入作战区域开路，后方有人驾驶的集群则负责指挥控制，这样既可以提前进入战场收集战场情报，也可以开展第一波攻势，并掩护有人驾驶飞机的安全。此外，也可将无人机集群分成小队分别跟随各个有人战斗机，从而更灵活地适应战场的各种变化。更进一步地，可以通过无人机控制“无人机蜂群”，而有人机则在后方对忠诚僚机进行指控，僚机根据战场情况和命令进行“无人机蜂群”投放，实现更深层的分布式控制。

除人-机协同外，还可进行机群协同作战(见图 5.5)。无人机集群作战是典型的分布式系统，围绕作战目标，集群可分为引领机群、侦查机群、跟随机群。每个子机群中的飞机携带相同装备，执行相同任务，这种分层级的分布能大大增强作战效率，子群内部可根据战场情况实时进行任务决策。这种作战形式模仿了生物系统中的“无中心性”和“自主协同”的特征，整个系统具有更强的稳定性，部分机型的损伤不会影响全局任务的完成。结合人工智能和深度学习等技术，使更大规模的无人机能进行更有组织的调度，这将会给敌方军事防御带来更大的压力，从而在战场上形成显著的成本优势。

图 5.5 有人-无人协同作战样式

5.3　多　域　战

5.3.1　美军多域作战理念

20 世纪 70 年代中期，美国陆军针对苏联陆军大纵深连续突击理论，先后提出了“中心战斗”“扩大的战场”“一体化作战”等作战思想，并在此基础上形成了“空地一体战”作战理论。到 1991 年海湾战争后，“空地一体战”理论逐渐发展为“空、地、海、天一体化”的联合作战理论。这种跨域、多兵种联合作战，可以看作是多域战的诞生起点。2016 年 11 月，美陆军将“多域战”概念写入陆军作战条令，“作为联合部队的一部分，陆军通过开展多域战，获取、掌控或剥夺敌方力量控制权。陆军将威慑敌方，限制敌方的行动自由，确保联合部队指挥官在多个作战域内的机动和行动自由”。“多域战”概念被确立为陆军的指导作战概念后，受到高度重视，美国陆军对“多域战”概念进行了深入的研究。多域作战的内涵是联合部队通过多域作战以确保在竞争中重新占据优势。近年来，美国陆军认为其潜在对手已经形成了强大的“反介入/区域拒止”能力，大大限制了目前美国通过其他作战域为陆军提供支援的现有作战模式。另外，近年来，美国陆军所获得的国防预算不断降低，提出多域作战概念，也是为了增强陆军的生存空间（见图 5.6）。

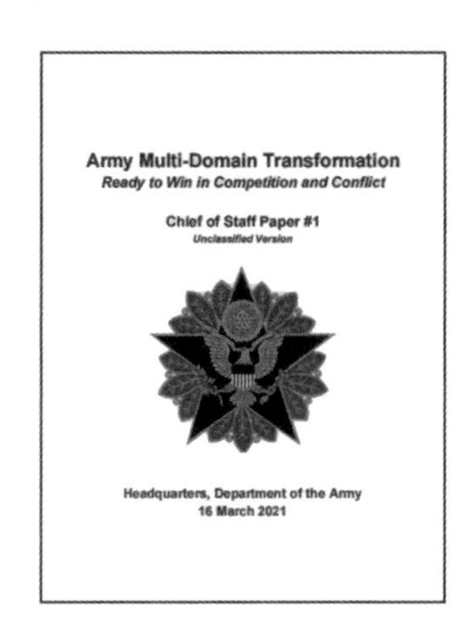

图 5.6　《陆军多域转型——准备在竞争和冲突中取胜》文件封面

传统作战理念根据作战区域将军种划分成海军、陆军、空军等。随着信息技术系统作战的不断深入，美军提出了一种全新的作战理论，在多域战预设的场景中，所谓的主要战场概念将消失，作战机遇窗口将分布式地展现在战场上。而装备力量的比较将不再是传统武器线性的对抗，更多非线性的因素将会出现在战场上。因此，多域作战存在作战维度的复杂性、作战力量的多元性等特征。此外，多域作战所涉及的区域并不是只包含作战区域，网络领域、电磁领域的作战同样会影响其他领域作战效能，所以说，随着科学技术的发展，战争的多域化也将愈发明显。

多域作战概念经过了“多域战”和“多域作战”这两个不同的发展阶段。

(1)在“多域战”这一发展阶段,按照美军的定义,“多域战”指的是打破常规的不同作战区域之间的界限,各军种在海、陆、空甚至赛博等战域进行能力拓展,实现同步跨区域联合攻击,全方位、多层次地对敌方进行打击,以此在战场上获取多方面的主动性。各军兵种、各作战域的信息共享、行动同步是多域战的基础。区别于现有的诸如海空结合作战,多域战要求各区域有更高层次的无缝结合(见图 5.7)。

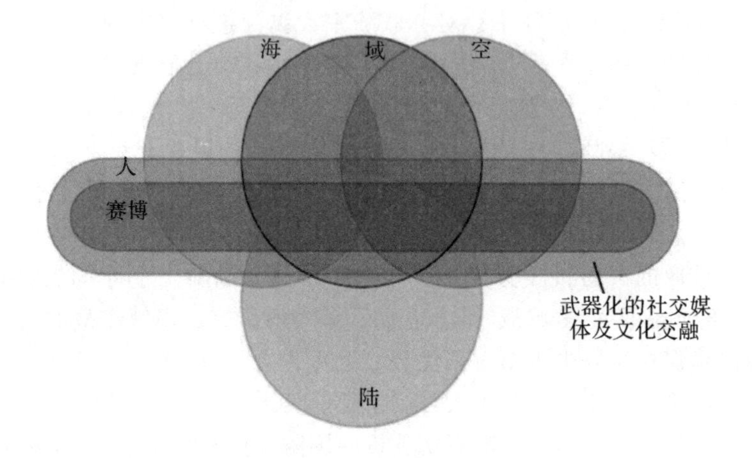

图 5.7　多域战场示意图

当前的作战环境已经没有明显地特定局限于某个领域,每个领域都有其特有的缺陷。在此基础上,重新塑造联合作战概念,打破传统以军种为区别的作战边界,在作战中军队将避免与对手展开传统的硬拼火力的正面对抗,避免线性作战以及过度消耗。相反,作战力量会根据战场情况随时调度,运用不同的作战力量,抓准打击机会,在某个或多个作战域进行同步攻击,从而带来非线性回报。从陆军角度来看,多域战突出美国陆军在联合作战中的作用,在多域战理念指导下,美国陆军将会结合战场上的态势感知,发挥自己的打击能力,协同多种作战力量,在多个作战区域影响战局。

(2)随着多域战理论的发展,美军在 2018 年底提出以“多域作战”概念替换“多域战”概念,主要对“多域战”中的相关概念进一步阐述,并将作战从战斗、战术升级到了战略层次,进一步扩大了作战范围。其核心思想可以概括为以下 3 点:①陆军应该作为联合作战部队的组成成分,应确保在竞争中占据优势,必要时对敌方的反介入/区域拒止系统进行破坏,从而实现战略目标。②按照以下基本原则开展区域作战——调整力量态势,实施多域编队,进行力量融合。调整力量态势是指整合阵地部署和进行战略远程机动的能力。多域编队能够在竞争空间中跨越多个领域实施作战,以对抗实力相近的对手。力量融合是对陆、海、空、天、网等 5 大领域和电磁频谱与信息环境中的能力进行快速和持续集成,通过跨域协同和优化攻击力量来战胜敌人。③在竞争、武装冲突和重返冲突这 3 种状态下,全面击败对手从而实现战略目的。

前面介绍了多域作战的基本特点,美军对多域作战进行了深入的研究,并在理论基础上进行了实践。自多域战概念产生以来,美军就开始对部队编制进行调整。多域任务部队(MDTF)便是多域作战概念下的产物。2017 年,时任美陆军参谋长的米利宣称组建一支试验部队。该部队规模约 2 200 人，其中，500～800 人是核心成员，作战能力覆盖海、陆、空、网络等多个领域，作战范围扩充到所有可能涉及的战争领域。这是多域作战任务部队的第一次试验。基于此基础，2019 年美国陆军在华盛顿路易斯堡建立了将情报、信息、网络、电子战和太空力量混合编组的 I2CEWS 部队。该部队为营级规模，由一名陆军中校任指挥官，下设情报连、信息战连、网络和电子战连以及太空通信连。在装备建设方面，人-机协同、分布式系统、网络技术等都是多域作战的重要支撑。例如美军的战术情报目标接入点项目(TITAN)，该项目深度整合当前海、陆、空等多领域作战传感器，并通过网络技术和分布式存储结构，使用人工智能和机器学习技术，实现对战场数据的接收以及分析处理。此外，无人机集群技术、分布式杀上网等理念的发展都能为多域作战提供强有力的支撑。

5.3.2　基于 CPSS 的作战体系

上述分析了美军的多域作战理念，但战争系统作为涉及典型的复杂系统，除了涉及正面战场领域的对抗外，还涉及经济、网络、社会等多个领域，这是一种国家体系之间的综合对抗。在战争中更加强调摧毁敌方指挥体系和国家意志，因为这些可能对战争结果有着更重要的导向作用。未来的战争将会更加趋近于所谓的全域对抗。随着信息技术的发展，Web 2.0＋、移动媒体、社会网络的兴起和迅速普及，真正地实现了“人在系统之中" 的场景构建，使物理社会与网络社会的实时化平行互动成为现实，人工智能的发展更是加快了社会、物理、信息三者的耦合。信息物理社会系统(Cyber-Physical-Social Systems，CPSS)的概念应运而生，它进一步纳入人工系统信息，将研究范围扩展到社会网络系统，它包含了将来无处不在的嵌入式环境感知、人员组织行为动力学分析、网络通信和网络控制等系统工程。在这种大潮流下，战争涉及域进一步扩大，战争形态正在逐步由传感器为中心、数据为中心、信息为中心，向认知/行动为中心转变，促使制胜的关键要素从底层火力单元逐步向上延伸至装备体系能力层面，并进一步向社会体系层面延伸，战争体系已不再仅限于传统暴力领域，而扩大到了的政治、经济、社会等各个关联领域，如图 5.8 所示。即将到来的智能化战争，使原本就很复杂的战争体系变得更为复杂，其构成要素、关系结构、作战功能等各个方面必将涌现出一些新的特征和规律。在这种大背景下，全新的多域战理念必将涉及更多领域的作战方案。

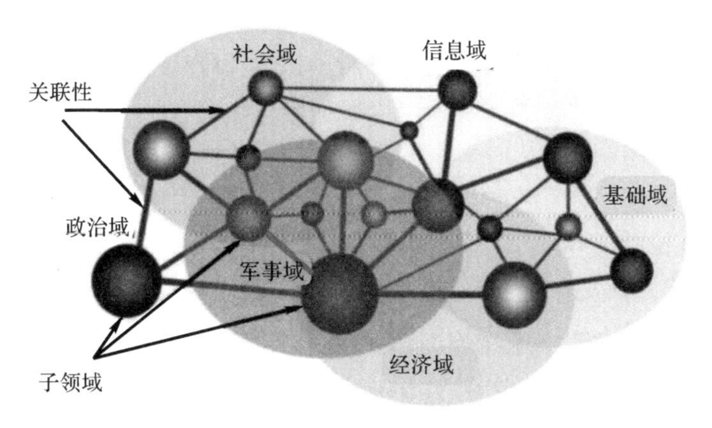

图 5.8　多域战争协同系统构架

5.3.2.1 经济域

经济是一个国家赖以存在的基础，当对敌国的经济进行限制和打击时，可以从根基上破坏该国家维持战争的能力。战争的发起和结束都必须依赖于经济作为支撑。经济战是一种选择性更多、操作更灵活的作战方式，其可以根据敌方的经济状况，采取不同的打击方式，并根据对抗的发展，随时进行经济战争规模的升级或降级。贸易制裁和禁运都是常见的经济战争手段。制裁可能是全面的，例如禁止和敌国相关的所有商品的进出口，也可能是局部的，只限于一些特定的商品。1990年，伊拉克入侵科威特后，遭到了除人道和医疗目的外的严格封锁，几乎使伊拉克的经济遭受了毁灭性的打击，国民生产总值在5个月内下降了50%。在贸易全球化的当今社会，国家之间的贸易交往越来越密切，没有哪个国家能够完全做到自给自足。特别是对于国民经济顺利运行的能源、科技、通信等"瓶颈"因素，一旦遭到制裁，国家可能将会立刻陷入严重的危机中。而经济作为战争的支撑，一旦其变得松动，战场上的优势也将不复存在。

5.3.2.2 信息域

信息时代，在网络信息技术的发展演变下，全球治理体系正在发生广泛的变革。网络空间作为信息社会人类的精神生存空间，被看作军事斗争的又一个新的战场。网络空间在改变人类生活方式的同时，也正在潜移默化地改变着战争形态，网络域已经成为大国博弈的新战场。而更具体地，网络域的作战，又可以分为物理域、信息域这两个部分。物理域是网络这一虚拟空间存在的基础，信息的传播本质上都需要依赖硬件作为支撑，而对这些起着关键作用的信息传播媒介和芯片，如果对其进行技术层面的漏洞渗透，加强解析链路的技术研究，破坏网络防御根基，就能更有效地对敌方进行牵制。在网络进攻方面，美军重点发展智能病毒、舒特系统、数字大炮等尖端网络战手段，特别是高功率电磁技术攻击物理隔离军事战场网络的方法，力求形成无线接入、区域毁瘫、硬件毁伤的网络战能力。信息在网络空间的传播，依靠网络中的各种数据信号及其存储内容的交互。这些信号之间往往通过一些电子设备进行点对点传输，而随着信息技术的广泛利用，最终形成了一张庞大的通信网，将海陆空各个平台的信号汇聚一体。在信息域，信息的传播往往会存在一些重要节点，它们负责进行信息处理、分发、交互。这些关键节点在串联整个信息网络上起到了巨大的作用，破坏其核心节点和链路，通过信息夺控掌握决策和行动优势，可以影响作战对手指挥决策，阻止作战对手各空间作战行动的实施。更进一步地，如果对这些节点进行毁灭性的打击，敌方的信息网络将极速地崩塌、瘫痪，从而给己方在战场上带来绝对的优势。

5.3.2.3 社会域

战争的目的是通过暴力手段将意志强加于敌人。但现代社会，由于信息的传播变得更加广泛，这种目的不一定必须通过枪与炮来实现。在现实生活中，一些西方国家对他国策动的"颜色革命""和平演变"等，实施的网上"文化冷战"和"政治转基因"工程等，这些在本质上都可视作"和平"的作战方式。而这样的"作战行动"，参与者不再只是军人，社会团体、商人、老师，社会当中各行各界的人，都可以认为是社会域作战的主体力量。他们的言论可能会成为舆论斗争的利器，对敌我双方的认知产生巨大的影响。多域作战下的社会域作战是从战争主体的精神层面出发，直接作用于人的意志和信念，从而重塑其价值观，使其立场发生动摇。通过对参战部队的认知攻击，可以摧毁作战士兵的战斗意志；通过对敌方领导集团的认知控制，可以影响其在国家层次的决策；通过对民众的认知塑造，可以干扰民众对于政府的认同。在当今的信息时代，信息传播速度大大加快，使得社会域空间作战的手段更加多样化，各种信息威慑、思想塑造、认识欺骗等方式都可能从认知域上对敌方进行渗透、瓦解，从而从精神上战胜对手。

5.3.3 俄乌冲突中的混合战

2022年2月24日，俄乌冲突爆发，这场冲突迅速发展成为第二次世界大战以来欧洲最大规模的军事行动。除了激烈的军事冲突外，网络攻击、经济制裁等一系列为达到各方政治目的的手段在冲突过程中随处可见，且波及范围涵盖了整个世界，国际社会普遍认为此次冲突是一次典型的“混合战争”(hybrid warfare)。这场正在进行的现代化战争中混合了传统的物理攻击以及一些非传统的网络战争、经济战争、舆论战争。这种多空间、多手段紧密结合的模式，将会是未来战争的常见形态，现有的一些现代化多域战争的理论分析，在本次冲突中都可以找到相应的案例场景。

首先，俄乌冲突的正面战场充满了新型军事武器的斗争。冷战以来，世界上发生的几场军事冲突当中，使用各种巡航导弹、高性能战斗机对敌方区域进行一系列持续高强度的打击、摧毁已经成了进攻方的惯用手段。俄乌冲突初期，俄军同样采取了类似的做法，使用各种远程火力对乌军的关键军事目标进行了大范围的打击和轰炸。在俄罗斯开展特别军事行动的当日，俄军就从海、陆、空对乌克兰开展了大规模的进攻，对基辅、哈尔科夫、第聂伯等地的指挥所、机场、军火库等作战要素地点进行了精确打击，“伊斯坎德尔”系列、Kh-101、Kh-505等21世纪俄军开始广泛装备的远程导弹，是俄军实施本次远程精确打击的主力装备。海陆空多维度、高密度的进攻使其能更好地突破敌方防线。面对这种大量同时出现的进攻，敌方的反制系统也将疲于应对，顾此失彼。战争前期，乌军的反击并未对俄罗斯构成有效威胁，且俄乌战机也未成发生成规模的空中交战。据俄罗斯方面称，前期的打击在短时间内便迅速瘫痪了乌军的海军基地、空中基地等一些重要的军事基础设施。而随着战争的进行，西方国家开始加大力度向乌克兰提供步兵武器、便携式反坦克和防空导弹，以及其他各种军用装备，这些武器装备在战争初期有效地阻滞了俄军的进攻步伐。除了装备外，对乌军来说更重要的是一些侦察和捕捉目标的手段，其中包括雷达、反炮兵作战和火力校正装备、无人机、卫星数据和其他信息，这些信息使乌军可以机动灵活地与俄军开展对抗。随着战争的发展，俄军未能攻占乌克兰首都基辅并开始向东撤退。随着更多的重型火炮和炮弹运输到乌克兰，俄乌冲突局势已经发生了变化，俄军不得不在采取行动时变得更加小心谨慎，以免遭到乌军反坦克和防空武器的攻击。所以，新型军事装备的发展在正面战场的对抗中，依然起着决定性的作用。

其次，俄乌冲突已然是“经济战”。在开始之前，以美国为首的西方国家就已经出于政治目的对俄罗斯开展了一系列的经济制裁。在冲突开始后不久，西方国家立刻对俄罗斯进行了全方位、史无前例的经济制裁，甚至放出了更大的“杀招”，将俄罗斯部分银行从国际结算系统 SWIFT 系统中排除，同时对俄罗斯在美欧约 3 000 亿美元的资产进行冻结。这些手段都旨在切段俄罗斯与全球金融系统的联系，使其无法正常进行国际贸易。同时，西方国家甚至越来越接近切段全面禁止进口俄罗斯能源出口，以此来大幅削减俄罗斯的财政收入。在一轮又一轮的制裁下，俄罗斯卢布汇率贬值程度一度接近 50%。在面对前所未有的制裁压力下，俄罗斯也出台了一系列反制裁措施。俄罗斯先是宣布冻结不友好国家资产用来偿还债务，其次宣布欧洲国家购买俄罗斯天然气、石油、粮食等物资需要用卢布结算，并用固定的价格通过俄罗斯卢布购买黄金。这些做法，对美元的霸权地位产生了重要的影响，使美元的霸权地位不断受到挑战。可以预见，这种经济上的制裁与反制裁必将伴随俄乌冲突不断进行。

最后，俄乌冲突也是“舆论战”的较量。现代战争中，取得舆论信息的制高点将有助于战局向更有利于自己的方向发展，特别是在当今信息飞速传播的时代，舆论的作用将会更大。自从俄乌开战以来，全世界的社交平台上就充满了大量关于战争的信息，可这些信息真假难辨，群众难以做出理性的判断，真正的事情真相随时可能被反转。大量战场图像被发布在网络上，但大量的信息都存在伪造或嫁接的痕迹。例如乌克兰居民就曾收到过短信，称国内的 ATM 取款机无法正常运作。对于战争当事人，这种虚假的信息可能会造成一系列的恐慌，从而达到破快国内稳定、操纵国家的目的。此外，乌方也曾发布过一些虚假的有误导性的信息。这种舆论的较量，都只是冲突双方为达到自己的政治目的而采取的手段。

5.4 马赛克战

5.4.1 马赛克战构想

战争的复杂性来源于其庞大数量的要素和环节，以及其之间的相互作用。为了更好地应对这种复杂性，必须从作战概念上去进行新型作战样式构思。2017 年，美国 DARPA 提出了一种创新性作战概念：马赛克战。马赛克战是美军对于未来作战的一种构想，主要面向“大国战争”，其试图寻找一类类似于“马赛克”的、灵活可组的功能单元，以此为基础，统筹作战需求和可用资源，在功能层面进行要素集成，利用自组织网络进行构建，构建一张高度分散、组合灵活的“杀伤网”，提高整体作战对抗能力，实现整体作战效能的非线性叠加。协同作战、分布式作战、自适应规划是马赛克战的理念核心。马赛克战希望将不同的作战能力分解到多数量且功能单一的节点上，从而构建整体作战体系，局域节点被打击失效，体系可根据情况迅速作出调整，不至于影响整体体系的运转。美军提出“马赛克战”作战概念以来，已经陆续带动了一系列项目的发展(见图 5.9)。

美军发展马赛克战，主要有以下几方面的原因：①在世界其他国家军事科技迅速发展的情况下，美军非对称优势丧失。美军目前的主要作战技术已经被对手展开了深入的研究，一旦爆发战争，美军作战网络中的关键节点很可能在战争开始很短的一段时间内就被消灭，从而导致整个作战体系瘫痪。②对更先进作战理念的需求。DARPA 指出，当前的美国防部依然保留这一固定思维框架，即首先预测未来战争中可能出现的所有突发情况，然后建立一个强大的系统解决所有问题。但是当创建的系统能考虑到所有可能遇到的突发状况及其解决方案时，这个系统一定是冗余且复杂的，研发以及维护的成本增长与需要考虑的突发情况呈非线性增长。美军报告就曾指出，中国的反介入/区域拒止能力将美军信息系统作为首要打击目标，通过干扰控制美军通信网络的方式，达成瘫痪美军作战体系的目的。因此，DARPA 得出结论，统一指挥控制下的体系化作战模式在大国对决中是失效的，面对大国竞争，需要寻找一种新的作战概念体系。③装备发展模式的困境，现代新型武器装备的复杂度越来越高，研发周期越来越长，且部署速度慢，成本越来越高，导致很多技术在发布的时候就有落后的风险。

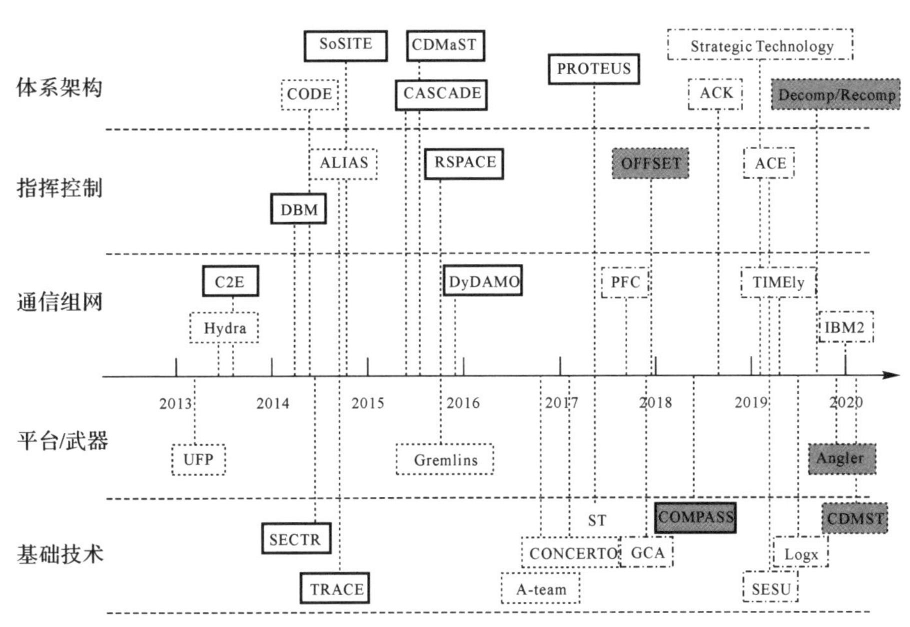

图 5.9 美军马赛克战项目分布

理清上述背景后，我们能更好地理解马赛克作战系统的特点。

(1)从作战单元看，马赛克战是根据复杂多样的作战任务，将不同功能、低复杂度的模块灵活地组合在一起。动态灵活的组合是马赛克战作战单元的第一个特点，这种合并不是传统的拼图组合。2021 年 1 月，Tim Grayson 博士在专访中指出，马赛克不同于拼图，当前的作战体系类似于拼图，属于高度工程化的架构，每块拼图都是精心设计的，有固定的功能，如果丢失了其中一块拼图，整个拼图将变得不完整。当今作战体系非常注重对每块拼图的研发，而把各个拼图连接起来也是一件很难的事。而马赛克则不同，每块马赛克可以互相替代，放在任何一个位置。可以将马赛克组合成各种希望得到的东西，一旦某块马赛克坏了，只需要再拿一块放进去就行了。相比之下，马赛克系统的灵活性和弹性大大高于拼图系统。

马赛克战基本单元的第二个特点是低成本、低复杂度。马赛克战是一种颠覆性作战概念，这个作战概念几乎全盘否定了美军之前取得战争胜利的基础。当前，美军的主战装备如航母、驱逐舰等都是通用大型多功能作战装备，装备的复杂性和先进性的碾压式领先是美军的强大所在。而马赛克战的基本单元要求可反复重组、功能单一，这就对未来的装备提出了完全不一样的要求，其形式可能和传统意义上所认为的武器完全不一样。马赛克系统的整体作战能力可能更多地靠综合更多的作战功能而体现，而作战功能单元的复杂度则更低，更趋于与对现有功能的有效集成，这能带来大量的成本优势。

(2)从体系结构上看，马赛克战概念彻底否定了美军一直以来利用其发达的军事指挥体系赢得战争的作战理念。传统作战体系中的美军一线部队不需要了解战场态势，只需要执行上面传达下来的作战指令即可。而马赛克战是一种“去中心化”的作战思想，其强调以分布式的方式进行中心决策。马赛克战要求前移指挥，根据任务特点设定军事资源的组织形态，基于战场态势独立自主作战达成目标。实际上就是“本地决策、本地作战”，本地指挥官有充分的权限执行作战行动，在群体行为决策中，每个个体都有决策自主权，能作为群体的一部分而产生自己的作用。也就是说一个真正的马赛克体系没有核心的“大脑”节点，没有一种会因敌人集中打击而使整个作战系统瘫痪的节点，甚至可以理解为这套系统从设计起就要面对被摧毁的局面。马赛克战中的分布式体现在多个方面。在作战开始时，基于战场情况的复杂性，不同群体对作战任务的选择是分布式的。而在执行任务时，对具体的作战任务，该由哪些基本单元来进行组网仍需进行分布式决策。马赛克战提出的“自组织”则意味着作战要素在战场上根据实际情况自行组织运作，与顶层的设计毫无关系。作战人员可以发挥极强的创造力，组合出更多变化的作战功能，这实际上这是一个“自下而上”的组织模式，而这种模式可以更好地适应复杂多变的战场情况。灵活的组合不仅可以让敌人难以进行针对性的攻击，同时可以大大增强己方的作战潜能。

(3)从作战方式上看，马赛克战基于由杀伤链转变而来的基于网络中心的杀伤网。马赛克战的一个重要思想是用分布式功能集成替换作战平台的概念，系统不是将多个杀伤链集中在一个平台上，而是平台作为一个集中地，杀伤链可能灵活多变地组合、分布在平台上。这种分布式的架构方式，显而易见的好处是提升了整个作战网络的弹性，因此最大限度地降低了关键系统节点被地方针对的可能性，避免因中枢节点被打击而使整个作战系统陷入瘫痪的境地。此外，这种分布式的部署方式能大幅度降低杀伤链的闭环时间。分布式平台上的作战单元小型且灵活，可以随时根据战场情况整编成许多不同的配置形式，而这种多样的组合变化，都将以“观察(Observe)—判断(Orient)—决策(Decide)—行动(Act)”这一OODA闭环作为运行过程。

基于OODA环的马赛克战的作战概念结构如图5.10所示。可以看到，在作战区域内，作战平台上的装备可以进一步分解为小的分布式单元，对战场的实际行动进行判断、决策、打击，并且这些单元之间可以灵活地组合，根据战场的具体情况随时组合成新的作战网络。在判断环节中，这种分布式的部署可以为决策提供更多角度的信息，有助于更清晰、准确地判断未来战场上的形式。同时,这种灵活的部署也将让敌方更难以摸清战场上的形式,使敌方产生错误响应,干扰敌方的决策和判断。在决策环节,这种从链式打击转向网络式打击的转变,对指挥方式也提出了新的要求:分布式的指挥方式代替了集中式,决策点也将随着作战单元分散部署,减少作战体系中的关键决策节点,依托先进的自动化系统和人工智能技术,实现人-机协同的指挥,更有效地发挥分布式作战决策模式的效用。而这也能大大提升己方决策速度;各个作战单元能够快速理解指挥单元的作战意图,对战场资源进行快速的调度和配置,加快作战速率和节奏,同时迷惑敌方,降低敌方对战场的准备判断。

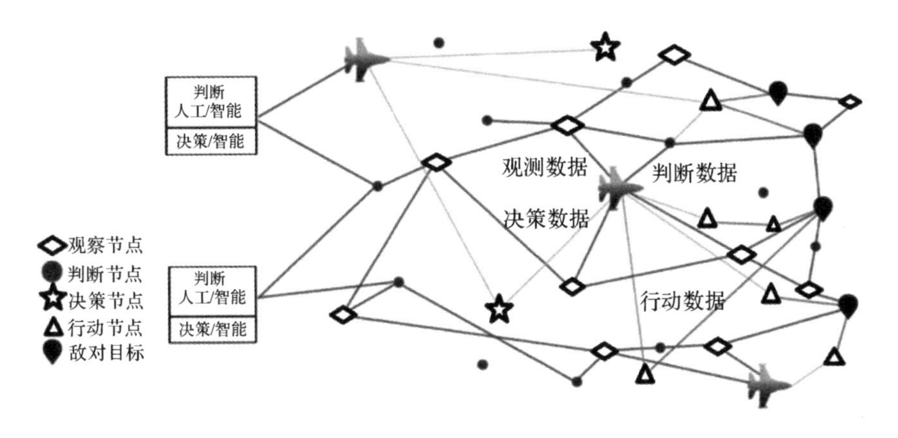

图5.10 基于OODA环的马赛克作战概念结构

5.4.2 马赛克战核心技术

马赛克战弱化了各基本组成单元的功能要求,更强调单元之间灵活的组合,达成整体作战效能的非线性叠加从而占据作战主动优势。综合这些特点,可以对马赛克战相关核心技术进行归纳。

5.4.2.1 群体智能技术

群体智能技术是马赛克战发展的核心技术。与上述所提到的无人机集群发展类似,单机作战往往难以适应当下复杂作战情景下的任务要求,无法进行持续的攻防,而将一定数量的无人机集群进行整合、协同作战,可以完成更复杂的任务,提升其在战场上的适应能力。基本作战单元根据作战任务,自行在战场进行编排整合,将整体效益最大化。此外,小部分单元的损害并不会影响作战体系整体,而且由于其基本单元成本低等特点,损害的部分可以更快地得到补充。马赛克作战的情况下,集群技术还可以得到更近一步的划分。一是无人机集群态势感知。态势感知是集群技术发展的基础,它指多个无人机通过其携带的传感器对战场的情况进行感知,然后将所有收集到的信息通过通信网络进行汇总,反过来帮助整体系统进行任务决策,这种信息共享技术能提高整个群体的信息处理能力。二是群体决策技术。群体决策技术是最核心的关键技术之一。未来的战场,涉及区域必将更广,战场情况必将更加复杂。面对这样复杂多变的战争场景,尽可能全面考虑当下情况的多个因素有助于作出更正确的决策。发挥群体智慧，从而生成对策方案，对集群编排进行重组，调整作战任务，提高集群的快速适应性及任务完成率。三是群体协同与演化技术。群体行为具有自组织的特点，类似于自然界中鱼群与鸟群系统的涌现行为，个体之间可以通过简单的局部规则进行作用，从而演化出更智能的作战行为。如何将已经在自然界中观察并研究过的自然规律应用到集群作战中，仍是当下待解决的问题，而这也是集群技术的高级阶段。

5.4.2.2 分布式人-机协同技术

马赛克作战强调对海、陆、空领域作战装备体系化的高效利用，以综合性的通用框架，按照具体冲突需求，促成各种系统的快速、智能、战略性组合和分解，生成成本较低的具有多样性和适应性的多域杀伤链的弹性组合，实现网络化作战并生成一系列的效果链，在战术、作战及战役层面组合生成"效果网"，支撑实现高动态、高适应性、高复杂度的联合多域作战体系。这就要求这种新形态的作战体系，要进一步提高多兵种、多装备之间的协同作战能力。

协同作战指不同的军事力量在不同领域围绕一个目标进行作战，是一种作战方式和手段。自组织协同与协同的不同之处在于，前者在协同作战基础上引入了不同力量间的完全自组织交互，系统的功能不再事先完全分配，而是由系统各组成单元之间为了相同或相近的目标自主相互作用进行展现。为实现马赛克战中的分布式决策作战，人-机交互技术与分布式人-机决策技术是两个关键技术。人-机交互技术是指在分布式作战系统中以分布式的方式解决人与机器的信息交流问题；分布式人-机决策是指在分布式作战系统中各个作战节点进行独立的作战决策，然后通过一定的融合形成整体的决策。

随着无人机集群作战的技术发展，现代战争的协同作战已经到达了有人/无人机协同作战的局面。有人/无人协同作战是指在信息化、网络化及体系对抗环境下，有人武器装备与无人武器装备联合编队实施协同攻击的作战方式。这种协同作战具有以下特点：①有人/无人机联合编队作为空天地(海)体系对抗系统的一个节点，受预警机或地(海)面指挥中心的统一指挥控制，(包括整体作战计划制订、远距占位引导等)，同时共享整个战场的态势信息。②有人/无人机联合编队的飞机之间在信息、资源、攻击计划等多方面实现协同。有人机根据作战任务与作战计划、战场态势、系统可用资源等多种因素，进行任务级的决策，并将任务决策的结果以指令形式发送至无人作战飞机。③无人作战飞机在有人机的指挥控制下，完成攻击目标的瞄准计算、武器发射条件判断、武器发射前的装订参数计算、武器的发射控制及发射后的制导等，实现对空/对地目标的最终打击。

近年美军基于分布式作战概念，正积极探索空中、海上和空间领域的智能化分布式协同作战体系架构的设计、集成与试验验证技术。例如，前面所提到的聚焦空中分布式作战体系架构设计的"体系综合技术和试验"(SoSITE)项目(见图 5.12)，该项目希望通过新的体系结构的发展，提高装备使用效率，将新技术快速融入作战系统中，从而避免因加入新技术而对现有的作战系统过多地进行重新设计，以最小的代价提高复杂任务组织和精确协同配合能力，从而能应对高对抗环境下的各类威胁。

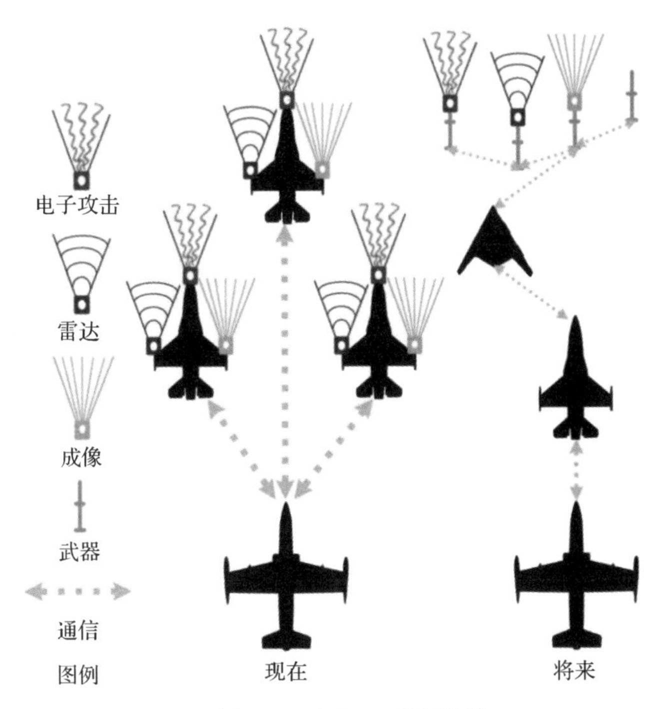

图 5.12 SoSITE 架构设想

5.4.2.3 网络通信技术

2015 年,美国 DARPA 启动任务优化动态自适应网络项目(DyNAMO),旨在解决强对抗环境下各种不同空中战术数据链的通信及信息共享问题,为现有通信系统提供网络灵活性和自由性。通信网路可以类比于马赛克战中的神经枢纽,弹性且灵活的通信网络将是马赛克战中的各个作战单元实现自主组合的关键基础保证,直接影响整个体系的作战能力生成。复杂多变的战场环境对通信的实效性提出了严格的要求,在保证时效性的同时,还要能有效抗击对方通信干扰系统的打击。而且马赛克战作战理念涉及海、陆、空多个作战领域,跨领域通信也是马赛克通信网路需要解决的重点。这些都对马赛克战中的通信网络提出了更大的挑战。马赛克战网络通信技术重点可分为:①网络安全技术。马赛克作战的基本单元之间通过网络通信进行战场信息、作战信息的交互,采取一定的安全措施对信息进行加密保护,并保证网络信息不受敌方外部信号的入侵与控制,从而发挥最大的作战效能。②开放的网络拓扑技术设计。由于马赛克战中的基本单元是灵活多变的,这就要求每一个作战要素都可以动态链接而形成作战网。信息传播不再像传统通信那样采用固定路径,而是沿网络链路传播,这就要在网络中有大量关键信息传播节点,快速、有效地将作战信息传递到全局。此外还要保证通信网络的抗打击性,该技术主要集中于提升网络的抗打击能力,不能过分依赖于少量的关键节点,否则一旦这些节点遭受打击,将对整个通信网络造成不可逆转的损失。这就要求在构建通信网络时必须设置大量的冗余节点,保证通信网络的可持续运行。③多域互操作性,马赛克作战要素涉及多个领域,各个领域之间没有统一的数据标准,要在具有不同物理层协议的网络上实现跨域操作。

5.4.2.4 作战效能评估

马赛克战作为一种新型作战概念，其核心思想是：将作战模式从传统的发展更先进的武器向更注重作战体系发生转变，更加注重于对体系中各个元素的功能集成。其作战理论及其实践都需要实验来进行评估鉴定，可以利用人工智能技术以及其他建模仿真技术对体系作战效能进行模拟评估。体系作战效能评估不仅需要模拟真实硬件技术，还需要在此基础上结合不同基本作战单元，模拟其认知和行动，提高整体构建能力。马赛克战不再过分强调平台内部各类功能单元之间的综合集成性，更加强调将各功能单元组合为功能体系。因此，体系作战效能评估将评估重点扩大到整个作战体系效能的评估，通过模拟感知、决策、控制单元，结合特定的模型算法，对马赛克战的作战体系进行更全面、准确的评估。

5.5 小　　结

战争具有复杂性。随着科学研究的发展，历史上诞生并发展了一批复杂性理论，包括“耗散结构理论”“协同论”“突变论”“自适应理论”“复杂网络”等。这些复杂性理论和方法在军事系统的应用，从一定程度上揭开了战争复杂性的面纱，为定性定量、科学地研究战争开辟了一个道路。随着信息技术、人工智能、计算机技术等技术的快速发展，传统的作战方式和理念受到颠覆性的挑战。在21世纪，无人机/车/船、智能导弹等新型武器装备的出现，无人化、集群化、智能化将成为新型作战样式；高度对抗性、高度不确定性、高度动态性的复杂战场环境将催生以智能控制、有人/无人系统协同控制、多兵种、武器系统自组织协同作战为特征的新型战争形态；军事系统内部各兵种、各武器之间相互联系、相互作用将会导致战争的复杂性急剧增长。2022年初发生持续到今天的俄乌冲突也展示了混合战争多域作战的新形态。在这种背景下，传统的区域线性对抗已不能适应当今战场的复杂性，面对新形势所带来的挑战，必须进一步加强战争对抗中的复杂性研究，从而在已拉开大幕的智能化战争中抢得先机。需要进一步开拓发展有关战争复杂性的研究，积极应对现实和未来不断提出的新挑战。本书第6章将简单介绍我们在战争复杂性方向的一些初步探索。

参考文献

[1] BOSKOVIC J D, PRASANTH R, MEHRA R K. A multilayer control architecture for unmanned aerial vehicles [C]//Proceedings of the 2002 American Control Conference (IEEE Cat. No. CH37301). Anchorage, AK, USA: IEEE, 2002: 1825-1830.

[2] FAN C, ZENG L, SUN Y, et al. Finding key players in complex networks through deep reinforcement learning [J]. Nature Machine Intelligence, 2020, 2(6): 317-324.
[3] 蔡延曦，孙琰，于同刚. 战争复杂性及战争模拟中的几个典型复杂性问题[J]. 兵工自动化，2008，27(11)：51-52.
[4] 陈士涛，李大喜，孙鹏，等. 美军智能无人机集群作战样式及影响分析[J]. 中国电子科学研究院学报，2021，16(11)：1113-1118.
[5] 董伟. "多域战"：引领美国陆军新一轮改革[J]. 军事文摘，2018(23)：52-54.
[6] 杜为公，田文奎，黄继业. 经济战争的"类战争"理论分析[J]. 军事经济研究，2002(9)：16-20.
[7] 付翔，申罕骥，王建叶. 人工智能支撑马赛克战机理研究[J]. 航空兵器，2021，28(1)：11-19.
[8] 申超，李磊，吴洋，等. 美国空中有人/无人自主协同作战能力发展研究[J]. 战术导弹技术，2018(1)：16-21.
[9] 谷旭平，唐大全，唐管政. 无人机集群关键技术研究综述[J]. 自动化与仪器仪表，2021(4)：21-26.
[10] 顾海燕. 美军无人机集群作战的发展启示[J]. 电讯技术，2018，58(7)：865-870.
[11] 郭行，符文星，闫杰. 浅析美军马赛克战作战概念及启示[J]. 无人系统技术，2020，3(6)：92-106.
[12] 胡晓峰，罗批. 战争系统复杂性与战争模拟[J]. 国防科技，2007(2)：6-11.
[13] 胡晓峰，司光亚，罗批，等. 战争模拟：复杂性的问题与思考[J]. 系统仿真学报，2003，15(12)：1659-1666.
[14] 贾永楠，田似营，李擎. 无人机集群研究进展综述[J]. 航空学报，2020，41(增刊1)：4-14.
[15] 周奕捷. 浅谈无人机集群组网通信方式及其发展趋势[J]. 企业科技与发展，2019(7)：130-132.
[16] 李欢. 信息化战争大幕下的无人机集群作战[J]. 军事文摘，2018(9)：22-23.
[17] 李磊，汪贤锋，王骥. 外军有人-无人机协同作战最新发展动向分析[J]. 战术导弹技术，2022(1)：113-119.
[18] 李鹏举，毛鹏军，耿乾，等. 无人机集群技术研究现状与趋势[J]. 航空兵器，2020，27(4)：25-32.
[19] 李曦，范彦廷. "复杂性"催生指挥"新模式"[J]. 国防科技，2006(6)：56-58.
[20] 李志刚，王积建. 走向复杂性的战争思维方式[J]. 国防科技，2006(9)：65-68.

[21] 李志强，胡晓峰，司光亚，等. 战争系统复杂性及其基于 Agent 建模仿真研究进展[J]. 火力与指挥控制，2006，31(10)：1 - 3.

[22] 刘丽，汪涛，崔静. 近年美国陆军多域作战概念发展探究[J]. 航天电子对抗，2019，35(6)：42 - 46.

[23] 刘树光，刘荣华，王欢，等. 国外无人机集群协同控制技术新进展[J]. 飞航导弹，2021(8)：24 - 31.

[24] 刘朔邑，李博. 美军“多域战”概念探析[J]. 国防科技，2018，39(6)：108 - 112.

[25] 龙威林. 无人机的发展与应用[J]. 产业与科技论坛，2014，13(8)：68 - 69.

[26] 罗海龙，武剑，王新. 无人机蜂群作战的几点思考[J]. 军民两用技术与产品，2019(7)：35 - 38.

[27] 苗东升. 复杂性科学与战争转型[J]. 首都师范大学学报(社会科学版)，2009(1)：65 - 72.

[28] 马向玲，雷宇曜，孙永芹，等. 有人/无人机协同空地作战关键技术综述[J]. 电光与控制，2011，18(3)：56 - 60.

[29] 潘琦，马志强. 马赛克战研究发展综述[J]. 中国电子科学研究院学报，2021，16(7)：728 - 736.

[30] 冯杰鸿. 体系智能化发展趋势及其关键技术[J]. 现代防御技术，2020，48(2)：1 -6.

[31] 齐小刚，李博，范英盛，等. 多约束下多无人机的任务规划研究综述[J]. 智能系统学报，2020，15(2)：204 - 217.

[32] 秦洪，许莺，吴蔚. 美军多域作战概念及其特点研究[C]// 中国指挥与控制学会. 第五届中国指挥控制大会论文集. 北京：电子工业出版社，2017：90 - 93.

[33] 汤治成. 从科学认知与复杂系统思维看“孙子兵法”的谋略[J]. 系统科学学报，2020，28(3)：40 - 44.

[34] 涂元季. 钱学森书信[M]. 北京：国防工业出版社，2007.

[35] 吴超宇，王明珠，张旭东，等. 浅谈无人机集群组网通信技术[J]. 信息通信，2019(7)：128 - 130.

[36] 吴跃亮，陈曦. 美陆军多域作战概念的发展与实践研究[J]. 军事文摘，2022(1)：57 - 61.

[37] 余永阳. 战争系统结构及运行的复杂性研究[J]. 系统科学学报，2019，27(1)：120 - 125.

[38] 袁卫卫，毛赤龙. 战争复杂系统研究现状分析[J]. 火力与指挥控制，2009，34(10)：1 - 7.

[39] 张传良，陈晓芳. 无人机蜂群或将改变未来战争形态[J]. 军事文摘，2021(9)：26 - 31.

[40] 张国宁，朱江，沈寿林. 战争复杂性的若干哲学问题[J]. 系统科学学报，2010，18(4):28-31.

[41] 张浩森,高东阳,白羽,等.基于蚁群算法的多无人机协同任务规划研究[J].北京建筑大学学报,2017,33(2):29-34.

[42] 赵仁星,何明浩,冯明月,等.美军"马赛克战"相关技术项目发展[J].舰船电子对抗,2021,44(6):1-6.

[43] 赵仁星,赵国林,冯明月,等.美军"马赛克战"概念下杀伤网探析[J].航天电子对抗,2021,37(5):61-64.

[44] 赵晓哲，郭锐. 军事系统的研究与复杂性科学[J]. 军事运筹与系统工程，2006，20(2):3-6.

第6章 军事体系复杂性研究

通过第5章，我们已经知道，战争具有复杂性。作为战争中的主要组成部分——军事系统，本身也是开放的复杂巨系统，具有复杂系统的一些基本特点，包括：非线性、多样性、层次性、涌现性、不可逆性、自适应性、自组织临界性、自相似性、开放性、动态性等。还原论无法分析军事复杂系统揭示出其中的规律，复杂性研究是解决军事复杂性难题的可靠手段。

复杂军事系统除了具有一般复杂系统的基本特点外，还有它自身的一些特点，体现为协作性与对抗性：①协同性。协同性追求整体效果的最优。各分系统行动高度统一，共同为完成一致的作战目标而协调一致地行动。一切行动听指挥，下级服从上级，这是军事系统，特别是作战系统最严格的组织纪律。协同性导致行为规则、行动目标的主从性，从而导致行为建模的复杂性。②对抗性。战争是两个或多个利益集团的激烈对抗，表现为双方针锋相对的斗智斗勇，这是军事系统，特别是作战系统最突出的特点。对抗性导致行为的高度不确定性，从而导致战场态势判断、实体行为建模的复杂性。

本章将基于复杂性研究的思路和方法讨论军事复杂系统中的4个重要问题，分别是：军事复杂系统作战单元的价值评估，基于对抗仿真的军事作战网络结构研究，基于自组织聚集的攻防战模拟及最优策略选择，人-机协同作战平台的搭建与运用。

6.1 体系作战单元价值评估

随着信息技术的发展，现代战争已经转变为体系与体系的对抗，加快作战体系能力建设已成为当前军队建设的一个核心任务。一般而言，作战体系是为追求整体效能而构成的复杂系统，是由多个作战系统相互协同，按照一定的结构，通过组织、体制、通信及机制连接成的一个整体。作战体系正在朝着网络化的方向持续发展，核心特征是网络之间的协同作战，在基础网络的支撑下，作战系统内部各功能单元通过信息交互建立起作用关系，组成结构复杂的网络系统。在网络化的作战体系中，如何快速地识别敌方的重要节点进行打击，或者调节信息网络结构隐藏并保护己方重要节点，是智能化战争的热点问题。

对于重要节点识别的方法有基于数学解析的评估方法、基于统计数据的评估方法，以及基于复杂网络的评估方法等。其中，基于复杂网络理论与方法针对体系的关键点、脆弱性以及级联反应等关键性问题进行研究，或对体系作战效能进行整体分析。张剑锋等人使用复杂网络方法建立了目标价值分析模型，该方法在分析节点目标价值的基础上分析了节点目标之间链路的价值，并通过网络生成树的数目来度量目标的重要性。李茂林等人利用度指标、介数指标、紧密度指标和特征向量指标对作战网络中的节点重要性进行评估，并结合最大连通分支、平均路径长度以及紧中心性度量作战网络在遭受攻击后的受损程度，提出了在体系对抗中关键节点的判定方法。邱原等人考虑了网络中边的 2 个端点对边本身的重要性影响，有效克服了以边介数作为重要度指标的片面性。李尔玉等人基于作战节点组合后的整体价值，提出了一种基于功能链的节点重要性评价方法。张鑫伟等人使用熵值法综合几类网络的基本静态指标进行节点重要性判断。这些研究从复杂网络的视角研究体系作战以及节点重要性等问题，引入了新的研究方向和研究视角，在现代战争研究领域发挥着越来越重要的作用。但这些研究主要是对于复杂网络相关概念的使用，未能充分考虑作战体系的实际特征，对于现代作战体系的分析还不够深入。

6.1.1　作战体系网络分析及建模

6.1.1.1　作战体系网络结构

作战体系是以交战(物理毁伤与信息对抗)、指控、通信、感知和融合类实体为节点，以各实体间的能量、信息和认知交互为边的复杂战争网络，是具有自组织特征的各类网络集成的“系统的系统”“网络的网络”。早期对作战体系单层同质网络的建模方法已无法反映信息化条件下作战体系“多网融合”“跨域交互”的特点。学者们从不同的角度研究了作战体系的构成。胡晓峰等从物理域、信息域和认知域的角度出发，按照网络化的组织指挥关系和作战编成将作战体系分成 3 层的复杂网络。朱涛等人将其抽象为基础信息栅格、战场感知网格、指挥控制网格和火力打击网格的 4 层立体网格。结合作战体系的“侦、控、打、保、评”功能域划分，我们所讨论的作战体系主要是由相互耦合的四重网络组成的，整体结构如图 6.1 所示，分别为通信传输网络、战场感知网络、指挥控制网络和火力打击网络。

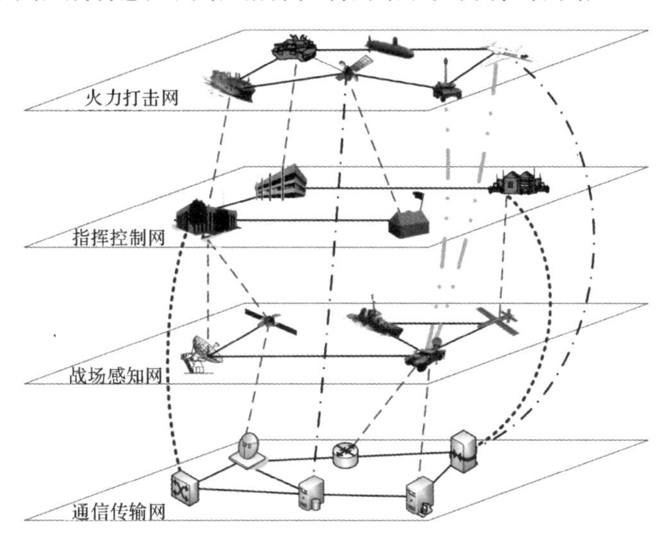

图 6.1　典型作战体系网络结构

(1)指挥控制网。指挥控制系统在军事作战过程中是不可或缺的。在战时，一体化指挥平台快速地将各种战争资源有效整合成一个整体，以形成更加强大的战斗力。

(2)通信传输网。通信网络运用智能处理技术，提高信息共享、态势感知和实时辅助规划能力，大大整合战场维度、压缩战场时空；通过通信网，能使各类指挥机构和部队无缝衔接，把信息优势转化为知识优势和智能优势。

(3)战场感知网。信息是作战的基础。结构合理有效的战场态势感知网络能够第一时间获得信息,并通过信息的整合实现信息的真伪判读,并将情报、侦察、监视融为一体,缩短杀伤链周期。

(4)火力打击网。群化武器是以智能化无人控制技术和网络信息系统为支撑的集群式作战武器。具备网络化、智能化和分布式作战能力,可自主协调行动并完成相应作战任务,可以按照需求组合,形成动态适变的“杀伤链”和“杀伤网”。

6.1.1.2 多路复用网络模型

多层网络已成为网络科学研究的前沿和热点,它突破了单层网络中节点和连边同质性的限制,考虑了多种类型节点及其连边关系(包括层内连边和层间连边)。一个含有 M 层的多层网络可以用超邻接矩阵 $\boldsymbol{G}=(A,O)$ 来表示。其中,$A=\{\boldsymbol{A}^{[1]},\boldsymbol{A}^{[2]},\cdots,\boldsymbol{A}^{[M]}\}$,表示多层网络中的层的邻接矩阵集合;$\boldsymbol{A}^{[\alpha]}=(V^{[\alpha]},E^{[\alpha]})$ 表示 α 层的邻接矩阵,$V^{[\alpha]}$ 表示 α 层的节点集合,$E^{[\alpha]}$ 表示 α 层的层内连边集合;$a_{ij}^{[\alpha]}$ 是 $\boldsymbol{A}^{[\alpha]}$ 中的元素:当 α 层中节点 i 和节点 j 有连边时,$a_{ij}^{[\alpha]}=1$,否则 $a_{ij}^{[\alpha]}=0$。$O=\{\boldsymbol{O}^{\{1,2\}},\boldsymbol{O}^{\{1,3\}},\cdots,\boldsymbol{O}^{\{\alpha,\beta\}}\mid\alpha\neq\beta\}$ 表示层间网络的邻接矩阵的集合。其中,$\boldsymbol{O}^{\{\alpha,\beta\}}=(V^{[\alpha]},V^{[\beta]},E^{[\alpha,\beta]})$,其中元素 $O_{ij}^{[\alpha,\beta]}$ 代表是否存在 α 层节点 i 到 β 层节点 j 的连边。$V^{[\alpha]}$ 和 $V^{[\beta]}$ 分别表示 α 层和 β 层的节点集合,$E^{[\alpha,\beta]}=\{(V_i^{\alpha},V_j^{\beta})\mid i,j\in\{1,2,\cdots,M\}\}$ 表示 α 层和 β 层的层间连边集合。多路复用网络是一种计算分析更为方便的多层网络,其所有网络层都由同一组节点构成。该网络的特点是,每一个网络层表示节点间的某种关系或者相互作用模式,而层间连边表示同一个节点在不同网络层的对应关系,如图 6.2 所示。理论上,可以通过各层网络上增添虚拟的节点和边使得任意的多层网络转化为多路复用网络。

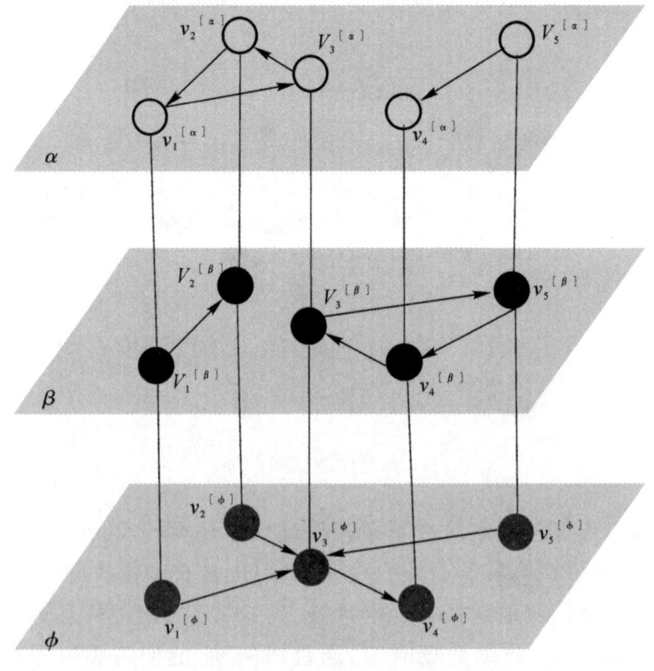

图 6.2 多路复用网络示意图

作战体系是一个多维度的系统，具有指挥、通信、侦察、对抗等一系列的功能。我们假设每个节点都应该具有这4种功能，只是重要程度不同以及具体表现不同，我们可以将图6.1中的一般性的多层网络转化为图6.2所示的一个多路复用网络。其中，跨层的不同节点之间的连接可以将其分解为上层节点在下一层网络的映射，再由该映射连接至目标节点；从功能的角度来理解，即对于每个节点，当其需要进行跨层连接时，它需要先进行功能的切换，实现该节点从一层网络到另一层网络的转化，在新的功能层上进行连接。

6.1.2　作战单元价值评估算法设计

6.1.2.1　常用的网络中心性指标

复杂网络研究提出了一系列确定节点重要性的方法，它们分别从网络的结构、功能等方面衡量了网络中的重要节点。在军事网络研究领域中，常用的有度中心性、集聚系数中心性、介数中心性、特征向量中心性、PageRank中心性等指标。

(1)度中心性。基于度中心性的方法认为一个节点的邻居数目越多，影响力就越大，这是网络中刻画节点重要性最简易的指标。节点 V_i 的度记为 K_i，是指与 V_i 直接相连的节点的数目。在有向网络中，根据连边方向的不同，节点的度有出度和入度之分。在加权网络中，节点度又称为节点的强度，其值定义为与节点相连的边的权重之和。度中心性刻画的是节点的直接影响力，一个度越大的节点，能直接影响的邻居就越多，也就越重要。不同规模的网络中有相同度值的节点可能具有不同的影响力。为了方便进行比较，可定义节点 V_i 的归一化度中心性指标为

$$D_i = \frac{K_i}{N-1} \tag{6-1}$$

度中心性具有简单方便，计算较快等优势。其缺点是仅考虑了节点的最局部的信息，而没有对节点周围的环境(例如节点所处的网络位置、更高阶邻居等)进行更深入细致的探讨，因此在很多情况下不够准确。

(2)集聚系数中心性。集聚系数中心性(聚类系数)表示网络中某个节点与周围节点的聚集程度，或网络节点间的密切程度、体系网络的凝聚力。通常聚类系数又可以被分为整体聚类系数、局部聚类系数以及平均聚类系数。

无向网络的某个节点 V_i 的局部聚类系数表示为

$$C_i = \frac{2A_i}{k_i(k_i-1)} \tag{6-2}$$

式中：k_i 表示该节点的邻居节点数量，那么这k_i 个节点之间最多可能有$k_i(k_i-1)/2$ 条连边，A_i 为这k_i 个节点间实际的连边。使用节点的聚类系数来衡量节点的重要性，能够有效地找到网络中成团的节点。

(3)介数中心性。介数中心性一般指最短路径介数中心性。该方法认为，在网络中所有节点对的最短路径中(一般一对节点之间存在多条最短路径)，经过某个节点的最短路径数

越多,这个节点就越重要。介数中心性体现了节点对网络中沿最短路径传输的网络流的控制力。节点 V_i 的介数定义为

$$B_i = \sum_{i \neq s, i \neq t, s \neq t} \frac{g_{st}^i}{g_{st}} \tag{6-3}$$

式中:g_{st} 为节点 V_S 到 V_t 的最短路径的总数,g_{st}^i 为从节点 V_S 到节点 V_t 的 g_{st} 条最短路径中经过 V_i 的数目。介数中心性可用于设计通信协议、优化网络部署、检测网络瓶颈等。不过,由于介数中心性的计算时间复杂度较高,因此实际应用受到限制。

(4)特征向量中心性。特征向量中心性是指一个节点的重要性不仅与其邻居节点的数量(即该节点的度)有关,也与其邻居节点的重要性有关。记 E_i 为节点 V_i 的重要性度量值,可表示为

$$E_i = c \sum_{j=1}^{n} a_{ij} E_j \tag{6-4}$$

式中:c 为常数,a_{ij} 为网络邻接矩阵的元素。从设定的初始值出发经过多次迭代到达稳态时,便可以得到每个节点的重要性。在指挥网络中,重要节点之间会有直接连边,由此形成强有力的指挥中心。

(5)PageRank 中心性。PageRank 算法认为,在一个网络中,如果一个节点的邻居普遍很重要,那么该节点也应该很重要。因此,PageRank 能够从全局角度来考察一个节点的间接影响力。初始时刻,赋予每个节点相同的 PR 值,然后进行迭代。迭代的每一步,其 PR 值都将以 c 的概率均分给网络中所有节点,以 $1-c$ 的概率均分给它指向的节点。每个节点的新 PR 值为它所获得的 PR 值之和,节点 v_i 在 t 时刻的 PR 值为

$$\mathrm{PR}_i(t) = (1-c) \sum_{i=1}^{N} a_{ij} \frac{\mathrm{PR}_i(t-1)}{k_j^{\mathrm{out}}} + \frac{c}{n} \tag{6-5}$$

式中:k_j^{out} 是节点 v_j 的出度;参数 c 的取值要视具体的情况而定,c 取值越大则算法收敛越快。

算法迭代直到每个节点的 PR 值都达到稳定时为止。

6.1.2.2 多层网络节点重要性评价

(1)HD 中心性。Osat 用从多路复用中提取的对单层网络有效的解来近似多路复用网络上的问题的解,提出了基于多路复用网络的节点重要性判断的 HD 中心性方法。HD 中心性利用每层网络上其节点的度值,对每一层该节点的度值进行乘积,即

$$\mathrm{HD}_{(i)} = \prod_{\alpha=1}^{N} D_i^{\alpha} \tag{6-6}$$

式中:α 表示层,共 N 层,D_i^{α} 为每一层上 i 节点的度值。

基于 HD 中心性的思路,我们将之前所提到的单层网络的中心性指标拓展到多层网络中,构建了 HB(基于多路复用网络的介数中心性指标)、HC(基于多路复用网络的集聚系数中心性指标)、HE(基于多路复用网络的特征向量中心性指标)等评价指标。

(2)FMP 中心性。在多层网络中,PageRank 节点中心性不仅仅取决于指向该节点的数量和质量,还取决于所在层的相对重要性。J. Iacovacci 将其拓展到多路复用网络,提出了(Functional Multiplex PageRank,FMP)方法量化节点中心性,考虑了节点自身和邻居的重要性以及所在层的相对重要性。

6.1.3　基于 Shapley 值的目标价值评价指标构建

一个作战体系的效能是上述多种功能的组合，不同功能的网络之间相互作用，彼此协作。因此整体的作战效能 H 可以表示为一个基于网络 G 的函数，也是各个作战单元的效能 H_i 的总和，即

$$H=f(G)=\sum_{i=1}^{N}H_i \tag{6-7}$$

式中：f 表示各层网络和各层网络之间的作用结果，N 为网络中的节点数。在本书后续的讨论中，基于对作战体系的抽象和简化，我们假设集聚系数中心性能够反映侦察网络的信息收集聚合能力，介数中心性能够反映通信网络的信息传播能力，特征向量中心性能够确定指挥网络的节点重要性，度中心性能够反映战斗网络的节点重要性。在此基础上，可以得到刻画网络整体作战效能的具体指标为

$$H=\sum_{i=1}^{N}(\alpha_1E_i+\alpha_2B_i+\alpha_3C_i+\alpha_4D_i) \tag{6-8}$$

式中：E_i 表示节点的特征向量中心性，B_i 表示节点的介数中心性，C_i 表示节点的局部集聚系数中心性，D_i 表示节点的度中心性，$\alpha_1\sim\alpha_4$ 为权重系数。可以通过设定不同的系数来求解体系不同方面的能力。例如，若除 α_2 外其他系数均为零，则能分析整体网络中的信息传递的效能。

节点的重要性是指节点对整个体系作战效能的贡献程度，一个节点的重要性不仅在于其直接贡献，也在于其对其体系中其他部分的支持，二者的和越大，那么该节点也就越重要。此外，节点重要性不仅取决于对当前结构的贡献，还取决于当体系结构发生变化（如其他单元受损）时对体系的贡献。Shapley 值法通过考虑某个节点对于不同组合下的体系整体效能的贡献，综合得到每个节点对于体系的真实贡献。用 Shapley 值计算节点对于体系的贡献程度，可以很好地反应节点的重要程度，则有

$$\varphi_i=\sum_{S\subseteq G\backslash i}\frac{|S|!\,(|G|-|S|-1)!}{|G|!}[H(S\cup\{i\})-H(S)] \tag{6-9}$$

式中：G 为整个网络，$|G|$ 表示其中全部的节点数，H 表示该子网络的效能，S 表示网络的子网，$S\subseteq G\backslash i$ 表示 S 为网络 G 不包含节点 i 的任意子网，$S\cup\{i\}$ 表示子网 S 加上节点 i 后构成的新子网。但上述的 Shapley 值的计算方法在节点数量较多的情况下，计算复杂，本书使用了 Adithya 所提出的简化的 Shapley 值的计算方法以提高计算效率。

我们依据该多路复用网络每一层对应的功能计算其中心性指标，通过(6-8)获得了每个节点的效能。然后对整个网络进行了一次投影，使其成为一个单层网络来确定其节点的邻居，即

$$\text{Shapley}_{V_i}=\sum_{V_j\in\{V_i\}\cup N_G(V_i)}\frac{w_{i,j}\cdot H_j}{1+D_j} \tag{6-10}$$

式中：$\{V_i\}\cup N_G(V_i)$ 表示包括节点 V_i 以及它的邻居的集合，$w_{i,j}$ 为节点 V_i 和 V_j 之间的

权重，当 $i=j$ 时，$w_{i,j}=1$，H_j 是 V_j 的节点效能，D_j 是 V_j 的度值。

6.1.4 节点重要性仿真实验

6.1.4.1 实验设置

在军事体系对抗中，不同的角色承担着不同的功能，对应到网络中即表现为每个节点在不同的网络中有着不同的地位。实验中采用的为包含一个侦察网、战斗网、通信网和指挥网的 4 层多路复用网络。这 4 个网络具有不同的结构。研究者经常使用随机网络(ER)，无标度网络(BA)，小世界网络(WS)或者规则网络对作战体系进行模拟。我们通过对 ER、BA、WS 网络随机组合，构建不同的多路复用网络进行模拟，见表 6.1。其中每层网络的节点数都为 128 个，平均边密度为 0.1，此时网络内连边数约为 820 条。

表 6.1 实验的网络构成

序号	指挥网	通信网	战斗网	侦察网
1	BA	WS	BA	WS
2	WS	BA	BA	WS
3	BA	WS	ER	WS
4	BA	WS	ER	BA
5	WS	WS	BA	BA
6	ER	ER	ER	ER
7	WS	WS	WS	WS
8	BA	WS	ER	ER

6.1.4.2 实验结果

基于网络的设置，对该多层网络进行节点删除操作(模拟作战单元受到攻击并损坏的情况)，使用不同的方法判断网络的重要节点并对其进行删除，比较网络整体效能的变化。

从图 6.3 中可以看到，针对不同的网络构成形式，基于传统的节点重要性指标(如介数中心性、集聚系数中心性等并不能稳定且有效地对一个多层网络产生有效的破坏)，按 FMP 法计算节点重要性的方法与使用 Shapley 值法判断出的节点重要性对网络的破坏能力相近。

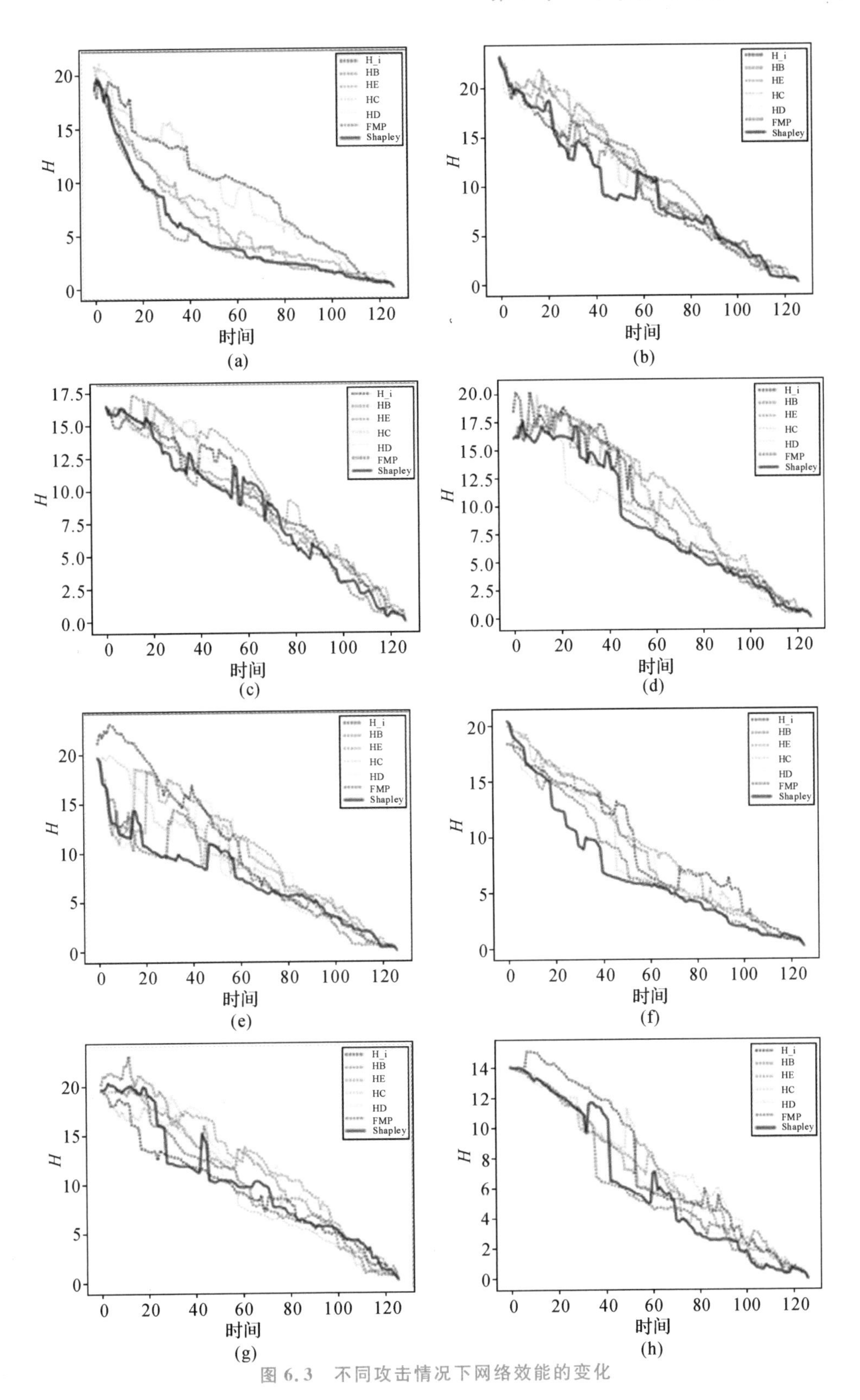

图 6.3　不同攻击情况下网络效能的变化

6.1.4.3 算法鲁棒性检验

为检验算法的稳定性,以及其对网络结构的泛化能力,基于同样类型的基础网络类型的设置,重复进行了 100 次实验。如图 6.4 所示,箱线图中统计了依据不同方法判断的节点重要性顺序删除节点后网络整体组织效能曲线所围成的面积大小,面积越小,代表按照该节点重要性顺序删除节点对网络的杀伤能力越强。可以看到,我们的算法相较于传统的一些算法有着较大程度的提升。

可以发现,使用 Shapley 值法来评估节点的重要性具有较好的稳定性,对于不同的网络构成均能有较为鲁棒的结果。

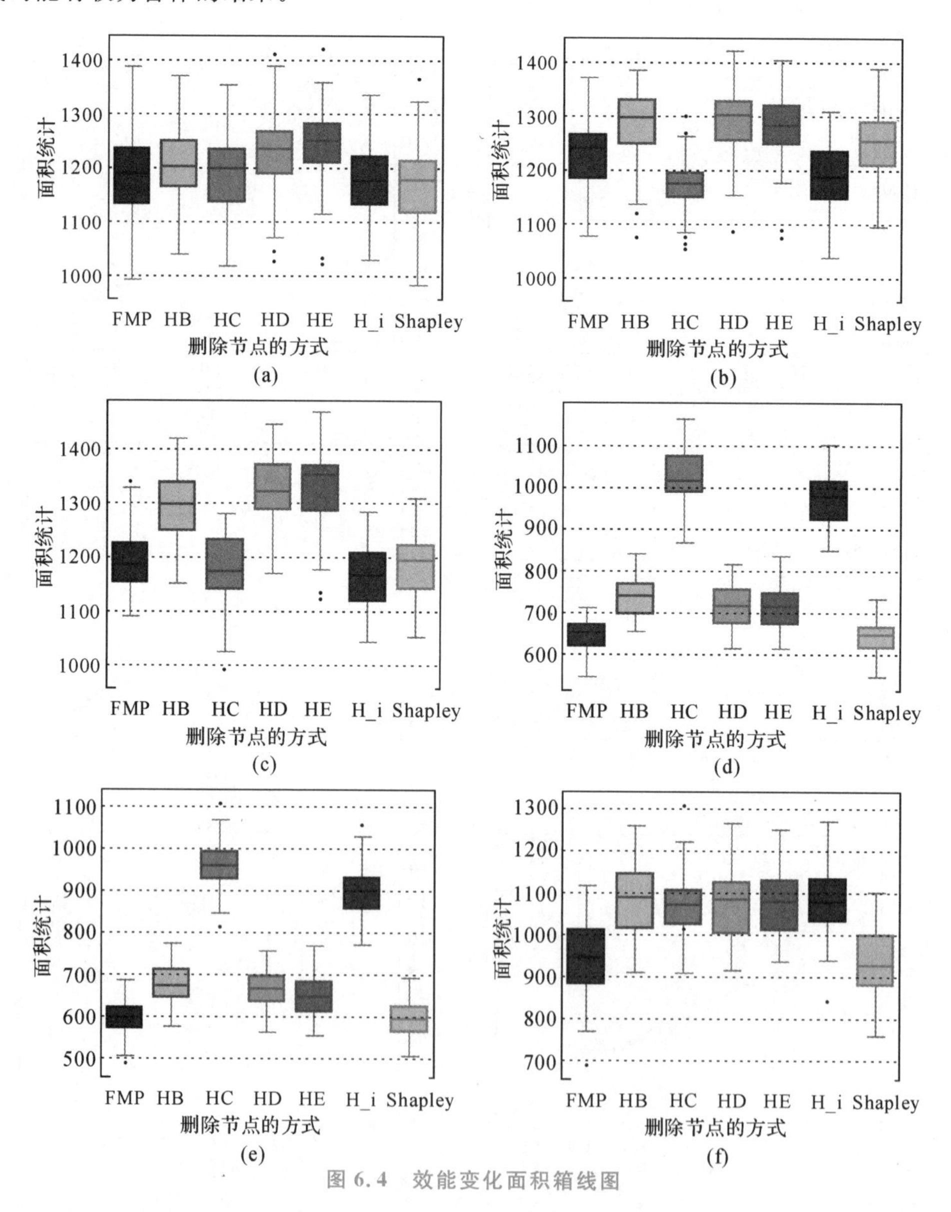

图 6.4 效能变化面积箱线图

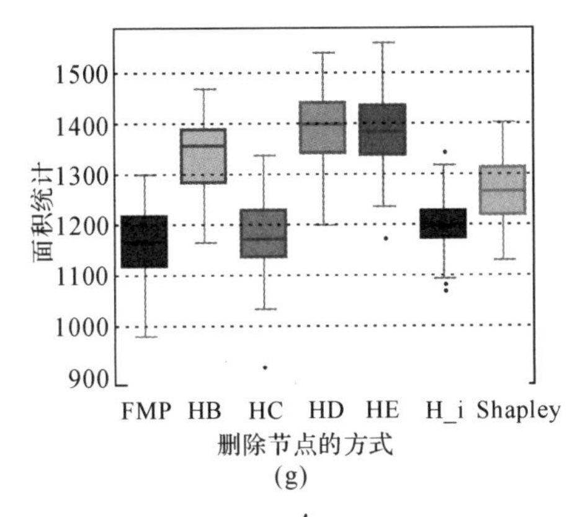

(g)

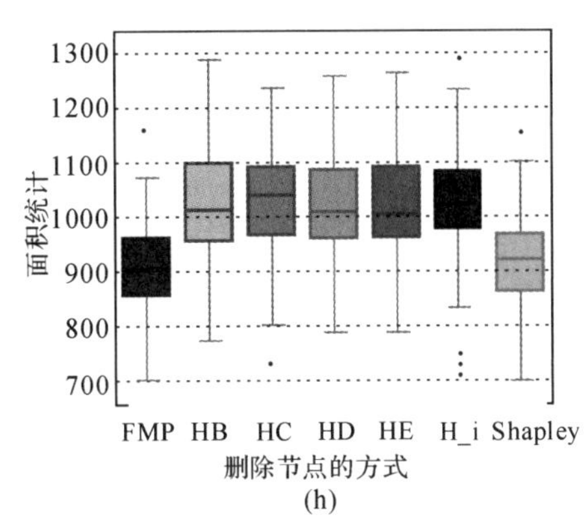

(h)

续图 6.4　效能变化面积箱线图

基于上述实验可以发现，使用 Shapley 值法对多层网络进行节点重要性的评估，其效果与使用多层网络上的 PageRank 算法相近，优于其他从单一中心性指标考虑的方法。从算法的复杂度而言，多层网络的 FMP 算法有着 $O(n^2)$ 的复杂度，而本书提出的基于 Shapley 值的作战体系多层网络节点价值评估方法，复杂度为 $O(n)$，要比前者更有效率。

基于 Shapley 值的方法具有较好的可扩展性，可以根据实际运用场景的需求，对网络结构以及效能函数进行调整并应用到更加复杂的军事系统中；同时，这个方法对网络结构的依赖性不强，具有很好的泛化能力，可以应用于其他不同结构的社会复杂系统的评价研究中。

6.2　军事网络对抗

智能化战争以满足联合作战、全域作战和非战争军事行动等需求为目标，以认知、信息、物理、社会等多领域融合作战为重点，呈现出分布式部署、网络化链接、扁平化结构、模块化组合、自适应重构、平行化交互、聚焦式释能、非线性效应等特点。其制胜机理颠覆传统，组织形态发生质变，作战效率空前提高，战斗力生成机制发生转变。根据梅特卡夫效应，在智能化作战系统的节点数量确定的情况下，节点之间自主组合融合度更高、功能耦合度更好，结构涌现力也更强，整体作战效能将呈指数级增长。由此可见，网络连接方式对于战斗力起着至关重要的作用。

6.2.1　作战子网相互作用建模

6.2.1.1　作战单元及作战过程的抽象

在基于复杂网络的作战建模中，把各个作战单元看作节点，把作战单元之间的相互作用看作连边，这样就形成了一个描述对战的网络 $G=(V,E)$。战争系统是一个典型的复杂系统，它由许多具有自主特性的分系统和子系统和各种要素组成，不同部分之间相互作用，在战争过程汇总即表现为战争双方的对抗、各方内部的合作协同等(见图 6.5)。

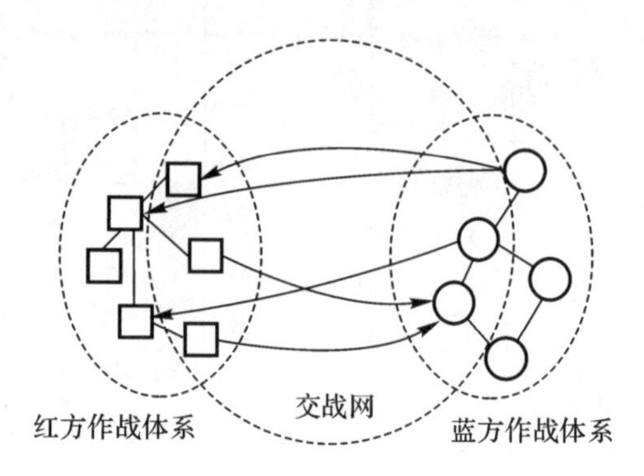

图 6.5 基于复杂网络的战争网络

6.2.1.2 对抗模型的评价指标

网络部队整体效能与其兵力规模和敏捷性相关,而兵力规模与各节点的武力值有关,敏捷性与网络各节点的通信效率有关。我们通过设定网络中各节点的武力值以及其通信效率,获得网络整体效能的评价指标。

考虑节点的武力值与度值成正相关与负相关两种情形,通过对网络总体的兵力规模的设定,从而依据节点的度值获得其武力值。

$$\left.\begin{aligned} f(i) &= F \cdot \deg(i) / \mathrm{size}(G) \\ c(i) &= \sum_{i \neq j \in G} \varepsilon_{ij} \end{aligned}\right\} \tag{6-11}$$

式中:节点的武力值 $f(i)$ 与节点的度值成正相关。F 为初始总的兵力规模,$\deg(i)$ 表示 i 的度值,$\mathrm{size}(G)$ 为网络中所有的连边数。节点的通信效率 $c(i)$ 为其到其余节点的平均最短距离的倒数求和。$\varepsilon_{ij}=1/d_{ij}$,$d_{ij}$ 为节点 i 到节点 j 的最短路径长度,表示两个作战单元之间的通信距离,若不存在最短路径,则 $d_{ij}=+\infty$。

定义网络 G 的整体组织效能为

$$OE(G) = \sum_{i \in G} f(i) \cdot c(i) \tag{6-12}$$

式中:$OE(G)$ 表示网络的整体的战斗力,其与网络的兵力规模以及网络的敏捷性有关,该指标很好地结合了网络中节点属性以及网络的结构属性。

6.2.1.3 两个网络随机对抗网络的生成

基于双方的任意作战单元都有可能受到攻击的前提,两个网络的节点分别从对方节点中选取一个攻击目标。为了更加贴合现实,此处可以出现多个节点同时攻击某一个节点的情况,但不存在一个节点同时攻击多个节点的情况。

6.2.1.4 网络对抗及战毁减员

通过设定两个作战网络以及它们之间的对抗网络,对其进行迭代。考虑每次对战回合作战节点的存活状态,若节点阵亡,则对网络进行该节点以及其对应的连边的删除,即节点受损使关联链路失效,从而降低该网络组织效能。在每一个回合开始时,会重新生成新的对抗网络,从而表示战争的动态化。当对抗中的某一方的节点全部阵亡时,则对抗结束。

6.2.2 对抗实验

6.2.2.1 网络随机对抗实验

本书考虑了4种常见的网络结构,随机网络(ER),无标度网络(BA),小世界网络(WS),克罗内克图(Kron)网络。研究不同网络结构之间对抗获胜的概率。

我们通过进行多次重复的网络对抗,获得了不同网络相互对抗的胜率,图6.6所示为胜率对比图。

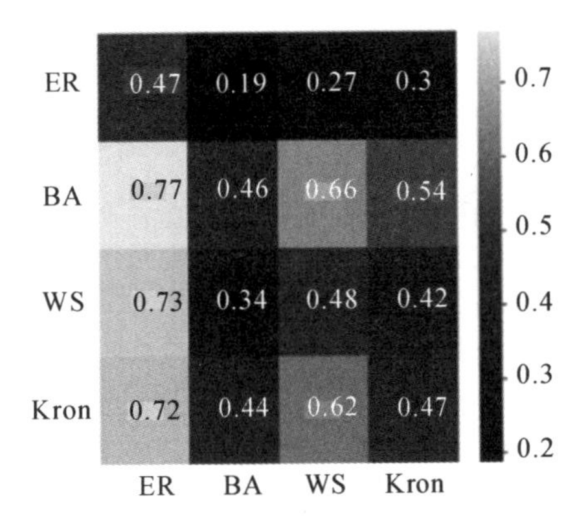

图6.6 不同网络随机对抗的胜率

图6.6中的热力图中值为两个网络对抗的胜率值。可以看到,*BA*在对战中胜率最高,无论面对什么样的网络结构,它都能够取胜。其对战胜率的排名为:无标度网络、克罗内克图网络、小世界网络、随机网络。

6.2.2.2 进攻策略选择实验

在上述的对抗实验中,对抗双方的进攻方式为随机选择攻击的目标。但在实际的对抗过程中,双方会有针对地对敌方的重要节点进行优先攻击,在进攻策略方面会呈现出进攻的优先级关系。因此,实验考虑针对不同网络最高效的进攻策略。

表6.2 网络效能变化图所围面积

打击方式	BA	ER	WS	Kron
度正相关_武力值	361 697.1	399 836.7	385 107.7	338 031.4
度负相关_武力值	416 488.3	419 218.2	401 286.5	366 392.9
度正相关_Shapley值	357 428	396 053.8	377 818.4	336 520.7
度负相关_平均最短距离	371 943.9	400 359.7	383 031.9	365 373.7
度负相关_Shapley值	382 522.1	413 400.7	386 199	344 932.4
度正相关_平均最短距离	402 974.9	419 310.6	391 261.5	373 323.4

其中,“_”前面的表示武力值的分配方案,即与节点的度值正相关或与节点的度值负相关;后面的表示的是打击方案,即:按照节点的武力值进行打击,按照节点到其他节点的平均最短距离进行打击,按照节点的 Shapley 值进行打击。

结合图 6.7 和表 6.2 可以发现,针对不同的网络,能够最快地破坏敌方的组织效能的进攻策略为:按照网络的通信效率的高低进行攻击,优先攻击敌方通信效率高的节点,能够较快地对敌方进行有效打击。

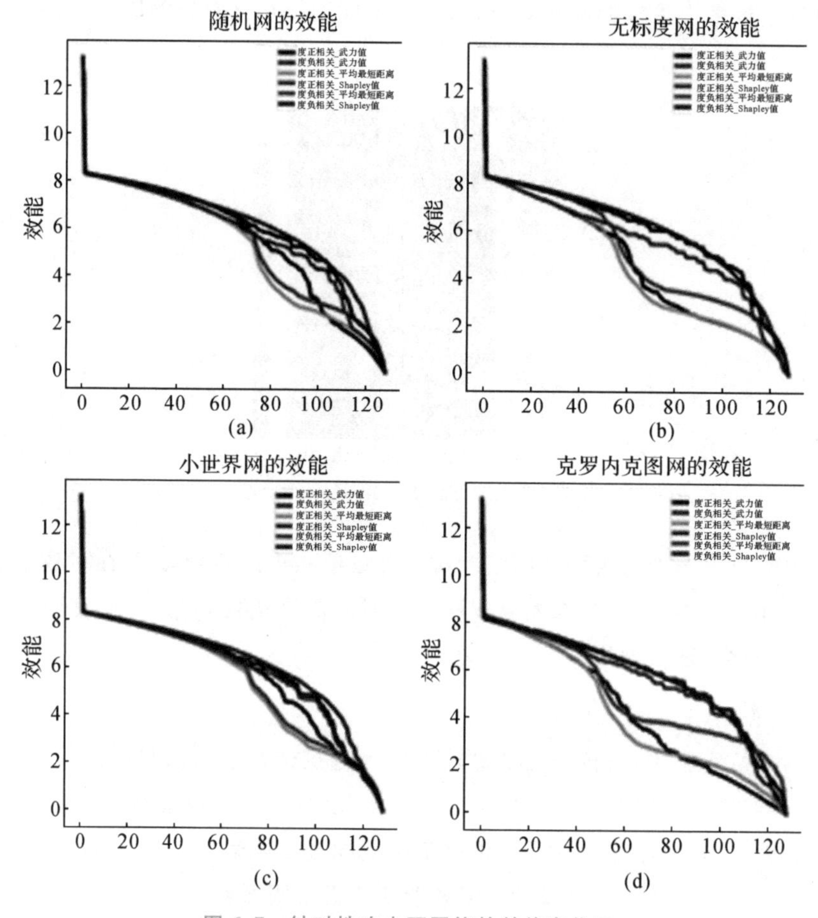

图 6.7 针对性攻击下网络的效能变化图

6.2.2.3 采取针对性攻击的网络对抗实验

基于上述讨论,可以得出对于不同网络的最有效的进攻手段。将上述进攻手段代入网络对抗中,可以比较不同网络对抗的胜率。

本实验中,节点的武力值分配与其度值成正相关,即度值越大,武力值越大。

由图 6.8 可以发现,当在网络对抗中采取了针对性攻击的进攻策略后,无论在什么样的对抗策略下,小世界网络都能表现出不错的对抗胜率。

6.2.2.4　实验结论

在对 4 种常见的网络结构进行网络对抗后发现，在随机对抗中，无标度网络的胜率最高。而当考虑针对性对抗时，面对不同的网络，优先攻击敌方通信效率最高的节点能够最快地对敌方形成有效打击，在有针对性的对抗过程中，小世界网络的胜率最高。

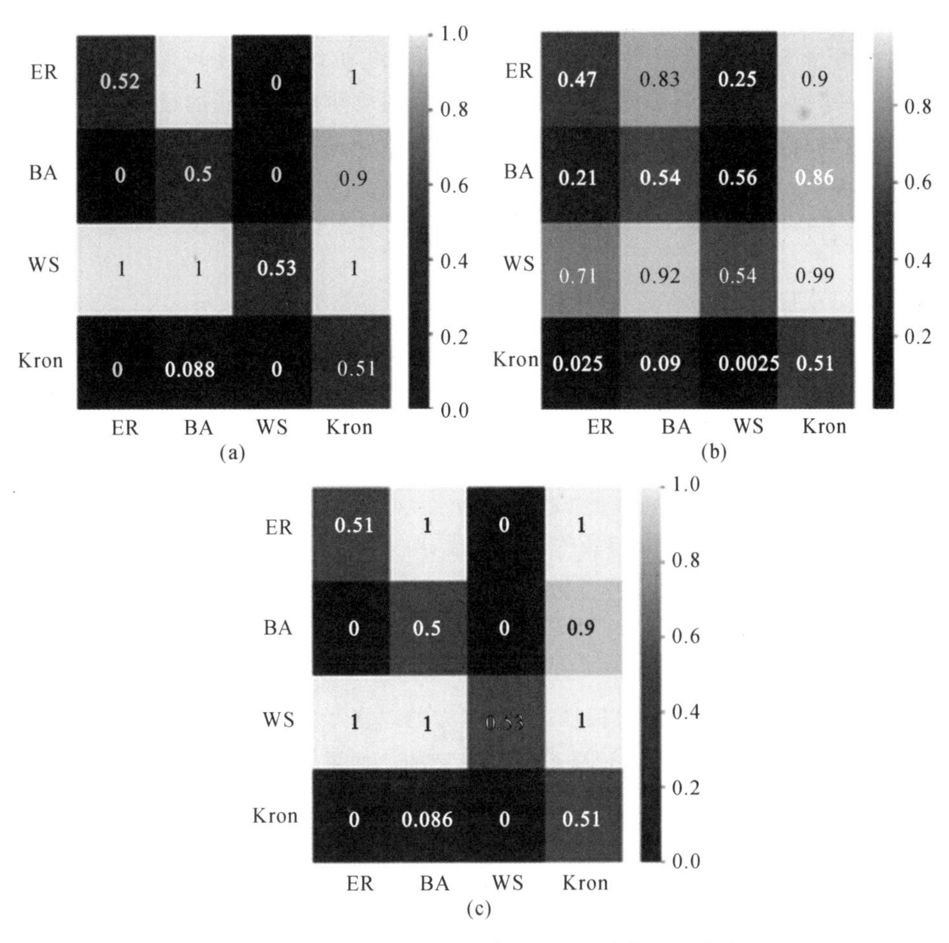

图 6.8　采取不同的进攻方案下网络对抗的胜率统计

(a)按照节点的武力值优先攻击；(b)按照节点的通信效率优先攻击；

(c)按照节点的 Shapley 值进行优先攻击

6.3　军事单元的自组织战斗力涌现

基于多智能体的建模与仿真方法是复杂自适应系统及其理论研究的一种强有力的方法。它通过个体与整体之间的属性和行为的相互作用来研究系统的动态特性。这种建模仿真方法具有以下特点：通过对复杂系统中基本要素及其相互作用的建模仿真，可以将复杂系统的微观行为与宏观"突发事件"现象有机结合，是自下而上综合、自上而下分析的有效建模方法。基于多智能体的仿真是利用多智能体系统中各智能体的特性和行为，直接从模拟系统的单个组成部分和个体之间的交互作用来研究系统的整体行为,已经成为研究复杂系统的基本方法。

在传统方式中,对抗性作战的特点往往是自上而下的战略制定,而行为的实施则是由个体作为主体单位进行的。传统的研究具有统一的命令模式,而对受试者的行为进行编程,赋予其自主性和一定的随机性,可能会产生更好的总体策略。本章以多智能体建模方法为重点,探讨自组织策略是否能产生更强的作战效率,进而讨论最佳攻防策略。本节通过NetLogo程序建模,对攻防博弈进行可视化仿真,寻找攻防作战之间的最佳博弈策略,从而判断是否可以将自组织策略与整体规划策略制定相结合,进一步优化作战效率。本节主要研究"自组织聚合对作战效率的影响"。在此基础上,将自组织策略与整体规划进行比较,并模拟策略的可行性。

6.3.1 红蓝攻防模型构建

从兰彻斯特方程出发,在没有聚集策略的情况下,即双方在场上随机均匀分布的情况下,发现运算效果与参与者人数的二次方显著成正比。换言之,如果两个战斗主体的价值观完全相同,且存在以下规律:

$$n_{i0}^2 - n_i^2 = n_{j0}^2 - n_j^2 \tag{6-13}$$

式中:n_{i0} 和 n_{j0} 分别代表2个参与者的初始数量;n_i 和 n_j 分别表示在特定时间步长后的参与者数量。则可以通过下式设定作战效率,即

$$\alpha_i = \frac{n_{j0}^2 - n_j^2}{n_{i0}^2 - n_i^2} \tag{6-14}$$

我们设置了一个70×70的模拟场,交战双方的攻击半径设为3,单位时间移动步数设为1。通过仿真实验,发现这种设置是合适且有利的。如果攻击半径相对于移动步长过小,自组织效益不明显。如果攻击半径相对于模拟场过大,则双方形成阵地的好处不明显,就变成了简单的火炮游戏。

如图6.9所示,在模型中,红方agent被设置为防守者,其在深绿色圆圈区域进行防守;蓝方agent以圆形方式统一设置为进攻者;随机出生在深绿色位置之外,在作战区域不聚集时优先进攻。初始红方agent的初始位置设置在半径为20的圆上,防御半径设置为30。

在自组织策略的分析中,红蓝双方被给予相同的攻击半径、单位时间伤害、移动速度和100个初始agent。所以红蓝双方行为不同的原因应该是由攻防阵地的选择决定的:是否聚集在一起,是否形成阵地,是集体聚集还是分散成较小的阵地,聚集的概率有多大,聚集的半径有多大,等等。影响组织的参数是"视野半径"和"聚集概率"。本章讨论的自组织策略主要关注视线半径和聚集概率对整个团队作战效率的影响。

每个agent在一个时间步骤中经历了移动、攻击和死亡3个阶段。

(1)移动:agent会根据集合的设定概率进行随机决策。如果agent选择聚集,会向视线半径内所有友军的平均位置移动一步;如果视野中没有友军,则方向保持不变。这种策略被称为向质心聚集。聚集规则如下:

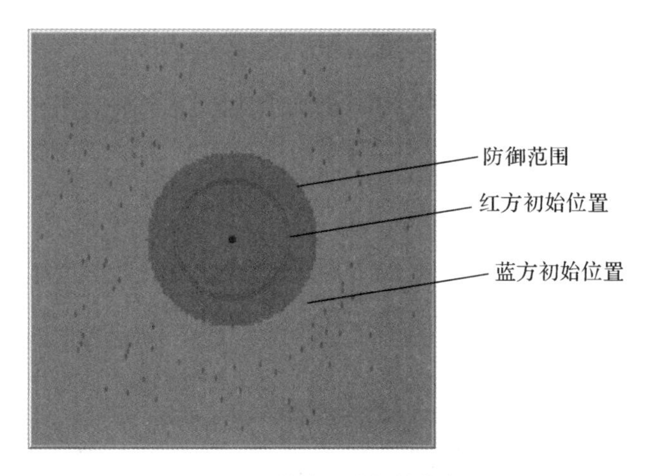

图 6.9　仿真实验初始状态

对于此刻一个 agent$A$ 的位置向量为 $\boldsymbol{a}$，设 A 视线半径内友军所有位置组成的集合为 U_a，则友军平均位置的计算公式为

$$U=\frac{1}{|U_a|}\sum_{k\in U_a}\boldsymbol{u}_k \tag{6-15}$$

式中：$|U_a|$ 代表 A 视界内友军的数量，而 $\boldsymbol{u}_k$ 代表 U_a 集合中的 agent k 的位置向量，所以 A 选择在这一点上移动的方向向量是

$$\Delta\boldsymbol{a}=\frac{\boldsymbol{u}_a-\boldsymbol{a}}{\|\boldsymbol{u}_a-\boldsymbol{a}\|} \tag{6-16}$$

向量的范数表示向量的大小，因此 $\Delta\boldsymbol{a}$ 仅表示移动的方向。如果 A 的步长是 l，那么 A 的下一个位置将是 $\boldsymbol{a}+l\cdot\Delta\boldsymbol{a}$。

为了更接近现实并避免大量 agent 聚集在同一点并产生不切实际的最优策略，添加了一个规则，即如果目标单元上已经存在其他 agent，则该 agent 将远离聚集位置，这意味着 A 的下一个位置将是 $\boldsymbol{a}-\Delta\boldsymbol{a}$。

如果判断结果为不聚拢，出暗区的红方和蓝方会选择先面对暗区，这样红方会形成防守态势，蓝方会形成进攻态势。在没有中央指挥的情况下，运动方式存在自主不确定性，更接近实际情况。因此，根据当前方向，在 10° 内进行一次随机转弯，分别向左和向右，然后向前移动 1 格，从而使 agent 的移动更加随机。

(2)攻击：目标对攻击半径内最近的对手造成 5 点伤害。

(3)死亡：每个 agent 的初始健康值为 50。如果健康值小于或等于 0，则 agent 将会死亡并被从系统中删除。

以上是模型构建和参数设置的基本流程。在此基础上，不同视野半径和聚集概率参数所产生的不同作战效率是自组织涌现的结果。

6.3.2　防守方的最优策略

模拟结果如图 6.10 所示。横坐标是红方的聚集概率，纵坐标是红方的视野半径，高度或颜色是红方的效率。通过仿真发现，当蓝方没有聚集策略时，红方有一个最优策略：视野半径=6，聚集概率=100%。再看无战略控制组，发现平均作战效率略大于1，说明在我们模型的设定下，防守方有着天然的防御优势，即部署在防御阵地半径内的部队，从各个方向对围攻对方部队都有着轻微的优势。在具体模拟的过程中，几乎没有蓝方的一面战胜红方的一面。

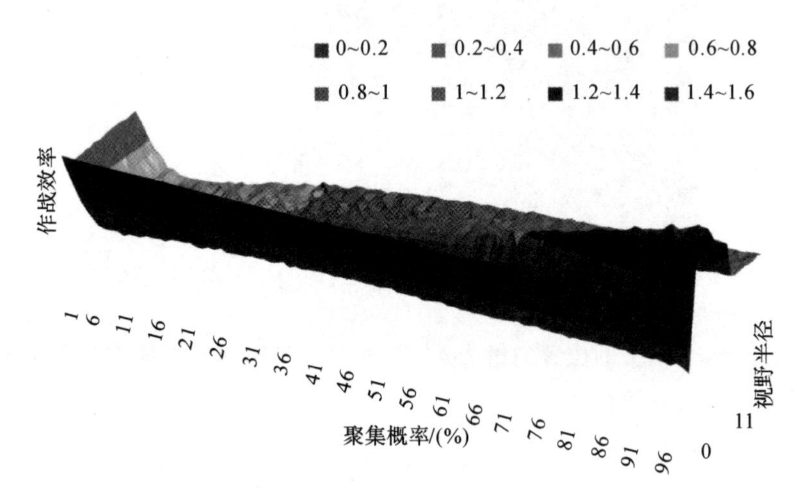

图 6.10　当蓝方的聚集概率为 0 时，红方的作战效率作战

结果表明，当聚集概率较小时，自组织策略不会提高作战效率，反而会降低作战效率。除视野半径为 1、2 外，在聚集概率增加的过程中，各种自组织策略的作战效率先降低后升高。总体来说，如果作战单元以较低的概率聚集，群体的有效性会比它们不自组织的情况更差，因为以较小的概率聚集会破坏防御者周期性的“巡逻”编队。介于完全统一和完全不统一之间的编队往往非常松散，凝聚力较低，容易受到围攻。概率接近 100%时作战效率的上升是由于集中在小区域导致局部能力的提高，从而导致从各个角度抵抗对手攻击的能力更强。而当视野半径为 1、2 时，会严重破坏编队整体凝聚力，集结半径甚至小于进攻半径。这样小范围的集结会造成严重的适得其反的效果。所以，聚集概率低，视野半径过低时，作战效率高。其实视野半径应该大于攻击半径。

视野半径从 1 变为 20 时，作战效率先增后减，存在一个在所有概率下最优的视线，它出现在视野半径为 6 左右。当视野半径为 5,6 或 7 且聚集概率为 100%时效率很好。当蓝方输掉全部 100 人时，红方往往还剩 50 多人。当视野半径太低的时候，防御力量太分散，很容易被一个个打败。视野半径过高时，防御力量过于集中。当视野半径超过 10 时，所有部队都有可能聚集在中心。这时候对手更有可能有攻城的好处。当视野半径适中时，防御力量会有小的集中，多种力量会有小的集中。集中的力量有效地反击了追击的对手。

总之，这个自动化支持的小集群是从自组织策略中产生的。防守者对付不集中注意力而只追击的进攻者最有效的策略是 100%集中在一个小的视野半径内，这样自组织编队可以达到最高的作战效率。

6.3.3 进攻方的最优策略

下述采用类似于防守方讨论进攻方的最优策略，寻找防守方没有自组织策略的最优进攻策略。将防御者的聚集概率设置为0，其他参数与进攻方相同。与防守策略的显著区别在于，由于进攻方策略需要主动靠近防守方，如果进攻方的集群概率达到100%，则双方无法交战，效率为零。本小节以1为间隔，研究瞄准半径在0°～30°之间时对作战效能的影响；以1%的间隔研究0～100%之间的聚集概率对运行效率的影响。

模拟结果如图6.11所示。横坐标是蓝方的聚集概率，纵坐标是蓝方的视野半径，颜色或高度是蓝方的作战效率。

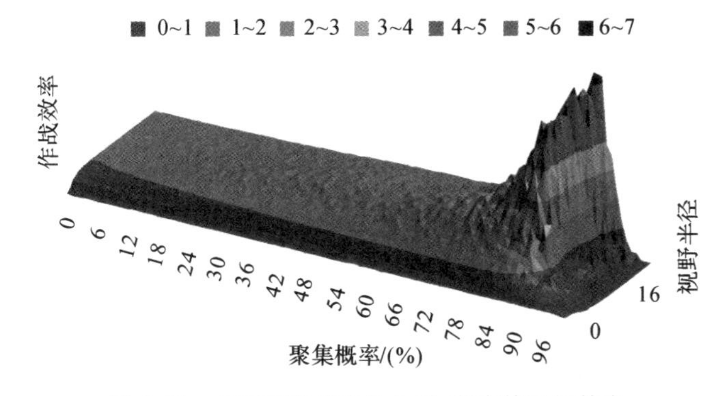

图6.11 红方聚集概率为0时，蓝方的运行效率

当视野半径过大时，图6.11中呈现的高作战效率是进攻过于集中，没有完全投入防守的结果。因此，选择视线半径小于24的最优自组织策略。通过仿真发现，当红方没有聚集策略时，蓝方有一个最优策略：视野半径＝18，聚集概率＝85%。

从结果来看，总体作战效率随着聚集概率的增加先增大后减小。在攻击概率不太高（概率小于85%）的范围内增加聚集概率，是提高作战效率的好方法。随着视野半径变大，过多的聚集（概率大于85%）将导致作战效能下降。优先选择视野半径大的集合将进一步导致无法在时间步长限制内进行防御。一般来说，进攻的最佳策略是尽可能集中注意力，然后尽可能猛烈地攻击防守方。在攻击速度和集中性的权衡中，找到了一个最优的组织策略：视野半径为18范围内85%的集中性更好。视野半径不仅对聚集效果起到了很好的规划作用，而且使进攻方产生了更好的追击和压制行为。

总之，小集群也可以从攻击方的自组织策略中产生。聚集概率为85%，视野半径为18，可以通过形成小的聚集达到最大的作战效能。

6.3.4 作战双方之间的博弈优化

当防守方已经采用了最优防守策略，而进攻方也有自组织进攻的能力时，原来的最优防守策略还是最优的吗？同样的问题也适用于进攻方。如果双方都有能力改变策略，那就构成了一个博弈过程。

首先把进攻设定为85%的聚集概率、视线半径为18的最佳策略，改变防守者的策略。根据前面的讨论，聚集概率的降低只会导致作战效率的降低，直到概率为零附近反弹。在这个过程中，只需要分析在100%的聚集概率下，调整红方的视野半径是否会为红方找到更有利的自组织策略，并将此时红方的作战效率与进攻方找到的最优作战效率进行比较。如果此时红方的作战效率大于最优作战效率，则表明红方策略比没有自组织策略更糟糕。模拟结果如图6.12所示。

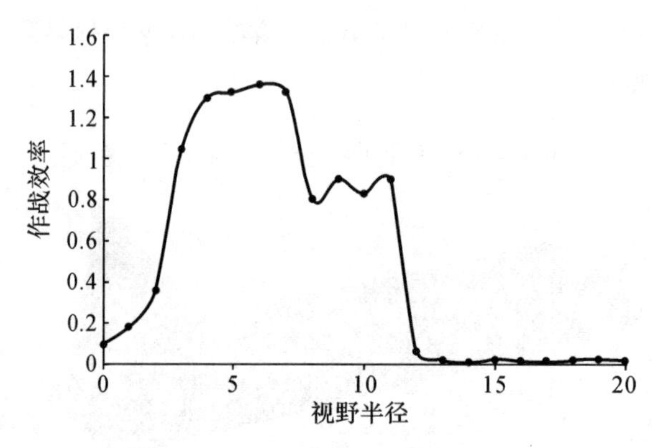

图6.12　红方与蓝方自组织的作战效率

通过仿真发现，当蓝方采用最优自组织策略时，红方的最优策略仍然是：视野半径接近6，聚集概率等于100%。它与前面获得的最优策略相同。红方不需要改变策略。

对称的博弈问题也是这样研究的。将防守者设定为最优防守策略（视野半径为6、聚集概率为100%进行模拟），看进攻方是否能产生比原最优策略更好的策略。结果如图6.13所示。纵坐标表示蓝方的聚集概率，横坐标表示蓝方的视野半径，颜色或高度是蓝方的效率。

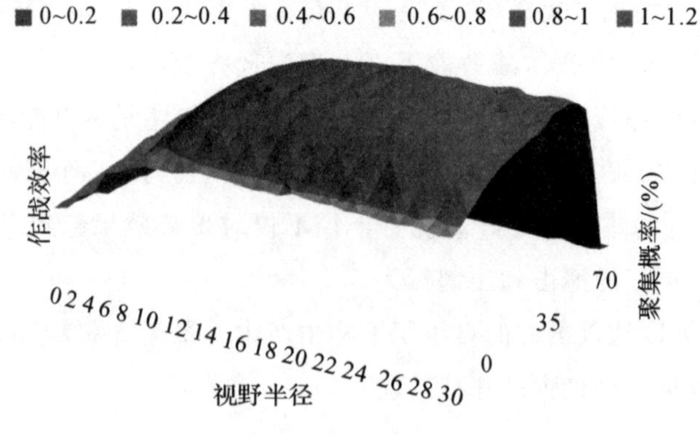

图6.13　蓝方与红方自组织的作战效率

通过仿真发现，此时蓝方的最优策略是视野半径为30，聚集概率为65%～75%。蓝方的最优策略已经调整。此时，自组织聚合的策略从小范围调整为大范围的群体聚合。进攻方并没有取得很大的作战效率，但却能够与防守方平起平坐，取得些微优势。

当进攻方采用新的最优策略为“群体集结”，即全部集结时，红方的作战效率随视野半径变化，如图6.14所示(红方聚集的概率为100%)。纵坐标代表红方的作战效率，横坐标代表红方的视野半径。

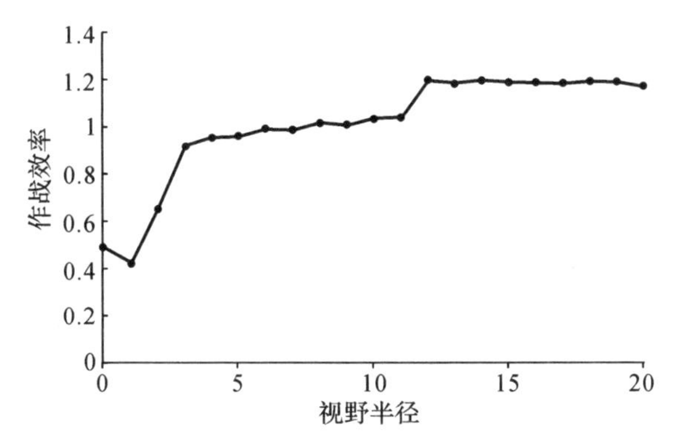

图6.14　红方和蓝方聚集时的作战效率

可以发现红方最优策略变成视线半径大于11，聚集概率等于100%。红方最优策略也变成全聚集。

当红方采用全聚集策略时，蓝方的作战效率随视距和聚集概率而变化，如图6.15所示。此时，蓝方的最优策略变成了视野半径为20、聚集概率为25%的自组织策略。在这种策略下，蓝方的行为以小概率出现大范围的集群，几乎是没有集群策略的行为。这个结果和人们的认知是一致的：红方选择群体聚集时，蓝方选择大面积追击直接围攻效果最好。

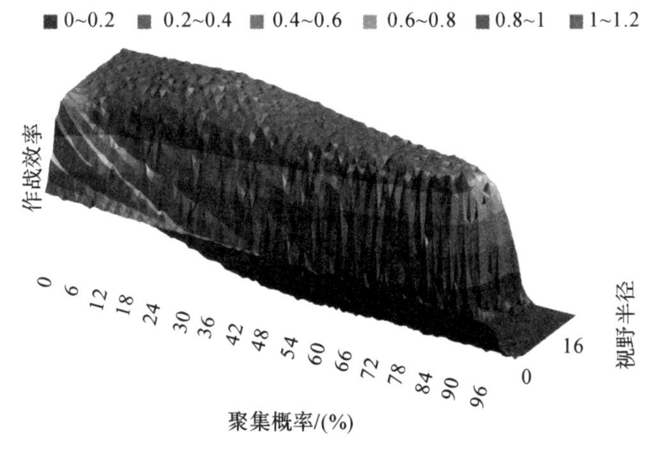

图6.15　红方全部聚集时，蓝方的作战效率

因此，进攻和防守中双方的最优策略在对方没有自组织策略时不是纳什均衡。战斗过程中双方没有简单的最优策略，一方的最优策略会根据另一方的策略进行调整。所有结果直观地显示在图6.16中。在这个图中，行代表蓝方选择的策略，列代表红方选择的策略。

原博弈不存在纯策略纳什均衡策略。进攻团队的自组织策略总是优于非聚集策略，所以进攻团队不会采用非聚集策略。同样，对于防守团队来说，群体聚集策略总是优于非聚集策略，所以防守团队不会采取非聚集策略。因此，在实际过程中，双方必须不断改变策略。

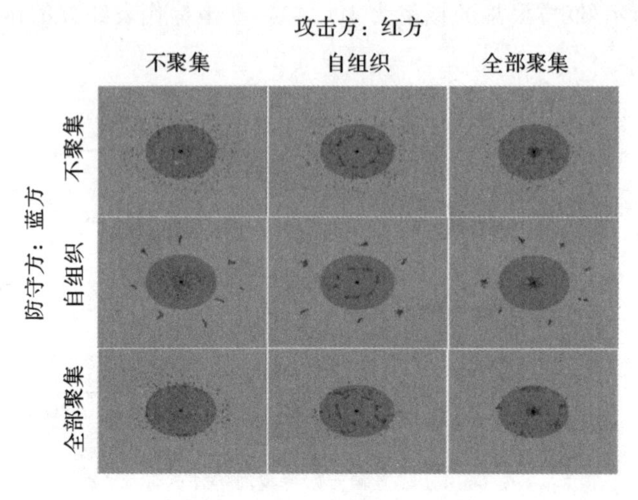

图 6.16　双方不同策略的示意图

6.4　作战系统人-机协同演化仿真

从全世界范围来看，美欧等军事强国已开展了一系列面向人-机协同作战的理论研究、体系设计和技术实践。2015 年 12 月，在俄军战斗智能体的强力支援下，叙利亚政府军成功攻占“伊斯兰国”控制的某一战略要地，大大降低了伤亡。美军提出了一系列面向新型作战形态的战争概念，如分布式作战和马赛克战，其核心思想都是智能化人-机协同作战。在美国国防高级研究计划局(DARPA)2020 年的项目中，与人-机协同作战有关的项目占到总项目的 21%，经费占比高达 35%，例如“忠诚僚机”项目、“空中博格”智能无人机项目和“跨域海上监视与目标捕获”项目。相较于其他军事强国，中国对于人-机协同作战的研究起步较晚，但近年来也出现了许多相关技术探索，主要是以无人机蜂群为代表的智能集群技术。

显然，人-机协同带来的理论研究、体系设计和仿真模拟创新是最值得关注的问题，不能简单地认为只是将有人武器换成无人武器而落入传统换装的经验主义误区。近年来，国内外学者从人-机协同作战体系架构、人-机协同作战关键技术、人-机协同作战演化仿真、有人/无人-机协同等角度展开了研究。然而，现有研究在演化仿真方面存在着局限性，集中于利用传统模型(如兰彻斯特方程)来模拟人-机协同作战，对于智能体类型和人-机协同作战方式过于简化，忽视了人-机协同作战的复杂性，没有结合具体作战行动研究涌现机理。基于此，本节从探究人-机协同作战演化中协同机制的视角出发，通过对现实作战的抽象，运用多主体模型(multi-agent model)，搭建人-机协同作战演化仿真平台。在此基础上，进行仿真实验，对比典型人-机协同类型(引导、支援、防御)下不同作战参数的作战效率，为人-机协同作战策略的制定提供参考，助力我国人-机协同作战研究的发展。

6.4.1　人-机协同作战研究现状

人-机协同作战这一概念最初是由美军于 2013 年提出的，其目的是应对由科技变化带来的未来战争形态的改变。目前，国内外学者主要是从概念理论、体系架构和模型仿真等方面进行分析研究。

(1)在概念理论方面，美国国防部提出了一系列面向新型作战形态的战争概念，如多域战、算法战、马赛克战和分布式作战等，其核心都是智能化人-机协同作战。傅妤华、唐胜景、薛云涌等人对国内外先进的人-机协同作战相关概念和系统项目进行了介绍，并对我国相关领域的研究提出了启示和建议。

(2)在体系架构方面，黄松华从顶层架构规划与技术架构设计对人-机协同作战进行了研究，并对其中的关键技术进行了梳理。周胜利等基于人-机协同关系和作战方式，提出了陆军智能化作战指挥体系框架。万路军等针对人-机协同作战中的任务分配问题进行了研究，提出了与之适应的分布式体系结构。

(3)在模型仿真方面，胡月、顾海燕等提出了有人机/无人机组队协同控制模型，分析了协同通信、任务规划和航迹分配等关键技术。伏克松开发、设计了抢滩登陆场景下有人/无人作战体系体系结构，并依据体系结构建立了协同任务分配数学模型。商慧琳等人对含有人-机协同的武器装备体系进行了网络建模，并提出了相应的能力评估方法。毛炜豪等人通过改进传统兰彻斯特方程，提出了人-机协同作战的动力学模型，并进行了仿真实验分析。J. R. Fan 等阐述了人-机协同作战的基本概念，建立了考虑战场感知系数和指挥控制能力的人-机协同兰彻斯特作战模型。

一般而言，战争系统是一个复杂适应系统(CAS)，传统方法如数学模型(例如兰彻斯特方程)、面向对象等已经无法准确全面地描述战场复杂性。所以，国内外学者多用“自底向上”的多主体建模来研究作战，且在传统作战领域研究方面已经较为成熟，在新型作战领域如无人机蜂群作战等方面目前正在迅速发展。

(1)在传统作战方面，杨克巍提出了半自治作战 agent 的概念，建立了基于半自治作战 agent 的作战仿真系统模型。郭超等人基于多主体模型，使用 NetLogo 平台，对分队对抗的作战形式进行了建模仿真。徐海峰构建了以多主体系统为核心的虚拟作战系统，研究战争的运行与发展规律。朱一凡等人将多主体模型运用到海军战术仿真，提出了海军作战主体模型框架。B. Peng 等基于系统动力学和多主体模型进行了作战过程模拟并且可以预测伤员类型和数量。Cil Ibrahim 等对非对称战争中小型部队作战进行了建模与仿真。胡晓峰、迟妍、X. Tan 等强调了作战仿真需要与系统复杂性结合，运用复杂适应系统理论的相关知识，并基于多主体的建模仿真方法进行研究。

(2)在新型作战方面，赵柱等人基于多主体模型研究了无人机与反无人机系统的组织架构与作战流程，提出了反无人机 OODA 体系对抗模型。刘钻东研究了基于目标意图预测的多无人-机协同攻防智能决策。De Lima Filho、Geraldo Mulato 等人对在考虑敌人不确定性(如射程和位置)的情况下无人机位置进行了优化,找到了合适的无人机战术编队方法。

综合来看,现有研究在人-机协同作战和多主体模型作战仿真方面已取得了诸多成果,但仍存在以下不足:

(1)多主体建模作为一种适配且成熟的研究作战的方法已有众多学者使用。利用多主体建模对传统作战的研究已经非常充分,但在新型作战形态方面还不够全面,往往集中于对无人机集群等纯无人作战系统的研究,缺乏对人-机协同作战建模仿真的探索。

(2)从人-机协同作战的研究来看,其概念理论和体系架构已经很充分,但模型仿真集中于利用传统模型(如兰彻斯特方程)来进行,对人-机协同作战中智能体类型和作战方式的建模较为笼统,忽视了人-机协同作战的复杂性,无法讨论人-机协同演化中战斗力的涌现过程,不利于研究人-机协同作战演化中的协同机制。

6.4.2 基于多主体模型的人-机协同作战演化仿真平台构建

本节基于多主体模型,并运用 NetLogo 构建单智能体和多智能体人-机协同作战演化仿真平台,为研究不同参数对作战效率的影响提供工具。

6.4.2.1 作战想定

本节着眼于连级(连级部队约为 100 人)人-机协同部队的作战仿真。其作战想定是:红蓝双方在各自行进过程中意外遭遇,双方均没有事前准备,于是在相逢区域进行一场小规模遭遇战,并假设不会有其他部队来增援。双方的目标均为尽最大努力消灭敌人和保存自身战斗力,战斗一直持续到其中一方全部阵亡(丧失战斗能力)。在本节中,对双方实战兵力、火力配置以及作战参数都进行简化处理。

6.4.2.2 agent 建模

1. agent 种类

红方和蓝方的作战底层是 agent,均分为人和智能体两类。其中人携带了手枪、步枪和手雷等传统武器。

智能体以及相应的人-机协同作战方式根据现有研究大致分为 3 类:①智能体引导人作战。在战场最前方,智能体实施抵近侦察,逼迫敌方暴露位置后,引导其他作战力量对敌方目标进行精确火力打击。②智能体支援人作战。在作战过程中,智能体可以为人提供情报信息支援、通信中继支援、电子对抗支援,以及火力支援等帮助。③智能体掩护人作战。智能体可以诱骗敌方火力、干扰敌方攻击,如反导系统等,在作战过程中进行掩护,减少伤亡。

本节中的智能体分为 3 种类型,①引导型,可以扩大己方人和其他智能体的视野范围和火力范围,并引导己方个体攻击特定的敌方目标。根据确定的敌方目标是人还是智能体,又将引导型分为了引导Ⅰ型(目标为人)和引导Ⅱ型(目标为智能体)。②支援型,支援型可以通过各种方式来提高己方攻击力,增强对敌方的杀伤。③防御型,防御型可以通过各种方式来掩护己方个体(包括人与其他智能体),减少己方因敌方攻击所受到的伤害。

2. agent 结构

根据现实中人和智能体所具有的功能，通过合理的抽象和简化，本节所使用的 agent 结构如图 6.17 所示。其中，通过视野模块，agent 与战场环境交互，获得敌方 agent 的信息。通信模块用于与其他 agent 进行通信组网，这一过程是自主进行的，没有集中控制。根据敌方信息与通信信息，反应模块按照规则库中的规则来确定采取什么行为。执行模块执行相应行为，产生改变 agent 自身属性、敌方 agent 属性的效果。

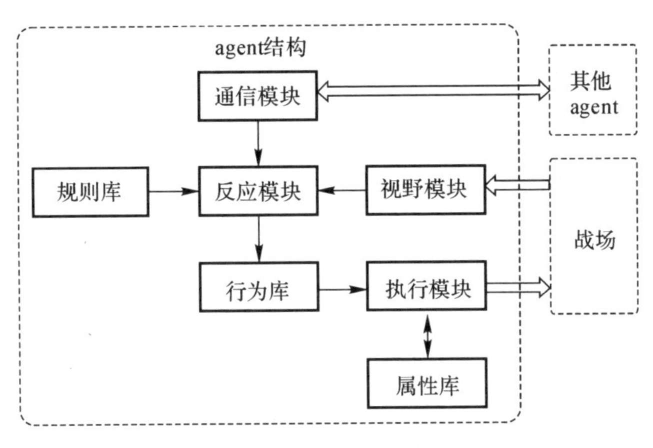

图 6.17　agent 结构

3. agent 属性库

属性是 agent 所代表的现实个体具有的性质、状态、特征，在仿真平台中就表现为不同的作战参数。本节构建的 agent 基本属性见表 6.3。

表 6.3　agent 属性

agent 属性		说　明
人	智能体	
	智能体类型	agent 智能体类型为引导Ⅰ型、引导Ⅱ型、支援型和防御型的其中一种
生命值	生命值	用整数表示，表示 agent 当前的健康状态
攻击力	攻击力	用整数表示，为每次攻击使敌方生命值减少的数值
	攻击命中率	agent 攻击的命中概率。智能体由于无法像人一样判断敌方动作、位置等，所以其攻击有可能失败
攻击半径	攻击半径	攻击范围是以 agent 为中心的圆形区域，区域大小由攻击半径决定

续表

agent 属性		说　　明
人	智能体	
视野半径	视野半径	视野范围是以 agent 为中心的圆形区域，区域大小由视野半径决定
通信半径	通信半径	通信范围是以 agent 为中心的圆形区域，区域大小由视野半径决定
移动速度	移动速度	用整数表示，agent 每次移动的距离
协同效果	协同效果	人-机协同带来的能力提升百分比，不同智能体类型产生具体效果不同

注：表 6.3 中攻击半径≤视野半径≤通信半径。

4. agent 行为库

行为是 agent 所代表的现实个体在仿真中的全部活动，本节中 agent 的行为见表 6.4。

表 6.4　agent 行为

行　　为	说　　明
视野	指 agent 获取视野范围内的敌方 agent 的信息
移动	指 agent 从原地点转移到新地点，由于采用连续性战场，agent 可以选择任意方向移动
通信	指 agent 与通信范围内的己方 agent 进行通信组网，是人-机协同的基础
协同	指 agent 与通信组网内的己方 agent 进行人-机协同，对其他行为产生相应影响
攻击	指 agent 打击攻击范围的敌方 agent，并依概率命中目标。当有多个攻击目标时，只能攻击其中一个 agent
受伤	指 agent 被敌方 agent 攻击命中时，生命值降低
死亡	指 agent 生命值小于或等于 0 时，agent 死亡，失去战斗能力

5. agent 规则库

规则用来确定 agent 在什么条件下执行何种具体行为。规则的设计参考现实，同时又是现实情况的简化，其基本表示形式为：IF<条件>THEN<动作>。

6. 视野、移动规则

每个 agent 都会感知视野范围内的敌方 agent，并将其中一个设为移动方向。特别地，引导型智能体会改变移动方向的选择。若范围内无敌方 agent，则移动方向不变。每个 agent 初始移动方向为敌方阵地方向。

根据移动方向和移动速度，每个 agent 移动一定的距离。

7. 通信规则

当通信范围内有己方 agent 时，则己方 agent 之间自主进行通信组网。在作战过程中，人-机协同作战部队根据实时位置进行组网，更能反映协同状态。同时，人-机协同也是以此为基础的。

据现有研究，作战个体之间通信能力可能会受到通信容量、通信延迟、通信质量、传输速率、通信覆盖范围等因素影响。所以，假设通信范围越大，通信能力越弱，那么以此为基础的人-机协同效果就越差。

8. 协同规则

属于同一个通信网络中的人和智能体 agent 实现人-机协同作战。人-机协同主要有以下 4 种作战方式：

(1)引导型智能体增大其他己方 agent 视野半径和攻击半径（数值由协同效果属性决定），并为其他 agent 选定攻击目标和移动方向，即视野范围内敌方 agent 中的人（智能体）且生命值最低的人（智能体）。

(2)支援型智能体提高其他己方 agent 的攻击力，数值由协同效果属性决定。

(3)防御型智能体减少其他己方 agent 受到的伤害，数值由协同效果属性决定。

(4)人提高己方智能体 agent 的攻击命中率，数值由协同效果属性决定。

据之前的讨论可知，由于通信能力的限制，每个 agent 产生的协同效果将会被网络内所有受到影响的 agent 平分。

9. 攻击规则

每个 agent 会攻击位于攻击范围内的敌方 agent，若存在多个目标，则随机攻击其中一个，并按照命中率命中攻击目标。特别地，引导型智能体会改变攻击目标的选择。

10. 受伤、死亡规则

受伤表示被敌方 agent 攻击命中，造成生命值降低。当生命值小于或等于零时，agent 死亡。

11. 作战效率评价指标

为直观地看出不同作战参数配置下一方的作战效率，将损失-交换比率（Loss-Exchange Ratio，LER，又称为兵力损耗系数）作为作战效率评价指标。LER 是指作战过程中敌方兵力损耗与我方兵力损耗的比值。

设 M 为红方初始总兵力数量，N 为蓝方初始总兵力数量，$m(t)$ 为战斗过程 t 时刻红方剩余兵力数量，$n(t)$ 为在战斗过程 t 时刻蓝方剩余兵力数量。根据 LER 的定义，通过平台仿真以获得兵力损耗数量，则战斗到 t 时刻为止，红方的作战效率评价指标为

$$\mathrm{LER}=\frac{N-n(t)}{M-m(t)} \tag{6-17}$$

6.4.2.3 仿真平台的实现

1. 战场空间时间仿真策略

NetLogo 仿真平台包括两类主体形式，即静态主体 patches 和动态主体 turtles。可以通过编程控制 turtles 和 patches 的属性、行为及对应规则来完成对现实世界的模拟。其中，patches 构成平面坐标系，turtles 可在 patches 构成的环境中移动。在人-机协同作战演化仿真平台中，战场空间通过 patches 实现，人和各类智能体均通过不同类别的 turtles 实现。

战场的抽象形式主要包括抽象度较低的连续战场和抽象度较高的离散战场。本研究采用抽象度较低的连续战场，使用 patches 模拟 5 km×5 km 范围的战场环境，且不考虑地形地貌的影响，agent 可以按自己的移动规则在战场上任意移动。红方阵地为战场左边一半，蓝方阵地为战场右边一半。由于是遭遇战，红蓝双方 agent 在战斗开始时随机分布于各自阵地区域。

战场环境的时间流动则直接采用 NetLogo 内建的计数器 ticks。

2. 仿真程序设计

仿真程序设计流程如图 6.18 所示。

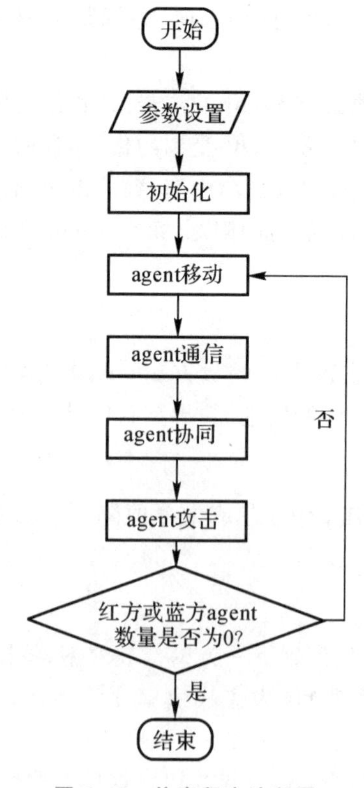

图 6.18 仿真程序流程图

3. 界面设计

单智能体和多智能体人-机协同作战演化仿真平台的界面主要由 4 部分组成，如图 6.19 和图 6.20 所示。

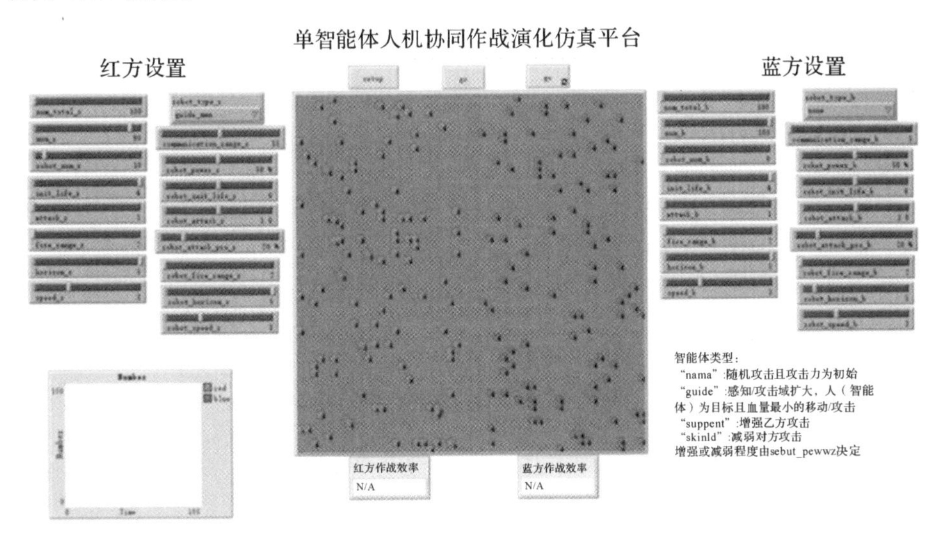

图 6.19　单智能体人-机协同作战演化仿真平台

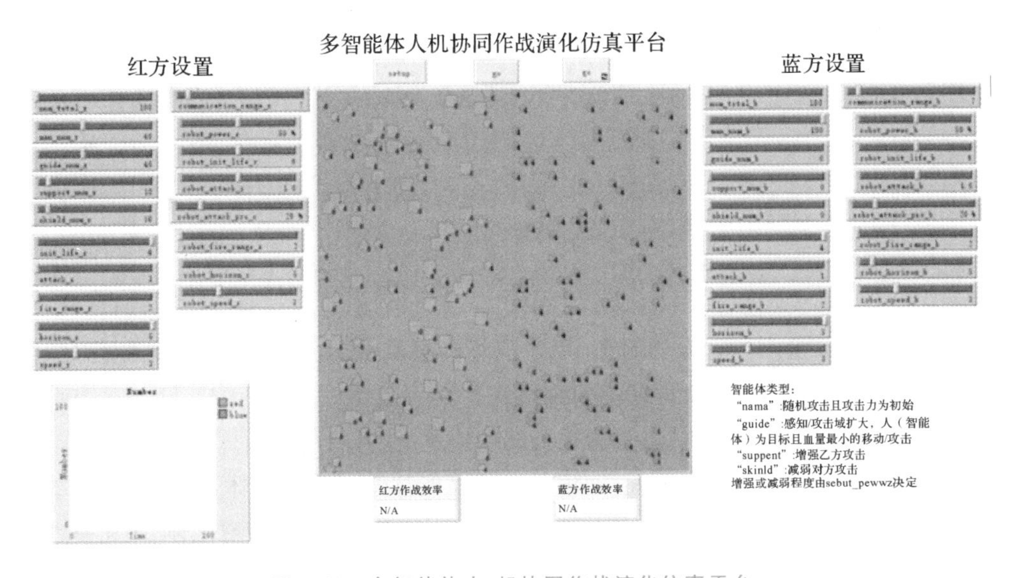

图 6.20　多智能体人-机协同作战演化仿真平台

具体包括以下几方面：

(1)属性设置组：通过滑块和选择器，对全局和 agent 的参数进行设置，参数的中英文对照见表 6.5。

表 6.5 参数中英文对照

单智能体人-机协同作战演化仿真平台		多智能体人-机协同作战演化仿真平台	
作战部队总数量	num_total	作战部队总数量	num_total
人的数量	man_num	人的数量	man_num
智能体数量	robot_num	引导型智能体的数量	guide_num
智体种类	robot_type	支援型智能体的数量	support_num
通信半径	communication_range	防御型智能体的数量	shield_num
协同效果	robot_power	通信半径	communication_range
人的生命值	init_life	协同效果	robot_power
人的攻击力	attack	人的生命值	init_life
人的火力半径	fire_range	人的攻击力	attack
人的视野半径	horizon	人的火力半径	fire_range
人的移动速度	speed	人的视野半径	horizon
智能体的生命值	robot_init_life	人的移动速度	speed
智能体的攻击力	robot_attack	智能体的生命值	robot_init_life
智能体的攻击命中率	robot_attack_pro	智能体的攻击力	robot_attack
智能体的火力半径	robot_fire_range	智能体的攻击命中率	robot_attack_pro
智能体的视野半径	robot_horizon	智能体的火力半径	robot_fire_range
智能体的移动速度	robot_speed	智能体的视野半径	robot_horizon
		智能体的移动速度	robot_speed

(2)仿真控制按钮:setup 为初始化,用于战场环境和 agent 的生成;go 控制程序启动/暂停,分为持续运行和运行一个时间步两种形式。

(3)模拟显示界面:界面对仿真过程进行动态演示,依时间步更新。在单智能体人-机协同作战演化仿真平台中,圆形代表人、五角星智代表能体。在多智能体人-机协同作战演化仿真平台中,圆形代表人、三角形代表引导型智能体、矩形代表支援型智能体、五角星代表防御型智能体。

(4)数据监控:用曲线图统计红蓝双方总数量随着时间的变化。监视器分别实时显示红方、蓝方的作战效率。

6.4.3 仿真实验

仿真实验分为两部分。第一部分是使用单智能体人-机协同作战演化仿真平台研究作战参数对作战效率的影响，由于篇幅限制，本节选取了智能体类型、人-机比例和通信半径 3 个参数。第二部分是使用多智能体人-机协同作战演化仿真平台研究不同兵力配置对作战效率的影响，即人、引导型智能体、支援型智能体和防御性智能体这 4 种兵力如何配比才能表现得更好。

6.4.3.1　单智能体与人协同作战情况下参数对作战效率的影响

1. 实验设计

在单智能体人-机协同作战演化仿真平台中，蓝方为对照组，兵力全为人类，没有人-机协同，具体参数设置见表 6.6。参数的设置基于现实的抽象和其他研究。红方用来研究智能体类型、人-机比例和通信半径对作战效率的影响，具体参数设置见表 6.7。红方智能体类型为引导Ⅰ型，或引导Ⅱ型，或支援型，或防御型，人-机比例从 0～100 变化，变化间隔为 10，通信半径从 5～15 变化，变化间隔为 1。除这 3 个参数外，红方其他参数与蓝方相同。

为得到有统计意义的稳定结果，对每个参数组合进行 100 次仿真，并记录作战效率评价指标数据的平均值。

表 6.6　蓝方参数设置

总　体		人		智能体	
总兵力	100	生命值	4	生命值	6
人的数量	100	攻击力	1	攻击力	1
智能体类型	无	攻击半径	2	攻击命中率	20%
通信半径	5	视野半径	5	攻击半径	2
协同效果	50%	移动速度	3	视野半径	5
				移动速度	3

表 6.7　红方参数设置

总体		人		智能体	
总兵力	100	生命值	4	生命值	6
人的数量	[0 10 100]	攻击力	1	攻击力	1
智能体类型	引导Ⅰ型、引导Ⅱ型、支援型、防御型	攻击半径	2	攻击命中率	20%
通信半径	[5 1 15]	视野半径	5	攻击半径	2
协同效果	50%	移动速度	3	视野半径	5
				移动速度	3

2. 实验结果与结论

仿真实验的结果如图 6.21 所示。

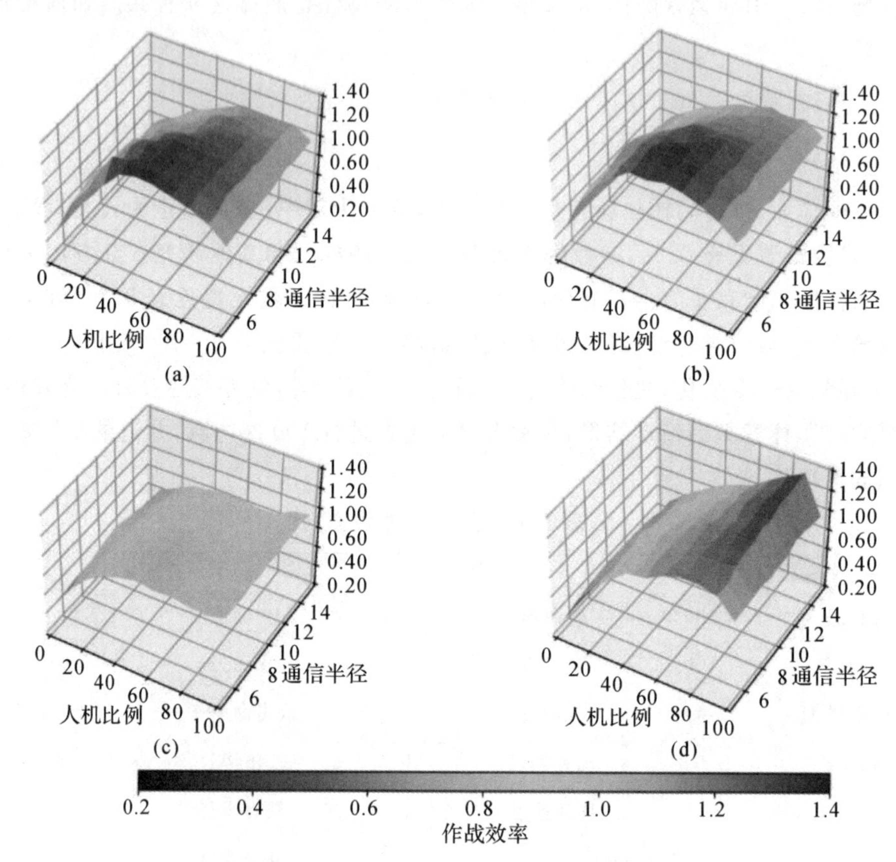

图 6.21 不同类型智能体下人-机比例和通信半径对红方作战效率的影响

(a)引导Ⅰ型智能体;(b)引导Ⅱ型智能体;(c)支援型智能体;(d)防御型智能体

(1)引导型智能体在合适的参数范围下,对作战效率的提高最明显。当人-机比例为50%左右,通信半径为 6 左右时,作战效率大约为 1.4。人-机比例过大或过小、通信半径过大都会导致作战效率下降,甚至会使战斗失败。

(2)支援型智能体对于作战效率的提升并不明显,最好的情况也只是勉强消灭敌方。而且随着人-机比例减小,作战效率呈现下降趋势。通信半径的改变对作战效率的影响不大。

(3)防御型智能体在人-机比例为 80%左右时对提高作战效率效果最明显,作战效率约为 1.2。人-机比例过大或过小同样会导致作战效率的降低,甚至导致战斗失败。而通信半径的大小对于作战效率的影响不大。

(4)对比不同智能体类型,在没有引导型智能体时,agent 选择随机打击攻击范围的敌方,相当于攻击有一定程度的分散;有引导型智能体时,agent 选择攻击敌方血量最少的,导致致死攻击增多,进而下一轮受到的伤害减少,最终使作战效率提高。反观支援型智能体,在没有目标引导的情况下,在一定范围内增加己方的攻击力基本是无效的,攻击会被分散。

这说明了在实战过程中侦察的重要性，明确识别敌方目标会大大提高胜率。防御型智能体则是从另一方面来提高作战效率，减少己方所受到的伤害(包括致死攻击)，所以防御型智能体也是非常有效的。

(5)对比不同智能体类型下的人-机比例，一个共同点就是人-机比例过大或过小都会产生负面影响。人-机比例过大则智能体数量少，人-机协同只在小范围内产生，不利于作战效率的提高。人-机比例过小即人的数量太少，对智能体的支持不足导致作战效率下降。所以人-机比例要选择一个合适的配比，让人-机协同的相互提升达到最优。

(6)对于不同智能体类型，通信半径产生的影响也不同。对于引导型智能体，通信半径过大，通信能力的限制会导致无法与通信范围内所有己方单位协同，侦察信息可能无法准确传达到交战地区，导致前线作战失利。

6.4.3.2　多智能体与人协同作战情况下兵力配置对作战效率的影响

1. 实验设计

在多智能体人-机协同作战演化仿真平台中，蓝方为对照组，兵力全为人类，没有人-机协同，具体参数设置见表 6.8。对于红方，研究兵力配置对作战效率的影响，兵力配置即人、引导型智能体、支援型智能体、引导型智能体四种兵力的数量，具体参数设置见表 6.9。红方 4 种兵力数量均可从 0～90 变化，变化间隔为 10，其他参数与蓝方相同。

为得到有统计意义的稳定结果，对每个参数组合进行 100 次仿真，记录作战效率评价指标数据的平均值。

表 6.8　蓝方参数设置

总体		人		智能体	
总兵力	100	生命值	4	生命值	6
人的数量	100	攻击力	1	攻击力	1
引导型智能体数量	0	攻击半径	2	攻击命中率	20%
支援型智能体数量	0	视野半径	5	攻击半径	2
防御型智能体数量	0	移动速度	3	视野半径	5
通信半径	7			移动速度	3
协同效果	50%				

表 6.9　红方参数设置

总　体		人		智能体	
总兵力	100	生命值	4	生命值	6
人的数量	[0 10 90]	攻击力	1	攻击力	
引导型智能体数量	[0 10 90]	攻击半径	2	攻击命中率	20%

续表

总　体		人		智能体	
支援型智能体数量	[0 10 90]	视野半径	5	攻击半径	2
防御型智能体数量	[0 10 90]	移动速度	3	视野半径	5
通信半径	7			移动速度	3
协同效果	50%				

2. 实验结果与结论

仿真实验的结果如图 6.22 所示。不同兵力配置对于作战效率的影响比较明显，作战效率在 0.3～1.6 之间变化。图 6.23 所示为作战效率排名前 20 的兵力配置。

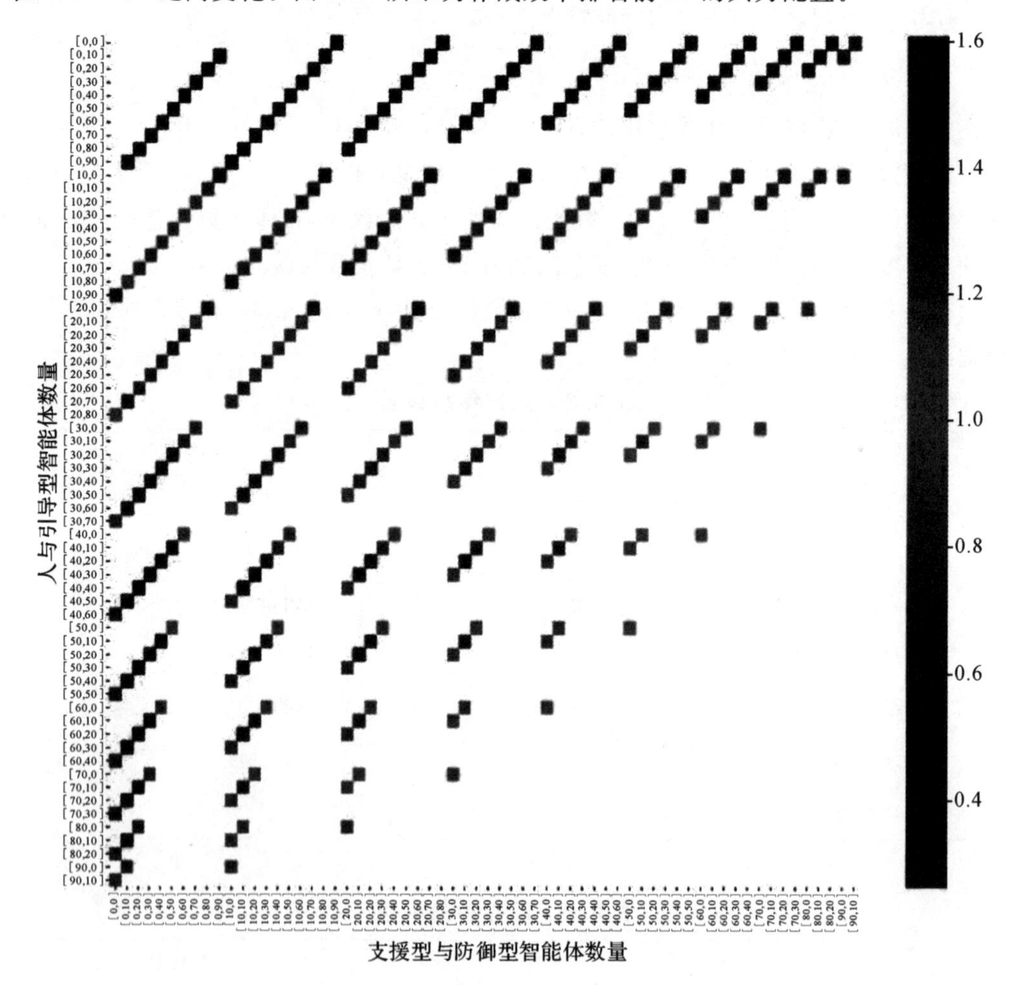

图 6.22　不同兵力配置下的红方作战效率

(1)对比分析发现，首先是适中的人类数量会有较高的整体作战效率，这与单智能体情况下的结果相匹配。人的数量太多而智能体太少，不能完全发挥出人-机协同的效果；人的

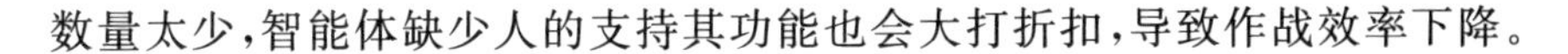

数量太少,智能体缺少人的支持其功能也会大打折扣,导致作战效率下降。

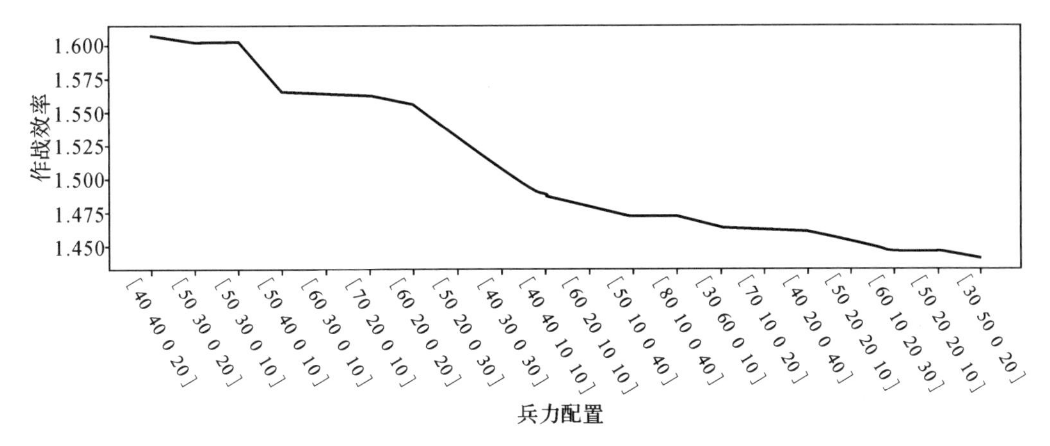

图 6.23　作战效率排名前 20 的兵力配置

(2)在作战效率高的兵力配置中,引导型智能体和防御型智能体是智能体里的主要组成部分,而且一般而言,引导型智能体所占比例更大,这同样是强调侦察的重要性。支援型智能体一般是不需要的,这与单智能体的结果一致。但在某些兵力配置下,如[40 40 10 10]、[60 20 10 10]等,支援型智能体会发挥一定的作用,这是由于其在多智能体下可以与引导型智能体配合,将提升攻击力的效果作用于致死伤害上。

3.4 种典型兵力配置的作战演化过程

此外选取了 4 种典型的兵力配置来展示作战过程中红蓝双方各兵种数量变化。由于随机因素的影响,单次作战效率可能与前面所统计的平均作战效率有所出入。

如图 6.24 和图 6.25 所示,红方兵力配置[50 30 0 20]和[40 40 10 10]的作战结果是红方大胜,作战效率约为 1.5。其特点正如前面所讨论的:人-机比例要合适,且智能体种类以引导型和防御型为主,可以少量加入支援型智能体。

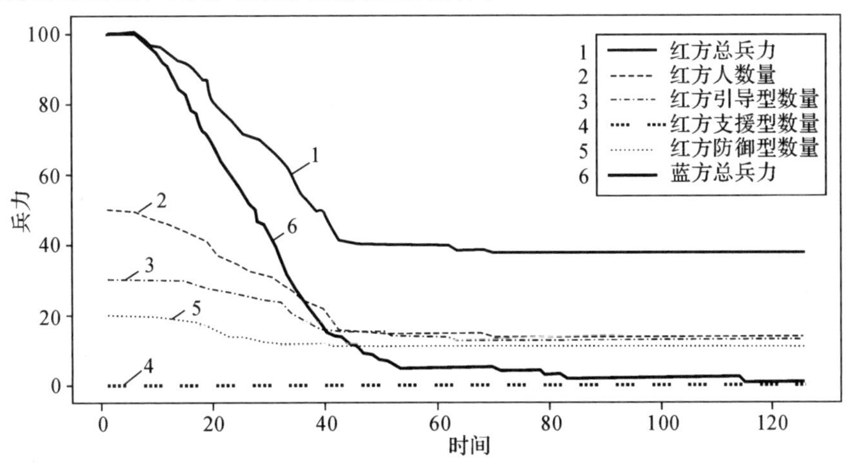

图 6.24　红方兵力配置[50 30 0 20]的一次作战过程

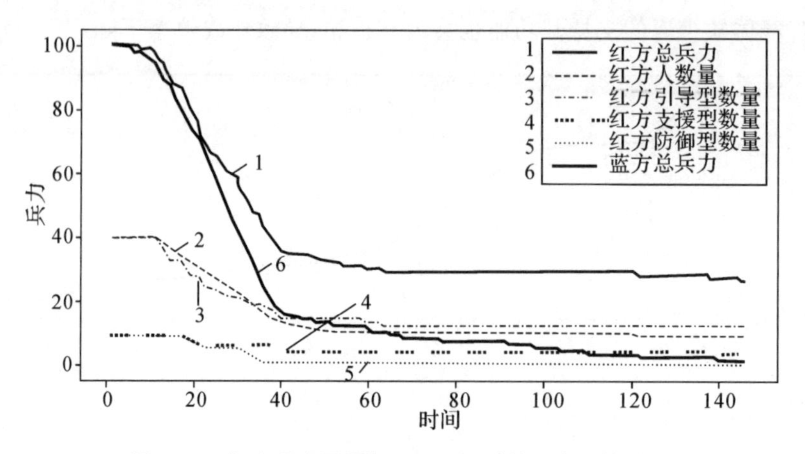

图 6.25 红方兵力配置[40 40 10 10]的一次作战过程

如图 6.26 和图 6.27 所示，红方兵力配置[30 10 60 0]和[10 10 20 60]的作战结果是红方战败，一个是以微弱劣势战败，一个是惨败，作战效率分别约为 0.9 和 0.5。其特点是人-机比例失调，在作战过程中人的数量快速减小，导致人-机协同失效。

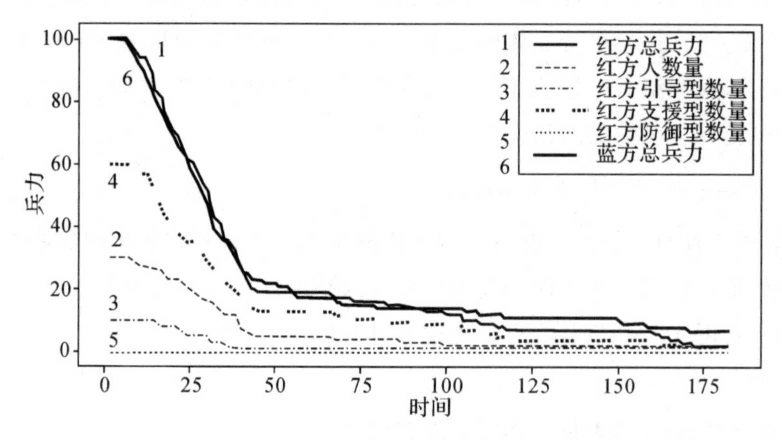

图 6.26 红方兵力配置[30 10 60 0]的一次作战过程

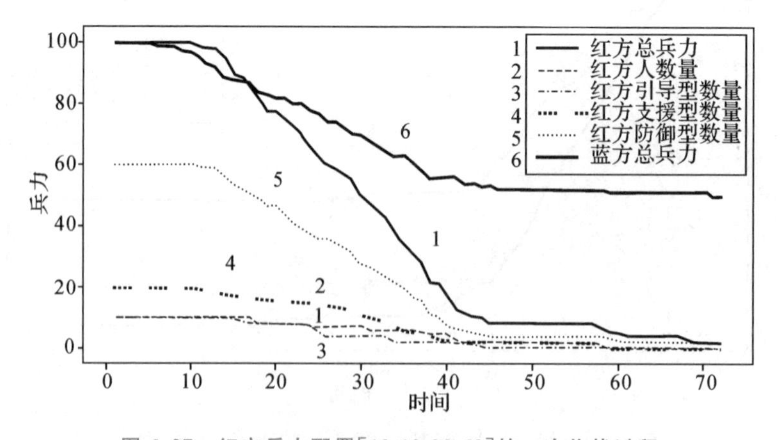

图 6.27 红方兵力配置[10 10 20 60]的一次作战过程

6.5 小　　结

未来战争不仅是高技术战、信息战，也是科学战、知识战、智力战。现代战争的形式正从机械化战争越过信息化战争，向智能化战争发展。军事体系也处于变革与发展之中，内部的物质、能量和信息的交换更加紧密，体系的结构和功能更加复杂。军事理论和实践与科学前沿（特别是复杂性科学）的联系将越来越紧密。西方发达国家早在 20 世纪 80 年代就开始注意到复杂性科学的军事价值，国内这方面的研究稍晚一些，但发展迅速。本章通过分析军事体系的 4 个方面的问题，展示了复杂性理论和方法的运用及其功效。智能复杂军事体系的研究也必然促进复杂系统科学的发展。如同沈寿林等人所说：战争的复杂性研究是复杂性科学整体研究的一个有机组成部分，复杂性科学其他领域的研究成果给战争复杂性研究提供支持，反过来，战争复杂性研究的发展也促进了整个复杂性科学的进步。

上一章我们已经了解到战争的形态有很大的发展，未来战争已经不仅仅是发生在战场上，还会涉及更广泛的领域，金融、经济、社会多方面的安全也是国家安全所要重点保护的。近年来，一些国家发生的“颜色革命”正说明了多域战争概念的重要性。在接下来的两章，我们将运用复杂性思想和方法对更广泛的领域进行讨论，包括金融系统复杂性和社会系统复杂性，其中一些问题也涉及国家安全。未来的战争并不是你死我活的武力斗争，而是形式更加多样的合作和对抗。不战而屈人之兵，善之善者也。

参考文献

[1] AADITHYA K V, RAVINDRAN B, MICHALAK T P, et al. Efficient computation of the shapley value for centrality in networks[C]//International Workshop on Internet and Network Economics,2010.10. Heidelberg, Berlin:Springer, 2010: 1 - 13.

[2] CIL I, MALA M. A multi-agent architecture for modelling and simulation of small military unit combat in asymmetric warfare[J]. Expert Systems with Applications, 2010,37(2): 1331 - 1343.

[3] DE LIMA G M,KUROSWISKI A R, MEDEIROS F, et al. Optimization of unmanned air vehicle tactical formation in war games [J]. IEEE ACCESS, 2022, 10: 21727 - 21741.

[4] Department of Defense USA , Unmanned systems integrated roadmap FY2011 - 2036[R]. Washington DC:Department of Defense US, 2011.

[5] Department of Defense USA, Unmanned systems integrated roadmap FY2017 — 2042[R]. Washington DC:Department of Defense US, 2018.

[6] EBRAHIMI ZADE A, SADEGHEIH A, LOTFI M M. A modified NSGA -Ⅱ solution for a new multi-objective hub maximal covering problem under uncertain shipments [J]. Journal of Industrial Engineering International, 2014, 10(4): 185 - 197.

[7] FAN J, LI D, LI R, et al. Analysis for cooperative combat system of manned-unmanned aerial vehicles and combat simulation[C]//IEEE International Conference on Unmanned Systems (ICUS), 2017.10, Beijing, China. IEEE, 2017: 204 - 209.

[8] HAN S W,PYUN J J. Modeling and analysis of cooperative engagements with manned-unmanned ground combat systems [J]. Journal of the Korea Society for Simulation, 2020, 29(2): 105 - 117.

[9] HOFSTADTER D R. Gödel, Escher, Bach: An Eternal Golden Braid[M]. Hassocks:Harvester Press, 1979.

[10] IACOVACCI J, RAHMEDE C, ARENAS A, et al. Functional multiplex PageRank [J]. Europhysics Letters,2016,116(2):28004.

[11] ILACHINSKI A. Irreducible semi-autonomous adaptive combat (ISAAC): an artificial - life approach to land combat[J]. Military Operations Research, 2000,5(3): 29 - 46.

[12] KANG H Y, LEE A H I. An enhanced approach for the multiple vehicle routing problem with heterogeneous vehicles and a soft time window[J]. Symmetry, 2018, 10(11): 650.

[13] KIVELä M, ARENAS A, BARTHELEMY M, et al. Multilayer networks[J]. Journal of complex networks, 2014,2(3):203 - 271.

[14] LAUREN M K. Ametamodel for describing the outcomes of the MANA cellular automaton combat model based on lauren's attrition equation[EB/OL]. [2022 - 09 - 15]http: arXiv preprint nlin/0610036.

[15] MITCHELL M. Complexity: a guided tour[M]. New York: Oxford University Press, 2009.

[16] OSAT S, FAQEEH A , RADICCHI F. Optimal percolation on multiplex networks [J]. Nature communications 2017,8(1):1540.

[17] PENG B, LIU S, Xu L, et al. Combat process simulation and attrition forecasting based on system dynamics and Multi-agent modeling[J]. Expert Systems with Applications, 2022, 187: 115976.

[18] ROSS J L. A comparative study of simulation software for modeling stability operations[C]//Proceedings of the 2012 Symposium on Military Modeling and Simulation, Orlando, FL, USA, 2021. 3. Society for Computer Simulation International,2012:1 - 8.

[19] SUNDARARAJAN M, NAJMI A. The many Shapley values for model explanation [C]//International conference on machine learning,2020.12, Florida,USA. IEEE, 2020:9269 - 9278.

[20] TAN X, LAI S, WANG W, et al. Framework of wargame CGF system based on multi-agent[C]//2012 IEEE International Conference on Systems, Man, and Cybernetics (SMC),Seoul, Korea (South),2012.10. IEEE, 2012: 3141 - 3146.

[21] TIAN G, ZHANG L, BAI X, et al. Real-time dynamic track planning of multi－UAV formation based on improved artificial bee colony algorithm[C]//2018 37th Chinese control conference (CCC),WuHan,China. IEEE, 2018: 10055 - 10060.
[22] WANG L, LI Z, MA D. Finite-time adaptive consensus of second-order nonlinear leader-following multi-agent systems with switching topology[C]//2019 IEEE 15th International Conference on Control and Automation (ICCA), Edinburgh, Scotland, 2019.7. IEEE, 2019: 1218 - 1223.
[23] WANG X, HONG Y, YI P, et al. Distributed optimization design of continuous-timemultiagent systems with unknown-frequency disturbances [J]. IEEE transactions on cybernetics, 2017, 47(8): 2058 - 2066.
[24] WILENSKY U, RAND W. An introduction to agent-based modeling[M]. Massachusetts: the MIT Press, 2015.
[25] XIAO H, CUI R,XU D. A sampling-based Bayesian approach for cooperative multiagent online search with resource constraints [J]. IEEE Transactions on Cybernetics, 2017, 48(6): 1773 - 1785.
[26] ZHANG J, WANG G, SONG Y. Task assignment of the improved contract net protocol under a multi-agent system[J]. Algorithms, 2019, 12(4): 70.
[27] 陈静，田晓杰，曾兴善，等. 基于复杂网络的军事通信建模及关键节点评估[J]. 指挥控制与仿真,2021,43(5):55 - 59.
[28] 陈艳艳. 装备体系网络鲁棒性及自愈控制研究[D]. 重庆:重庆邮电大学，2021.
[29] 迟妍，谭跃进. 基于多智能体的作战模拟仿真模型框架研究[J]. 计算机仿真，2004(4): 13 - 15.
[30] 伏克松. 基于体系结构方法的有人/无人作战体系任务分配研究[D]. 长沙:国防科技大学，2019.
[31] 傅好华，单月晖. 智能化人机协同作战发展研究[C]//第九届中国指挥控制大会,北京,中国,2021.7.中国指挥与控制学会,2021:213 - 217
[32] 高凯. 叙利亚战争中俄军智能化装备运用面面观[J]. 军事文摘，2021(1): 44 - 47.
[33] 顾海燕，徐弛. 有人/无人机组队协同作战技术[J]. 指挥信息系统与技术，2017,8(6): 33 - 41.
[34] 郭超，熊伟. 基于多 Agent 系统的分队对抗建模仿真[J]. 指挥控制与仿真，2014,36(2): 75 - 79.
[35] 胡金强，赵存如. 基于复杂适应系统理论的军事科研管理研究[C]//社会经济发展转型与系统工程:中国系统工程学会第 17 届学术年会论文集,南京,北京,2012.7.中国系统工程学会,2012:103 - 108.
[36] 胡晓峰，贺筱媛，饶德虎，等. 基于复杂网络的体系作战指挥与协同机理分析方法研究[J]. 指挥与控制学报,2015,1(1):5 - 13.
[37] 胡晓峰，荣明. 智能化作战研究值得关注的几个问题[J]. 指挥与控制学报，2018,4(3): 195 - 200.

[38] 胡晓峰，司光亚，罗批，等. 战争复杂系统与战争模拟研究[J]. 系统仿真学报，2005,17(11)：2769－2774.

[39] 胡月. 有人/无人机协同作战任务分配与航迹规划研究[D]. 南京航空航天大学，2020.

[40] 黄松华. 有人/无人分布式作战体系关键技术浅析[C]//第六届中国指挥控制大会，北京，中国，2018.7. 中国指挥与控制学会，2018：42－46.

[41] 黄松华. 有人/无人作战体系架构和协同机制研究[C]//2019 第七届中国指挥控制大会，北京，中国，2019.7. 中国指挥与控制学会，2019：164－168.

[42] 季自力，张申，王文华. 联合集群作战力量将成为未来战场的主角[J]. 军事文摘，2021(15)：58－63.

[43] 江敬灼，叶雄兵. 军事系统复杂性分析及启示[J]. 军事运筹与系统工程，2007,21(4)：26－30.

[44] 李尔玉，龚建兴，黄健，等. 基于功能链的作战体系复杂网络节点重要性评价方法[J]. 指挥与控制报，2018,4(1)：42－49.

[45] 李茂林，龙建国，张德群. 基于复杂网络理论的作战体系节点重要性分析[J]. 指挥控制与仿真，2010，32(3)：15－17.

[46] 刘钻东. 基于目标意图预测的多无人机协同攻防智能决策[D]. 南京：南京航空航天大学，2020.

[47] 罗永乾. 基于多智能体系统(MAS)的作战模型分析与研究[D]. 长沙：国防科学技术大学，2006.

[48] 马力，张明智. 基于复杂网络的战争复杂体系建模研究进展[J]. 系统仿真学报，2015,27(2)：217－225.

[49] 马秀丽，孙可心，王红霞. 基于复杂网络理论的 C2 组织网络拓扑结构研究[J]. 火力与指挥控制，2010,35(2)：69－71.

[50] 毛炜豪，刘网定，卢洪涛. 基于兰彻斯特方程的有人/无人协同作战[J]. 指挥控制与仿真，2020,42(5)：13－18.

[51] 邱原，刑焕革. 基于复杂理论的作战网络关键边评估方法[J]. 兵工自动化，2011,30(8)：22－26.

[52] 商慧琳. 武器装备体系作战网络建模及能力评估方法研究[D]. 长沙：国防科学技术大学，2013.

[53] 谭东风. 基于演化网络的体系对抗效能模型[J]. 国防科技大学学报，2007,9(6)：93－97.

[54] 唐胜景，史松伟，张尧，等. 智能化分布式协同作战体系发展综述[J]. 空天防御，2019,2(1)：6－13.

[55] 万路军，姚佩阳，孙鹏，等. 有人-无人作战智能体任务联盟形成策略方法[J]. 空军工程大学学报(自然科学版)，2013,14(3)：10－14.

[56] 万路军，姚佩阳，孙鹏. 有人/无人作战智能体分布式任务分配方法[J]. 系统工程与电子技术，2013,35(2)：310－316.

[57] 吴宗柠，狄增如，樊瑛. 多层网络的结构与功能研究进展[J]. 电子科技大学学报，2021,50(1):106 - 120.

[58] 武青平，李高宇. 无人化智能化战争形态下的作战体系建设问题思考[J]. 军事文摘，2021(21): 31 - 34.

[59] 徐海峰. 虚拟作战系统及其主体行为研究[D]. 天津:天津大学，2007.

[60] 闫杰，符文星，张凯，等. 武器系统仿真技术发展综述[J]. 系统仿真学报，2019，31(9): 1775 - 1789.

[61] 杨克巍. 半自治作战 agent 模型及其应用研究[D]. 长沙:国防科学技术大学，2004.

[62] 殷小静，胡晓峰，荣明，等. 体系贡献率评估方法研究综述与展望[J]. 系统仿真学报,2019,31(6):1027 - 1038.

[63] 张剑锋，温柏华，刘常昱，等. 联合信息作战目标价值的分析方法研究[J]. 计算机仿真,2008,25(6):17 - 19.

[64] 张世坤，操新文，申宏芬. 作战体系评估方法综述[J]. 指挥控制与仿真,2021，43(6):1 - 5.

[65] 张鑫伟，李亚雄，赵久奋，等. 基于复杂网络理论的熵值法军事目标价值评估[J]. 指挥控制与仿真,2021,43(6):53 - 57.

[66] 赵柱，王毅，樊芮锋，等. 基于多主体 NetLogo 平台的反无人机 OODA 体系对抗建模[J]. 系统仿真学报，2021,33(8): 1791 - 1800.

[67] 周鼎，张安，李杰奇，等. 天基对地武器体系贡献度评估建模与仿真[J]. 电光与控制，2017,24(12): 5 - 10.

[68] 周胜利，沈寿林，张国宁，等. 人机智能融合的陆军智能化作战指挥模型体系[J]. 火力与指挥控制，2020,45(3): 34 - 41.

[69] 朱承，雷霆，张维明，等. 网络化目标体系建模与分析[M]. 北京:电子工业出版社，2017.

[70] 朱江，伍聪. 基于 Agent 的计算机建模平台的比较研究[J]. 系统工程学报，2005,20(2):160 - 166.

[71] 朱涛，常国岑，施笑安. 基于复杂网络的作战系统结构研究[J]. 火力与指挥控制，2008(增刊 1):136 - 137.

[72] 朱一凡，梅珊，陈超，等. 自治主体建模在海军战术仿真中的应用[J]. 系统仿真学报，2008,20(20): 5446 - 5450.

[73] 邹小飞，陈婷，李潇琦. 有人/无人系统协同作战敏捷 C2 问题研究[C]//第六届中国指挥控制大会,北京，中国,2018.7. 中国指挥与控制学会,2018:110 - 113.

第7章 金融系统复杂性研究

在第4章已经讨论过,金融系统是一个复杂系统,其包含资本市场、货币市场、外汇市场等多个子系统,且各子系统彼此之间相对独立又互相制约。金融系统具有动力特征,总是处于发展变化之中,不断与外界环境之间进行丰富的物质和信息交换。金融系统具有非线性特征,初态的微小变动可能会随着系统演化被剧烈放大,最终导致系统的质变,根据过去在危机中总结的经验、教训并不能完全防范新一轮的危机生成和扩散。金融系统也具有自组织功能,系统中的各个主体面临危机时会自发地做出选择,可能导致的集体行为很可能加速危机的蔓延,这也是系统性危机出现的主要原因。金融市场还涉及一类特殊的主体——人,人不仅具有动态适应能力,而且具有心理预期并会不断地修正预期,市场的个体行为会往往会因为"羊群效应"而产生协同的群体行为,最终引起巨幅波动效应,甚至造成"雪崩"。

金融复杂系统是一个集计算科学、系统理论等多方面内容为一体的综合学科。研究金融复杂性既需要考虑宏观层次的全球经济金融的普遍联系和相互作用的系统思想,也需要把握基础的微观层次的"人"的心理特征及行为特征,同时还需要积极采用现代发达计算机技术和非线性等数学方法作为研究的工具。

7.1 银行体系中的级联失效

始于2007年的美国金融危机迅速演变为一场全球性的金融危机,其影响至今依旧存在,这场危机展示了一种典型的金融系统风险。监管部门意识到针对单个金融机构的监管不足以保证金融系统的稳定,危机之后关于金融系统的研究也转变到关注这个复杂系统的系统性风险上来。传统经济学难以对内生性危机进行很好的分析,而这种经济主体相互作用所"涌现"的宏观模式正是复杂经济学研究所关注的对象。

7.1.1 银行体系结构

本小节在以银行为核心的网络系统基础上,建立流动性动态配置模型来观察流动性冲击在网络上的扩散现象,并提出破产比例等指标来刻画冲击对整个系统的影响。通过对不同网络进行模拟分析得到结论:随着发生冲击时储户的提款比例增加,银行的破产比例也会增加,增速的变化为非线性的。当外部资产清算折扣比例增加,银行破产比例减小时,银行流动性短缺指标变化趋势与破产比例一致。从银行间资产分散化的强度、广度以及网络结构3方面分析其对系统性风险的影响。研究发现,银行间网络具有"双刃剑"的作用,单个银行可以通过银行间市场来应对流动性冲击,同时银行间网络也是危机的传染渠道。当金融系统的流动性冲击比较小的时候,随着银行间网络连接度的增大,银行破产比例减小,此时银行通过银行间拆借市场实现互助。而当流动性冲击比较大的时候，随着银行间网络连接度的增大，银行破产比例增加，此时银行间网络主要起到传递风险的作用。此外，对于不同的网络，危机传播以及缺口的分布形态较为不同，例如，随机网络各节点均匀分担流动性冲击，而在无标度网络中冲击会被传播至中心银行。网络结构的不同导致冲击造成的流动性短缺指标随着资产分散化广度的变化存在一定的差异。最后，在考虑外部资产贬值以及储户对金融系统的信心变化因素的基础上研究外部资产分散化对系统性风险的影响，得到结论：多个银行重叠的外部资产可能成为危机传播的渠道，且不同的冲击来源会影响银行外部资产分散化的效果。

本部分研究的主要方法为基于复杂网络进行的多主体模拟分析。通过将银行相互借贷、拥有共同储户以及共同外部资产将各个主体关联起来，建立随机网络、中心银行为净资产的无标度网络、中心银行为净负债的无标度网络以及依据 Gravity 模型生成网络。分析得出，不同的网络结构会形成不同的危机传播路径以及流动性缺口分布。当银行平均度较大时，随机网络以及 Gravity 模型生成的银行间网络中各节点较为同质，会均匀分担流动性冲击，流动性缺口分布也较为均匀。而随着平均度的增大，无标度网络中的节点更为异质，流动性需求会传递至度较大的中心银行，对于净资产中心银行来说可以吸收系统的流动性冲击，而净资产负债银行则较容易破产使得整个系统受到较大的影响，流动性缺口增加。

为模拟流动性冲击在银行系统的扩散过程，构建金融系统网络和流动性动态配置机制。金融系统耦合网络包括储户、银行和外部资产 3 类节点。N 个银行通过银行间的资产负债关系组成银行间网络，这是一个有向加权网络，由非对称临接矩阵 W_{NN} 描述(其中连边 $W_{ij}=1$ 代表银行 j 在银行 i 中有存款，W_{ij} 代表银行 j 在银行 i 的存款金额)。资产市场中的 L 种资产之间相互独立，没有直接连边，银行和资产之间通过资产持有关系耦合起来，由加权矩阵 W_{NL} 描述，其中连边 a_{il} 代表银行 i 持有的 l 类资产数量。K 个储户在银行有存款，储户之间也没有直接连边，银行和储户之间的关系由加权矩阵 H_{Nk} 描述，其中连边 h_{ik} 代表 k 储户在银行 i 中的存款，储户可自主决定是否提款。

图 7.1 中节点分别表示外部资产、银行和存款客户，有向连边表示资金流；银行部分代表其资产负债表主要部分：左边表示资产(包括外部资产、银行间贷款和现金)，右上部表示负债(包括外部客户存款和银行间借款)，右下部表示银行净资产(或称所有者权益)。

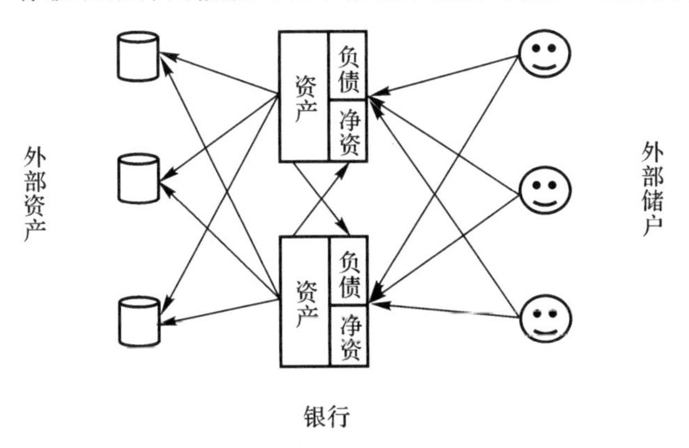

图 7.1　金融系统示意图

对于初始来源于储户取款的流动性冲击，银行先取出其现金支付，现金短缺则向债务银行要求提款，若流动性仍然不足则以折扣价 α 出售其外部资产。债权银行会将提款需求传递给债务银行，直至流动性需求被现金或清算银行外部资产所抵消达到稳定状态。该过程结束时，若银行能获得的流动性能应对流动性冲击则银行不会破产，反之银行破产。此外，定义流动性指标为流动性需求的总和减去系统所能提供的流动性总和。

7.1.2 银行的级联破产

如图 7.2 所示，初始冲击为储户提款时对应不同网络下银行破产比例随储户提款比例的变化情况，图中不同线型分别表示不同的外部资产清算价格 α。4 幅图分别为随机网络、净负债银行为中心的无标度网、净资产银行为中心的无标度网和 Gravity 模型生成银行间网络的演化情况。随着提款比例 p_0 的增加，银行破产比例增大，而且增速的变化为非线性的。

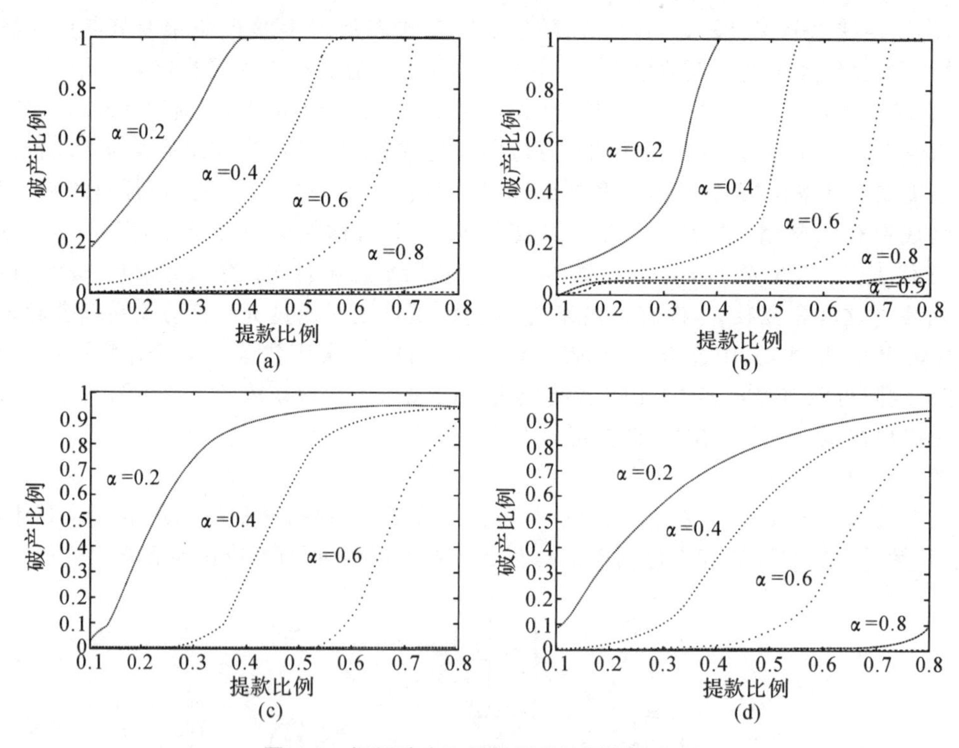

图 7.2 银行破产比例随提款比例的变化图

本书在构建好网络以及模拟机制后进一步分析银行间资产分散化以及银行外部资产分散化程度对于系统性风险的影响，主要结果如图 7.2 和图 7.3 所示。对于银行间网络，将网络平均度、银行间资产占总资产比例分别作为分散化的广度以及强度指标，模拟在不同分散化广度、强度以及网络拓扑结构情境下系统性风险的变化。研究发现，当流动性冲击较小时，随着资产分散化广度即网络平均度的增加，破产比例下降。但当冲击足够大时，随着网络平均度增加破产比例增加。对于不同的分散化强度，初始冲击较小时，随着分散化强度增加，破产比例增加，流动性缺口也增加。当冲击较大时，分散化强度增加会使得破产比例减小，但流动性缺口仍然增加。

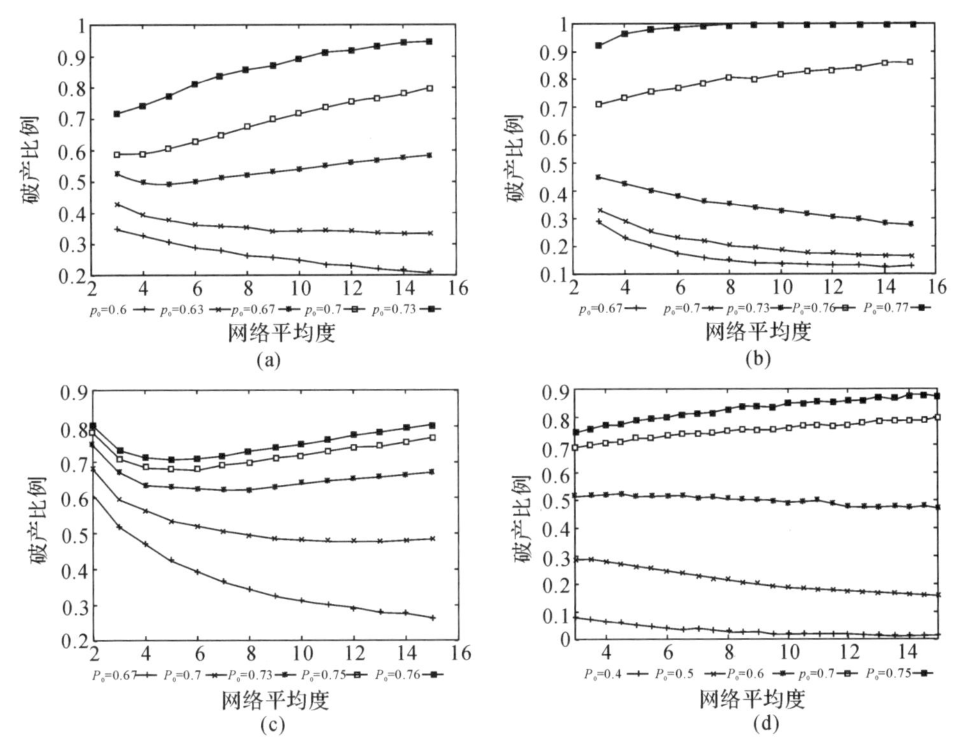

图7.3　不同银行间网络平均度和提款比例下的破产比例

图7.3中横轴为银行网络的平均度，纵轴为银行破产比例，不同曲线代表不同的提款比例p_0。4幅分图分别为随机网络、净负债银行为中心的无标度网、净资产银行为中心的无标度网和Gravity模型生成银行间网络的模拟情况。在不同的流动性初始冲击下，随着平均度的增加破产比例的变化不一致。当初始的流动性冲击较小时，随着银行间网络平均度增加，破产比例下降。在这种情况下，银行间的网络主要功能表现为互保（mutual insurance）。而当冲击足够大时，随着银行间网络平均度增加，破产比例增加。由于金融系统连锁效应的影响，此时银行间网络是流动性危机的传输通道（transmission channel）。

本书在分析银行外部资产分散化的作用时，探讨了初始冲击分别来自外部损失、银行破产以及储户取款3种情况下资产分散化对系统风险的影响。在进行该部分模拟时，引入外部资产变动的价格内生决定机制$\alpha(l)=\exp(-\alpha_1 x_l)$，其中$\alpha(l)$表示第$l$种资产当前清算价格，$x_l$为其被清算的比例，参数$\alpha_1$为市场非流动性指标，为常数。此外，考虑储户对银行以及金融系统的信心对储户提款行为的影响，定义储户对银行信心状态函数与银行当期资本资产比率以及资产负债比率相关。金融系统信心函数与当前外部资产价值及银行间债券相关，二者共同对储户提款行为产生影响，形成对金融系统的多期动态冲击。基于上述指标改进流动性循环配置过程并进行模拟，得到结论：若初始冲击来自较小比例的外部资产贬值，银行可以通过资产分散化来降低其受到冲击的可能性和强度，而当冲击来自银行破产和储户取款时，资产分散化并不能起到很好的效果。

除数值模拟外，本书在进行银行间资产分散化广度分析以及银行外部资产分散化影响研究时，对简化网络情形进行了理论分析，分别得到了不同情境下的临界冲击强度，即当初始冲击大于该数值时，所有银行均将破产。

7.2 人工股票市场的涌现机制和条件

复杂经济学在传统经济金融理论的基础上兼容了平衡和不断演化的特质，将金融市场视为自适应的系统。在大数据时代的背景下，通过研究数据发现了一些重要的统计规律。在这种理念之下，复杂性提供了一个新的思路去研究经济市场。由于能够更好地描述和处理其复杂的平衡和演化过程，其比传统的经济理论更加贴合于真实的经济系统。

7.2.1 金融市场的典型事实

2001 年，Cont 等总结了金融市场数据存在的一些共性规律：

(1)收益率分布的尖峰厚尾性：金融资产的价格在周期内并不呈随机性，它的密度分布比正态分布拥有更尖的峰度和更厚的尾部。这个规律符合每 5～10 年就会发生一次金融市场的巨大崩溃的事实，进一步的研究还发现了收益率分布的尾部是不对称的，左尾(负收益)会比比右尾(正收益)更厚。

(2)收益率无自相关性：资产收益率的时间序列并没有自相关性。

(3)波动聚集性：一定周期内的低波动期和高波动期交替出现，也就是收益率的绝对值或者二次方表现出了持续且显著的自相关性，这就表明了收益率的变化浮动是可以通过此规律进行预测。

(4)其他事实。杠杆效应：收益率与后续收益率的二次方之间存在相关性。收益亏损不对称：虽然金融资产的价格会发生大幅下跌，但不会出现同样大的上涨趋势。收益率的分布的聚合高斯性：在更长的时间尺度下，分布变得越来越接近正态分布。

上述这些典型市场事实是通过现有的数据所得出的规律，虽然理论上是完美的，但是真正使用这些规律和模型去分析金融市场时仍存在局限性。但作为重要的市场规律，可以用以上所得出的市场典型规律验证所建立的模型是否符合真实市场情况。

复杂经济学涉及多重均衡性、行为非线性和自适应性。通过多主体建模方式能够达到自适应的性质并且能对解释市场典型事实和市场监督规则检查做出有效贡献。因此，下面的内容主要是利用多主体建模对金融市场的涌现复杂性和演化复杂性做出研究。主要分析信用交易对证券市场的影响、跨市场交易者与期货-现货市场关联以及交易者提单策略学习机制与有效性等 3 个方面。

7.2.2 信用交易对证券市场的影响

信用交易是指当交易者做出对于某只股票的预测决定时，可以用现金或股票作为抵押，从证券公司借入股票卖出，下跌后再买入还给证券公司。为了研究信用交易对股票市场的影响，本小节基于连续双向拍卖交易机制构建了一个异质多主体人工股票市场模型。在此模型中，模型中的交易者可以采取典型的基本值交易策略（交易者只关注股票的基本值，只会通过价格判断）或者趋势追随交易策略（交易者关注股市的趋势来判断）或随机交易（非理性，随机概率进入市场）。

（1）不同交易策略如下（$p^*_{t\tau}$ 为 t 时刻基本值，$p_{t\tau}$ 为实际值，$H_{itr}=+1$ 意味着买入，$H_{itr}=-1$ 意味着卖出）：

基本值交易策略：

$$l_{it\tau}=\begin{cases}U(p^*_{t\tau},p_{t\tau}) & (H_{it\tau}=+1)\\ U(p_{t\tau},p^*_{t\tau}) & (H_{it\tau}=-1)\end{cases} \tag{7-1}$$

趋势追随策略：

$$l_{it\tau}=\begin{cases}p_{t\tau}(1+|\Delta_c z_{t\tau}|) & (H_{it\tau}=+1)\\ p_{t\tau}(1-|\Delta_c z_{t\tau}|) & (H_{it\tau}=-1)\end{cases} \tag{7-2}$$

随机交易者 $l_\varepsilon=p_{t\tau}+\sigma_\varepsilon z_{t\tau}$（$\sigma$ 为进入市场概率，$z_{t\tau}$ 服从标准正态分布）。
其中，$l_{it\tau}$ 为技术交易者提交的限价订单的委托价，$\Delta_c>0$ 是衡量技术交易者提单价格激进程度的常数，$z_{t\tau}\sim N(0,1)$，$U(\cdot)$为均匀分布。

（2）计算实际提单量（L 是融资融券交易的杠杆率，$q_{it\tau}$ 为实际提单量，S_{it} 是该交易者所持有的股票数量，$\hat{S}_{it}$ 为融券卖出所借的股票，w_{it} 为交易者的净资产）：

$$q_{it\tau}=\begin{cases}\bar{q}_{it\tau} & ,(\bar{q}_{it\tau}\leqslant S_{it})\\ \min\{\bar{q}_{it\tau},S_{it}+\max[0,(L-1)w_{it}/l_{it}-\hat{S}_{it}]\} & ,(\bar{q}_{it\tau}>S_{it})\end{cases} \tag{7-3}$$

（3）模拟实际交易时的交易策略的转换。通过模型的模拟结果，发现其数据符合上述所提到的 3 个市场典型事实：收益率分布的尖峰厚尾、波动聚集现象等（见图 7.4）。这说明了模型能够很好地模拟事实情况。

在确定拥有了有效的模型后，模型中引入了融资融券交易制度，通过观察随杠杆率增加后单边市场和双边市场两种情况的流动性、波动性和价格，发现随着杠杆率增高单边市场不利于市场的稳定性和高效性（见图 7.5），然而双边市场则具有很好的稳定性和高效性（见图 7.6）。

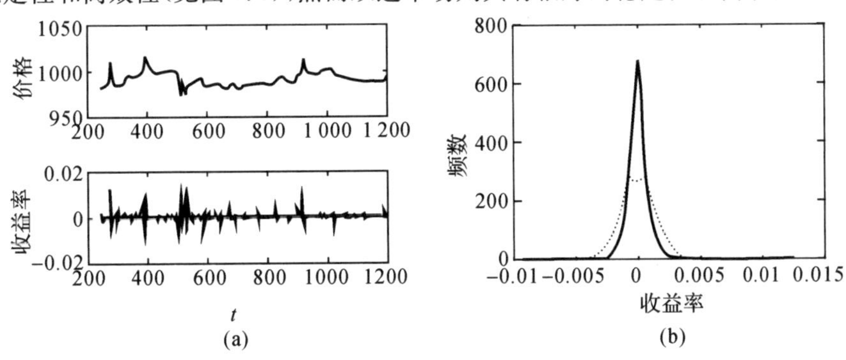

图 7.4　金融市场典型事实的重现

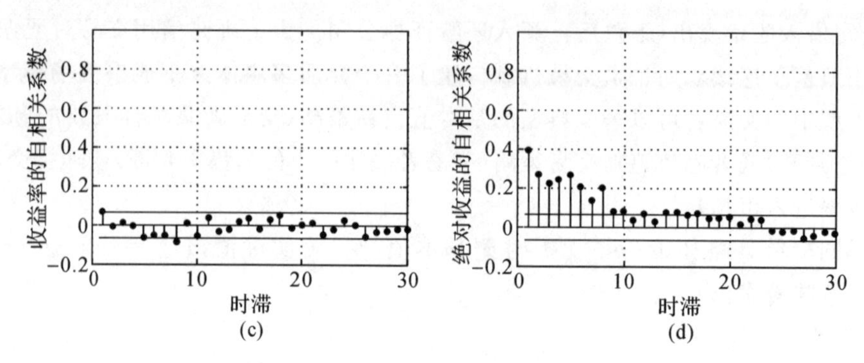

续图 7.4　金融市场典型事实的重现

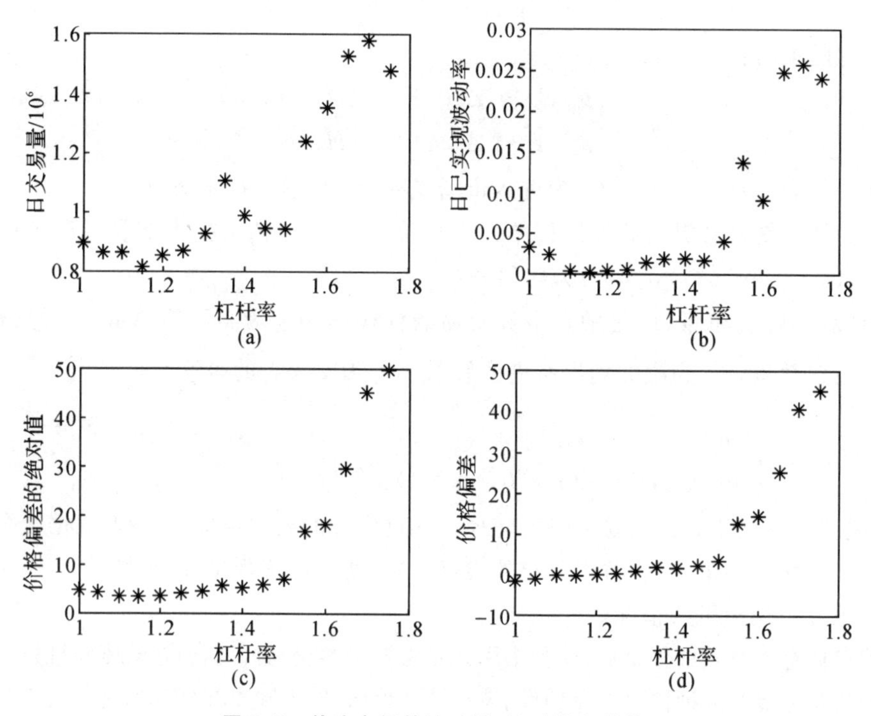

图 7.5　单边市场的流动性，波动性和价格

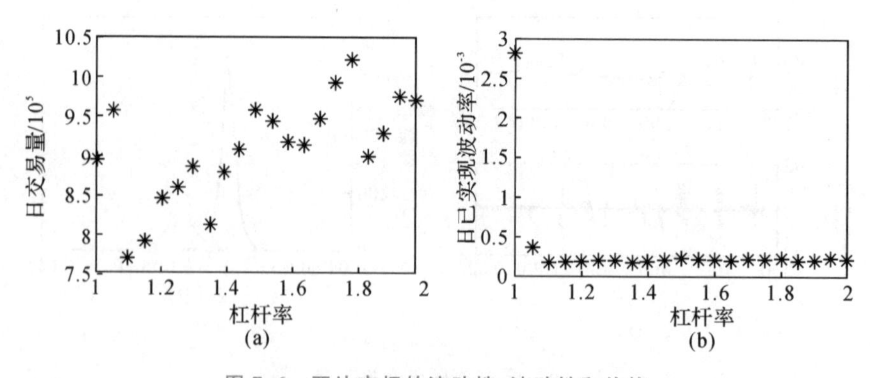

图 7.6　双边市场的流动性、波动性和价格

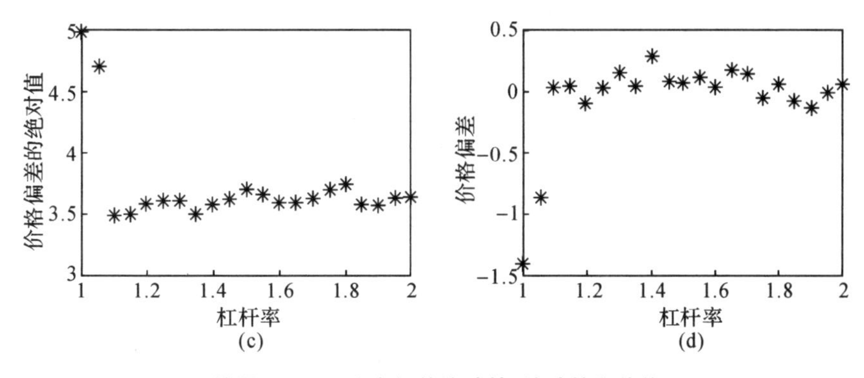

续图 7.6 双边市场的流动性、波动性和价格

研究结果表明，当向金融市场引入信用交易时，同时允许融资买入和融券卖空的双边市场比单边市场更加稳定和高效。

7.2.3 期货-现货市场关联

股指期货是以股票指数为标的的标准化期货合约，其交易是以保证金交易的形式进行的，交易者只需缴纳按照买卖期货价格一定比例的保证金即可进行交易，因此股指期货具有交易成本低、流动性好且与股指具有高度相关性的特点。但同时由于期货市场也存在一些过度投机行为，这可能会对金融市场的稳定和价格发现率造成伤害。本小节基于连续双向拍卖交易机制建立了一个期货现货双市场模型。研究了 5 种不同的投资策略：基本值交易者（股票价格高于基本值时卖出、低于基本值时买入）、投机者（比较历史收盘价的移动平均价与当前的市场价格的高低，以对资产未来的价格走势进行预测）、套利者（实际市场价格应该与期货的理论价格相等，买入实际价格比理论价格高的现货）、套期保值者（通过现货与期货价格变动的方向相同，且幅度一致的观点判断）和随机交易者（随机买单或卖单）。通过模拟，发现数据结果同样符合市场典型事实，从而说明了模型的有效性。如图 7.7 所示，现货和期货之间存在价格联动现象。

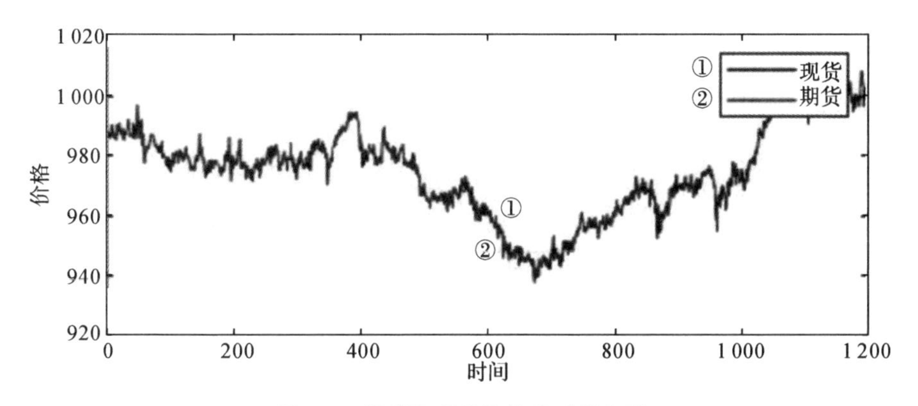

图 7.7 期货和现货价格的时间序列

在此之上，通过降低现货和期货的基本值模拟了人工股票市场的外部冲击。模拟结果表明，期货市场对冲击的反应比现货市场更加强烈，造成期货价格低于现货价格(见图7.8)。

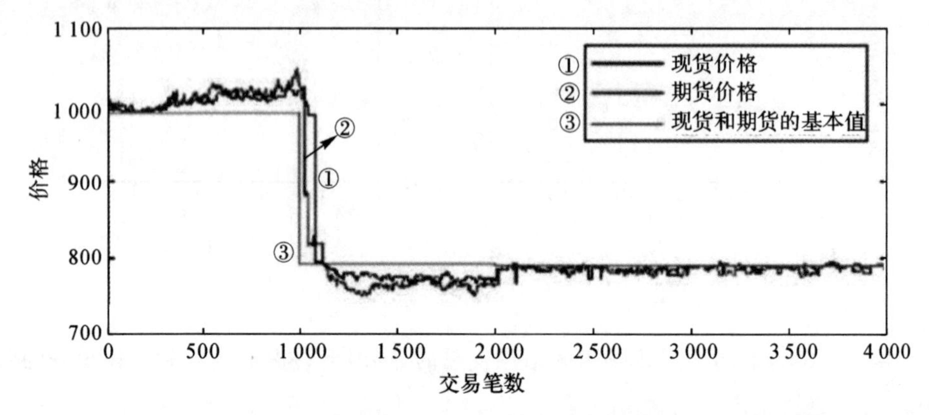

图 7.8 冲击前后现货和期货的交易价格序列

在分析了提单数据后发现，现货市场卖空限制导致的套利不对称使得这种期货贴水现象持续了一段时间。使用同一模型，当增加了市场中套利者的个数模拟后，发现市场交易量增大，买卖价差边小，流动性高，波动率虽然在短期内降低，但在长期都发现增大的趋势、如图 7.9 所示。说明只有适当地引入套利者才能有效降低市场波动，稳定市场。

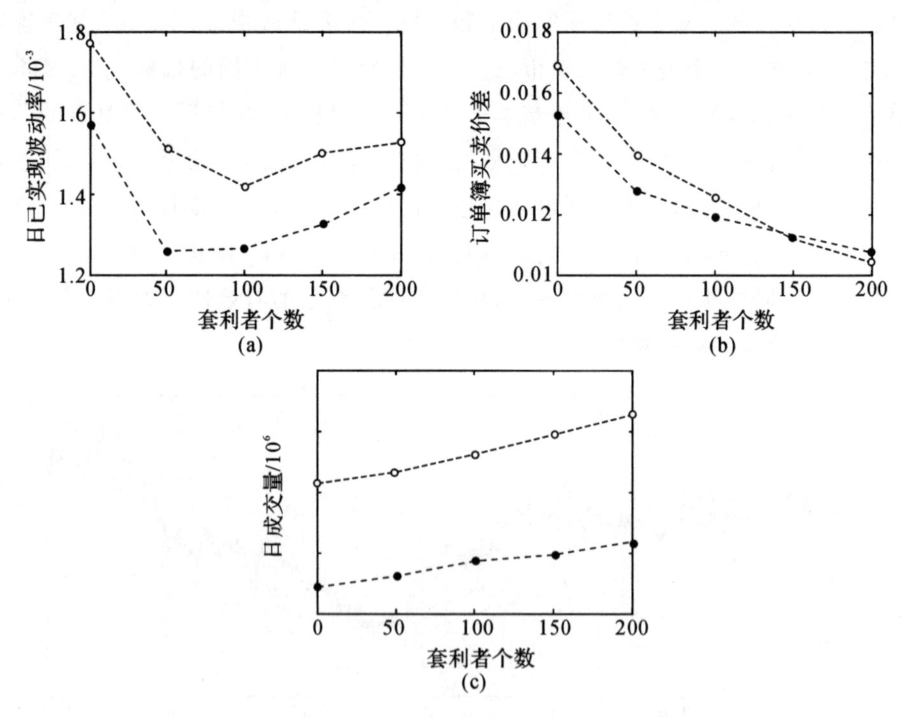

图 7.9 现货与期货市场指标随套利强度增大的变化

7.2.4　交易者提单策略学习机制与有效性

在限价订单市场变得越来越复杂、风险事件频繁发生的趋势下，大家都在不断试图去理解在不同市场状态下限价订单市场中交易者的行为模式。然而，由于限价订单市场的价格的离散、信息不对称和异质交易者的随机性，建模总是难以解决问题。避开经典模型，使用了强化学习到多主体人股票市场中，使交易者通过强化学习，利用市场分类器(通过 10 条分类规则，用 10 位数的编码描述订单状态)对订单薄信息所提取到的信息生成提单策略。在强化学习的模型中，每一笔订单的完成都会影响整体的趋势使其对于未来的决定作出影响。例如，交易者在 t'再进入市场，在市场状态 c'下采取了新的提单行为 a'，新提单效用 $q_{\theta,t'}^{c',a'}$ 将作为后续收益，更新"状态-动作"的效用函数为

$$q_{\theta,t'}^{c,a}=(1-\Phi_{\theta,t'}^{c,a})q_{\theta,t}^{c,a}+\Phi_{\theta,t'}^{c,a}\mathrm{e}^{-\rho(t'-t)}q_{\theta,t'}^{c',a'} \tag{7-4}$$

式(7-4)体现了自适应性。其中，效用更新强度 $\Phi_{\theta,t'}^{c,a}=\max\left\{\Phi,1+\dfrac{1}{N_{\theta,t'}^{c,a}}\right\}$，$N_{\theta,t'}^{c,a}$ 为该"状态-动作"(c,a)效用被更新过的次数，并且通过非知情者的 Δt 的时间段区分了即时和非即时收益，从而模拟了信息的不对等性，公式参数详见表格 7.1。由于强化学习的机制，其大概率将会给出符合市场状态的呈良好表现的提单策略。概率计算公式为

$$\bar{h}_{\theta,t}^{c,a}=\frac{h_{\theta,t}^{c,a}}{\sum_{j\in A}h_{\theta,t}^{c,j}} \tag{7-5}$$

表 7.1　更新状态"动作"公式参数表

参　数	含　义
α	提单行为
c	市场状态
θ	交易者类型
ρ	折现率
$\bar{\Phi}$	更新强度的最低阈值
$\bar{h}$	提单行为最低被选择概率
Δt	无信息交易者观测到的基本值的滞后时间

当学习过程稳定后，统计了各类交易者提交订单的收益和对市场流动性的收益情况，结果显示：投机者是市场流动性的主要提供者，同时投机者也赚取了最高的经济利益，同时当只有投机者有基本值信息或者市场波动较高时，投机者才会降低对市场流动性的供给、扩大对市场流动性的消耗。以上结果符合 Gottler 的模型中交易者理性预期平衡下的提单行为模式，从而说明了此模型的有效性。使用此模型，统计了不同交易者的异质性提单行为数据，发现交易者主要依靠基本值价位与订单簿中间价之间的高低关系判断此时股票是被高估还是低估，进而决定提交买单或卖单。将强化学习应用到限价订单市场，证明了强化学习可以带来有效的提单策略。利用逐步回归对提单数据进行分析，发现了交易者在进行提交

买卖单决策时，主要是受到私有价值的驱动，而对于没有明显买卖倾向的投机者来说，他们则主要依靠基本值价位与订单簿中间价之间的高低关系决定提交买单或卖单。这些研究为深入探讨订单簿市场中交易者的交易行为特征提供了有效途径。

以上模型存在一些不足，主要问题有：①验证模型的方法非常片面，异质多主体只简单检测了是否符合主要的市场典型事实，对于模型的校验不够细致、全面；②强化学习模型完全按照 *Gottler* 的模型设定，相较于真实市场也会存在一定的误差。未来，模型应该用更多的数据和不同的参数来全面地校验模型的准确性。

7.3 金融市场中跳跃过程的机制和产生条件

金融领域的价格跳跃理论建立在金融学理论和微观动力学方法的基础上，针对事件冲击和不同时间尺度下的市场表现给出了可供观察和复现的技术路径。本节主要关心两个方面的内容：一是价格跳跃的持续性，包括瞬时冲击和中长期的持续性影响；二是价格跳跃的相互性质，包括跳跃的自我激励和共同激励(共同跳跃)。方法上主要采用参数方法和非参数两类方法，其基本逻辑主要是建立在假设检验之上的，即通过预设分布形式或价格过程，人为定义“跳跃”和“共同跳跃”的数学形式作为判据，通过计算机模拟和实证分析等方式验证检验方法的可靠性和灵敏性。

7.3.1 资产价格跳跃的特点

从基础理论和数学方法上来讲，带有跳跃的连续时间随机过程在金融、经济学、统计学、运筹学等领域已经引起了越来越多的关注。在早期的研究中，最一般的假设是跳跃增量是序列不相关的，如拥有复合泊松过程的跳跃扩散过程，或者更一般的列维过程等。而目前资产价格遵循一类典型的跳跃-扩散半鞅过程已经成为金融研究的基本假设之一。价格过程的跳跃分量可以很好地解释资产收益序列的厚尾、尖峰特征以及波动聚集等典型事实。

近十多年来，由于日内金融数据的增加和计算统计工具的提高，资产价格跳跃的研究也进入了新的阶段。最早区别扩散和跳跃过程的研究来自 Aït-Sahalia，他提供了一个检验数据生成过程中是否存在跳跃的准则。此后，更多的检验价格跳跃的方法被提出，这些方法都将价格跳跃定义为价格过程的不连续性。

随着研究的深入，单一资产价格跳跃之间的自相关结构和多资产价格跳跃之间的互相关结构也引起了广泛关注。Aït-Sahalia 研究发现，金融危机中价格跳跃在时间和空间上存在扩散现象，因此提出了一个基于连续时间半鞅模型的跳跃相关性的检验方法。随后，跳跃自我激励和共同激励的检验方法以及基于数据生成机制的跳跃自我激励的检验方法被相继提出。

与此同时，学者开始关注资产价格跳跃的时间尺度问题。Ando 在研究金融价格序列时，发现价格的大的变化是非瞬时(non-instantaneous)的并将之称为“事件”。于是基于传统的 Barndorff-Nielsen and Shephard(BN-S)检验方法提出了一种新的非参数检验方法以检验价格过程中是否发生了“事件”，即通过使用不同抽样频率的检验统计量和遍历不同的起始时间，将一天内发生的价格变化的“事件”检验出来。

北京师范大学系统科学学院李汉东教授团队的田亦庄详细讨论了市场中价格跳跃的影响以及检验方法。真实市场上的极端事件频发，也给价格跳跃理论研究提供了更多的样本以讨论市场中的价格跳跃现象的性质和带来的影响。2008 年和 2015 年的 2 次“股灾”(见图 7.10 和图 7.11)导致的强烈冲击和股价连续多周下挫给投资人留下了深刻印象，股价的连续下跌和波动聚集程度成了价格跳跃现象的典型实例。

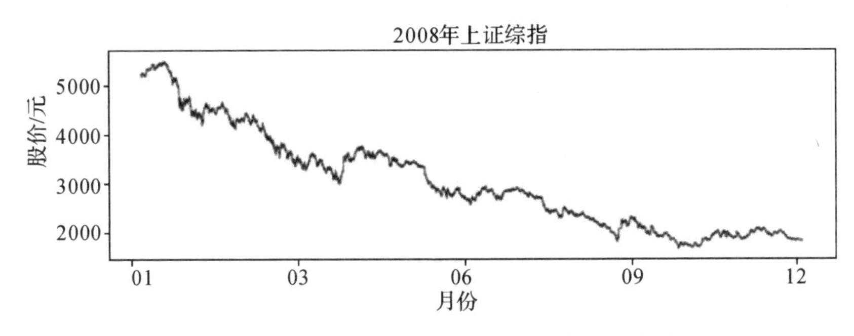

图 7.10　2008 年中国股票市场上证综指走势图

2015 年 6 月至 7 月，中国股市大跌，沪深 300 指数从 5 300 余点断崖式下降，在不到一个月的时间内下挫至 3 600 余点，发生多起熔断。由图 7.11 可以看出，沪深 300 指数在 2015 年 6～7 月份和 8 月份发生了两次剧烈的下挫，分别对应图中的 A 区和 B 区部分。在此期间可以看到日价格指数发生了多次持续时间长短不一的跳跃现象。

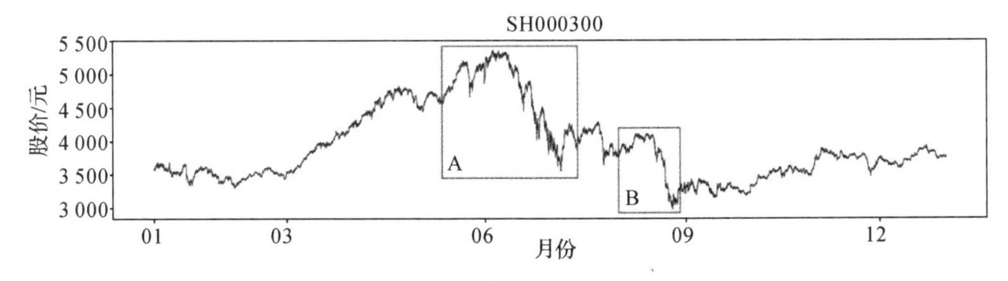

图 7.11　沪深 300 指数 2015 年 1 月 1 日至 12 月 31 日的日价格

7.3.2　股票价格跳跃的 LM 检验

在具体方法上，主要使用的是 LM 检验、BN－S 方法等非参数检验方法。在 Barndorff-Nielsen 和 Aït-Sahalia 等人的成果之上，发展了较为丰富的价格跳跃检验和计算机模拟方法体系，已经较好地复现出了实证数据表现出的收益率尖峰厚尾、幂律尾分布、波动聚集以及跳跃和变结构现象。

该小节研究复现资产价格的跳跃持续性质。在我们的工作中，在概率空间(Ω, F_t, P)上的一维资产价格过程可以表示为

$$\log S(t) = \log S(0) + \int_0^t \mu_s \mathrm{d}s + \int_0^t \sigma_s \mathrm{d}W_s \tag{7-6}$$

式中：$S(t)$是t时刻的资产价格，μ是漂移过程，σ是已实现市场波动率，W是标准的布朗运动。引入跳跃分量，可得：

$$\log S(t) = \log S(0) + \int_0^t \mu_s \mathrm{d}s + \int_0^t \sigma_s \mathrm{d}W_s + h(\delta)s(b^s - v^s)_t + [\delta - h(\delta)] * b_t^s \tag{7-7}$$

式中：h为截断函数，b^s和v^s是泊松分布测度，δ是可预测函数。对于式(7-7)，假设如下：

假设1：b和σ局部有界。

假设2：$v^s(\omega, \mathrm{d}t, \mathrm{d}s) = \mathrm{d}t \otimes F_s(\omega, \mathrm{d}s)$，$F_s$为可预测的随机测度。设定3个非随机数[$\beta \in (0,2)$，$\beta' \in [0,\beta)$及$\gamma > 0$]和一个局部有界过程($L_t \geqslant 1$)，使得对于所有$(\omega, \mathrm{d}t)$，有$F_t = F_t' + F_t''$，其中：

(1)$F_t'(\omega, \mathrm{d}x) = f_t'(x)\lambda_t - (\omega)\mathrm{d}x, 0 < \lambda_t(\omega) \leqslant L_t$

$$f_t'(x) = \frac{1 + |x|^\gamma h_t(x)}{|x|^{1+\beta}}, 1 + |x|^\gamma h_t(x) \geqslant 0, |h_t(x)| \leqslant L_t$$

(2) F_t''为奇异测度，满足$\int (|x|^{\beta'} \wedge 1) F_t''(\mathrm{d}x) \leqslant L_t$。

(3)λ_t为正向伊藤半鞅$\lambda_t = \lambda_0 + \int_0^t \mu'_s \mathrm{d}s + \int_0^t \sigma'_s \mathrm{d}W_s + \int_0^t \sigma''_s \mathrm{d}B_s + \delta' * \mu_t^x + \delta'' * \mu_t^{\perp x}$。

其中：B为独立于W的标准布朗运动，μ_t^x正交于$\mu_t^{\perp x}$，且δ'和δ''为可预测的。

在资产价格过程的基础上，将t_i时刻的资产收益定义为r_{t_i}，有

$$r_{t_i} = \log S(t_i) - \log S(t_{i-1}) \tag{7-8}$$

即t_{i-1}时刻到t_i时刻的价格对数差分。

在应用离散数据时，T为数据总分钟数($T \in \mathbf{N}$)，令抽样频率为$\Delta_n = T/n$，样本数为n，$t = i * \Delta_n (i \in \mathbf{N})$，令$X_i = \log(S_{i*\Delta_n})$，资产收益也可以定义为

$$r_{\Delta_n, i} = \log(S_{i*\Delta_n}) - \log(S_{(i-1)*\Delta_n}) \triangleq \Delta_i^n X \tag{7-9}$$

接着采用Lee和Mykland提出用LM非参数检验方法来检验价格跳跃。该方法的核心思想是构造一个基于局部波动率和瞬时波动率的统计量，该统计量具有良好的性质，可推断出其分布函数。只要给定显著性水平，通过计算某个时刻股票价格点对应的该统计量的值，再比较其与显著性水平的阈值，便可判断出该点是否发生跳跃。

考虑t_i时刻之前的K个时刻，这些时刻的价格变化情况可以看作t_i时刻价格的局部变化。通过t_i时刻之前的K个时刻的双幂变差，将t_i时刻的局部波动率定义为

$$\sqrt{\frac{1}{K+2} \sum_{j=i-K+2}^{i-1} |\log S(t_j) - \log S(t_{j-1})| \, |\log S(t_{j-1}) - \log S(t_{j-2})|} \tag{7-10}$$

式中：K又可以称为对t_i时刻局部波动率观测的“窗口大小”。在实际计算中，K的最佳取值为该范围中的最小整数值(这里该数值取16)，在该范围中增大K值并不能显著增加效

果，反而会增加计算负担。

如果 t_{i-1} 时刻到 t_i 时刻发生了跳跃，其瞬时变化率相对于局部变化率就会显著增大。此时检验 t_{i-1} 时刻到 t_i 时刻是否发生跳跃的统计量 $T(t_i)$ 定义为

$$T(t_i)=\frac{\log S(t_i)-\log S(t_{i-1})}{\sqrt{\frac{1}{K+2}\sum_{j=i-K+2}^{i-1}|\log S(t_j)-\log S(t_{j-1})||\log S(t_{j-1})-\log S(t_{j-2})|}} \tag{7-11}$$

统计量 $T(t_i)$ 具有下述性质：

(1)在零假设(不存在跳跃)下，$T(t_i)$ 服从均值为0、方差为 $1/c^2$ 的正态分布，其中 $c=\sqrt{2}/\sqrt{\pi}\approx 0.7979$。

(2)在备择假设(存在跳跃)下，当时间间隔 $\Delta t\to 0$ 时，$T(t_i)\to\infty$。

(3)在零假设下，当时间间隔 $\Delta t\to 0$ 时，有

$$\frac{\max|T(t_i)|-C_n}{S_n}\to\xi \tag{7-12}$$

式中：ξ 为一随机变量，其累积分布函数为

$$P(\xi\leqslant x)=\exp(-e^{-x}) \tag{7-13}$$

$$C_n=\frac{(2\log n)^{\frac{1}{2}}}{c}-\frac{\log\pi+\log(\log n)}{2c(2\log n)^{\frac{1}{2}}} \tag{7-14}$$

$$S_n=\frac{1}{c(2\log n)^{1/2}} \tag{7-15}$$

可以看出，若某个时刻 t_i 没有发生跳跃，对应的统计量值 $T(t_i)$ 应该在一个有界范围之内；如果发生跳跃，那么 $T(t_i)$ 的值会很大(当 $\Delta t\to 0$ 时为无穷大)。如果 t_i 对应的统计量值超出了常规的取值范围，那么 t_i 处没有发生跳跃的可能性就非常小；给定显著性水平 $\alpha=1\%$，那么 $Q=\frac{|T(t_i)|-C_n}{S_n}$ 的最大值为 β^*，β^* 使得 $P(\xi\leqslant\beta^*)=\exp(-e^{-\beta^*})\leqslant 1-\alpha=0.99$，即 $\beta^*=-\ln[-\ln(0.99)]=4.6001$。对于任意显著性水平 α，求出统计量的阈值 β^α，计算时刻 t_i 对应的统计量值 Q。若 Q 大于 β^α，说明 t_i 处发生跳跃，否则未发生跳跃。

7.3.3 股票价格跳跃的自我激励性检验

采用资产价格跳跃自激检验方法进行股票价格自我激励性检验。其自我激励性定义为

$$\sum_{0\leqslant t\leqslant T}\Delta\lambda_t 1_{\{\Delta\lambda_t\geqslant 0,\ |\Delta X_t|\neq 0\}}>0 \tag{7-16}$$

式中：T 为样本总时长($T\in\mathbf{N}$)，$X_t=\log(S_t)$，λ_t 为 t 时刻的跳跃到达密度。式(7-16)表示，在数据范围内，价格发生变化的同时，跳跃到达密度也发生非负向变化，则说明价格跳跃存在自我激励性。

选择适当的窗口长度 k_n，第 i 个窗口长度中价格跳跃的强度 $\hat{\lambda}(k_n)_i$ 估计方法为

$$\hat{\lambda}(k_n)_i=\frac{\Delta_n^{\varpi\hat{\beta}}}{k_n\Delta_n}\sum_{j=i+1}^{i+k_n}g\left(\frac{|r_{\Delta_n,j}|}{\alpha\Delta_n^{\varpi}}\right)\frac{\alpha^{\hat{\beta}}}{C_{\hat{\beta}}(1)} \tag{7-17}$$

式中：$0<\bar{\omega}<\frac{1}{2}$，$\alpha$ 为收益分布的标准差，函数 $g(\cdot)$ 有以下3种形式：

$$g_0(x)=1_{\{x>1\}} \tag{7-18}$$

$$g_1(x)=\begin{cases}|x|^p, |x|\leqslant 1\\ 1, |x|>1\end{cases} \tag{7-19}$$

$$g_2(x)=\begin{cases}c^{-1}|x|^p, |x|\leqslant a\\ c^{-1}\left\{a^p+\frac{pa^{p-1}}{2(b-a)}[(b-a)^2-(|x|-b)^2]\right\}, a\leqslant |x|\leqslant b\\ 1, |x|\geqslant b\end{cases}$$

式中：$c=a^p+\frac{pa^{p-1}(b-a)}{2}$，且当 $a=b=1$ 时，$g_2(x)=g_1(x)$，在应用过程中，$g(\cdot)$ 取3种形式中其中一种形式即可。

$C_{\hat{\beta}}(k)$ 的定义式为

$$C_\beta(k)=\int_0^\infty [g(x)]^k/x^{1+\beta}\mathrm{d}x \tag{7-20}$$

式中：β 估计形式为

$$\hat{\beta}_n(t,\bar{\omega},\alpha,\alpha')=\log\frac{V(\bar{\omega},\alpha,g)_t^n}{V(\bar{\omega},\alpha',g)_t^n}/\log\frac{\alpha'}{\alpha} \tag{7-21}$$

式中，$\alpha'=2*\alpha$，且 $V(\bar{\omega},\alpha,g)$ 的形式为

$$V(\bar{\omega},\alpha,g)_t^n=\sum_{i=1}^n g(\frac{r_{\Delta_n i}}{\alpha\Delta_n^{\bar{\omega}}}) \tag{7-22}$$

依据定义式，得到统计量 $U(H,k_n)_T$ 和 $U(G,k_n)_T$ 为

$$U(H,k_n)_T=\sum_{i=k_n+1}^{[T/\Delta_n]-k_n} H[X_{(i-1)\Delta_n},X_{i\Delta_n},\hat{\lambda}(k_n)_{i-k_n-1},\hat{\lambda}(k_n)_I]\times 1_{\{|r_{\Delta_n,i}|>\alpha\Delta_n^{\bar{\omega}}\}}\times 1_{\{|r_{\Delta_n,i}|\in\varepsilon\setminus\{0\}\}} \tag{7-23}$$

式中，$\varepsilon=\bar{r}\sqrt{\theta}\Delta_n^{\bar{\omega}}$，$H$ 函数取为以下形式，即

$$H(x_1,x_2,y_1,y_2)=|x_2-x_1|^p h_2(y_1,y_2) \tag{7-24}$$

式中：p 的具体值一般可取为2或4，$h_2(y_1,y_2)$ 可具体表示为

$$h_2(y_1,y_2)=\begin{cases}\exp[-1/(y_2-y_1)], & \text{当 } y_2>y_1 \text{ 时}\\ 0, & \text{当 } y_2\leqslant y_1 \text{ 时}\end{cases} \tag{7-25}$$

统计量 $U(G,k_n)_T$ 的形式为

$$U(G,k_n)_T=\sum_{i=k_n+1}^{[T/\Delta_n]-k_n} G(X_{(i-1)\Delta_n},X_{i\Delta_n},\hat{\lambda}(k_n)_{i-k_n-1},\hat{\lambda}(k_n)_i)\times 1_{\{|r_{\Delta_n,i}|>\alpha\Delta_n^{\bar{\omega}}\}}\times 1_{\{|r_{\Delta_n,i}|\in\Delta\setminus\{0\}\}} \tag{7-26}$$

式中，

$$G(x_1,x_2,y_1,y_2)=\frac{\alpha^\beta C_\beta(2)}{[C_\beta(1)]^2}[y_1H'_3(x_1,x_2,y_1,y_2)^2+y_2H'_4(x_1,x_2,y_1,y_2)^2] \tag{7-27}$$

其中：$H'_3(x_1,x_2,y_1,y_2)$和$H'_4(x_1,x_2,y_1,y_2)$分别是函数$H(x_1,x_2,y_1,y_2)$关于y_1和y_2的一阶偏导数。统计量$U(H,k_n)_T$和$U(G,k_n)_T$为有限方差的连续参量，有以下渐进性质，即

$$t_n:=\sqrt{\frac{k_n\Delta_n}{\Delta_n^{\bar{\omega}\beta}}}\frac{U(H,k_n)_T}{\sqrt{U(G,k_n)_T}}\begin{cases}\xrightarrow{P}-\infty\omega\in\Omega_T^-\\ \xrightarrow{L_{st}}N(0,1)\omega\in\Omega_T^0\\ \xrightarrow{P}+\infty\omega\in\Omega_T^+\end{cases}\tag{7-28}$$

在价格没有自我激励性的零假设条件下，可以用以上统计量进行假设检验，但在价格跳跃有自我激励性的零假设条件下，$U(H,k_n)$无法作为有限样本的估计误差。因此，需重新构造相对误差统计量为：

$$R_n=\frac{U(H,\omega k_n)_T-U(H,k_n)_T}{U(H,k_n)_T}\tag{7-29}$$

相对误差R_n的渐进性质如下：

$$\begin{cases}R_n\xrightarrow{P}0 & \omega\in\Omega_T^{\text{self}}\\ R_n\xrightarrow{L_{st}}\dfrac{\bar{U}'_T}{\bar{U}_T}-1\neq0 & \omega\in\Omega_T^0\end{cases}\tag{7-30}$$

可得到拒绝域的形式为

$$C_n=\{\frac{|R_n|}{\sqrt{V_n}}>Z_a\}\tag{7-31}$$

其中，Z_a为标准正态分布的分位点，V_n检验统计量形式为

$$V_n=\frac{\Delta_n^{\bar{\omega}\beta}}{k_n\Delta_n}\frac{(\omega-1)U(G,k_n)_T}{\omega[U(H,k_n)_T]^2}\tag{7-32}$$

将上述定义和方法应用于实证数据得到了一些结论。

使用LM方法对高频收益序列进行跳跃检验，可以看出，统计量Q为跳跃检验的重要统计量。在显著性水平$\alpha=5\%$的条件下，当$Q>2.97$时则表明该点存在价格跳跃。在2015年整个抽样区间内，沪深300指数Q值图及其1 min价格序列图如图7.12所示。

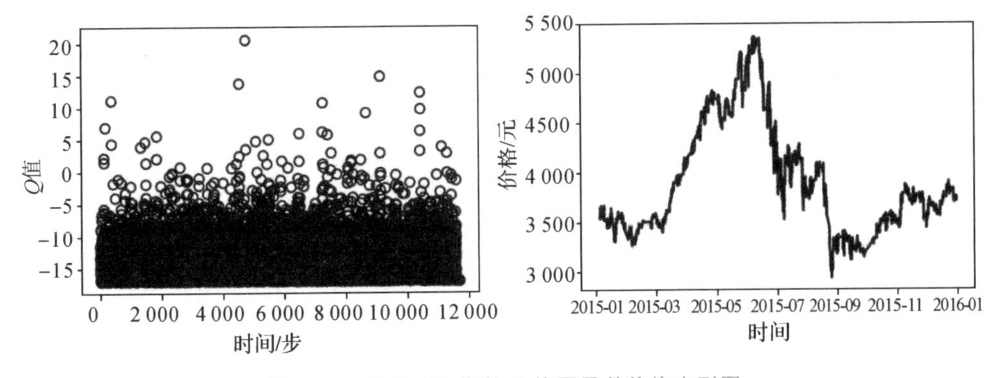

图7.12　沪深300指数Q值图及其价格序列图

由于使用 LM 方法检验价格跳跃时采用的是 5 min 频率数据，而价格序列图是用 1 min 价格数据绘制而成的，故价格序列点的序数为 Q 值图点序数的 5 倍。对比 2015 年沪深价格走势图可以看出，在价格剧烈波动时，Q 值图中 $Q>2.97$ 的点也更加密集。

沪深 300 指数及 30 只股票的跳跃检验结果如图 7.13 所示。图中可现，沪深 300 指数在 2015 年发生价格跳跃的次数远远低于其成份股的跳跃次数，沪深 300 指数跳跃次数为 23 次，而单只股票的平均跳跃次数为 59 次。

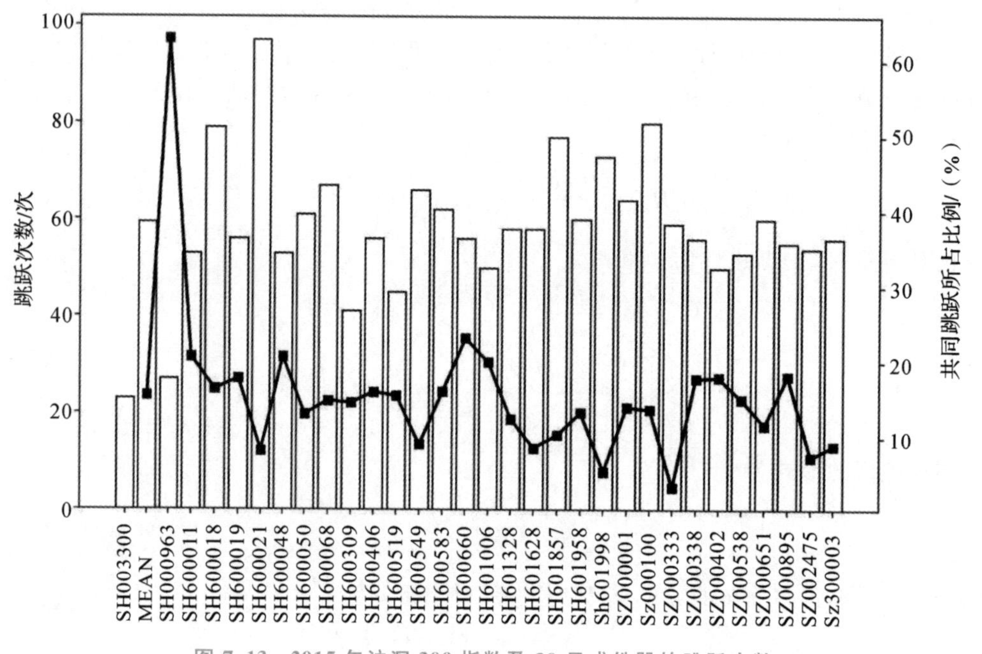

图 7.13　2015 年沪深 300 指数及 30 只成份股的跳跃次数

根据投资组合理论，对于股票组合，其成份股的异质跳跃可以看作被充分平滑，能够检验出的跳跃为共同跳跃，即由市场共同因素影响产生的跳跃，故以沪深 300 指数发生的跳跃作为共同跳跃。共同跳跃反映了市场总体受到冲击时的变化情况。而对于单只股票来说，其检验出的跳跃不仅包括共同跳跃，也包括来自股票自身的异质跳跃，异质跳跃反映该股票自身的重要变化。由图 7.13 可以看出，对单只股票来说，发生共同跳跃的次数远远小于其发生异质跳跃的次数，除一只股票共同跳跃占个股所有跳跃次数达到了 63%外，其余股票的共同跳跃所占比例皆在 10%左右。

沪深 300 指数在 2015 年发生了 23 次跳跃，每次发生共同跳跃时，30 只成份股中随跳的个股只数及比例如图 7.14 所示。对 23 次共同跳跃的分析表明，个股在指数发生共同跳跃时被检验出跳跃的数量平均只占总股数的 37.25%，即只有 37.25%的股票在沪深 300 指数被检验出现跳跃时也被检验出跳跃。这表明，对于单只股票，跳跃更多地受自身因素的影响，自身因素影响要远大于市场所带来的影响。

由以上分析中可以看出，个股的跳跃次数远多于指数跳跃的次数。在个股出现跳跃时，指数也跳跃的概率很小，在指数出现跳跃时，同样出现跳跃的个股数量占总个股数的比例也不高。也就是说,理论上指数与个股的联系可以通过共同跳跃体现,但是共同跳跃却被个股的异质跳跃和噪声所掩盖。

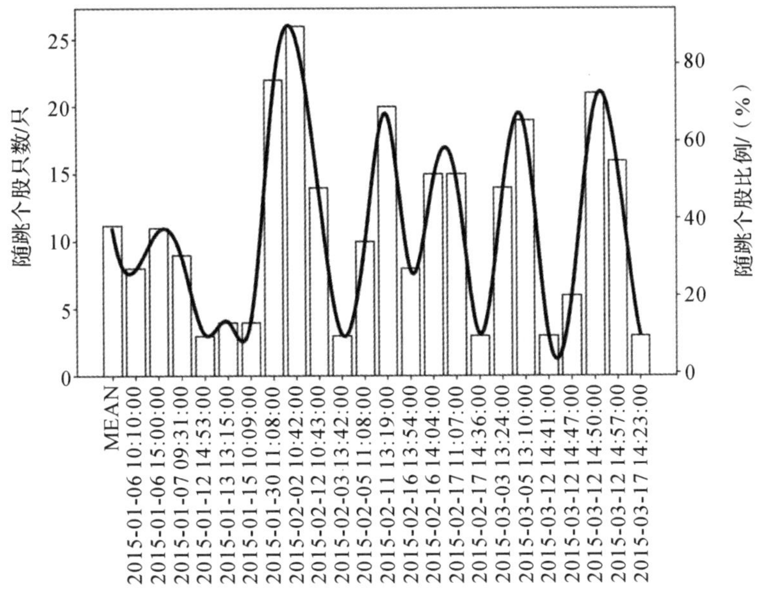

图 7.14　2015 年随沪深 300 指数跳跃的个股只数及比例

将沪深 300 指数及 30 只个股处理后的 5 min 价格数据进行价格跳跃自我激励性检验。在检验过程中所取窗口长度 $k_n=10,\bar{\omega}=\frac{1}{5},p=4,\omega=2,\theta=\frac{1}{16}$,函数 $g(\cdot)$ 取简单的形式 $g_0(x)$。沪深 300 指数及 30 只个股在"价格跳跃存在自我激励性"的零假设条件下全部通过了检验。其中,沪深 300 指数所检验出的 p 值为 0.387 9,30 只个股的所检验出的 p 值见表 7.2。结果表明,中国股票市场价格跳跃存在显著的自我激励性。

表 7.2　中国股票市场 30 只股票的代码和价格跳跃自我激励性检验的 p 值

股票代码	p 值	股票代码	p 值	股票代码	p 值
SH000963	0.3854	SH600011	0.3321	SH600019	0.3077
SH600021	0.3170	SH600018	0.3965	SH600050	0.2376
SH600048	0.3265	SH600068	0.2807	SH600406	0.3640
SH600309	0.3978	SH600583	0.2865	SZ000100	0.3257
SH600519	0.3709	SH600660	0.3724	SZ000338	0.3716
SH600549	0.3691	SH601006	0.3267	SZ000895	0.3800
SH601998	0.3849	SH601328	0.3779	SZ002475	0.3837
SZ000402	0.3915	SH601628	0.3445	SZ300003	0.3152
SZ000538	0.3907	SH601857	0.3795	SH601985	0.3893
SZ000651	0.3942	SZ000001	0.3778	SZ000333	0.3226

沪深 300 指数及 30 只个股的跳跃到达强度 $\hat{\lambda}$ 的估计值是检验价格跳跃自我激励性的重要参数。沪深 300 指数及 3 只个股(SH600011、SH600018、SH600019)在 2015 年整个样本区间内的 $\hat{\lambda}$ 估计值图像如图 7.15 所示。

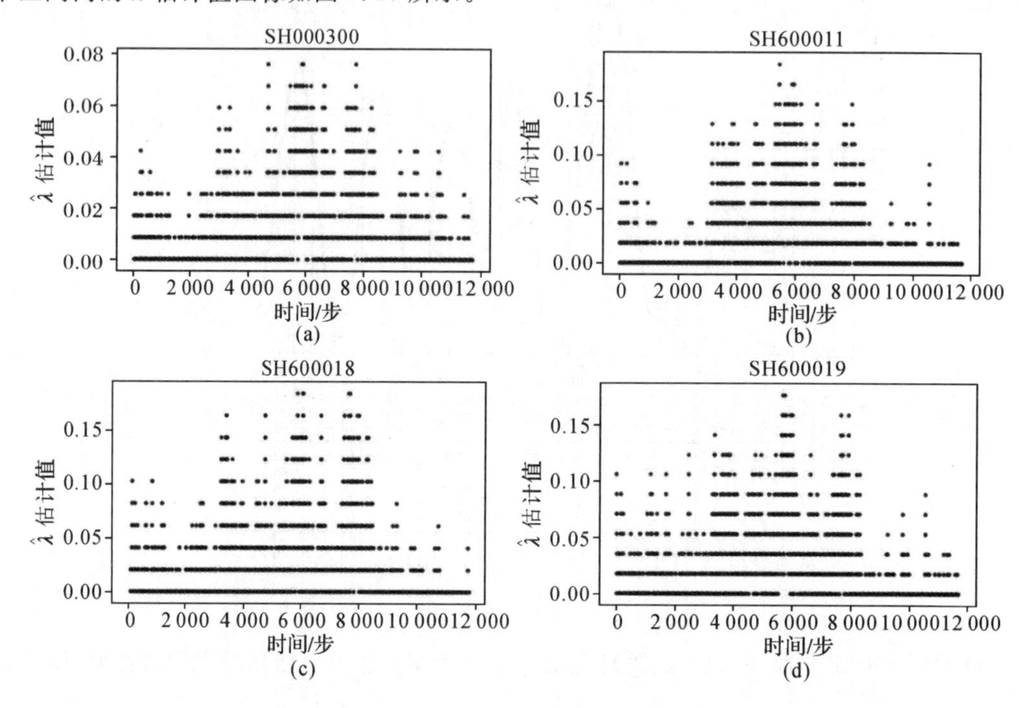

图 7.15　2015 年沪深 300 指数及 3 只成份股的 $\hat{\lambda}$ 估计序列

图 7.15 中所示数据的频率为 5 min,即横坐标为"1"时,所画点第 1 个 $\hat{\lambda}$ 估计值,也就是"2015/01/05 09:35"的 $\hat{\lambda}$ 估计值(2015/01/05 为 2015 年第一个交易日)。$\hat{\lambda}(k_n)_i$ 值由第 i 点后 k_n 个 5 min 频率收益值计算得到。在计算 $\hat{\lambda}(k_n)_i$ 值与 $\hat{\lambda}(k_n)_{i+1}$ 值所应用的数据只相差一个收益值的情况下,$\hat{\lambda}(k_n)_i$ 值与 $\hat{\lambda}(k_n)_{i+1}$ 值有极大的可能性为同等值或十分接近。

由图 7.15 可以看出,所有股票都在序数 6 000 点发生了峰值,由于检验自我激励性时采用的是 5 分钟频率数据,每天有 240 个交易分钟,每月平均约有 22 个交易日,则第 6 000 点 $\hat{\lambda}$ 值发生在 6 月初左右,与该时中国股票市场发生股灾,股票价格剧烈波动的事实情况相符。

$\hat{\lambda}$ 估计值为跳跃到达强度,当跳跃次数增多时,跳跃强度也相应增强。将 2015 年沪深 300 指数与 30 只个股通过 LM 方法检验出的跳跃总次数与跳跃自我激励性检验所用到的跳跃到达强度 $\hat{\lambda}$ 估计量均值相比较,结果如图 7.16 所示。可以看出,当用 LM 方法检验出跳跃增多时,所对应的跳跃到达强度会相应提高,两者的数据趋势基本相同。

为了进一步验证跳跃次数与跳跃到达强度的相关性,对沪深 300 指数及 30 只个股在 2015 年的跳跃总次数与跳跃到达强度均值进行 Pearson 相关分析,得到结果见表 7.3。

表 7.7　Pearson 相关分析结果

相关系数	p 值
0.586 417 8	0.000 526 4

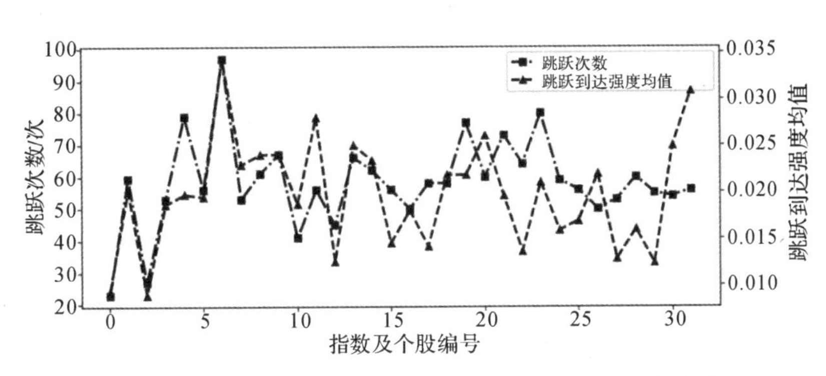

图 7.16　指数及个股 2015 年跳跃次数及跳跃到达强度均值

研究发现，由于 p 值为 0.000 526 4，表明采用不同检验方法和估计方法得到的跳跃次数与跳跃达到强度存在显著的相关性。而且相关系数为 0.586 417 8，这表明跳跃自我激励检验所得到的时变跳跃强度与实际发生的跳跃强度具有一致性。

为了研究跳跃到达强度与共同趋势的关系，对沪深指数和 30 只成份股进行了相关分析。以下仅给出沪深 300 指数及 3 只个股(SH600019、SH600011、SH600018)在 2015 年整个样本区间内的 $\hat{\lambda}$ 估计序列的密度分布图如图 7.17 所示。

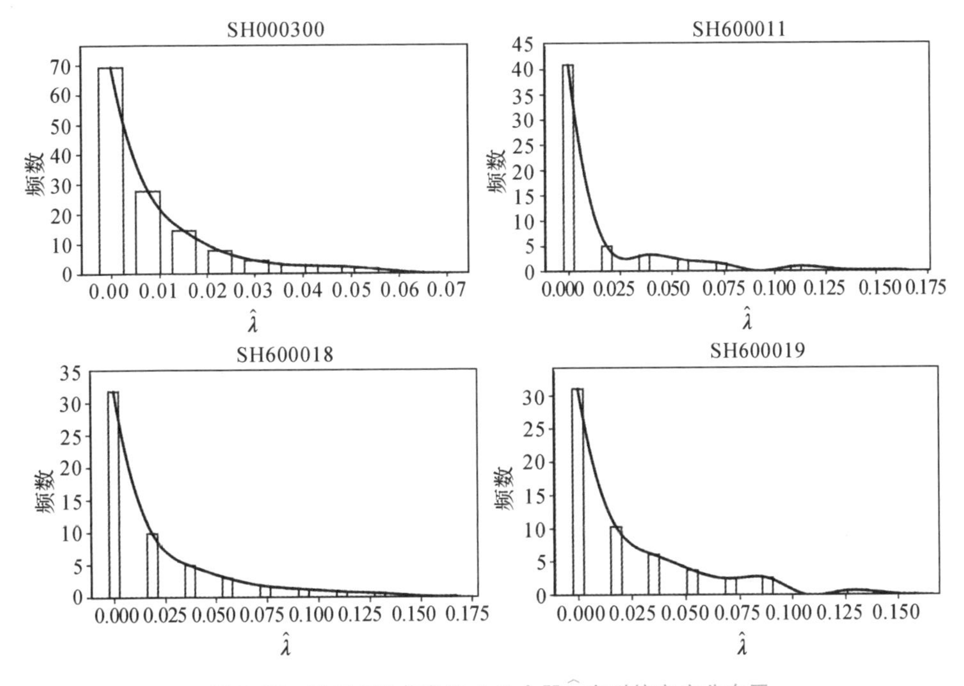

图 7.17　沪深 300 指数及 3 只个股 $\hat{\lambda}$ 序列的密度分布图

图 7.17 的横坐标为 $\hat{\lambda}$ 估计值区间，纵坐标为该 $\hat{\lambda}$ 估计值区间的密度（密度 $=\frac{\text{该区间内频数}}{\text{总数}\times\text{区间长度}}$），曲线为密度分布曲线。由图可以看出，沪深 300 指数与 3 只个股具有相似的密度分布，这种分布的相似性也反映了共同跳跃，将 30 只股票强度在不同时刻进行平均，得到跳跃到达强度的共同趋势。30 只个股到达强度均值的 $\hat{\lambda}$ 估计序列图像及该序列的密度分布如图 7.18 所示。

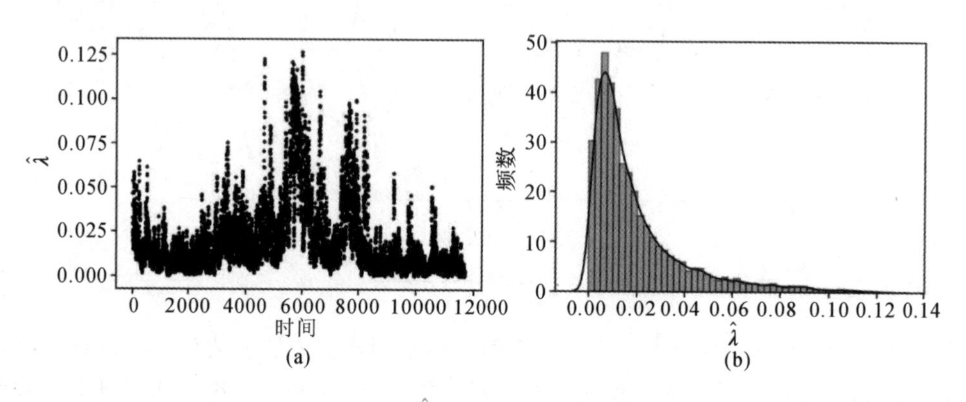

图 7.18　30 只股票 $\hat{\lambda}$ 估计均值序列及密度分布图像

图 7.18(a)为 30 只股票 $\hat{\lambda}$ 估计均值序列图像。可以看出，到达强度依旧在 6000 点处发生了峰值，说明此时频繁发生跳跃为中国股票市场的共同趋势，此时的跳跃为中国股票市场的共同跳跃。同样于 2015 年中期，中国股票市场发生股灾，股票市场价格波动剧烈的历史情况相吻合。

图 7.18(b)为 $\hat{\lambda}$ 估计均值密度分布图。观察其形状发现其趋向对数正态分布，为此，进行 *KS* 检验。结果表明达到强度分布通过了对数正态假设，如图 7.19 所示。

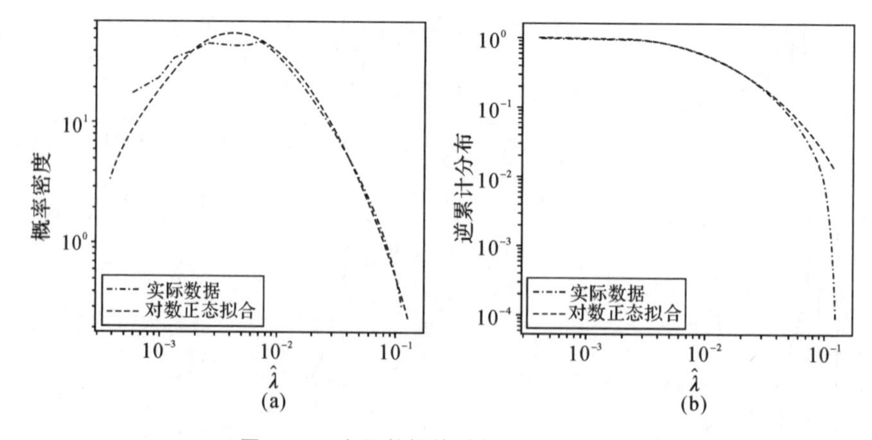

图 7.19　实际数据的对数正态拟合曲线

对 $\hat{\lambda}$ 均值的分布拟合，印证了 KS 检验的结果，说明 $\hat{\lambda}$ 均值序列服从对数正态分布。对数正态分布表明时变到达强度的分布是非对称的，反映在市场中就是价格跳跃的频率越高，频率变化的范围越广。这也暗示价格跳跃强度可能存在长记忆性。为此进行长记忆性检验。本部分使用去势波动分析(Detrended Fluctuation Analysis, DFA)方法进行检验。该方法是在研究DNA分子时被提出的,其思想是通过去掉趋势项的方法来计算出广义Hurst指数。若计算的Hurst指数介于0.5~1之间,就可以认为序列是具有长记忆性的,并且越接近1,长记忆性越强。DFA方法能够检测出非平稳时间序列的长程相关性,从而去除非平稳时间序列中的伪相关现象,比常规的R/S分析、谱分析更具有优越性。

使用DFA方法,计算了反映跳跃强度的λ序列的Hurst指数,计算结果见表7.4。

表7.4 沪深300指数、个股及个股均值的Hurst指数

股票代码	指数	股票代码	指数
SH000300	0.871 088 2	SH000963	0.884 967 3
SH600011	0.901 499 7	SH600018	0.853 173 7
SH600019	0.883 586 9	SH600021	0.861 758 9
SH600048	0.745 726 7	SH600050	0.840 417 4
SH600068	0.845 236 1	SH600309	0.864 528 1
SH600406	0.881 575 3	SH600519	0.877 194
SH600549	0.845 591 6	SH600583	0.893 672 2
SH600660	0.806 473 4	SH601006	0.873 121 3
SH601328	0.838 658 4	SH601628	0.689 313 2
SH601857	0.833 901 1	SH601958	0.852 093
SH601998	0.804 350 2	SZ000001	0.7 710 014
SZ000100	0.849 970 7	SZ000333	0.827 708 5
SZ000338	0.846 956 5	SZ000402	0.809 882 9
SZ000538	0.858 791	SZ000651	0.786 154 6
SZ000895	0.858 524 2	SZ002475	0.864 622 3
MEAN	0.889 219 4		

由上述结果中可以看出,研究范围内的30只股票的λ序列的Hurst指数均大于0.5,并且大多数都大于0.8,非常接近1。这说明所研究的5 min价格序列的跳跃之间存在着非常强的长记忆性,跳跃现象不仅与最近的几次跳跃相关联,还受到较长时间以前的跳跃现象的影响。

下一步继续建立反映价格跳跃持续的多主体模型,分析价格跳跃相关性和持续现象产生的原因,以及不同市场交易者对价格形成机制的影响。

假设金融市场存在两类交易主体:投机者和基本值交易者。投机者使用历史价格信息对未来价格进行预测,并在此基础上进行交易。基本值交易者通过资产对资产进行估值,然后买进被市场低估的资产。考虑整个市场的交易者都会被一系列连续发生的随机事件所影响,其中交易主体对事件的响应存在一定的时滞效应,因此,希望该模型能够复现股票市场的幂律尾分布、波动聚集、价格跳跃以及变结构等典型事实,特别是能解释价格跳跃的持续时间现象。这将有助于加深对金融市场交易行为的理解,并准确把握资产价格的生成机制。

多主体模型框架设计如下:设市场有两类交易者——投机者和基本值交易者。第i个投机者在t时刻对资产的期望收益是$r_{it}^{(1)}=(\widetilde{P_{it}}-P_{t-1})/P_{t-1}$，其中$\widetilde{P_{it}}$是第$i$个投机者在$t$时刻对资产的投机预期。第$j$个基本值交易者在$t$时刻对资产的期望收益为$r_{jt}^{(2)}=(V_{jt}-P_{t-1})/P_{t-1}$，其中$V_{jt}$是第$j$个基本值交易者在$t$时刻对资产的估计值。假设$t$时刻投机者和基本值交易者的数量分别为$N_t$和$M_t$，两类交易者的平均预期收益分别为$\bar{r}_t^{(1)}\equiv N_t^{-1}\sum_{i=1}^{N_t}r_{it}^{(1)}$和$\bar{r}_t^{(2)}\equiv M_t^{-1}\sum_{j=1}^{M_t}r_{jt}^{(2)}$。此时资产收益可以表示为$r_t=a_t\bar{r}_t^{(1)}+b_t\bar{r}_t^{(2)}$。

为描述外部事件对资产收益的冲击，设$\{B_t\}_{t\geqslant 0}$是一个与资产收益相互独立的正态平稳过程。分别引入示性函数$I(|B_n|\geqslant\theta_1)$和$I(|B_n|\geqslant\theta_2)$表示外部事件对两类投资主体期望收益产生了冲击，其冲击效应可以分别表示为$\sigma^{(1)}B_tI(|B_t|\geqslant\theta_1)$和$\sigma^{(2)}B_tI(|B_t|\geqslant\theta_2)$，其中$\sigma^{(1)}$和$\sigma^{(2)}$为尺度参数。为了反映冲击对资产价格的持续影响，假设两类投资主体的平均期望收益由下式模型确定，即

$$\bar{r}_t^{(1)}=\sum_{i=1}^{p}\varphi_i^{(1)}\bar{r}_{t-i}^{(1)}+\sum_{j=1}^{q}\sigma_j^{(1)}B_{t-j}I(|B_{t-j}|\geqslant\theta_1) \tag{7-33}$$

$$\bar{r}_t^{(2)}=\sum_{i=1}^{p}\varphi_i^{(2)}\bar{r}_{t-i}^{(2)}+\sum_{j=1}^{q}\sigma_j^{(2)}B_{t-j}I(|B_{t-j}|\geqslant\theta_2) \tag{7-34}$$

该模型可以进一步表示成更简单的形式为

$$\bar{r}_t^{(1)}=\varphi_1^{(1)}\bar{r}_{t-1}^{(1)}+\sigma_1^{(1)}B_tI(|B_t|\geqslant\theta_1)+\sigma_2^{(1)}B_{t-1}I(|B_{t-1}|\geqslant\theta_1) \tag{7-35}$$

$$\bar{r}_t^{(2)}=\varphi_1^{(2)}\bar{r}_{t-1}^{(2)}+\sigma_1^{(2)}B_tI(|B_t|\geqslant\theta_2)+\sigma_2^{(2)}B_{t-1}I(|B_{t-1}|\geqslant\theta_2) \tag{7-36}$$

式中：$\varphi_i^{(1)}$和$\varphi_i^{(2)}$是自回归系数，上述模型具有ARMA(p,q)模型的形式，但是与ARMA模型中噪声项的含义不同。

由上述模型发现，在没有引入跳跃滞后项的基础上，可以很好地复现收益的幂律尾分布、波动聚集以及跳跃和变结构现象。在这个模型的基础上，可以进一步讨论价格生成机制并复现资产价格的跳跃持续性质。

7.4 多资产市场中交易者行为的内在机制

本节基于计算实验金融的思想和方法，构建多主体模型来模拟股票市场上的交易过程，分析多资产市场中导致交易者行为趋同的内在机制以及其对收益率的相关性、市场波动性以及市场流动性的影响。同时探讨由此引发的市场崩盘现象，认为市场崩盘有时候仅仅是由市场初始的一个较大下跌所引发，而股票指数是将交易者行为耦合到一起的一个关键因素，在市场跌幅较大时交易者普遍受股指影响更大，导致市场极端事件的发生。交易不同股票的交易者间原本是相互独立的，但是由于在市场压力状态下他们都参考股票指数来做出交易决策，导致行为发生了关联，股票市场的个股价格也发生同步性的变化。

7.4.1 基于双向拍卖机制模拟股票市场交易

北京师范大学李红刚教授团队的董馨月等人基于双向拍卖机制构建了一个多资产的多主体模型来模拟股票市场上的交易。该模型主要基于以下假设：

(1)假设市场上存在M只股票，并且以所有股票为基础定义了股票指数。

(2)市场上存在 N 个交易者,每个交易者仅交易一只股票(主要是避免考虑资产组合的影响),每个交易者所交易的股票在初始化阶段由系统随机决定并在整个模型的运转过程中保持固定。

(3)市场上不允许买空和卖空,也就是说交易者不允许提交超过其现金支付能力的买单或超过其所持有股票数量的卖单。

(4)每个交易日内交易者仅有一次机会提交订单,且订单类型为限价订单。假设在一个交易日内每个交易者是等时间间隔决策的,一个交易日结束后未成交的订单会被撤销。

在第 $t(t=1,2,\cdots,T)$个交易日内,以随机方式决定 N 个交易者的提单顺序。每个交易者 i 依据以下的预期函数来决定提单方向,即

$$z_i(\tau;t)=bv(\tau;t)+(1-b)v_i(\tau;t) \tag{7-37}$$

式中:$z_i(\tau;t)$代表交易者对其所交易的股票所持的预期态度,正值代表持乐观预期,负值代表持悲观预期。如果 $z_i(\tau;t)>0$ 提交买单,$z_i(\tau;t)<0$ 时则提交卖单,$z_i(\tau;t)=0$ 时则不提交订单。变量 $v(\tau;t)\in\{-1,0,1\}$表示股票指数(市场行情)在一个交易日内的短期涨跌。变量 $v_i(\tau;t)\in\{-1,0,1\}$由随机因素决定,这些因素与除指数外的所有其他信息相关,并且对于不同的交易者来说是异质的。参数 b 表示与指数相关的强度,也就是说,交易者在做出交易决策时参考指数变化趋势的程度。有

$$v(\tau;t)=\mathrm{sgn}[L(\tau;t)-L(\tau-1;t)] \tag{7-38}$$

$$b=\left|\tanh\left[h^*\frac{L(\tau;t)-L(\tau-1;t)}{L(\tau-1;t)}\right]\right| \tag{7-39}$$

式中:$L(\tau;t)$表示第 t 天的第 τ 个股票指数,$L(\tau-1;t)$表示第 t 天的第 $t-1$ 个股票指数,sgn 表示符号函数 h 表示调整参数。双曲正切函数可以将 b 限制在[0,1]范围内。事实上,有关 b 的调节是基于 3 个简单的思想:①指数变化率越大(弱),b 越大(越小),这意味着如果市场报价发生实质性变化,那么交易者会更关心指数;②如果指数回报率足够大,那么 b 近似于 1,即交易者全部根据指数进行决策;③如果指数收益率接近 0,则 b 接近 0,意味着交易者根据其他信息进行决策。提交的限价确定如下:

$$p_b^i(t)=p(\tau;t)[1+\delta\eta_1+h_1z_i(\tau;t)] \tag{7-40}$$

$$p_a^i(t)=p(\tau;t)[1+\delta\eta_2+h_2z_i(\tau;t)] \tag{7-41}$$

委托提交订单的数量确定如下:

$$Q_b^i(t)\in\{1,2,\cdots,[C^i(t)/p_b^i(t)]\} \tag{7-42}$$

$$Q_a^i(t)\in\{1,2,\cdots,Q^i(t)\} \tag{7-43}$$

如果委托人提交订单,订单将按时间排序。接下来,交易系统将使用连续双向拍卖交易机制立即匹配订单,直至订单簿上的订单无法再交易,并且更新最新的交易价格、指数和交易者的资产账户。然后,下一个交易者将提交订单,重复前面的提单过程。

7.4.2 市场崩盘的内生机制分析

通过上述机制,可以重现市场崩盘现象。图 7.20 所示为一个典型的市场崩盘交易日,

所选择的交易日为存在最大的负向分时股指变化率的一天。图 7.20(a)～(e)为个股在此交易日的行情走势图,图 7.20(f)为股票指数在此交易日的行情走势图。在这一交易日里,最大的负向分时收益率发生在这一天的初始时刻,但是可以观察到在接下来的很短时间段内所有个股和股指几乎都经历了大幅下滑(约 40%左右)。这证明的猜测:市场的较大下滑本身可能导致市场崩盘。

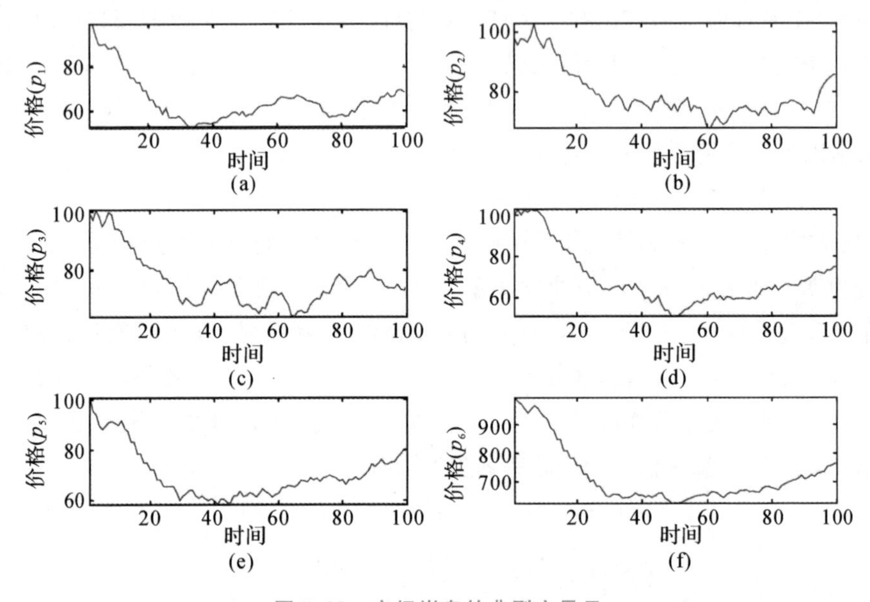

图 7.20　市场崩盘的典型交易日

如图 7.21 所示,交易者行为的一致性与股指变化率的绝对数呈正相关。正向的股指收益率会导致更多的买单,而负向的股指收益率会导致更多的卖单。而且这种相关性在股指变化率更大时会越发明显。如果股票市场行情相对稳定,也就是说股指收益率趋近于 0,那么交易者的行为将会呈现出高度的异质性,市场上的买单和卖单大致平衡。且实验结果表明线性关系在多个时间尺度内均成立。除此之外,实验结果还表明正向和负向的极端情形是不对称的。可以看到负向的极端情形比正向的极端情形更加严重,从横轴来看,标准化的负向收益率最低值接近−5,而标准化的正向收益率最高值接近 4。这也与实际的市场情况一致。

仿真实验成功重现了不同时间尺度上下行状态下的强相关性。如图 7.22 所示,股票间的平均相关系数在市场变化更大时增加。在下行市场状态下这种相关性的增加强于上行市场状态。这与实证研究的结论完全一致,符合典型事实。实验结果是与模型设置高度相关的,也就是说其产生机制正在于所设定的微观机制:①根据假设,在高度变动的市场中交易者的行为更加倾向于受股票指数的影响,这会导致交易者订单高度一致化,同时导致股票间的相关性增强;②在上述模型中,相较于交易者预期偏正面的情形,在预期偏负面的情况下,交易者倾向于以一个更低的价格提交卖单,导致正反馈效应的强化。这两种因素共同导致实验结果的产生。

模型也成功地复现了杠杆效应。如图 7.23 所示，当前的收益率和未来的波动率呈现出负相关性，且这种相关性随时间衰减。这种负相关性大概延续到 20 阶。经分析可以用指数函数对其进行很好的拟合，图形中的拟合函数为 $\rho(\delta k) = -6.54\ \mathrm{e}^{-0.1603\delta k}$。杠杆效应的发生同样根植于交易机制。承接上一段的分析，在市场压力状态下一个方向的订单会增多，会导致资产的市场价格变动进一步自我强化，最终导致整个市场的价格进一步偏离，使得市场的波动性增强，也就是当前的收益率与未来的波动率呈现出负相关关系。

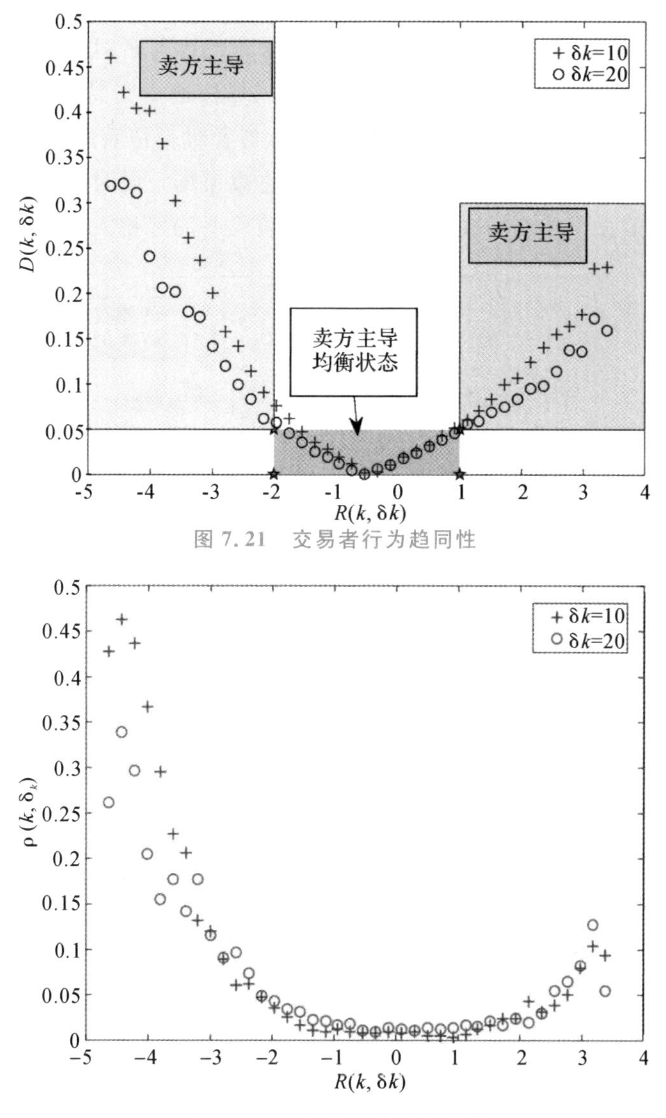

图 7.21　交易者行为趋同性

图 7.22　下行状态的强相关性

事实上，市场崩盘现象很容易让人联想到复杂性科学领域的恐慌逃生问题，甚至可以认为市场崩盘就是由交易者出逃股票市场所引致的一种市场踩踏。在恐慌逃生问题中，与正常状态相比人群会变得紧张，他们会倾向于更快的逃向出口。人群向同一个出口快速涌去的过程中，个体间会发生物理性的碰撞，这种碰撞会造成拥堵，使个体受到更大的压力。这种逃生只有在受伤的人群形成了明显障碍的时候才会减缓。而在市场崩盘过程中，面对市场压力，交易者的行为会高度趋同，也就是说卖单在市场上占据了主导地位。为了更快逃离市场，他们往往会以相对更低的价格来提交卖单。这会引致价格的进一步下跌，而这种下跌只有在市场几乎由卖方完全占据、市场流动性完全丧失的情况下才能减缓。需要强调的是，在整个过程中市场压力本身是初始诱因，导致了交易者行为趋同并引发了价格的连续下跌。期间交易者会根据其预期函数值的大小对提单价格进行调整。具体表现为：当预期函数为正时，即提交买单时，价格有一个向上的波动，对应着市场参与者对行情看涨时，特别是在预期尤为乐观的情况下，倾向于提交更高价格的买单以尽快达成交易；当预期函数为负时，即提交卖单时，价格有一个向下的波动，对应着市场参与者对行情看跌时，特别是在预期尤为悲观的情况下，倾向于提交更低价格的卖单以尽快逃离市场。同时需要指出的是，在预期函数为负时价格的调整强于预期函数为正时，这与风险厌恶偏好相关。

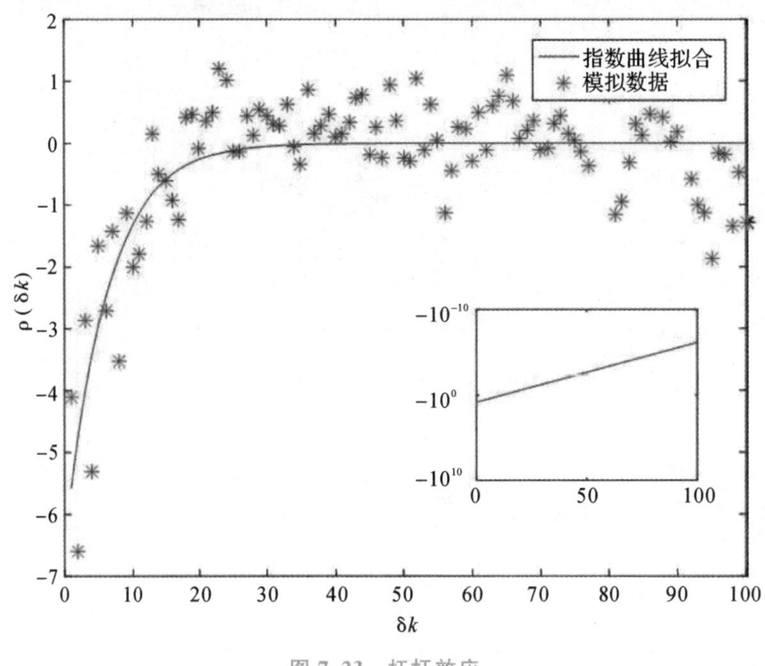

图 7.23 杠杆效应

以上主要分析了交易者参考股指的程度对整个市场的影响，同时还分析了市场崩盘的内生机制。主要是为了验证交易者参考股票指数这一行为是否会导致股票市场发生内生性的崩盘，即验证股票指数的较大下跌本身是否会造成市场崩盘。根据实际的观察，交易者在市场发生大幅变化时会更容易被股票指数所影响，因此在模型中令股指依赖强度 b 根据市场行情的变化进行动态调整。除此之外，还考虑到了市场上行和下行时对交易者影响的不对称性(下行状态下交易者更易于受到影响)，因此使交易者在遭遇市场下跌行情时以一个更低的价格提交卖单。上述的交易过程和复杂性系统科学领域的恐慌逃生问题有着类似之处。当危机发生时，室内的人群往往会以更快的速度朝着同一个出口涌入；而在市场压力状态下,交易者也倾向于以更低的价格提交卖单,以尽快脱离股票市场。实验结果表明,当引入这种交易机制时,可以很好地重现市场崩盘现象,使最初的股票市场上的一个较大下跌迅速引发系统性的暴跌。同时,一些实证中与市场崩盘相联系的典型事实,如交易者行为趋同、下行状态下的强相关性以及杠杆效应也都可以通过模型很好地实现。上述典型事实和市场崩盘可以统一用所设置的交易机制所揭示,而且它们是彼此联动、互相关联的。

所述内容对金融市场极端事件的发生提出了一个内生性的解释,并通过仿真实验对该解释进行了验证。实验的结果表明,由于交易者在决策时会参考股票指数信息,导致股票指数下跌本身会迅速自我强化,最终引致市场崩盘。同时,研究内容也对主体行为趋同的机制进行了深入的洞悉,这对于建立预警信号指标来抑制主体行为趋同进程、防止极端事件的发生具有重要意义。

7.5　小　结

金融系统是一个开放的复杂系统,其具有非线性、非周期性、自组织性等特征。金融系统是不断反馈、学习、适应和发展的,其实质是一个远离平衡态的耗散结构系统,它不断地进行自我适应、自我调节,是一个建立均衡到打破均衡再建立均衡的动态发展演化过程。因此,传统的数理方法和均衡经济理论、经典的有效市场理论、单个国家的狭隘系统观已无法解释金融市场的复杂现象。研究金融复杂性需要一种更加系统的、动态的、相互联系的思想。

本章主要采用了多主体模拟、复杂网络、动力学等研究方法,重点讨论了银行体系中级联失效的涌现机制和条件、人工股票市场的涌现机制和条件、金融市场中跳跃过程的机制及产生条件、多资产市场中交易者行为的内在机制分析等问题。在模型的建立过程中假设主体是相互依赖、相互作用、会学习、不断发展和变化的,模型结果与实证研究具有较好的一致性。这些讨论对于真正解决金融复杂性难题还远远不够,但它为我们更好地理解金融系统向前迈出了一步。

参考文献

[1] AÏT-SAHALIA Y, CACHO-DIAZ J, LAEVEN R J A. Modeling financial contagion using mutually exciting jump processes[J]. Journal of Financial Economics, 2015, 117(3): 585 - 606.

[2] AÏT-SAHALIA Y, JACOD J. Identifying the successive Blumenthal - Getoor indices of a discretely observed process[J]. The Annals of Statistics, 2012, 40(3): 1430 - 1464.

[3] AÏT-SAHALIA Y, JACOD J. Testing for jumps in a discretely observed process[J]. The Annals of Statistics, 2009,37(1): 184 - 222.

[4] A Ï T-SAHALIA Y. Telling from discrete data whether the underlying continuous - time model is a diffusion[J]. The Journal of Finance, 2002, 57(5): 2075 - 2112.

[5] ANDOR G, BOHáK A. Identifying events in financial time series: a new approach with bipower variation[J]. Finance Research Letters, 2017, 22: 42 - 48.

[6] BOSWIJK H P, LAEVEN R J A, YANG X. Testing for self-excitation in jumps [J]. Journal of Econometrics, 2018, 203(2): 256 - 266.

[7] CONT R. Empirical properties of asset returns: stylized facts and statistical issues [J]. Quantitative Finance, 2001, 1(2): 223 - 236.

[8] DONG X, MA R, LI H. Stock index pegging and extreme markets[J]. International Review of Financial Analysis, 2019, 64: 13 - 21.

[9] LEE S S, MYKLAND P A. Jumps in financial markets: a new nonparametric test and jump dynamics[J]. The Review of Financial Studies, 2008, 21(6): 2535 - 2563.

[10] PENG C K, BULDYREV S V, HAVLIN S, et al. Mosaic organization of DNA nucleotides[J]. Physical Review E, 1994, 49(2): 1685 - 1689.

[11] TIAN Y, SHI D, LI H. The long memory of the jump intensity of the price process[J]. Journal of Mathematical Finance, 2021, 11(2): 176 - 189.

[12] ZHOU X, LI H. Buying on margin and short selling in an artificial double auction market[J]. Computational Economics, 2019, 54(4): 1473 - 1489.

[13] 夏丹. 复杂性分析在金融领域的应用[J]. 经济研究导刊, 2014(18):100 - 101.

[14] 邓超,陈学军. 基于多主体建模分析的银行间网络系统性风险研究[J]. 中国管理科学,2016,24(1):67 - 75.

[15] 李汉东,李子瑶. 中国股票市场的价格跳跃和频率分布特征[J]. 北京师范大学学报(自然科学版),2019(2):202 - 208.

[16] 田亦庄. 中国股票市场的价格跳跃相关性研究[D]. 北京:北京师范大学,2021.

[17] 张晨宏,刘喜华,龙琼华. 美国金融危机与系统自组织性分析[J]. 青岛大学学报(自然科学版),2010,23(3):61 - 68.

[18] 周璇. 基于多主体建模的交易者行为与金融市场特征的研究[D]. 北京:北京师范大学,2019.

[19] 周怡宸. 银行资产分散化与系统性风险研究[D]. 北京:北京师范大学,2015.

第8章 社会系统复杂性研究

社会系统是由彼此有机接触、互利协作的人所组成的集合体，是人们根据特定的社会行为规范、经济条件和社会制度所组成的有机系统。社会系统是一个典型的智能复杂体系，包含数量不等的家庭、公司、社团、城市、国家等各种不同尺度子系统，具有丰富的层次和结构。由于人的介入，社会体系会具有更强的非线性、动态特征、自适应能力，从而涌现出更复杂的社会现象。人的思维与活动的复杂性是社会体系复杂性的根本，而组织化(组织整合)是由个人复杂性发展为社会体系复杂性的基本路径。社会系统具有丰富的涌现，包括舆情、疫情、战争、种族冲突、政治动荡、国际格局变化等，它们变化迅捷，难以预测，却又与人类的生存发展息息相关。了解、掌握复杂性背后的客观规律有助于维持整个社会的稳定发展，构建和谐、高效、共享的社会。

本章以社会舆论、传染病防控、国际贸易格局演变以及科学家行为等涉及国家安全的案例展示社会系统复杂性以及部分相关研究。在研究手段上主要采用复杂网络、多主体建模、博弈、优化等数学建模方法。

8.1 基于复杂网络的舆论形成及靶向传播

近年来，国内外网络舆情事件频发，其中部分舆情事件直接导致了现实社会中的群体性事件，引起了国内外众多领域专家和学者的广泛关注，成为科学研究的热点。舆论形成机制及其演化规律是社会动力学领域关心的重要议题。其研究结果可以应用于对舆论的适当干预和引导。

8.1.1 基于社会张力的舆论生成模型

社会系统的集群行为是“在没有中心控制和全局信息的情况下，通过个体之间局域的相互作用而表现出行为的一致或协调，也就是在新的尺度与层次上涌现出具有整体性和全局性的行为”。对于社会系统集群行为的研究始于18世纪，最早由法国社会心理学家Le Bon开始研究集群行为的非理性特征，此后，不同领域的学者关于集群行为开展了一系列的研究。关于集群行为的定义还未达成统一认识：美国社会学家Park认为集群行为是“在集体共同的推动和影响下发生的个人行为，是一种情绪冲动”；美国社会心理学家Milgram认为集群行为“是自发产生的，相对来说是没有组织的，甚至是不可预测的，它依赖于参与者的相互刺激”；美国社会学家 Popcnoe 则提出集群行为是“在无组织、相对自发以及不可预料不稳定的情形下对某一刺激或影响而产生的反应行为”。

罗植等研究了网络空间结构对舆论形成的影响。刘晓航等研究了舆论形成和网络结构的耦合演化，并利用社会层次熵描述了最终舆论分布的结果，考虑个体行为与系统状态的相互影响，建立舆论适应性累积、扩散和消退模型。该模型能帮助人们更好地理解真实社会舆论形成机制，进一步发展评估、预警指标以及干预、治理措施，为现代社会治理提供新思路与新方法。他们在 Ising 模型的基础上，建立了一个包含综合社会张力累积和消解过程的舆论形成模型，研究了个体行为和社会环境的耦合演化行为。他们利用朗道的平均场理论，重点分析了在不同舆论疏解系数下系统演化的定态解及其稳定性，以及系统定态解随参数变化的分支行为，同时使用计算机模拟方法对平均场理论的结果进行了印证。研究结果表明，将系统与环境的耦合演化机制加入 Ising 模型后，系统会展现出一定的自组织特性。当疏解系数较小时，系统会出现不同程度的整体一致舆论，产生宏观有序状态；当疏解系数较大时，系统则稳定在无序状态。同时，存在一个临界参数，使系统从任何初始状态出发均能自发演化到临界的分支点状态。

通过线性稳定性分析，可以得到磁矩 M 和温度 T 随参数 c 演化的相图，如图 8.1 所示。

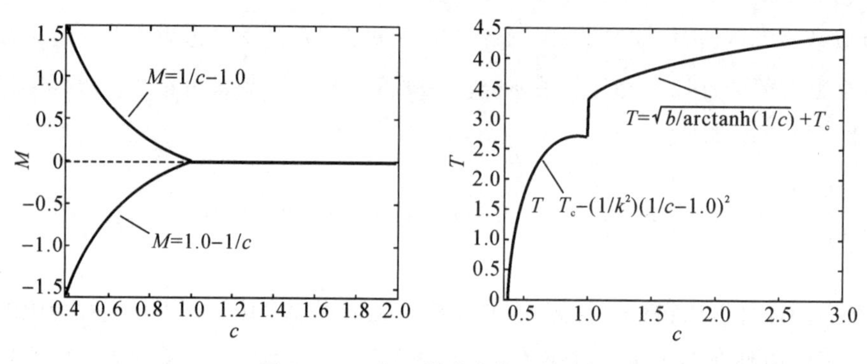

图 8.1　M 与 T 随着参数 c 的演化

可以看出，当疏解系数 $c \geqslant 1$ 时，社会系统中小集团形成后产生的疏解强度较大，系统的磁矩将稳定为 0，社会不会产生舆论极化行为，温度保持在临界温度上方。$c=1$ 是一个特殊的临界点。当 $c = 1$ 时，由线性稳定性分析可知，$(M=0, T=T_c)$ 是一个高阶稳定不动点，从任何初始条件出发，系统都会自发演化到临界分支点，形成类似于沙堆模型的自组织临界态的演化行为。当 $c \leqslant 1$ 时，系统则会演化到临界温度以下，使社会出现不同程度的舆论极化行为。

此外，通过经典的 Majority-vote 模型研究了环境噪声的影响。在 Majority-vote 模型中，每个个体以 $1-q$ 的概率选择周围大多数人的观点，以 q 的概率选择周围少数人的观点，q 可视为环境温度或噪声。随着 q 的增大，系统会经历一个从有序到无序的相变。然而，经典模型没有考虑到外界环境和个体变化之间的相互影响关系。因此，改进该模型，引入多层网络的概念（见图 8.2），能刻画系统个体行为与环境之间的耦合演化行为，可以更好地揭示社会系统舆论形成的机制和演化规律。

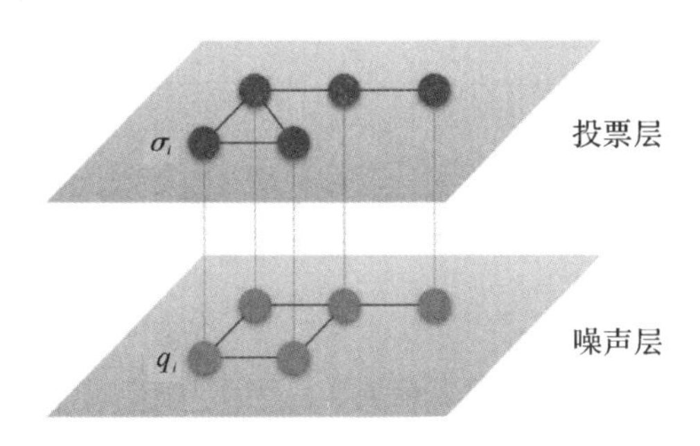

图 8.2 模型架构

8.1.2 网络靶向传播过程建模

舆论定点传播问题关注如何在整个网络中找出能够将舆论高效传播到目标节点的关键节点。在图 8.3 所示的社交网络中，深色节点代表舆论传播的目标节点，左侧文字标注的较深色节点，分别代表采用度、K -核以及介数 3 类中心性指标确定的舆论传播关键节点。

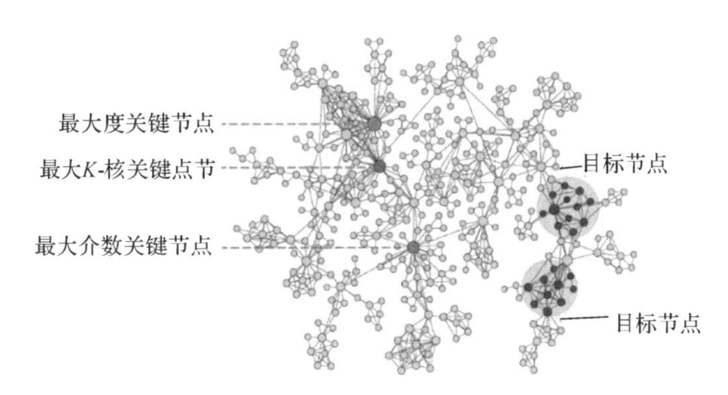

图 8.3 舆论定点传播问题

为了找出关键节点，Zhang 提出了一种逆向局域路径（Reversed Local Path，RLP）算法：计算到目标节点距离不超过 3 的其他节点的 RLP 得分，得分高的节点作为关键节点。RLP 得分计算公式为

$$S_{\mathrm{RLP}} = \sum_{l=0}^{2} \varepsilon^{l} \boldsymbol{f} \boldsymbol{A}^{l+1} \tag{8-1}$$

式中：$\boldsymbol{A}$ 是网络的邻接矩阵；$\boldsymbol{f}$ 是一个 $1 \times N$ 向量，如果节点到目标节点可达，则对应元素值为 1，否则为 0；ε 是一个权值参数，这里取固定值 0.1。

借助 Kendall 关联系数 τ 来衡量关键节点的传播能力，在 WS、BA 两种模拟网络和酵母菌双杂合系统（Y2H），以及科学家合作网一些实际网络（NetSci，等）上进行了验证，结果如图 8.4 所示。其中 λ 为 SIR 模型中的传染率。

可以明显看出，RLP 算法得到的关键节点比基于节点度、K-核、节点介数的方法得到的关键节点传播能力更强。可以认为，RLP 算法可以有效地选择出舆论网络中的关键节点，以实现舆论的定点传播。

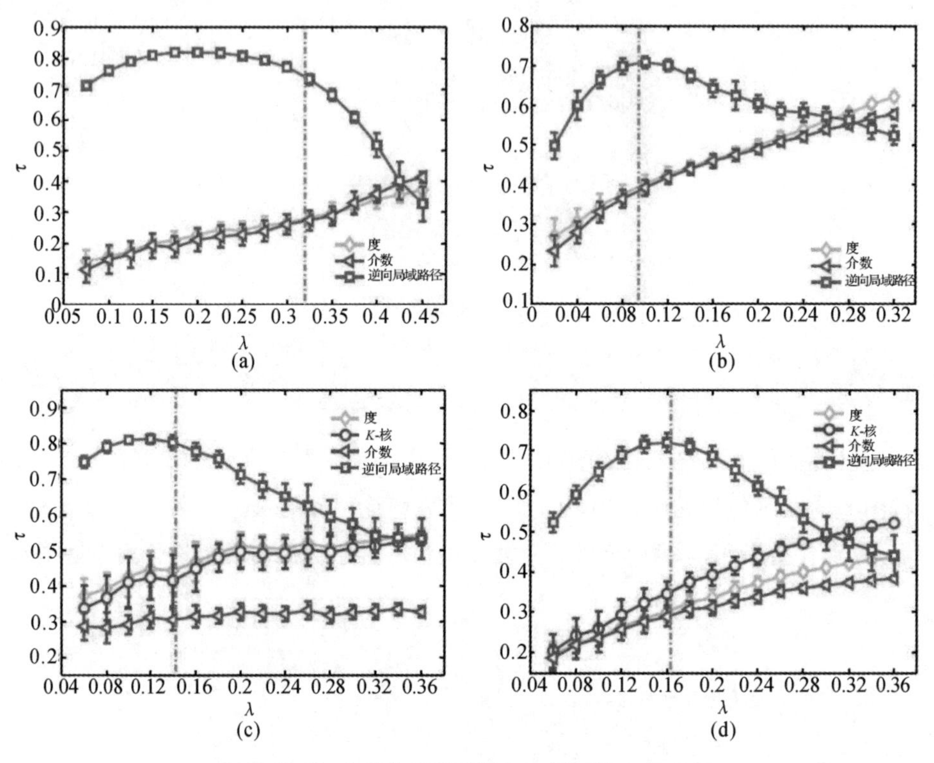

图 8.4　Kendall 秩相关系数与传播概率 λ 的关系

图 8.5 分析了采用本研究的方法时从不同传播源时感染的目标节点比例和非目标节点比例的关系图，证明算法在能够传播到目标节点的同时也能有效地避免传播到非目标节点。

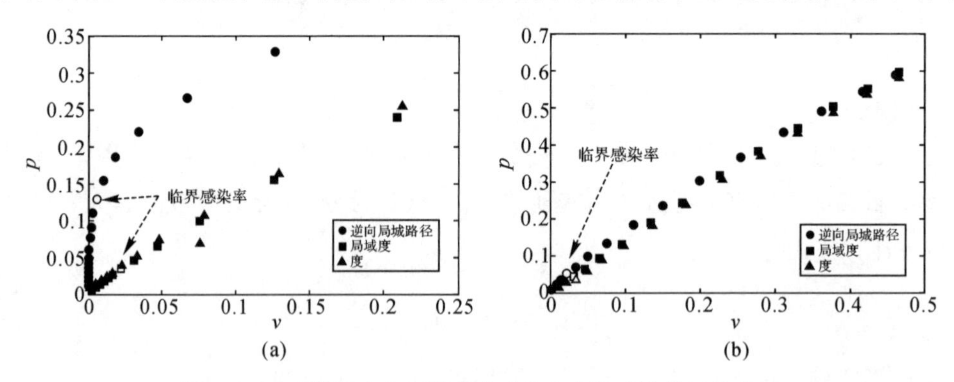

图 8.5　非目标节点与目标节点感染比例与感染范围的关系

(a)WS；(b)BA

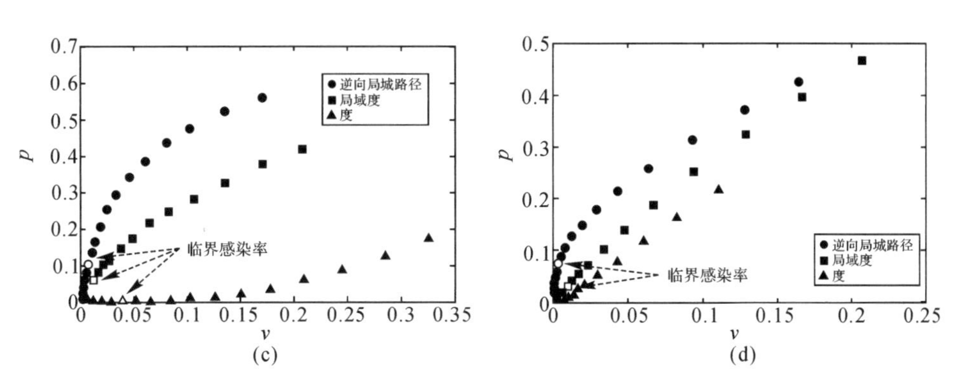

续图 8.5 非目标节点与目标节点感染比例

(c)Netsci;(d)Y2H

图 8.6 所示是基于 SIR 模型的模拟分析模块，分别选择第 1,5,10,20 个传播源得到的结果。与随机选择传播源的结果进行对比可以发现，传播到的目标节点的比例明显高于随机传播源，随着传播源的数量增加，传播的覆盖范围越来越大，差距逐渐缩小。

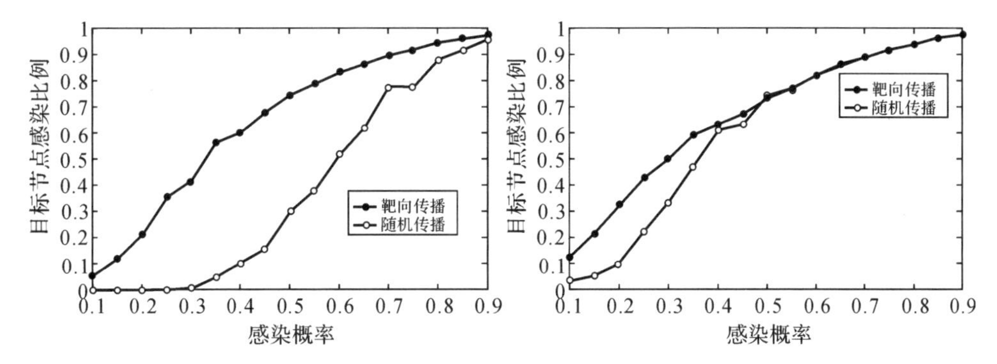

图 8.6 靶向传播的随机传播的效果差异

如图 8.7 所示，假设将人群分为 3 种类型：①转发该条微博的用户 i；②普通用户 s，即为未转发的用户；③移除者 r，包括转发过之后不相信该条信息选择移除，或者普通用户自身对其不感兴趣等原因直接进入移除类型。最初有一个用户发布某条微博，其他普通用户看到该微博后以 λ 的概率进行转发，或者以 μ 的概率直接进入 r 类用户，可以认为对该微博没有兴趣或者认为其为谣言而直接忽视，转发过的用户 i 在转发之后也可能因为某种原因成为 r 类用户而失去吸引其他普通用户的能力。根据上述分析，建立以下动力学方程为

$$\left.\begin{aligned} &\frac{\mathrm{d}s}{\mathrm{d}t}=-\lambda si-\beta s \\ &\frac{\mathrm{d}i}{\mathrm{d}t}=\lambda si+\mu i \\ &s+i+r=1 \\ &i(0)=0.1 \end{aligned}\right\} \tag{8-2}$$

已有数据为微博的转发数据，包括微博 ID、转发者 ID、转发时间(s)，每条微博的转发量在 1～1 495 之间。我们中选取了只经历一个传播阶段的微博进行参数估计，图 8.8 所示为从中选出的部分典型示例。

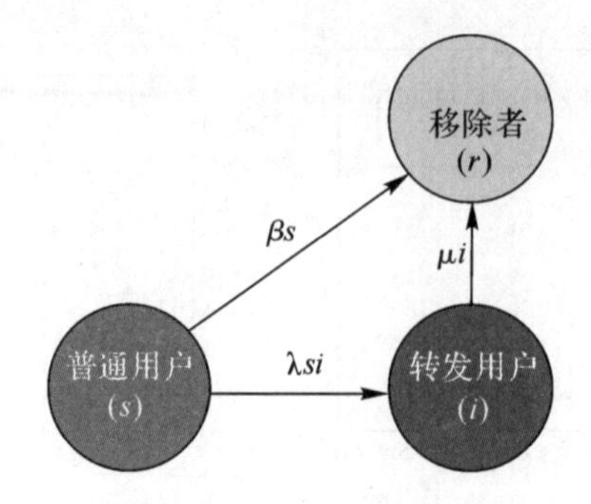

图 8.7　舆论传播过程示意图

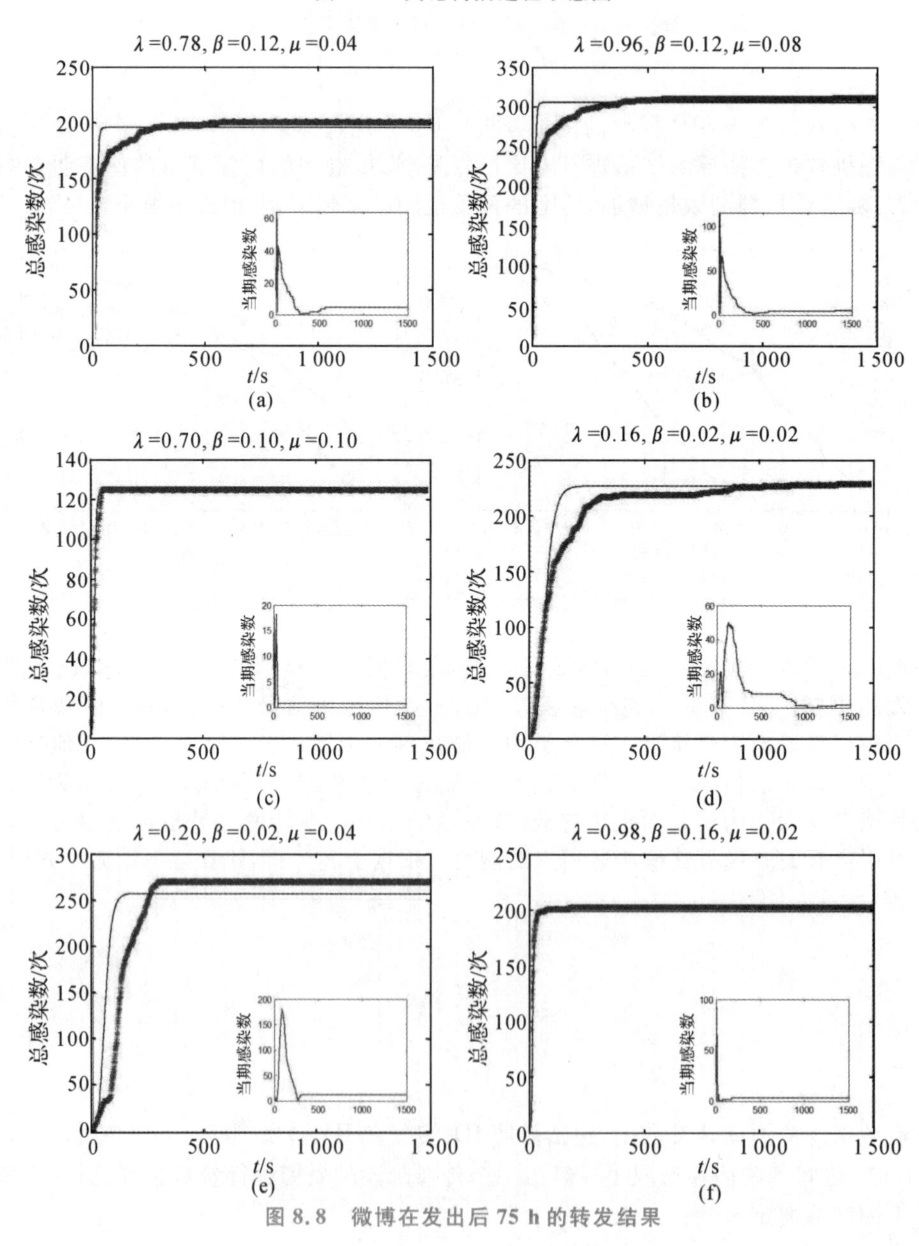

图 8.8　微博在发出后 75 h 的转发结果

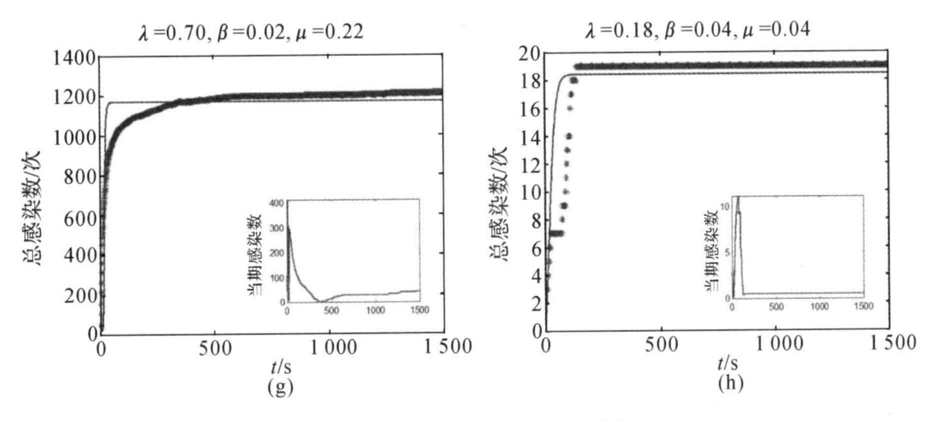

续图 8.8 微博在发出后 75 h 的转发结果

图 8.8 为一条微博在发出后 75 h 的转发结果，其中包括娱乐、科技（华为）、政治（反腐）、金融等内容。其中横坐标为以分钟为单位的时间，纵轴为该条微博在 t 时刻的累积转发量，每个子图中右下角的小图为 t 时刻的转发量。可以发现，随着时间的增加，转发量通常呈现先增后减的趋势，且最后的转发量可以保持在较低的范围内。图 8.8(c) 微博为 N2E 商城，总转发量为 120 条。模型显示结果，其感染率 λ 较高，同时 μ，β 较高，在其高感染率下高移除率使其无法达到吸引其他转发的效果。图 8.8(e) 为反腐事件评述的微博，其感染率、移除率都较低，其转发量也不高。图 8.8(g) 的转发量达到 1 200 次，即使 μ 较高，但其高感染率并且 β 也维持在最低水平，使该微博的转发达到爆发状态。分别计算了选取样本中每条微博的均方根误差（RMSE），其最小为 2.03，最大为205.2，均值为 54.98。

该模型可以在很多实际数据中模拟到与实际情况相似的结果。由于模型中的 3 个参数都对最后的转发量有显著的影响，在这些通过实际数据中估计得到的参数与转发量之间并不能发现明显规律，但是通过分析可以得到以下规律。

在图 8.9 中，分别固定 μ，β，分析在不同 λ 下总被传染人数的变化规律。可以发现，在固定 μ 时，β 越小传播的范围越广，且都在 λ 到达一定值时产生相变。在固定 β 时也有同样的规律。

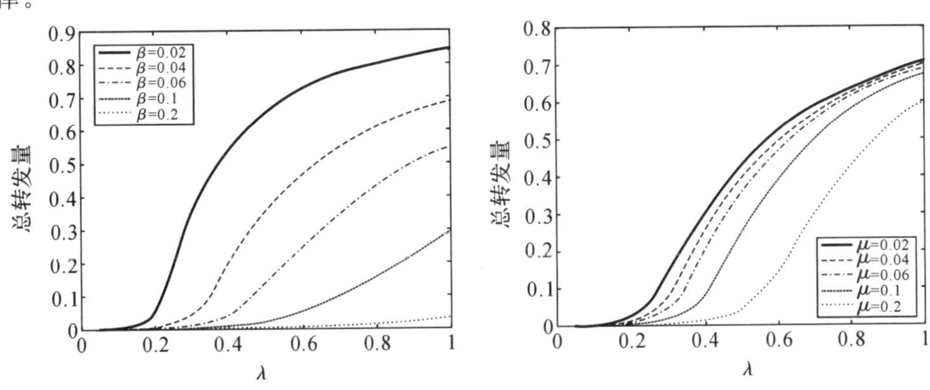

图 8.9 总转发量与 λ 的关系

如图 8.10 所示，在分析 β 对传播的影响时，也可以观察到相变现象。随着 β 的增大，传播范围快速下降，在 $\beta=0.15$ 之后便不能传播开。

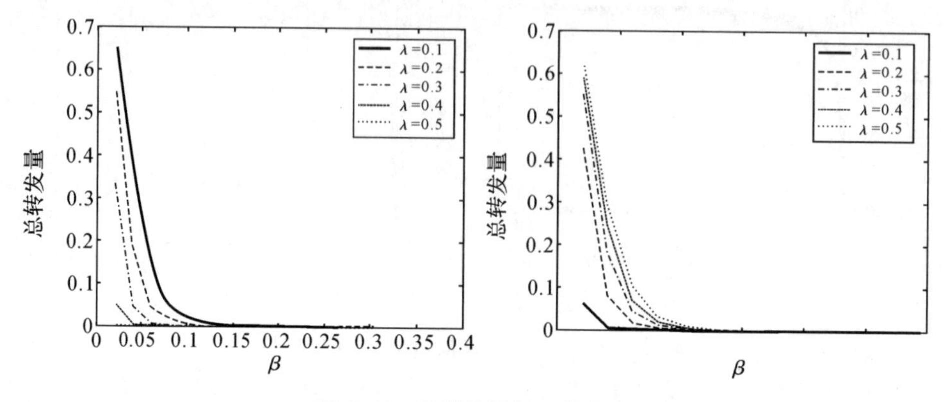

图 8.10　总转发量与 β 的关系

如图 8.11 所示，在分析 μ 对传播的影响时，也可以观察到相变现象，被感染人数随着 μ 的增大下降，在 $\mu=0.3$ 之后系统不会出现扩散现象。

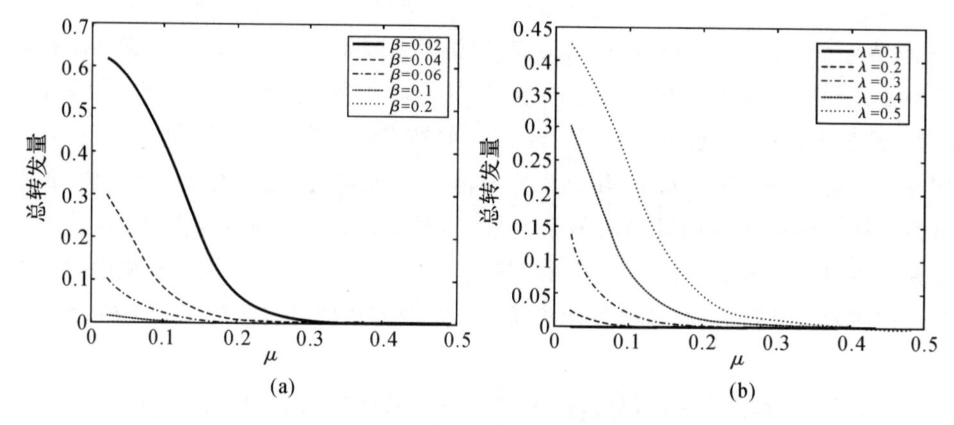

图 8.11　总转发数与 μ 的关系

综合来看，模型对于 μ 和 β 两个参数更为敏感，随着两个参数的变化，总转发量出现了较为明显的相变现象，尤其是 β，其相变点出现在 0.15 左右，这一点从图 8.11(a)中 β 对总转发量的影响上不难看出。对于 β 的改变，不同曲线间的差越大，说明 β 对舆论的传播有着更大的影响。因此，若要阻止谣言等舆论的传播，增加 β 参数的值可以得到更明显的效果。研究结果表明，对于已转发的微博用户要求其删帖，有一定声望的用户的删帖行为对传播的阻断效果会更加好。同时还应提高用户识别舆论正确性的意识，对于谣言要做到不跟风、不转发，防止谣言舆论扩大化。

该研究的最终目的是预测和控制舆情传播。趋势引领者算法和靶向传播算法仅依赖于网络的拓扑结构，而不需要信息传播的历史轨迹，在理论上可以实现信息预测和控制。对于爆发点预测，通过观察信息初期的传播情况，能预测该信息在未来时刻的传播规模，是否成为热点话题以及爆发的时间点。此研究不仅能够帮助人们更好地理解信息在社交网络上的传播，同时能帮助监管控制舆情，预防恶性事件的扩散与爆发，更好地服务于平台，具体有如下作用：有利于合理利用平台资源，让信息更有效地传播给其他感兴趣的用户，最大化利用社会资源，降低运营成本；对热门信息进行提前预知和管理，提升在线社交媒体的有效利用能力和科学管理水平。

8.2　疾病传播的涌现过程及建模

8.2.1　网络视角下模拟新冠疫情传播

瘟疫是人类社会健康持续发展所面临的重大挑战，人类一直与传染性疾病的蔓延进行着艰巨的斗争，对传染性疾病的防控一直是各个领域学者所关注的问题。2020 年初开始暴发的 COVID－19 疫情在全世界肆掠，给人类带来了生命财产的损失。截至 2022 年 7 月 12 日，全世界感染人数达到 5.55 亿人次，直接或间接造成了 635 万人的死亡。

从复杂系统的角度来看，在传染病非流行阶段，系统行为类似于随机系统，主要限于微观的随机突变，最多存在局域细胞层次的小涨落，在宏观上无显著现象。病原体的变异给个体带来了不稳定性，但也会使整个群体具有自适应性，从而有强大的能力来适应外界环境及其变化。环境和病原体种群的作用造就了内在的放大和耗散机制，对于适应环境的病原体，其数量得到迅速增加，种群规模逐步增大，体现出放大效果，并最终从微观层次展现到宏观层次上。

Zhang 等从 2020 年 1 月 1 日至 2020 年 2 月 7 日的移动电话网络中提取了一个大规模的人类流动数据集，用于捕捉城市间的人类流动。进一步，根据同期报告的病例估计基本再生数和状态之间的转换概率。从 360 次重复实验中获得这些参数和模拟结果的中位数和 95％置信区间（Confidence Interval，CI）。基本案例分析假设：没有干预措施/什么都不做（假设情景）。实际（有效）干预情景反映了 2020 年 1 月 23 日在武汉实施的实际干预措施（全市范围的检疫、最严格的旅游禁令、学校关闭等）。探讨了早期干预（10 天前）、力度较弱的干预、早期但力度较弱的干预以及与这些措施相关的对病毒传播影响的时间长度（见图 8.12）。

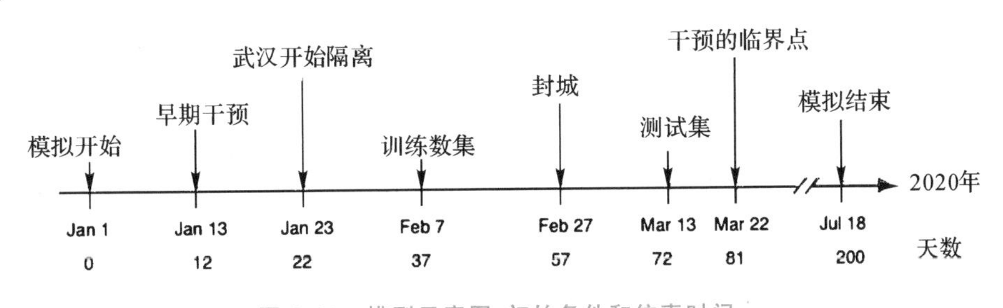

图 8.12　模型示意图、初始条件和仿真时间

（A）2020 年 1 月 1 日至 2020 年 2 月 7 日武汉的人口流出指数。检疫政策于 2020 年 1 月 23 日实施。从那天起，人口外流量急剧下降。

（B）湖北省 4 个城市累计确认病例数。

(C)5 个主要城市累计确认病例数。

SICRD 模型在 SIR 模型基础上,引入了两种新的健康状态(确诊和死亡),同时考虑到城市间的人口流动性,因此,健康状态包括易感、未确诊、确诊、恢复和死亡 5 种状态。模型结构和 5 种状态之间的转换如图 8.13 所示。

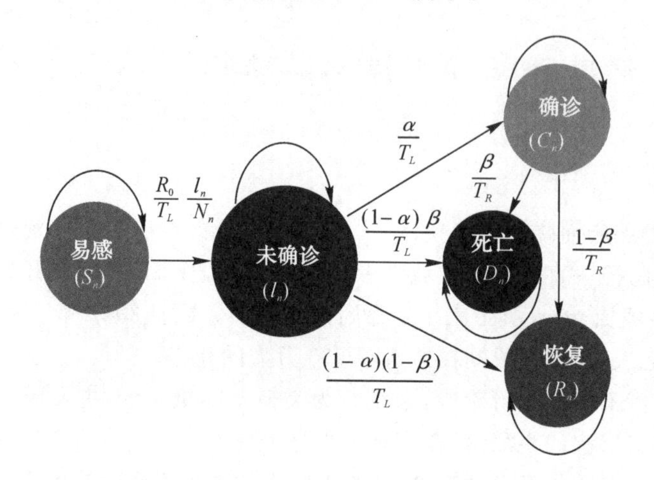

初始条件

状态	武汉	其他城市
I_n	414	0
i_n	3.53×10^{-6}	0
C_n	57	0
c_n	5.23×10^{-6}	0
S_n	10 892 900	城市人口
s_n	1	1
R_n	0	0
r_n	0	0
D_n	0	0
d_n	0	0

图 8.13 模型示意图、初始条件和仿真时间

健康状况定义如下:

(1)易感状态:健康个体,未感染 COVID－19,这种状态的人如果接触传染性人群就可能被感染。

(2)未确诊状态:处于这种状态的人可能有症状或无症状,但他们具有传染性。处于这种状态的人可以保持原有状态,或进入确诊状态、恢复、死亡状态。

(3)确诊状态:病毒确诊。假设处于这种状态的人将被隔离,因此将没有机会感染其他人。一个处于确诊状态的人可以保持原有状态,或进入恢复、死亡状态。

(4)恢复状态:那些被治愈并且免疫的人。假设处于这种状态的人不会被传染或再次被感染。

(5)死亡状态:感染 COVID－19 病毒疾病引起的死亡病例。

研究发现,基本再生数量估计为 2.22(95% CI:2.15～2.33)。在的基本病例分析中,武汉、黄冈、重庆和上海的累计感染病例估计数分别为 1 120 万例(95% CI:1 100 万～1 140 万)、618 万例(95% CI:587 万～640 万)、2 710 万例(95% CI:2 640 万～2 780 万)和 2110 万例(95%万 CI:2 070 万～2 160 万),全中国大陆累计感染病例估计数为 11.8 亿例(95% CI:11.6－12.2)。当 1 月 23 日实施强有力的干预措施并持续 8 周(直到 2020 年 3 月 22 日)时,模型估计这 4 座城市的相应感染病例分别减少到 89 600 例(95% CI:44 200～289 800),19300 例(95% CI:12 500～31 300),2390 例(95% CI:1 970～3 250)及 2080 例(95% CI:1 710～2 830)分别占基本个案的 0.8%,0.3%,0.01% 及 0.01% 。全国累计感染人数减少到 28 万(95% CI:18～34),占基础病例 11.8 亿例的 0.02% 。如果武汉实际干预时间提前 10 天(即 2020 年 1 月 13 日,而不是实际的 2020 年 1 月 23 日),全国同期感染

病例估计数为65 200例(95% CI:42 000～77 500),占实际情况估计病例的1/4。

在效果较差的情况下,估计感染病例为274万例(95% CI:168万～651万),感染病例数是实际情况下有效干预情况的10倍。死亡人数为6.3万例(95% CI:3.9～15.0万)。如果效果较差,干预措施比实际情况提前10天实施(2020年1月13日,而非2020年1月23日),感染病例数为65.2万例(95% CI:40.3～149.0),病例数是未及早实施的近四分之一。因此,估计中国现行检疫措施的最佳期限应该维持两个月左右(从2020年1月23日到2020年3月22日),否则疫情可能会再次爆发。

研究表明,人类的流动性在COVID-19疾病的传播中起着至关重要的作用。具体来说,流行病在城市网络中的传播可以看作是一个反应-扩散过程,在这个过程中,城市内部发生局部反应,而城市范围的扩散是由人在城市之间的流动性所驱动的。如果不加干预,相当一部分人口将受到感染。早期有效的干预可以显著减少感染病例的数量,但需要持续一段时间才能完全控制疫情。

8.2.2 无症状感染者存在情况下的有效疫情防控

此外,还有人对疫情扩散过程进行模拟以了解不同情况下合适的干预方法。赵子鸣等人基于SEIR模型定义个体的健康状态,通过具有周期性边界的有限空间结构种群模型来模拟病原体的传播过程。对于N个可能患病的个体,每个个体可能处于以下4种健康状态之一:易感状态(S)、潜伏状态(E)、传染状态(I)、收治状态(R)。个体按顺序从一个状态转换到另一个状态S→E→I→R。

(1)S (susceptible):易感状态,目前健康,但能够被传染的状态;

(2)E (exposed):潜伏状态,处于已感染、无症状显现状态,假设潜伏状态的个体不具有传染性;

(3)I (infectious):传染状态,处于已感染且能够传染易感个体的状态,包括无症状感染者I1和有症状感染者I2;

(4)R (removed):收治状态,包括被治愈个体和死亡个体。

进一步通过多主体模拟的方法模拟病原体在网络上的传播过程及干预措施。如图8.14所示,在病原体传播网络中,一个方格代表一个个体,每个个体处于以上4种状态之一。同时,每个个体与其周围(上下左右)的4个个体有直接连边,称其为邻居。对于每个I状态的个体,其携带的病原体在网络中可能以概率τ通过近距离传播的方式将病原体传播给自己的邻居,也可能以概率η通过远距离传播的方式将病原体传播给随机选择的一个易感个体。

在疫情防控工作中,迅速隔离传染源是重要的干预措施,社区监测正是人们迫切需要的。在现代社会中,社区作为人类居住的固定场所,人员密集,活动频繁,是进行疫情防控的重点区域。因此,依托社区来进行疫情监测,具有经济、高效及可操作性强等优点。社区监测既包括政府以社区为基本单位,对社区内居民的健康状况进行排查、统计与监测,对社区居民的行为进行建议、指导与约束的公共卫生政策,同时也包括居民检查自身的健康状况,并主动向卫生防疫部门报告。在模拟时，允许病原体自由传播一段时间，并在第T_0个时间步开始社区监测。假设即使在社区监测开始后，I状态个体也并不能被及时隔离，所有I状态个体可以在传染期的第一个时间步内开始以一定概率自由传染接触到的他人。设置监测率α以模拟现实中因各种原因（如监管不力、个体拒绝配合等）造成的不完全监测。在传染期的第二个时间步，对于每个处于I状态个体，都以概率α被隔离，被隔离的个体不能再传染他人。如果I状态个体在第二个时间步没有被隔离，则其在第二个时间步内可以自由传染他人，但会在传染期的下一个时间步内继续被监测，同样以概率α被隔离。若I状态个体一直未被监测隔离，其在经历传染期天后转换到R状态。

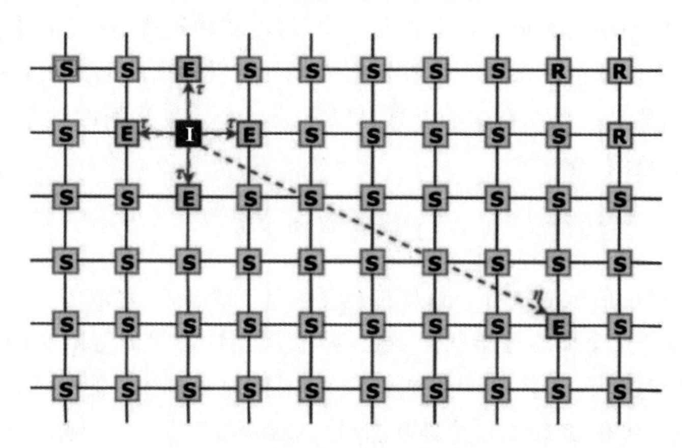

图8.14　病原体在网络上的传播方式

除了进行社区监测外，人们还可以询问被隔离患者的活动轨迹，统计患者的密切接触者名单，工作人员依据名单追踪接触者并对其进行病原体检测。这样的干预措施即为接触者追踪。对于密切接触者，由于防疫部门会对其全部进行隔离观察及病原体检测，因此不管患者是否会显现症状，都可能在潜伏期或传染期内被追踪并隔离，隔离之后不会再传染他人。为简化模拟过程，只追踪因社区监测而被新隔离的个体在前一个时间步的接触者（包括邻居和远程接触者），既不考虑之前时间步的接触者，也不对接触者中的病例进行接触者追踪。此外，由于人口的快速流动及公共场合隐匿接触的存在，追踪到所有的被传染者是有一定难度的。因此，如果被追踪的个体已经被感染（可能处于E状态或者I状态），则会以大小为θ的追踪率被隔离，否则可以继续在网络中接触其他个体。

通过多主体模拟的方法来模拟COVID－19的实际传播情况；①通过定义近距离传染率τ和远距离传染率η来模拟病原体在网络中的传播过程。通过控制依从率$\kappa\approx1-(1-\alpha)^{(\Gamma-1)}$和追踪率$\theta$来量化社区监测和接触者追踪的干预力度。进一步，依据相关研究来确定武汉地区；②COVID－19的潜伏期$\Delta\approx6$天，传染期$\Gamma\approx8$天，基本再生数$R_0\approx2.20$，以模拟COVID－19的实际传播情况。③针对不同的无症状感染者比例ρ分别进行多主体模拟。研究表明，当I状态群体中出现30%的无症状感染者时，控制社区监测力度使得依从率$\kappa\approx60\%$，控制接触者追踪的力度使得追踪率$\theta\approx40\%$的干预效果与依从率$\kappa\approx80\%$时的单独实施社区监测的效果相似，但前者更具可行性。当I状态群体中出现60%的无症状感染者时，控制社区监测力度使得依从率 $\kappa \approx 80\%$，控制接触者追踪的力度使得追踪率 $\theta \approx 60\%$ 是有效的且具有可操作性的干预方法。研究证明，在存在无症状感染者的情况下，社区监测和接触者追踪干预措施共同实施的必要性、可行性和干预效果的显著性。此研究结论对于不同的无症状感染者比例 ρ 及不同的网络结构都具有高度鲁棒性。

此外，通过对比个体迁移存在与否时的基本再生数，发现人口迁移并不是直接改变疾病的基本再生数。实际上，个体迁移往往是通过改变种群内部接触网络的演化间接影响基本再生数，从而改变患病个体的增长率，这个分析结论是均匀混合的集合种群模型无法得到的。当种群间个体迁移与种群内随机的个体公共生活行为耦合在一起时，接触网络结构的变化，特别是群体聚集带来的结构变化，才是直接增加疾病基本再生数的诱因。

存在个体迁移时，种群相互作用模型的整体稳定性与种群内部个体的公共生活活跃度和人口社会关系的复杂度呈正相关，这两种关系又受到时间因素的调和。因此，在集合种群中，疾病的传播能力即基本再生数，与个体出行时间、公共场所随机行为以及社会关系 3 种因素高度相关。在等概率的个体迁移假设下，种群内部结构的确会趋向于均匀混合的结构，但是个体之间的连接强度会随着个体的活跃度发生变化。发现传统的均匀混合模型会严重高估基本再生数，并且迁移并不是增加疾病传播数量的直接原因，外来个体在当地的更加频繁的活动，或者种群内部外来个体稠密的局部结构才是推动疾病暴发的原因。当个体迁移偏好不同或迁移仅在部分个体中发生时，种群网络内部会形成复杂的拓扑结构，此时迁移率对传播的影响也值得研究。

8.3　国际贸易系统中的复杂性分析

8.3.1　基于贸易阻力的国际贸易格局演变

国际贸易一直以来都是连接各国经济的重要纽带，是国际局势的重要体现之一。国家之间关系向好或恶化往往直接反映在贸易的增减上。从理论上讲，国际贸易有利于区域发展并提高经济效益。自第二次世界大战以来，全球贸易总额有了巨大的发展，从 1950 年到 2008 年，全球贸易出口总值从 620 亿美元增加到 16 万亿美元。不仅是欧美发达国家，许多发展中国家也积极参与到全球化的浪潮中。贸易给经济发展带来好处，但贸易争端也经常出现。一些国家指责贸易伙伴设置了不适当的关税壁垒，这是不公平的，危害其国内生产者的利润。

2008 年金融危机后，国际贸易的规模和增长明显萎缩，贸易增长率连续四年低于 3%。如此低的增长率在过去 50 年中是罕见的。通过对统计数据的分析，一些学者认为，贸易全球化趋势正在减弱，逆全球化已经成为一种趋势。但是，不能把全球贸易量的表面下降作为逆全球化的必然结果，需要深入到结构分析中去，通过分析全球贸易结构是否发生了变化来讨论“全球化还是逆全球化”。北京师范大学陈清华团队以上为背景展开研究，通过定义贸易阻力的概念，分析研究发现：①在 2007－2017 年期间，全球贸易阻力分类明显，全球社会的贸易阻力明显增加。②运用期望最大化算法(EM),将全球贸易关系分为两类:一类是亲密的贸易关系,其壁垒主要与地理距离;另一类是不友好的贸易关系,人为壁垒较高。③引入了贸易纯粹指数(Trade Purity Index, TPI)来描述各国的贸易环境,其动态演化表明,在金融危机之后,在相当长的一段时间内,全球贸易的结构并没有太大的变化。而在 2015 年之后,它呈现出一定的恶化趋势和结构调整,这说明在这样一个充满不确定性和挑战的国际环境中,出现了去全球化的机会。

研究方法与传统的引力模型(见下式)不同:

$$F_{i,j} \propto \frac{(m_i \cdot m_j)^{\alpha}}{(d_{i,j})^{\beta}} \tag{8-3}$$

贸易阻力(Trade Resistance, TR)模型采用优化的方法来量化与世界贸易流量数据最匹配的多边贸易阻力为:

$$F_{i,j} \propto \frac{(m_i \cdot m_j)^{\alpha}}{r_{i,j}} \tag{8-4}$$

式中:$F_{i,j}$ 是国家 i 与国家 j 之间的贸易流量,m_i 代表国家 i 的国民生产总值;$r_{i,j}$ 是国家 i 与国家 j 之间的多边贸易阻力,是一个包含地理距离、语言、法律等多种因素在内的综合概念。

对式(8-4)的两侧同时取双对数,可得计量模型

$$\ln F_{i,j} = c + \alpha \ln (m_i \cdot m_j) - \ln r_{i,j} + \varepsilon_{i,j} \tag{8-5}$$

通过最小二乘法(OLS)回归,得到每一年的多边贸易阻力 $r_{i,j}$。此外,双边贸易数据中存在零值,这也是长期以来困扰研究者的问题。研究中使用伪最大似然法(PPML)对零值流进行预处理。

对比式(8-3),式(8-4)能以明显小于地理距离的二次方误差之和(SSE)来拟合贸易流,且调整后的决定系数(Adj. R^2)也得到了改善(见表 8.1)。

表 8.1 引力模型与贸易阻力模型的效果对比

	Model	α	β	DF	SSE	Adj. R^2
1	$F_{i,j} \propto \frac{(m_i \cdot m_j)^{\alpha}}{d_{i,j}^{\beta}}$	1.702 [1.685,1.720]	1.469 [1.398,1.540]	2	9.900E5	0.543
2	$F_{i,j} \propto \frac{(m_i \cdot m_j)^{\alpha}}{r_{i,j}}$	1.066 [0.816,1.377]	—	2 19 504	2.096E5	0.806

有了每一年的多边贸易阻力计算结果,就可以对其分布及演化进行分析。图 8.15 是 2017 年各国之间多边贸易阻力 $\ln(1/r_{i,j})$ 与地理距离 $\ln d_{i,j}$ 的散点图。

图 8.15 用不同的亮度更直观地显示了不同地理距离上的贸易阻力倒数的密度。可以看出明显的上、下两部分:上部(第一类)随着地理距离的增加有明显的下移,可以用公式 $\ln(1/r_{i,j}) = -24.48 - 1.55 \ln d_{i,j}$ 来更好地描述。下部(第二类)的平均 $\ln(1/r_{i,j})$ 与地

理距离相关性不明显。它与国际贸易相关研究中贸易摩擦“自然”和“非自然”的二分法相一致。地理距离是“自然”贸易摩擦的例子，而“非自然”贸易摩擦包括关税和其他“人力”或“政策”障碍。将 2007—2017 年间的多边贸易阻力表示为：

$$\ln r_{i,j}=\begin{cases}a+b\ln d_{i,j}+\eta_{i,j}, & r_{i,j}\in \mathrm{I}\\ \xi_{i,j}, & r_{i,j}\in \mathrm{II}\end{cases} \tag{8-6}$$

式中：$\eta_{i,j}$ 和 $\xi_{i,j}$ 是具有不同平均值和标准偏差的正态分布随机变量，$\eta_{i,j}\approx N(0,\sigma_1)$，$\xi_{i,j}\approx N(\mu,\sigma_1)$。利用期望最大算法（EM）完成具体实施参数估计，确定每一对 $\ln r_{i,j}$ 所属的类别。

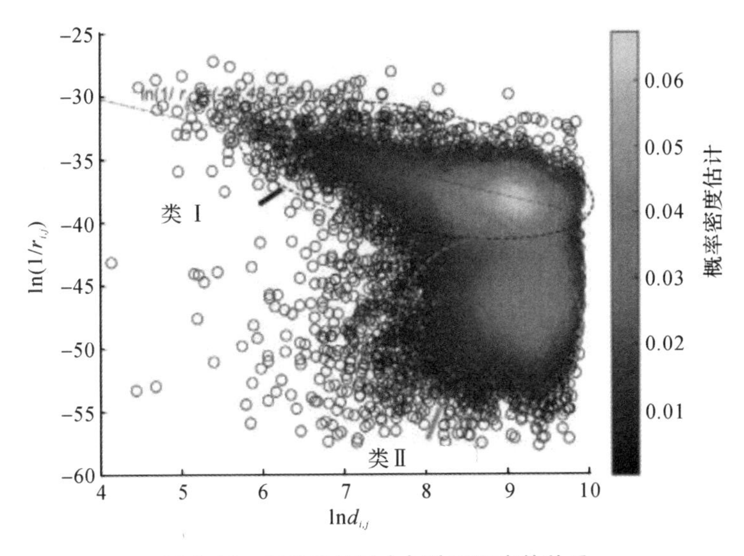

图 8.15 多边贸易阻力与地理距离的关系

图 8.16 所示为不同距离范围的贸易阻力柱状图。可以看到，较大贸易阻力组国家的贸易与距离无关，而低贸易阻力组国家的贸易平均值随着地理距离的增长而明显增加（见图中曲线）。此外，贸易阻力的标准差随着地理距离的增大而减小，这意味着有趋同的趋势。

图 8.17 高亮显示了一些代表国家在散点图中的位置。图 8.17(a)高亮显示了所有国家/地区与中国之间的贸易阻力（部分数据上标签为“China&XX”）、所有国家/地区与美国之间的贸易阻力（部分数据上标签为“USA&XX”）。作为一个典型的贸易顺差经济体，中国与其他国家的阻力主要属于第一类。中国与大多数其他贸易伙伴（如美国、日本和印度）之间的贸易阻力可以分别用它们的地理距离来近似。美国也是类似的情况。作为最大的进口国，美国与其他国家的贸易阻力主要是由自然因素决定的，也属于第一类（像与古巴的情况例外）。图 8.17(b)显示了一些典型的国家，它们与许多其他国家有很高的贸易壁垒，如南苏丹和基里巴斯。对这些国家来说，大部分的贸易关系属于第二类，有很高的“人为障碍”。沙特阿拉伯见图 8.17(c)和荷兰见图 8.17(d)代表了另一类情况。沙特（或荷兰）与世界的贸易关系可以大致平均分为两组，一半位于第一类，另一半位于第二类。

图 8.18 展示了一些代表性国家与世界其他地区的平均贸易阻力随时间的动态演化。这里使用平均贸易阻力和第一个峰值的差值。正值表示阻力高于第一类的峰值；负值表示

阻力低于峰值。与俄罗斯和卡塔尔(左下三角形和左三角形)相比,中国和美国与世界其他国家的贸易阻力较低(红色圆圈和蓝色三角形);而中国和美国之间的阻力(黑色方块)相对较低,甚至小于第一类的峰值。这意味着中国和美国的贸易关系非常密切,但在这十年中,它们的贸易阻力有所增加。从 2007—2017 年的十年间,中国和美国之间的贸易阻力增长了 3.4 倍,远远高于它们与世界其他国家之间的贸易阻力(中国约为 1 倍,美国为 1.2 倍)。这种贸易阻力的增加对中美贸易关系产生了巨大影响,也引起了学者的关注。

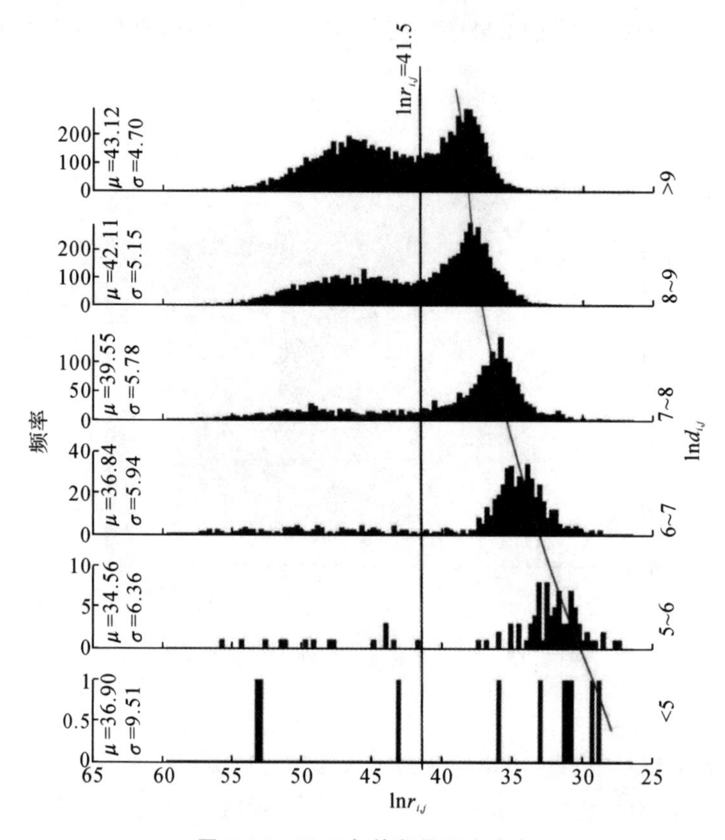

图 8.16　2017 年的贸易阻力分布

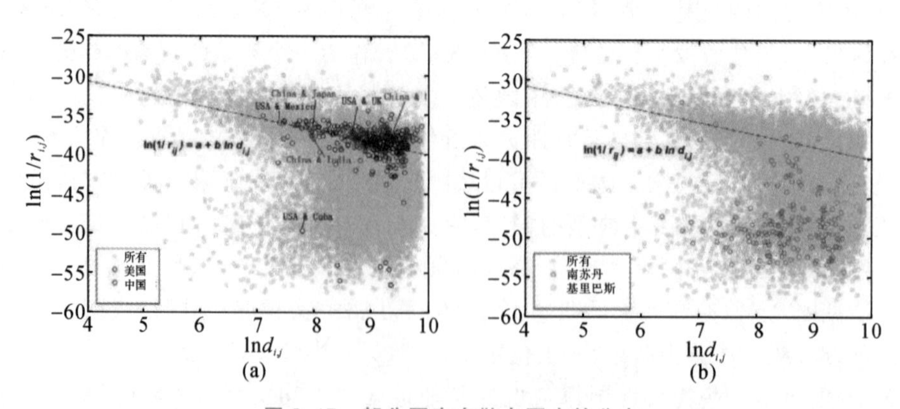

图 8.17　部分国家在散点图中的分布

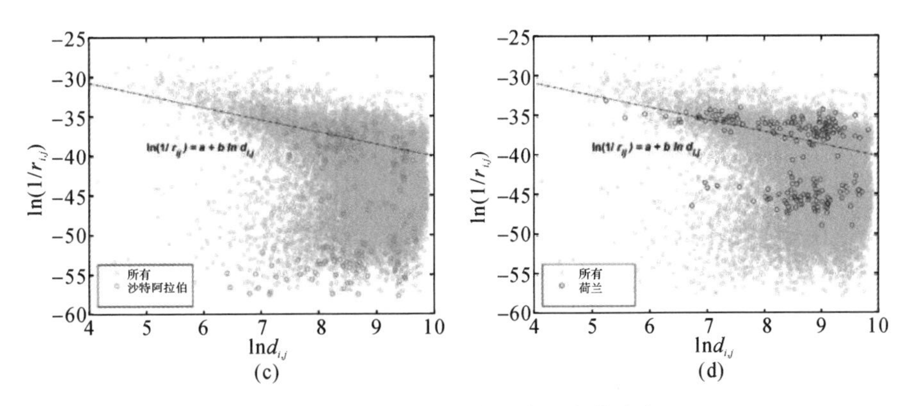

续图 8.17　部分国家在散点图中的分布

利用期望最大化算法(极大似然估计法),将每一个国家所有的关系对分到两个类别中,那么每个国家的关系对有多大的比例会落在第一类,在一定程度上可以刻画其对全球贸易伙伴的友好程度,由此定义贸易纯粹指数(TPI)为

$$I_i=\bar{\tau}_{i,j}=\frac{\sum_{j\neq i}\tau_{i,j}}{n-1} \tag{8-7}$$

式中,$\tau_{i,j}=1$,代表这对关系属于第一类,$\tau_{i,j}=0$ 时,属于第二类;n 为国家的数量,故 I_i 反映了友好贸易关系的平均值,数值高于 0.5 意味着一个国家与其贸易伙伴之间的关系主要属于第一类。I_i 的值越高,表明一个国家与世界的贸易关系就越好;I_i 值越低,表明关系越差。接下来的分析将使用这一指数来讨论全球贸易状况及其动态。

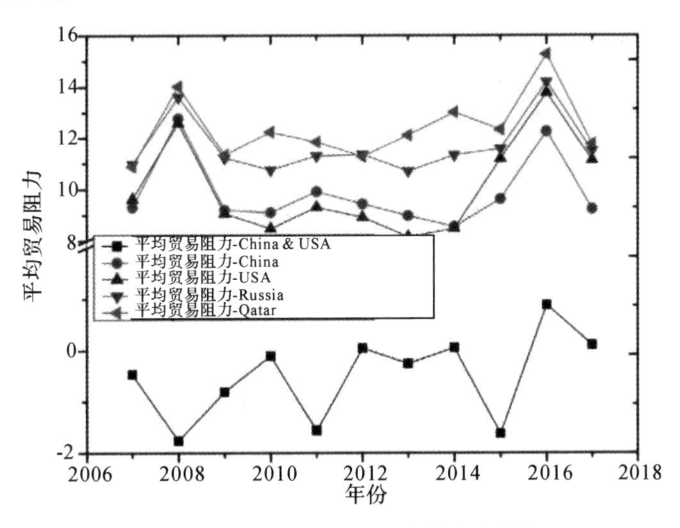

图 8.18　部分国家的平均贸易阻力演化

图 8.19 显示了过去十年中 TPI 的全球变化。每个圆圈代表一个国家/地区。圆圈的大小代表 2017 年的贸易量,颜色深浅表示该国所在的地区。由图 8.19 可见,一般来说,贸易量大的国家/地区往往有较高的 TPI,贸易阻力是一个负面的促进因素。2007—2017 年期间,贸易环境恶化的国家/地区比改善的国家/地区要多。而一些国家/地区,如香港、荷

兰、埃塞俄比亚、沙特阿拉伯和阿拉伯联合酋长国，TPI 明显下降。对于其他国家，如俄罗斯、墨西哥、菲律宾和尼泊尔，它们的 TPI 在最近几年有所改善，这意味着一些贸易壁垒得到了消除。

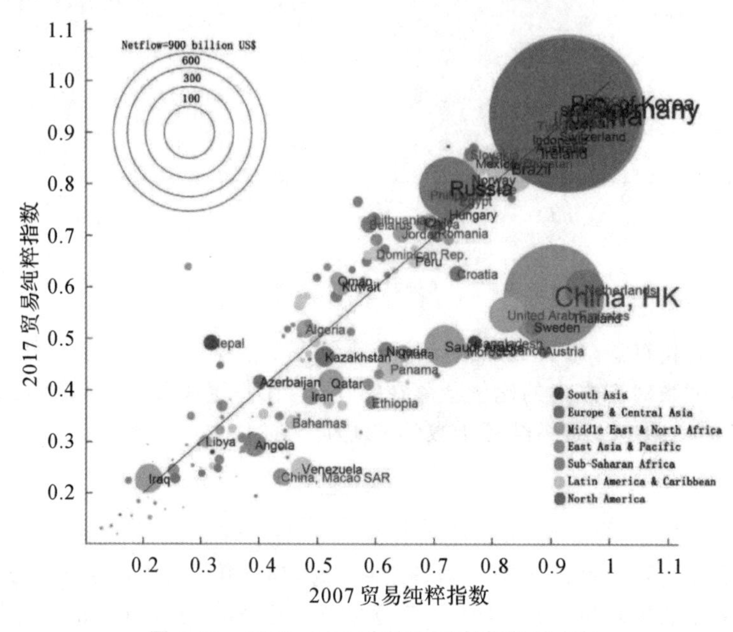

图 8.19　2007－2017 年贸易纯粹指数的变化

8.3.2　国际粮食贸易网络上的演化博弈

随着经济全球化的持续发展，各国之间的联系日益紧密，国际粮食贸易发展成不可分割的有机整体，进而影响着全球经济和政治格局。粮食贸易直接关联着社会稳定与国家安全，一直是全球性的关键问题之一。

以往针对国际贸易建立的博弈过程，多是以机遇单次决策为基础的。但因为粮食国际贸易随着时间的推移一直在进行，而非单次交易后便结束的。因此，本案例通过在粮食国际贸易网络的结构上构建多轮两阶段序贯博弈，完成了相比于以往研究更细致的机制构建，并发现了一些演化规律。

由此可以得到，在博弈中，真实贸易量 Q 是博弈的最终结果。而根据进口国与出口国的博弈结果可以知道，当期博弈中，哪些出口国与哪些进口国建立了贸易关系，且该贸易量如何。若将出口国与进口国用节点 $V=\{v_i, i=1,2,\cdots,n\}$ 来表示，而相互之间存在的贸易关系 $E=\{E_i, i=1,2,\cdots,m\}$ 作为连边，以贸易量 $W=\{w_{ij}, i,j=1,2,\cdots,n\}$ 作为权重，则可以将当前贸易情况用网络 $G=(V,E,W)$ 进行刻画。粮食国际贸易复杂网络可以为进一步探究贸易结果提供思路与工具(简要框架描述请参见图 8.20 及图 8.21)。

设计的博弈为多轮两阶段序贯博弈。进一步，因为贸易涉及协商过程，虽然不考虑现实中的程序，但在真实的贸易中无法做到一次便实现供需平衡，仍需经过多次贸易方能完成所有交易。另外，在一次贸易后，博弈个体将会受到之前贸易关系的影响。

因此，在所设计的模型中，单轮博弈分为两大部分。第一部分是模拟最激烈的贸易场景，即为出口国与进口国的主要博弈过程，涵盖了博弈阶段一与阶段二双方依次提出策略并进行交易的行动；第二部分是模拟后续多次交易的过程，即进口国完成未满足需求量的行动。这两部分具体博弈过程如下：

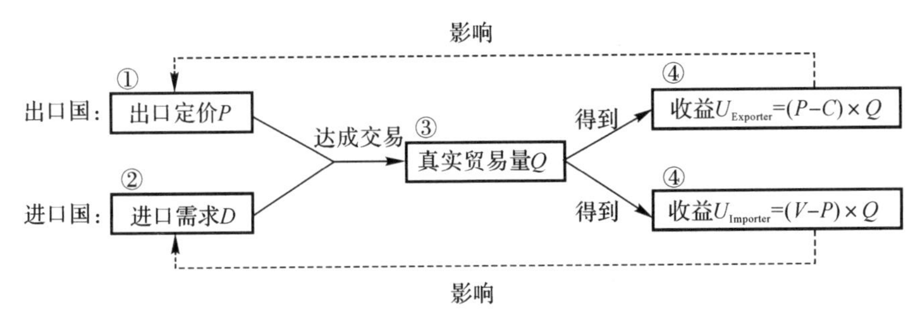

图 8.20　进出口国家之间的相互作用机制

在博弈开始前，各出口国与进口国会根据一定规律生成自身的外生变量，完成各参与者个体特性的刻画后，所有人将同时进入博弈（见图 8.21）。

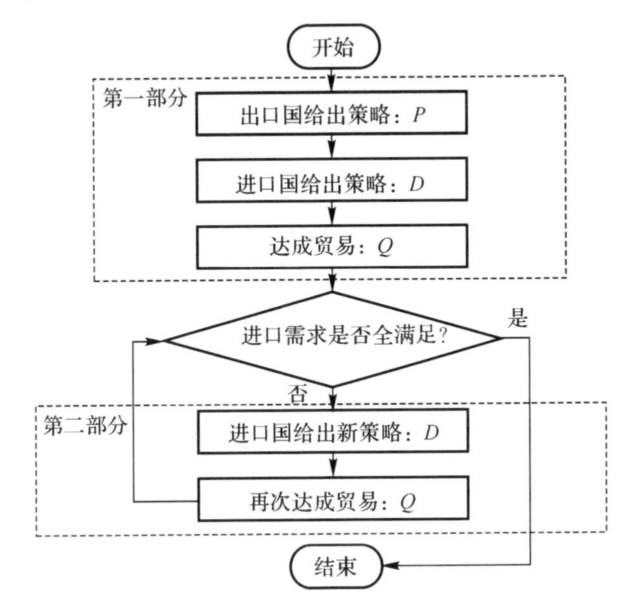

图 8.21　粮食国际贸易演化模型简要框架流程图

对于整体的贸易关系，因为每次演化都将重新初始化外生变量，因此无法对不同轮轮次的博弈进行加总分析。但博弈在进行的过程中会呈现出部分稳定的规律，此处以随机一次博弈结果对此规律进行介绍。

在多次实验中，整体博弈情况具有一定的稳定性，因无法枚举所有结果，此处选取了代表最普遍情况作为例子对整体情况进行叙述。图 8.22 为单次博弈演化后所得到的真实贸易量的热力图。

图 8.22 被两个方框划分为 4 个区域，方框重合部分则代表了出口大国与进口大国的在本轮实验中的贸易量。可以看到，本轮实验中最大贸易量即集中在此区域。其真实模拟了在粮食国际贸易中，巨额贸易会出现在进出口大国之间。而进一步看，3 个出口大国中仅有

1 号与进口大国达成了交易关系，且它与过半的进口大国都存在贸易关系。此时，其余的 2 个出口大国并未与 1 号争夺剩下的市场份额，它们与进口大国都建立了交易，但交易额都表现平平，反而，它们都选择了分别与出口小国建立贸易。这一结果也体现了大国与小国交易的普遍性，同时模拟了粮食市场被大国独占时，出口大国扩展市场的情形。

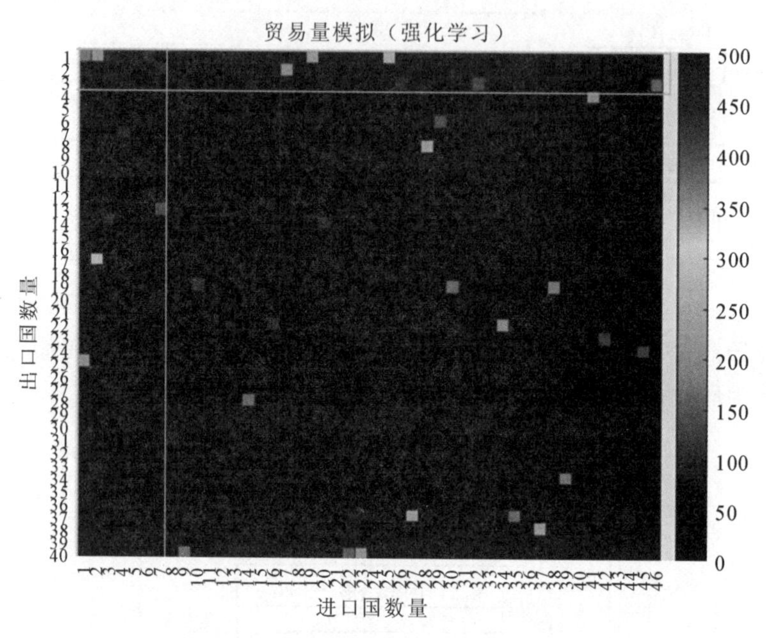

图 8.22　各国真实贸易量热力图

另外，除了出口大国区域内所出现的高额贸易量之外，可以看到在非大国区域内的单一进口国与单一出口国之间也存在高额交易。即对应于大国与大国进行指定高额交易，部分小国也会与特定小国进行高额交易。

图 8.23 代表了在 100 次随机实验中，各轮博弈下出口国选择高收益的平均次数。可以看到，前期（大约 0～20 轮）策略的选择波动较大，后期波动较为平稳。这说明在模拟中，各出口国前期仍在两个策略中进行选择尝试，而在积累了足够多的学习经验后进入博弈后期，出口国的决策偏向于稳定。整体看来，出口国群体的决策在后期具有一定收敛性。进一步，可探究在最终的收敛稳定中大国与小国的决策是否具有差异。

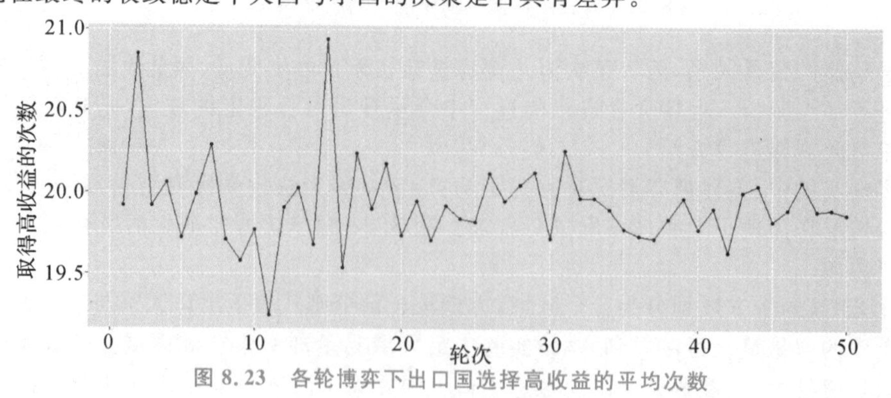

图 8.23　各轮博弈下出口国选择高收益的平均次数

由图 8.24 可以看出,各出口国在多次实验中选择高收益决策的平均次数。从整体上来看,出口国选择高收益决策的平均次数存在差异,多次选择和少次选择区别较为明显。可以明显看到,出口大国(即 1～3 号)更倾向于少次选择高收益决策,而小国既有多次选择也有少次选择,且出口小国少次选择的平均次数也有可能低于出口大国。

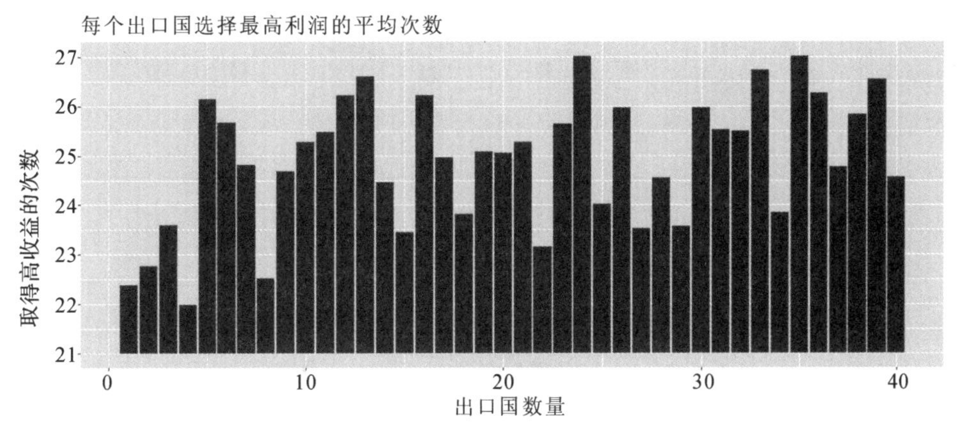

图 8.24 各出口国在多次实验中选择高收益决策的平均次数

8.4 科学家研究团队及国家科研行为

科学家群体是一个社会子系统,了解科学研究行为及科学创新的基本规律不仅有助于科技政策的提出,也有助于找到合适的途径更好地解决科技卡脖子问题,这也是涉及国家安全的重大问题。

8.4.1 科学研究团队创造力涌现的条件

团队合作是现代科学最突出的特征之一,团队规模是影响团队创造力的一个重要因素。研究论文的平均团队规模从 1955 年到 2000 年从 1.9 人增加到 3.5 人。此外,研究发现、团队规模分布从服从简单的泊松分布转变为服从幂律分布。这些现象归因于大科学规模、复杂性和成本不断增加的综合效应。有多种因素可以用来量化团队的创造力,其中,团队成员的团队新鲜度和职业新鲜度与团队在推进科学方面的表现仍有待进一步研究。本案例以 1893—2010 年间发表在美国物理学会(APS)期刊上的 482 566 篇为数据基础,提出了衡量团队新鲜程度的指标,并通过分析得到新团队发表的论文有更大的原创性和更大的多学科影响,新团队对科学的创造力研究有着积极的影响。

如图 8.25 所示,根据团队成员之间没有事先合作来量化团队的新鲜度。实方块代表焦点论文,虚方块是焦点论文前 4 位作者发表的论文,可以构建出在焦点论文发表之前的合作网络,实线和虚线分别表示现有的和缺失的链接。将先前网络中协作链路为零的节点的比例定义为团队的新鲜度,根据这个定义,新鲜度将会在 0 和 1 之间变化,0 和 1 分别对应完全老的团队和完全新的团队。

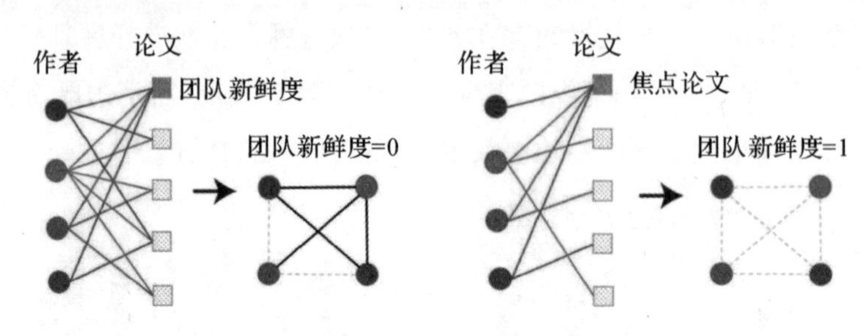

图 8.25 不同的团队结构的新鲜度

(a)新鲜度为 0;(b)新鲜度为 1

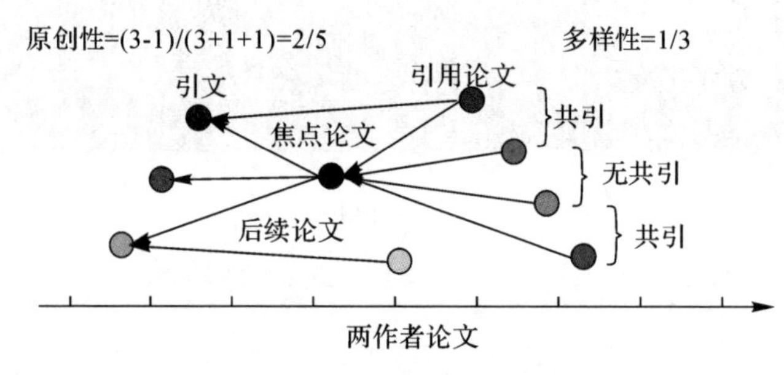

图 8.26 原创性和多样性指标

为了评估一篇论文在促进科学发展中的作用,考虑用 Wn 等人提出的 disruption (D)来衡量一篇论文的原创性,并提出了一个多学科影响的衡量标准(M),来评估一篇论文影响的学科多样性。D 在-1 和 1 之间变化,一篇论文的更大的 D 值反映了更多的论文引用了该文章。一篇论文的多学科影响被定义为其时间相邻的引用论文中除重点论文外没有其他参考文献的部分。多学科影响在 0 和 1 之间变化,分别对应于不同学科更窄和更广的多样影响,如图 8.26 所示。

本案例研究的第一个问题是团队的新鲜度与文章原创性和多学科性的关联。图 8.27 展示了 2 作者论文、4 作者论文和 8 作者论文的结果,所有案例的结果都显示出随着团队新鲜度的增加,D 和 M 都呈现出一致的增长趋势。在图 8.27(g)～(f)中,比较了团队新鲜度为 0 和 1 的论文的靴攀抽样原创性指标分布。靴攀抽样原创性指标是通过对论文创新进行随机抽样,使每一篇论文的创新有相等的被选择的机会,并且可以被反复选择,这些分布是通过执行 1 000 次靴攀抽样中断实现得到的。在团队新鲜度为 0 和 1 的论文中,D 的分布存在明显的显著性差异。

为了考察团队新鲜度的影响,本书引入了团队成员之间的先验科学距离。通过科学家 i 和科学家 j 研究兴趣的不同来量化他们在科学空间中的距离 d_{ij},为每一位科学家 i 构建了一套 Γ_i,记录了他/她论文中的所有参考文献,代表了他/她感兴趣的研究文献。科学家之间的距离可以被计算为 $d_{ij}=1-|\Gamma_i \cap \Gamma_j|/|\Gamma_i \cup \Gamma_j|$,其中$|\cdot|$是集合的大小。对于每

一篇论文，使用他们合著这篇论文之前的数据计算团队成员之间的平均距离 d_{ij}。结果显示，平均距离 d_{ij} 确实与团队新鲜度正相关。除此之外，更多科学领域关系密切的科学家组成的新团队，这些新团队发表的论文与更高的原创性和多样性相关。

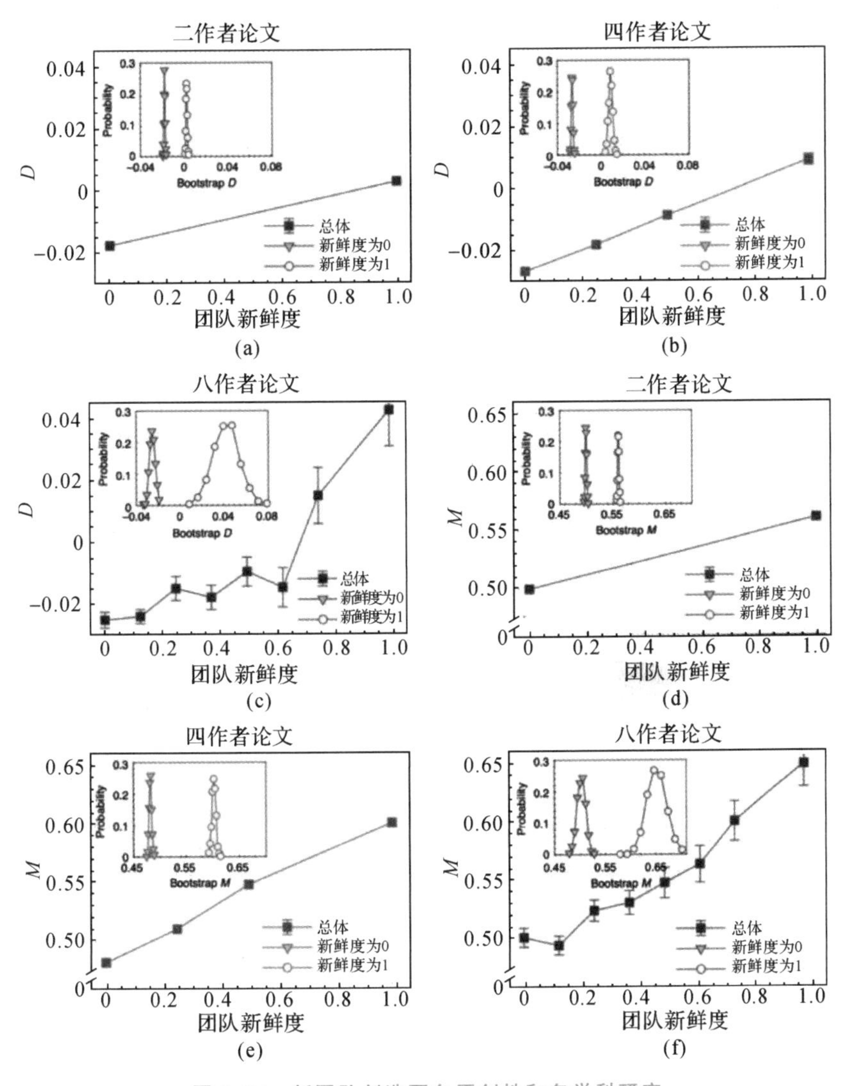

图 8.27 新团队创造更多原创性和多学科研究

团队规模被认为是影响论文创新的一个重要因素，也就是说，原创性随着团队规模的增大而减少。因此，考察团队新鲜度与不同规模团队中的原创和多学科之间的关系是很自然的。为此，分析了在不同团队规模下，老团队(新鲜度=0)与新团队(新鲜度=1)发表论文所表现出的原创性 D 与多样性 M(见图 8.28)。实际上，总体的 D 以及旧团队的 D 倾向于随着团队规模的增大而减少。然而，有趣的是，发现新团队发表的论文的 D(原创性)有随团队规模增加而增大的趋势。这种增长趋势的意义在于由不同团队规模的中断分布的双尾 Kolmogorov-Smirnov 检验支持。

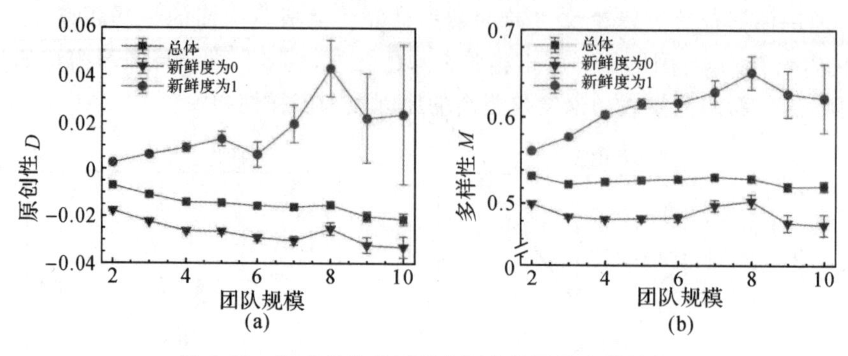

图 8.28　新老团队的区别在更大的团队中被放大

在上述分析中，团队新鲜度定义为论文中新团队成员的比例，它是通过计算协作网络中与其他节点没有连边的节点的比例来评估的，该比例代表团队成员的先前协作关系。然而，定义团队新鲜感的另一种方法是测量团队创建的新协作关系（新连边）的数量。这可以被视为一个连边新鲜度，该连边新鲜度可以通过代表团队成员的先前协作关系的协作网络中缺失连边的分数来计算。这两种新鲜度分别称为节点新鲜度 f_n（新协作者）和连边新鲜度 f_l（新协作）。用连边新鲜度对节点新鲜度的散点图（见图 8.29）可以探究哪种类型的新鲜度（节点或连边）与所产生的论文的原创性和影响多样性有更强的相关性。圆圈的大小和颜色代表了相应论文的平均创造力，在给定某一节点新鲜度的情况下，较高的连边新鲜度并不会导致较高的原创性。为了进行比较，计算了团队新鲜度作为节点和连边新鲜度加权线性组合时的最大皮尔逊函数相关性。结果表明，结合连边新鲜度并没有为预测原创性带来显著的额外信息。

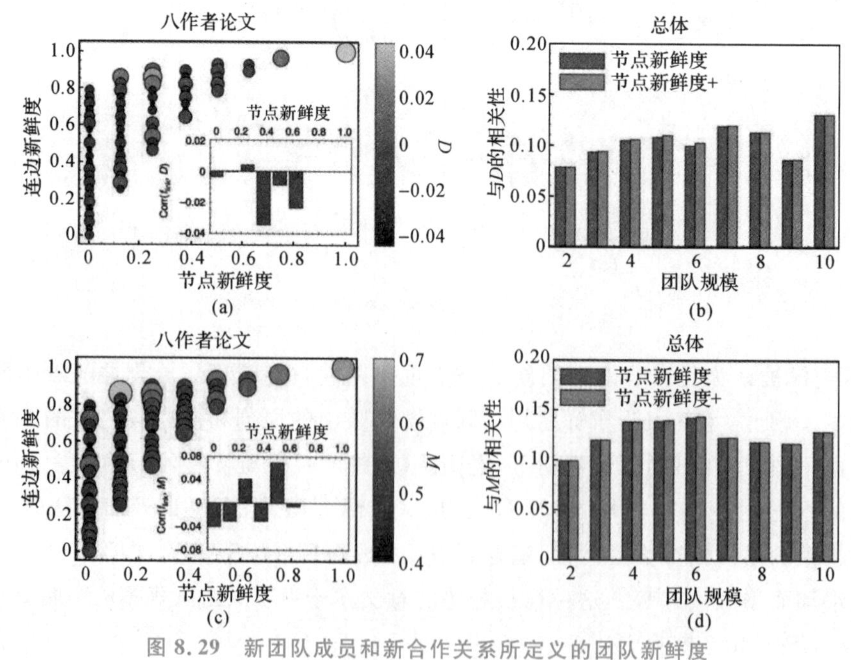

图 8.29　新团队成员和新合作关系所定义的团队新鲜度

下面考虑另一种团队新鲜感,称之为团队成员的职业新鲜度。团队成员的职业新鲜度可以用他/她的职业年龄来衡量,即他/她发表第一篇论文后的年数。职业年龄越短,表明科学家越年轻。在此基础上进一步研究了团队成员的职业新鲜感是否与其发表的论文的原创性和多样性有关。在图 8.30 中,展示了平均原创性 D 和多样性 M 对论文团队成员平均职业年龄的依赖性。观察到这两种情况下的下降趋势,当固定团队新鲜度时,下降趋势仍然存在。当使用团队成员的平均生产率来定义他们职业生涯新鲜度时,也观察到了类似的趋势。这些结果表明,更高的职业新鲜度,与更原始和多样化的影响相关联。这一现象可能有很多原因,一个可能的解释是,在他们职业生涯早期阶段的研究人员不太可能被困在科学领域常见的概念和普遍的想法中,导致他们的工作具有更高的原创性。

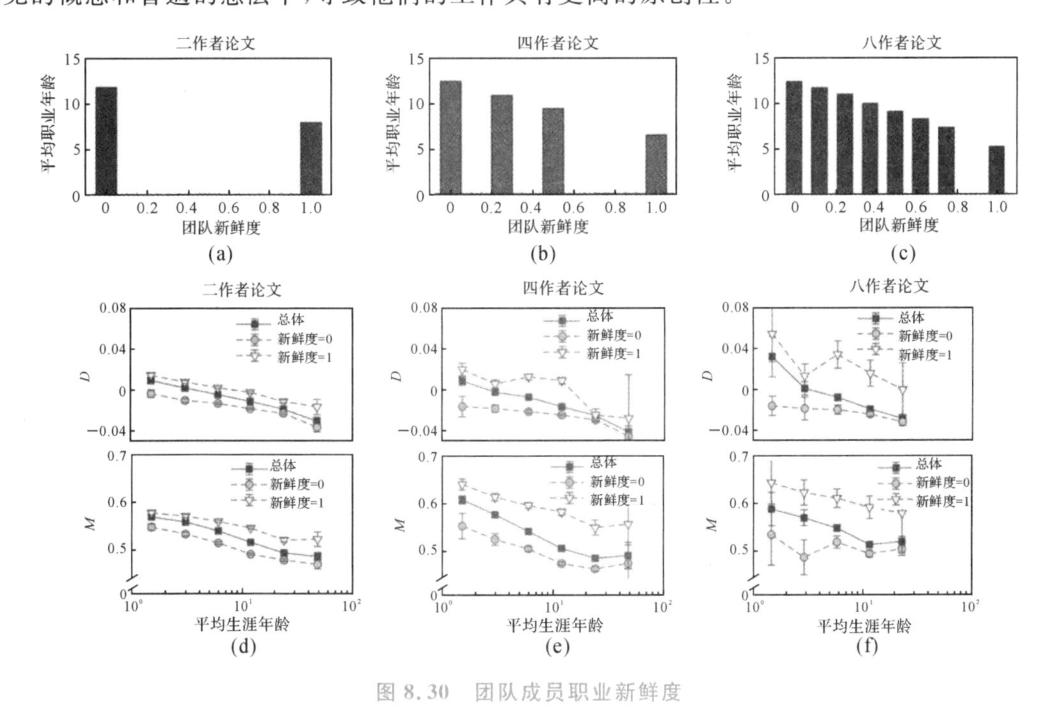

图 8.30　团队成员职业新鲜度

8.4.2　国家科研行为探索

作为知识传播过程中最浅层的科研交流行为,科学家们常会引用给自己科研带来启发与灵感的研究成果,主要目的有:①用于增强自身研究的意义与价值、简明阐述自身研究的方法与技术;②用于表达对被引文章(参考文献)的认可与推崇。因此,科研论文的被引量被越来越多的人所参考,成为评价论文及科学家影响力的最直观的指标。进一步,出现了为了提高自身知名度过度引用自身论文的科学家,以及为了便于投稿及写作便利不合理引用高被引论文的科学家。已经有研究者围绕不合理的引用行为开展过相关研究,但未能从定量研究角度给出相关证据。此外,现有研究少有根据科学家的国籍讨论国家层面的引用行为。本小节旨在从国家科研引用行为及国家科研重心转移两个方面开展定量研究。

8.4.2.1 国家科研引用行为

科学是无国界的，但科学家有祖国。科学家群体在国家层面上的共同行为代表了这个国家的科研实力、学科历史、政策导向和未来前景。在政治、经济、文化等多种因素综合影响下，不同国家的科学家行为存在着差异。本小节围绕不同国家科学家群体的引用行为进行研究，重点比较了中国与美国的引用以及被引距离差异，同时也展示了10个主要国家间的引用距离。其中，引用距离反映的是某国科学家对于不同国家文章的偏好，引用距离越远，偏好性越强；被引距离反映的是世界各国科学家对于于某国文章的评价，被引距离越远，该国文章的影响力越大。

首先从引用及被引用两个角度来定量研究中国的研究成果与世界各国研究成果之间的关系。为了增强研究成果的可靠性，筛选出中国与其他9国（美国、英国、法国、德国、意大利、西班牙、日本、加拿大、印度）之间的引用与被引用记录，文章数量均不少于5 000条。

图8.31(a)是中国、美国、英国、日本、加拿大、印度引用中国文章的引用距离分布，图8.31(b)所示中国引用中国、美国、英国、日本、加拿大、印度文章的引用距离分布。其中，中国与法国、德国、意大利、西班牙的引用及被引距离分布与中国和英国基本一致，为突出重点，未在图中展示。研究发现，从被引行为看，中国文章对于美国、日本和英国的科学家有更广泛的影响力，距离均值在0.43以上，中位数在0.41以上；中国文章对于印度和加拿大的科学家影响力稍弱，距离均值在0.41～0.43之间，中位数在0.38～0.41之间；中国文章对于本国科学家的影响力不足，距离均值为0.396 9，中位数为0.373 9。从引用行为看，中国科学家最愿意引用英国及美国的文章，距离均值在0.46以上，中位数在0.45以上，与其他国家的文章形成显著的差异；其次是对日本和加拿大文章的偏好性较强，而对于本国及印度的文章偏好性较弱。

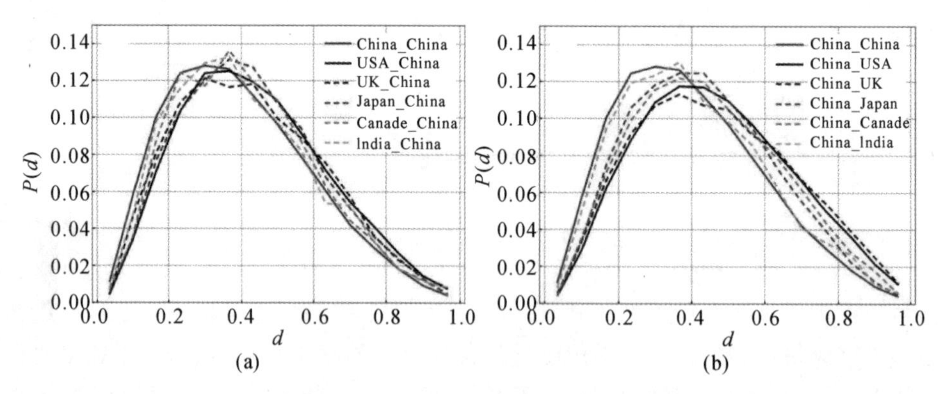

图8.31 中国引用及被引距离分布

作为世界科技强国之一，美国拥有雄厚的科研实力、许多著名的学术期刊与大量科研人才，在科研领域长期保持世界一流水平，美国的科研现状如何同样是学界关心的问题。因此，我们进一步从引用及被引用两个角度来定量研究美国的研究成果与世界各国研究成果之间的关系。

图8.32(a)所示是美国、中国、英国、日本、加拿大、印度引用美国文章的引用距离分布，图8.32(b)所示为美国引用美国、中国、英国、日本、加拿大、印度文章的引用距离分布。研

究发现，从被引行为看，美国文章对于日本、中国和英国的科学家有更广泛的影响力，距离均值在 0.46 以上，中位数在 0.445 以上；美国文章对于加拿大、印度及本国科学家的影响力较弱，距离均值均在 0.45 附近，中位数在 0.44 附近。从引用行为看，美国科学家最愿意引用英国的文章，距离均值为 0.47，中位数为 0.455，与其他国家的文章形成显著的差异，这与英语的学术发展起步较早有关；其次是对本国和加拿大文章的偏好性较强，而对于日本、中国及印度的文章偏好性较弱。

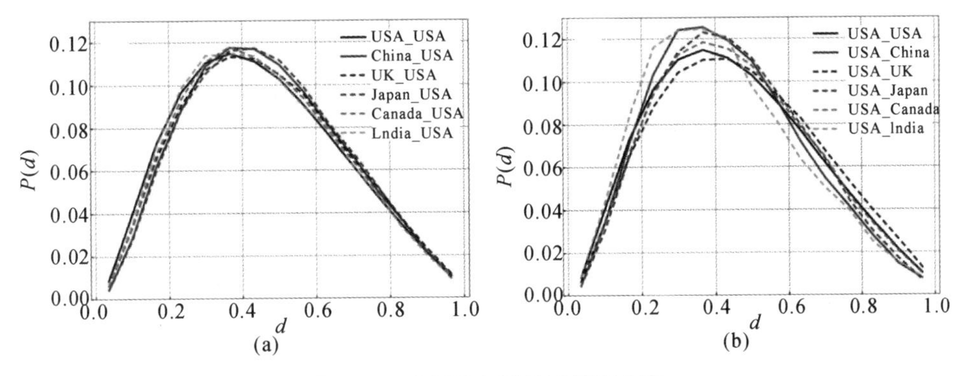

图 8.32　美国引用及被引距离分布

8.4.2.2　国家科研重心转移行为分析

下述将数据集中于某一个国家的全部文章，依据发表次序排序，形成国家文章序列，计算国家文章序列余弦距离矩阵。基于矩阵定义国家的科研重心转移行为，与科学家兴趣转移不同的是，每个国家有众多的科学家，如果按篇计算文章相似性难以体现国家层面重心转移的宏观统计性质，因此，将文章序列矩阵粗粒化为时间序列矩阵（以年为单位），并从符合时间条件的文章中随机抽取文章向量对，计算余弦距离并重复试验取平均值；最后，在时间序列矩阵的基础上定义国家的科研重心转移行为，由于各国科学发展的时间跨度差异较大，因此，选择邻域转移的方法，即$(t, t+x)$位置格点距离的平均值，时间差 $x=+1, +2, +3, +4, +5$。

基于国家时间序列矩阵，以 5 年为单位，重点分析了 1975—2015 年间，主要 10 国（美国、英国、法国、德国、加拿大、日本、意大利、中国、西班牙、印度）文章相似性随时间的变化。在选定的时间范围内，任取两篇文章计算向量余弦距离并重复试验取平均值，得到的结果如图 8.33 所示。

研究发现，这 10 国可划分为 4 种类型：①中国、印度的文章间平均距离在 1975—1990 年间增加，在 1990—2005 年保持相对稳定，在 2005—2015 年缩短。主要原因在于中国及印度科学发展起步较晚，1975 年前文章相似性高，涉及的科学领域较少，1975—1990 年间科学突飞猛进，不断有文章触及新的学科领域，文章相似性迅速降低，平均距离增大并在 1990—2005 年保持在世界领先水平。其余 3 类国家科学发展均起步较早且发展相对平稳。②美国和日本学科发展水平高，文章相似性低。在 2005 年之前，文章间平均距离始终保持在 0.78 左右。③英国、德国、法国、加拿大学科发展水平相似。在 2005 年之前，文章间平均距离始终保持在 0.77 左右。④西班牙和意大利学科发展水平相对较低且没有重大进展。在

2005 年之前，文章间平均距离始终保持在 0.75 左右。此外，在 2005 年之后，由于物理学科发展逐渐成熟、世界范围内科学快速发展、文章数量显著增加，世界各国的文章相似性普遍提升，平均距离显著下降。

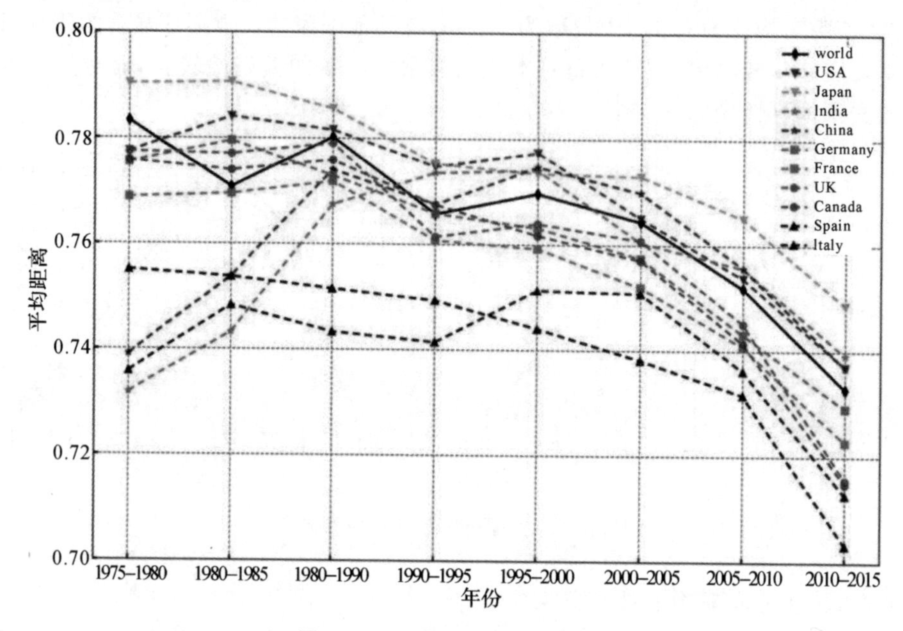

图 8.33　国家研究相似性分析

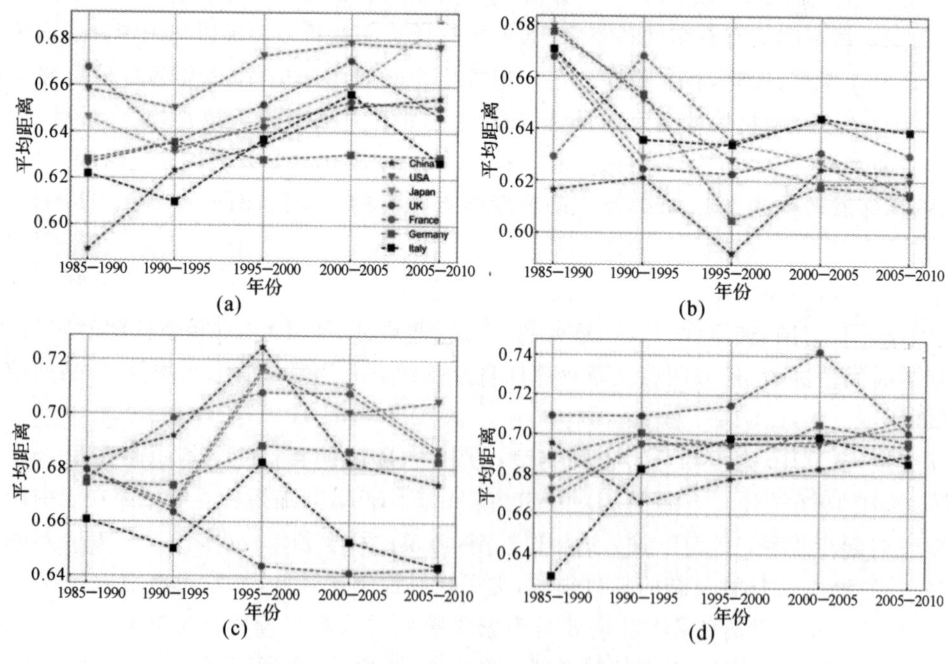

图 8.34　国家研究相似性的学科分析

(a)基础物理；(b)粒子和场；(c)核物理学；(d)原子分子；

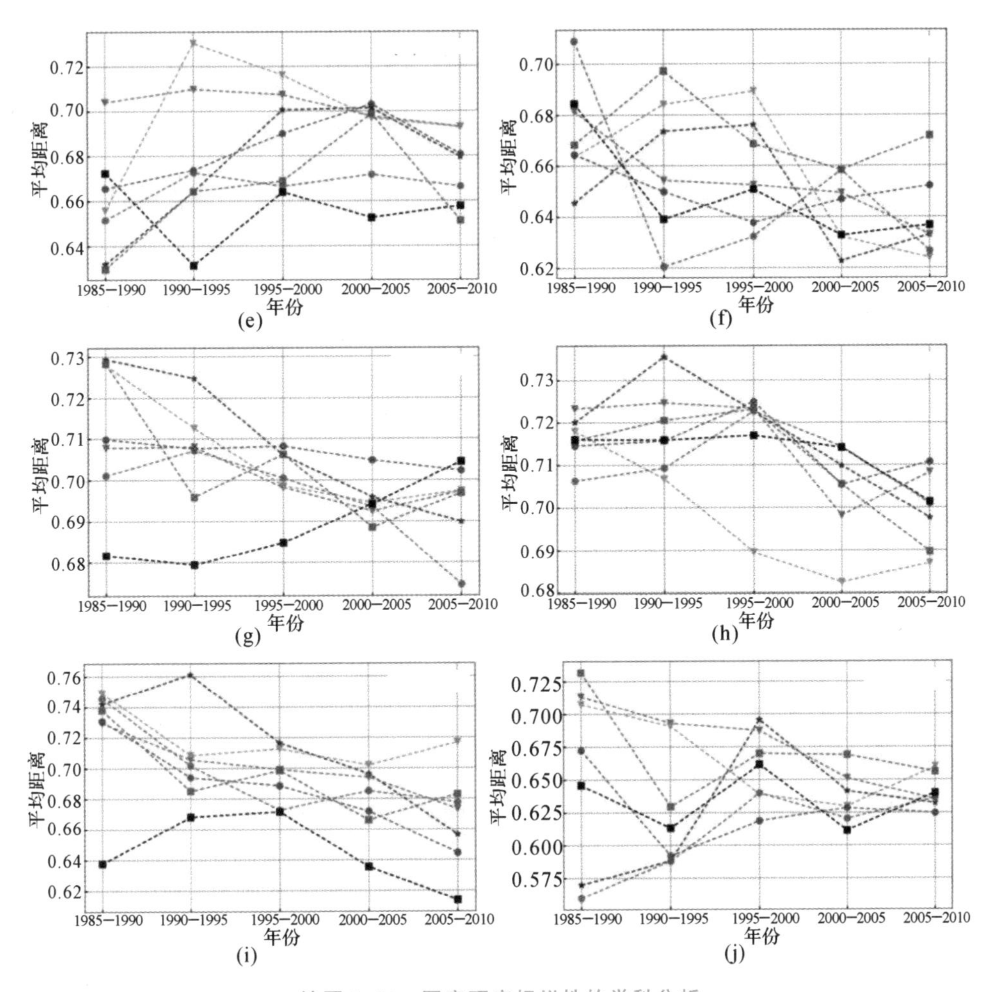

续图 8.34 国家研究相似性的学科分析

(e)力热声光;(f)气体物理;(g)结构凝聚;(h)光电凝聚;(i)交叉学科;(j)天体物理

本书进一步分析各子领域下各国文章的相似性,如图 8.34 所示。由于加拿大、印度和西班牙文章数量不足,因此仅对中国、美国、日本、英国、法国、德国、意大利 7 国进行学科分析。研究发现,一方面,基础物理、粒子和场领域发展历史悠久,各国文章相似度普遍较高,距离较近,而交叉学科领域发展时间较短,各国文章相似度普遍较低,距离较远;另一方面,近一段时间(2005—2010 年),粒子和场、原子分子、天体物理领域世界各国间相似性差异很小,学科发展相对均衡,而基础物理、核物理、交叉学科领域世界各国间相似性差异很大。

在国家时间序列矩阵的基础上,依据邻域转移的定义,将国家科研重心转移定义为矩阵中$(t, t+x)$位置格点距离的平均值,$x=+1, +2, +3, +4, +5$,得到的结果如图 8.35 所示。研究发现,主要 10 国的科研重心转移程度显著分为 3 种类型。其中,日本和美国科研平均重心转移距离均在 0.765~0.775 之间,印度、中国、英国、加拿大、德国、法国平均重心转移距离均在 0.745~0.765 之间,意大利和西班牙平均重心转移距离均在0.73~0.74 之间。此外,可明显看出,各国科研重心的转移具有一定的新近性,即一个国家科研重心和最近 1 年的科研重心距离较近,而与 5 年前的科研重心距离较远。

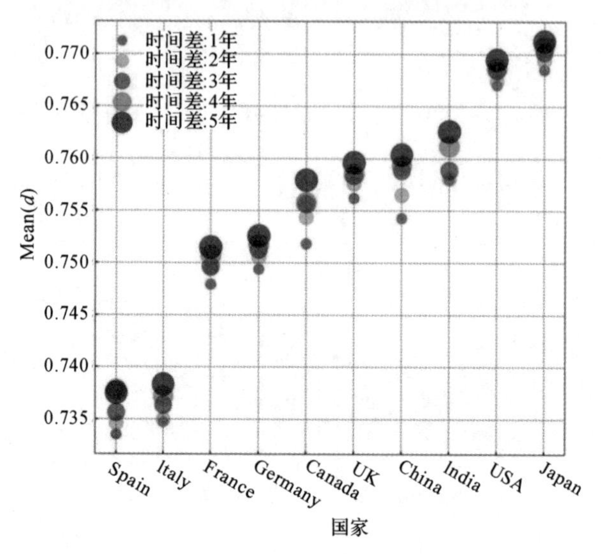

图 8.35 国家研究相似性分析

8.5 小 结

社会系统千变万化,涌现出丰富的复杂行为和功能。本章关注对社会系统中部分涉及国家安全的重要对象进行建模。对于社会舆论传播系统,分别给出了基于 Ising 模型和 SIR 模型的舆论累积、消解及传播演化过程;以 COVID-19 为例,对传统的 SIR 模型进行了改进,分别从复杂网络和多主体建模的方法模拟传染病的演化与防控,讨论了具有可操作性的 COVID-19 疫情防控的方法策略;对于国际贸易使用网络上的博弈演化去优化,讨论现今粮食网络的效率问题;提出了多边贸易阻力模型,揭示了自 2015 年愈加严重的逆全球化进程;对科学家的个体及集体行为进行了初步讨论。

可以看出,不同的研究内容应选择合适的研究方法:对于科学家行为、国际贸易等这类有着官方统计数据的系统,学者们更倾向于使用复杂网络方法抽象出系统的结构,讨论在网络上的结果演化、传播等。但对于诸如新冠疫情初期缺乏可靠数据,很难得到每一个病例的流调数据去建立真实的传播结构的案例,研究者会倾向于对个体的行为做一些适当的假设,利用已被广泛接受的传染、康复的基本过程和原则去进行模拟、分析和研究。

需要强调的是:复杂系统千变万化,复杂现象丰富多彩,已有的研究工作提供了可以应用的丰富的复杂性理论和方法并得到了一些结果,展示了复杂性研究的力量。随着信息技术的发展,各个复杂系统中的子单元之间的信息处理、信息传递乃至决策更加快捷,结构化层次化愈加鲜明,作为复杂系统发展趋势的智能复杂体系,不断对研究者提出了挑战。虽然复杂性系统研究的理论和方法仍然是适用的,但在一些具体问题的分析上要积极创新和发展。最后，通过众多具体案例的研究，综合出共性的普适规律，促进复杂性基本理论和方法上的长足发展和突破。复杂系统研究仍在路上，但必然有着光辉的前景。

参考文献

[1] KRISZTIN T, FISCHER M M. The gravity model for international trade: specification and estimation issues in the prevalence of zero flows[J]. Sparal Eumomic Analysis, 2015, 10(4): 451 - 47.

[2] LI X, SHEN C, CAI H, et al. Are we in a de-globalization process? The evidence from global trade during 2007 - 2017[J]. Global Challenges, 2021, 5(8): 2000096.

[3] 刘晓航，王逸宁，曲滋民，等. 个体行为与社会环境耦合演化的舆论生成模型[J]. 物理学报，2019, 68(11): 288 - 296.

[4] 卢思予. 粮食国际贸易网络上的博弈演化[D]. 北京：北京师范大学，2022.

[5] ZENG A, FAN Y, Di Z, et al. Fresh teams are associated with original and multidisciplinary research[J]. Nature Human Behaviour, 2021, 10(5): 1314 - 1322.

[6] ZHANG A, ZENG A, FAN Y, et al. Guiding propagation to localized target nodes in complex networks[J]. Chaos: An Interdisciplinary Journal of Nonlinear Science, 2021, 31(7): 073104.

[7] ZHANG J, DONG L, ZHANG Y, et al. Investigating time, strength, and duration of measures in controlling the spread of COVID - 19 using a networked metapopulation model[J]. Nonlinear Dynamics, 2020, 101: 1789 - 1800.

[8] 赵子鸣，勾文沙，高晓惠，等. COVID-19 疫情防控需要社区监测及接触者追踪并重[J]. 复杂系统与复杂性科学，2020, 17(4): 1 - 8.

[9] 赵子鸣. 基于学术空间的科研实体行为研究[D]. 北京：北京师范大学，2022.